安徽省高等学校"十二五"省级规划教材

 高等学校规划教材·计算机专业系列

C/C++规范设计简明教程

（第2版）

李　祎◎编著

U0241161

北京师范大学出版集团
BEIJING NORMAL UNIVERSITY PUBLISHING GROUP
安徽大学出版社

图书在版编目(CIP)数据

C/C++规范设计简明教程/李祎编著.—2版.—合肥:安徽大学出版社,2019.11
高等学校规划教材·计算机专业系列
ISBN 978-7-5664-1837-1

Ⅰ.①C… Ⅱ.①李… Ⅲ.①C语言—程序设计—高等学校—教材 Ⅳ.①TP312

中国版本图书馆 CIP 数据核字(2019)第 097218 号

C/C++规范设计简明教程(第2版)

C/C++ GUIFAN SHEJI JIANMING JIAOCHENG

李 祎 编著

出版发行:北京师范大学出版集团
安 徽 大 学 出 版 社
(安徽省合肥市肥西路 3 号 邮编 230039)
www. bnupg. com. cn
www. ahupress. com. cn

印　　刷:安徽省人民印刷有限公司
经　　销:全国新华书店
开　　本:184mm×260mm
印　　张:27.25
字　　数:664 千字
版　　次:2019 年 11 月第 2 版
印　　次:2019 年 11 月第 1 次印刷
定　　价:79.00 元
ISBN 978-7-5664-1837-1

策划编辑:刘中飞　宋　夏　　　　　　　装帧设计:李　军
责任编辑:宋　夏　张明举　陈玉婷　　　美术编辑:李　军
责任印制:赵明炎

一、重剑无锋、大巧不工

第一次软件危机激发了对"面向过程"程序设计思想的重视，第二次软件危机造就了"面向对象"程序设计思想的崛起。实际上，这两种思想都旨在缩小在将现实世界问题转化成计算机世界问题的过程中，人们不断反复、逐步深化的认知表达和冯·诺依曼计算机存储程序、顺序执行的实现过程之间的巨大鸿沟。

这两种程序设计的思想反映了我们的世界观。面向对象的思想能够更好地处理大局，而面向过程的思想则能够更好地处理细节，两种思想相辅相成，不可或缺。譬如写文章，如果只有框架，而缺少内容情节的修饰，文章就会空洞无物；如果只注重文句秀美，而缺乏文章的清晰脉络，那么也会让人费解。不可能每个人都成为编程高手，但每个人都要学会更好地工作和生活。两种思想于工作和生活都不可或缺，我们需要从大处着眼，从小处着手。

有了思想，接下来必须要有表现思想的方法、手段、途径和科学合理的步骤，帮助我们去认识、分析和解决问题。不要幻想有一个好的思想就能做好事情，做好事情要有科学的方法，不管事情大小，都需要用科学的方法指导行为、规范步骤。恰如要盖一座精美绝伦的大厦，除巧妙的构思外，还需要平面图、立体图、结构图、电气图等建模图。程序设计也是如此，整体环境和局部细节的建模为我们认识和分析问题提供了一个思维递进的平台，借助此平台可以更清楚地看到事件的流程，更准确地把握事物之间的联系，更灵活地协调沟通，更及时地调整结构，从而为解决问题提供了一条走向成功的途径。

诚然，与世界观、思想、方法、手段、途径相比，一门具体的编程语言并不是最重要的。在众多的程序设计语言里，我们选择了C/C++。这两种有强烈关联的计算机程序设计语言从创建之初，在各种权威的程序设计语言统计中几乎都排名前两位。奇妙来源于这两种语言本身共同的特质：指针。这是一种别的语言几乎没有，或者有但很少用到的技术，正是这种技术让我们能够清晰而真实地目睹和享受面向过程和面向对象的思想逐步展示的过程。

有了思想、方法，为什么仍然找不到感觉，仍然不知道学习计算机语言到底有何用？重要原因之一是我们缺乏对实际生活的认识和经验。解决办法是热爱生活，投入工作，交流进取，充分表达，总结得失。不要为了学语言而学语言，语言只是工具和语法规则，解决问题，提高认识，增加效率，为人类创造价值才是最终目的。

聪明的程序员很多，但大师级的架构师很少。他们或缺少坚守准则的韧性、对事物耐心细致的观察和理解、平和的心境，或缺少乐观向上、精益求精和追求完美的精神。我们需要思想，需要哲学，需要坚持，需要不浮躁、不放弃。

二、本书的设计理念

这是一本充分体现最基本编程思想的书,面向过程和面向对象不是本书的噱头,而是本书的核心。本书从头至尾秉承"**自顶而下、逐步求精、模块设计、结构编程**"的面向过程思想和"**封装继承、关联合作、精化抽象**"的面向对象思想。

为体现思想,本书设计了认识问题、分析问题和解决问题的"模型模块设计"建模方案,并在所有案例中运用这种途径,以期通过明晰思路和可控步骤达到目的。

另外,本书将C/C++结合讲解,不仅因为这两种语言的应用环境不同决定了学习的必要性,还由于这两种语言的语法共性决定了二者可融,尤其重要的是,据此可更加清晰地展示不同的程序世界观、方法论,以及它们之间更完美的结合。

综上所述,反复地剖析思想,并将思想、方法以科学的步骤表达出来是本书编写的主旨。本课程学习的目的是编写规范易懂的程序帮助我们认识世界、解构世界,而非手工作坊式地求新求异;不是让你掌握多少精妙的技巧来编写优美的程序,而是让你能够编写规范的程序,能够解决基本问题;不是求巧,而是求真、求实、求拙。

本书没有将C/C++所有的知识点和技术都融入进来。如果都写进来,不仅会增加很多的篇幅,让大家望而生畏,而且会冲淡本书设计的宗旨,分散大家对核心思想、方法和规范的关注。

基于以上原因,本书定名为《C/C++规范设计简明教程(第2版)》,希望它不仅可以引领大家进入编程世界,而且其中的思想、方法可以对你的工作、生活有帮助。

三、本书的内容安排特色

基于以上设计理念,本书确定以"思想方法和途径"为核心、以"函数和指针"为主线、以"规范"为前提、以"解决实际问题"为目标安排教学内容。所有案例均设计建模,通过规范、明晰、可控的步骤,切实体现和落实"思想方法和途径";其中"函数"并不独立成章,而是分散在各章,以期在不同知识背景和应用环境中逐步揭示函数的本质和变换应用,逐步切实有效地认识编程思想和培养编程能力;而"指针"由于其原子类型特性,安排在基础类型之后,不仅可以客观地从内外两个方面认识变量(对象),还避免了传统教材中将其安排在数组之后,无法准确理解数组传递的尴尬。"规范"不仅仅指命名方式、书写格式,更重要的是指问题分析与解决的整套流程要规范。书中大多案例的出现,不是概念的体现,而是基于"实际问题"的需要,比如储蓄问题、城市气温统计、声音处理、单片机信号处理、智能IC卡处理、成绩管理系统等,尤其是成绩管理系统,在逐渐丰富的应用要求下,不断丰富内涵。

全书内容总体分为两部分:面向过程和面向对象。面向过程包括3个单元:模型模块和基本数据(共4章)、结构编程(共2章)和构造类型(共4章)。面向对象用1个单元介绍,包括封装、继承和多态(共3章)。前3个单元的面向过程是面向对象必不可少的基础。具体章节的主要学习内容及联系如下(以下(1)~(13)依次表示第1章~第13章):

(1)解决问题的思路与最基本的程序设计(结构化编程思想、模型模块及函数的封闭性);

(2)程序调试技术(函数的使用环境、出错调试处理及函数间的联系);

(3)基本的数据类型(如整型数,从内部看最单纯的数据及其保存,函数的基本使用);

(4)高级的数据类型(如指针,从外部看最单纯的数据及其保存,函数的基本使用);

(5)(6)结构化程序设计的3种结构(基本和高级数据类型应用,函数的较熟练使用);

(7)构造的数据类型:数组(函数的高级使用、传递数组与数组指针);

(8)构造的数据类型:字符串(函数的高级使用、传递字符串与字符串列表);

(9)构造的数据类型:结构体(函数的高级使用、传递结构体与结构体数组);

(10)构造的数据类型:文件(函数的高级使用、函数的本质及可用函数资源);

(11)类、(12)继承、(13)多态(函数的高级使用、动态对象指针及动态转型对象指针)。

选择本书作教材,具体教学内容的选择应依据教学计划而定:若主旨是面向过程教学,则教授前10章;若主旨是面向对象教学,则教授全书。若在教学计划中,面向过程和面向对象课程单独开设,则本书的设计结构、内容呈现将最大限度地保证两种编程思想的顺利过渡,节省下来的学习时间,用来更好地夯实基础,研究标"＊"号的拓展部分,有效开展思维训练及实验。

另外,与本书配套的《C/C++规范设计简明教程——思维训练、上机实验指导(第2版)》是基于本课程教学模式的一个探索,提供大量图形题、同型题、变式题、综合题等,其中思维训练教学环节是理论教学和上机实验的一个重要过渡,是学生发挥主观能动性参与,与教师交流的一个平台。

本次修订总结了第1版教材使用4年来的教学实践和各方建议,进行了内容勘误,优化语言描述方式,增设大量案例(包括综合性案例的全部设计过程),录制教学视频,制作课件、教案,搭建平台等工作,在保留原版优点和特点(git工作流设计方案)的基础上,全面提升了教材质量并大大增加了教学便利性。

本书从酝酿、设计、调整至出版已过10年,期间进行了7轮用国内知名教材与本教材同步教学实验对比,实验表明,使用本书教学,可以使学生明显获得更高的编程能力,这证明了本书的结构设计是科学且人性的。当然限于自身水平,书中肯定有不足之处,恳请指正完善(liyi@hfuu.edu.cn)。谨以此书献给热爱工作、生活的广大师生。

合肥学院　李　祎
2019年4月

核心教学点 Point

写给任课老师

教学内容	核心知识要点	核心智力技能(步骤)	核心检验点	核心教学时数
第1章 模型与模块	1.掌握解决简单问题的4个步骤; 2.初步掌握面向过程的编程思想,即模块化设计思想,初步认识主模块和自定义模块样式与特点; 3.初步掌握模块的组织形式:模型结构; 4.初步掌握简单函数的调用规则; 5.初步掌握规范命名方法; 6.初步掌握VC开发环境,可以编辑、编译、连接、运行代码	1.解决问题的方法步骤; 2.模型与模块设计的方法步骤; 3.规范命名的方法步骤; 4.从编写代码到运行程序的方法步骤	可仿照教材案例设计最简单的单归属程序,为自行设计单归属程序奠定基础	理论课时(4)+实验课时(2)
第2章 调试技术	1.辨析程序中的3种错误及其出现环境和调试方法; 2.进一步认识模块,理解模块的封闭性; 3.认识多种数学函数及其使用方法	1.针对各类错误的调试方法步骤; 2.模型与模块设计方法步骤(强化)	可完成对最简单的单归属程序各种类型出错的及时处理	理论课时(4)+实验课时(2)
第3章 基本数据类型	1.理解数据类型的基本概念,分辨不同数据类型的使用环境,掌握基本数据类型的特征; 2.掌握常量、变量的命名规则和使用方法; 3.认识局部变量和全局变量的分类及其作用域特性; 4.掌握常用运算符的分类及其使用方法; 5.进一步认识模块,理解模块间联系(关联性),掌握4种函数形式	1.混合运算的方法步骤; 2.模型与模块设计的方法步骤(强化)	可设计最简单的单归属程序,为建立多归属程序奠定基础	理论课时(4)+实验课时(2)
第4章 高级数据类型	1.理解指针含义,学会保存指针; 2.体会指针使用的好处,掌握用指针作为函数参数; 3.理解动态申请空间的必要性,并学会动态申请空间; 4.掌握局部变量、全局变量的生存期和作用域; 5.初步掌握不同指针之间的相互转化	1.用指针作模块参数的方法步骤; 2.动态申请空间的方法步骤; 3.模型与模块设计的方法步骤(强化)	可设计最简单的多归属程序,为建立系统程序奠定基础	理论课时(4)+实验课时(2)
第5章 结构编程之顺序与选择	1.理解结构编程的特点,明确数据流程步骤; 2.掌握交互(标准输入输出)方法、赋值方法,初步理解克隆技术; 3.学会根据不同选择环境,使用不同的选择语句; 4.进一步加深对函数的认识,理解模块的全局性,较熟练地使用多归属函数编写较大的程序	1.操作数据的方法步骤; 2.使用选择语句的方法步骤; 3.多模块多归属设计的方法步骤	可设计简单的系统程序,其中选择使用各功能模块	理论课时(4)+实验课时(2)

教学内容	核心知识要点	核心智力技能(步骤)	核心检验点	核心教学时数
第6章 结构编程之循环	1.理解循环结构的使用语境和语法结构; 2.熟练掌握循环规则,即三要素和循环规律; 3.熟练掌握运用规律的递推和递归两种思路; 4.初步掌握多人合作思路,进一步领悟面向过程编程中的模型、模块结构和角色分层设计思想	1.使用循环语句的方法步骤; 2.递推和递归的方法步骤; 3.多人合作的方法步骤	可设计简单的系统程序,其中循环选择使用各功能模块	理论课时(4)+实验课时(2)
第7章 数组	1.掌握一维数组的定义和元素的寻址方法; 2.掌握一维数组的基本排序方法; 3.掌握一维数组作为函数参数进行函数调用的实质; 4.学会以数组作参数构建模块,实现数组的输入、输出、排序、删除等功能	1.一维数组排序的方法步骤; 2.一维数组作模块参数的方法步骤	可设计分数管理系统(数据结构采用分组数组表达分数)	理论课时(4)+实验课时(2)
第8章 字符串	1.掌握字符串的本质和核心指标; 2.掌握字符串的数组表示方法和指针表示方法; 3.掌握字符作为函数参数进行函数调用的实质; 4.理解并掌握指针数组的建立和使用方法; 5.学会以字符串列表作参数构建模块,实现字符串列表的输入、输出、排序、删除等功能	1.字符串作模块参数的方法步骤; 2.指针数组作模块参数的方法步骤	可设计分数管理系统(数据结构采用分组数组表达分数,指针数组表达姓名列表)	理论课时(4)+实验课时(2)
第9章 结构体	1.掌握结构体类型的含义和定义方法; 2.掌握结构体变量的定义、输入、输出等方法,及向其他模块传递结构体数据; 3.掌握结构体数组的定义、输入、输出等方法,及向其他模块传递结构体数组数据; 4.学会以结构体数组作参数构建模块,实现结构体数组的输入、输出、排序、删除等功能; 5.初步掌握函数优化的几种手段	1.结构体作模块参数的方法步骤; 2.结构体数组作模块参数的方法步骤; 3.模块优化的方法步骤	可设计分数管理系统(数据结构采用结构体数组表达整体信息)	理论课时(4)+实验课时(2)
第10章 文件操作	1.理解文件和流的含义; 2.掌握文本文件的读写方式; 3.掌握二进制文件的读写方式; 4.学会建立数据保存模块和数据调入模块; 5.理解指针函数和体会指针函数带来的方便	1.文本文件操作的方法步骤; 2.二进制文件操作的方法步骤; 3.指针函数作模块参数的方法步骤	可设计分数管理系统(文件保存与调入)	理论课时(4)+实验课时(2)
第11章 类和对象	1.初步掌握面向对象语言的设计思路; 2.掌握类的结构,学会建立简单的类; 3.学会建立对象,掌握类的基本构造函数(无参或重载构造函数)对数据进行初始化; 4.理解对象之间的关系,尝试使用关联构建系统	1.建类的方法步骤; 2.关联设计的方法步骤; 3.用例建立的基本方法步骤	可设计使用关联建立分数管理系统	理论课时(4)+实验课时(2)

续表

教学内容	核心知识要点	核心智力技能(步骤)	核心检验点	核心教学时数
第12章 继承	1.学会动态建立对象; 2.掌握继承设计原则; 3.掌握公用继承下产生子类及访问权限; 4.初步掌握类模板建立方法,初步认识STL; 5.理解迭代思想,尝试使用迭代完善系统	1.创建子类的方法步骤; 2.迭代设计的方法步骤	可设计使用迭代建立分数管理系统	理论课时(4)＋实验课时(2)
第13章 多态转型	1.理解向上转型、向下转型、多态的概念; 2.掌握多态的建立和使用方法; 3.理解面向对象分析设计中的抽象思路,尝试使用多态完善系统	1.建立与使用多态的方法步骤; 2.抽象设计的方法步骤	可设计使用多态建立分数管理系统	理论课时(4)＋实验课时(2)
面向过程教学总计60课时:理论课时40＋实验课时20 面向对象教学总计78课时:理论课时52＋实验课时26				

说明:

①核心教学点指本课程教学必须使学生掌握的基本知识点和智力点。核心教学点的重点是思想、方法、科学步骤以及最基本的C/C++知识的支撑体现。任何课程教学计划均以完成这些基本点为首要目标,核心教学时数也是据此制定的。当然,在课时较充裕、学习状态较好的情况下,可逐步扩充和深入其他教学内容。

②表中列出的核心知识要点和核心智力技能指标,非一次课程能完成,只表明将开始这些要点学习和训练,在后续学习中,根据问题环境的不同,不断深入和训练。

③核心检验点是教学基本目标是否达到的衡量标准,所有的检验点都围绕一个真实系统的构建,在问题环境不断变化和需求不断增加的情况下,丰富其内涵。

④核心教学时数中的理论课时,非单纯的教师教学时间,而是包括教师教学和师生交流两部分,其中,学生表达疑惑、困惑和师生交流解惑的时间必不可少。

⑤面向过程教学,需教学前10章(分三个单元,1/2/3/4章、5/6章、7/8/9/10章各为1个单元);面向对象教学,需教学全部13章(11/12/13章为1个单元)。每章节基本理论教学至少需4课时,加上各个单元之后的复习考核(2课时)及结束复习(2课时)等,面向过程理论教学至少需要48课时,面向对象理论教学至少需要62课时。

⑥需说明的是,教材中很多标"＊"部分是基础知识概念,标"＊"只是为了突出,没加"＊"部分是面向过程和面向对象教学的最基本、最核心教学点。为更好地理解编程思想和体现思想,更准确地把握语言特点,更深入地操作指针,在教学课时有剩余和教学状态良好的情况下,可选读教材中标"＊"部分。

⑦本教材结合读者的认知心理,揭示了面向过程和面向对象的编程思想、相互关系和演化规律。开篇借用了C++中的cin/cout进行输入输出(简单方便),不引入命名空间而使用了非标准的头文件iostream.h;在展示面向过程编程过程中的多人合作时(第6章),提出C++中命名空间解决名称冲突的方案;在后面的面向对象编程的教学内容(第12章)中,详细阐述了命名空间,并使用标准头文件iostream。

⑧特别注意,在课时有限时,可适当淡化或省去专属C/C++的语法特点(如C++中运算符重载等知识),而重点关注于可针对所有计算机语言的面向过程和面向对象的思想,以及这些思想的具体展现。

⑨本课程教学推荐使用"学思行"教学模式,每周3次教学分别完成理论教学、思维训练和实验实践。"行课"的教学时间务必安排在"学课"或"思课"(实验课)之后,以便于教师调整教学节奏,遵循"学思行"的顺序,完成每段的教学过程。

写给学生

一、课程地位

现在是移动互联网时代,绝大多数操作系统、应用软件都与C/C++相关,嵌入式编程中C/C++的使用高居前两位。另外,本课程中渗透的处理问题的观点、方法和表达可以作为其他课程、甚至工作生活的重要参考。

二、学习什么

关于学习内容,需要纠正一个偏见:"高级语言程序设计"课程的目标是编写出优美和高难度的程序。实际上,人类对客观世界的认识和问题的解决是在一定的观点和方法的指导下进行的,而程序设计正是人类思维和行动的一种表达,所以本课程最重要的目标是使学生能按照明确的观点、方法,熟练地编写出规范易懂的程序。

三、如何学习

1. 把握课堂教学

学而不思则罔,思而不学则殆,学思不行则废。根据"学思行三位一体"的教学模式,可将教学过程分为理论教学课、思维训练课、上机实验课三个部分。

(1)理论教学课:课前预习;课中认真听讲、记好笔记;课后及时总结。

课前:课前根据预习提纲预习,并记录预习成果和问题,带着问题来听课效果会更好。

课中:认真听讲,跟紧教师的讲解思路。课堂是教师多年经验的凝练,是一种成熟思路的展现。另外,同学们还应学会做有效笔记。笔记不仅是记忆的痕迹,也是知识同构的重要符号,笔记记得好,课程学得肯定好。

课后:根据教师课堂教学和笔记及时复习回忆,在信息丢失之前及时稳定地纳入认知体系。注意,因课程教学要求的不同,复习看书应根据教师指定内容进行,以免胡子眉毛一把抓,影响复习效果,或因过多的教材内容影响学习的主动性。另外,有效的复习必须做好总结(心得体会),将每章的重点、难点、困惑和解决方法记录下来。

推荐使用三种颜色的笔:黑笔用于记录教师上课的提纲;蓝笔用于预习记录、提问、解惑、订正;红笔用于记录知识结构同化的过程和心得体会。

(2)思维训练课:独立完成作业;小组充分交流,尽情答辩

独立完成作业:独立完成配套实验指导书中自测练习部分,无法解决的问题记录后在小组内交流,形成统一意见,在思维训练课上提问。

合作完成答辩:小组合作完成配套实验指导书中答辩部分,按指定要求分工,拟定课堂中的发言稿,预测可能出现的问题。

(3)上机实践课:准备预习报告;上机关注重点、认真调试;课后及时完善报告。

学、思是为了行,而行就是实验。这是一门实践性很强的课程,实验前需要做好充分的准备工作,撰写规范的实验报告。这个实验报告不是给教师看的,而是学生做实验时使用的,务实准确是报告的基本要求。另外,单凭课内规定的上机时间是不够的,每位同学在第一次课之后务必安装开发环境,以做到随时验证和交流。

2.善于使用教材

(1)把握函数主线,不断提升。教材主线是函数(模块)。教材第1章提供良好的程序结构框架(模块),以后各章节是基于不同的应用背景对程序结构框架(模块)进行扩展。

(2)遵循教师指导。各校、各专业对本课程的教学计划不同(课时、侧重点等),各位同学的接受程度等方面也不同,可按教师要求有选择地进行学习,阅读教材时可分必读、选读等。

(3)教材也是学材。书中每章前面的"学习导读"主要介绍本章大致内容和核心目标;而"课前预习"需要大家在很短时间内了解其大致含义(并非一定要完全掌握),带着问题学习,效率更高;章节内容中带"*"号部分应根据教师要求学习,不要局限于细节而忽视关键部分;每章的"本章总结"主要介绍核心知识点,也期待各位同学能在学习之后在"个人心得体会"中写下感想。另外,教材中思考练习部分,同学们需要认真地补充、完善。只有师生双方共同努力,才能实现最优的教学效果。

3.遇到困难怎么办

孔子说过:"举直错诸枉,能使枉者直",意思是说将正确的放在错误的上面能够改变错误。在学习过程中肯定会遇到不少困难,甚至会动摇自己的信心,但我想给你的答案是:肯定能学好。暂时没有学好,不用担心,考虑一下方法对不对、时间够不够、上机是否有效。

首先,你要确定这是一门很有价值的课程。学习不是为了分数,而是为了让你的思维能力得到提高从而更有效率地处理问题。

其次,主动学习、合作学习是非常重要的,不要被动地接收老师的东西,也不要以为老师将所有问题讲清楚才是最好,而要动态地发展自己。学习是件幸福的事情,要不断地去学习你周围的一切,掌握了学习的能力才能使你的学习更加有效。

再次,掌握正确的学习步骤,"学思行"一个都不能少,潜心地学、独立地想、深刻地交流、耐心地上机调试,当所有的步骤都有条不紊地进行下去,你的能力就会不断地提高。

最后,我想说,罗马不是一天建成的,在没有建成之前,你要保证你每天的建设都是快乐的。事实上,学习中很可能遇到各种不懂的地方,没有关系,保持乐观愉悦的心情,等待柳暗花明、豁然开朗的那一天。

合肥学院 李 祎
2019 年 4 月

目 录
Contents

模型与模块

【学习目标】

> 了解计算机语言的发展,初步认识面向过程和面向对象的区别。
> 掌握解决简单问题的 4 个步骤。
> 初步掌握面向过程的编程思想,即模块化设计思想。
> 初步掌握模块的组织形式,即模型结构。
> 初步掌握简单函数的调用规则。
> 初步掌握规范命名方法。
> 初步掌握开发环境的使用,可以进行编辑、编译、连接、运行代码。

【学习导读】

对于编程课,编程语言的语法规则虽然重要,但解决问题的编程思想更加重要。有了编程思想,即使不用C/C++,也可以用其他语言来解决。本章从一个有趣的案例引入面向过程的编程思想,着重研究实现这种思想的方法手段——双模设计(模型设计、模块设计)。理解并掌握模块设计的 4 个基本步骤和模型设计的归属框架是编程能力提高的基础。

【课前预习】

节点	基本问题预习要点	标记
1.4	解决简单问题有哪 4 个步骤?	
1.5	main 模板的样式是怎样的? 代码全部写在 main 模块里有哪些不足?	
1.6	面向过程的编程思想及模块设计的思路是什么?	
1.7	如何进行多模块多文件模型设计? 模块归属依据是什么?	
1.8	编译、连接的含义是什么?	
1.9	程序代码执行的顺序是什么?	

1.1　什么是程序、软件

1.1.1　程序、软件的概念

程序是按照一定的语法规范编写以达到某种目标的计算机指令序列。程序及程序的说明文档统称为"软件",规范的说明文档在维护程序和使用程序中占据重要位置。

1.1.2 软件的分类

软件一般分成系统软件、应用软件、语言软件等。

(1)系统软件

系统软件是最靠近硬件的软件系统,它直接操作硬件,包括内存的分配和外部设备的驱动等。作为用户和计算机硬件之间打交道的桥梁,系统软件提供了一种方便且高效的环境,在这个平台上,用户可以方便地进行文件的拷贝、打印和设备管理。

操作系统(Operating System,OS)就像是覆盖在硬件上的一个大外壳,在这个外壳上提供了大量的接口(函数),编程者可以利用这些接口编写程序完成对硬件的操作。例如,个人用户使用最多的是 WINDOWS 操作系统,这个系统外壳就提供了大量的功能接口,如通过功能接口GetDeviceCaps 可得到打印机资源并完成打印任务。编程者要编写 WINDOWS 系统下应用程序,就需要掌握其提供的功能接口。目前常见的操作系统有 UNIX、LINUX、WINDOWS 等。

(2)应用软件

应用软件(Application Software)是一类为满足某方面的需要而编写的程序。应用软件可分为通用和专用两类,如文字处理软件、图形图像处理软件等是通用软件;而人事管理软件、图书馆管理软件和车辆定位软件等是专用软件,一般应用于某部门。

还有一类应用软件与日常生活息息相关,但又经常被忽略,就是嵌入式专用应用软件。手机、家用电器里都有这种软件。例如,利用这种软件,电饭煲能提示饭煮好了,电梯能按指令运行到指定的楼层。

(3)语言软件

语言软件为编写系统软件或应用软件提供支撑,也称为"编程语言"。它由语法规则、编译器构成,程序员按语法规则编写程序代码,编译器再将代码翻译成计算机能够识别并执行的二进制代码。另外,大多数编程语言软件还提供了良好的编程环境和测试环境。

世界上很多著名的软件公司都根据当时计算机语言的发展推出了自己的语言组件包。虽然语言的核心是一致的,但各家公司都会提供一些附加的功能,以更便于使用。例如,同样针对 C 语言,同一个阶段,宝兰公司提供的开发产品是 TURBO C,而微软提供的产品是 MICROSOFT C;针对C++语言,宝兰公司开发的产品是C++ BUILDER,而微软开发的 VISUAL C++。

1.2 计算机语言的发展

计算机语言和人类语言相似,大致包含语法和语义两方面。语法表示语言的结构或形式,即表示各个记号之间的组合规则,但不涉及这些记号的特定含义,也不涉及使用者,就好比人类语言中有"如果……那么……"这个语法;而语义表示程序代码具体含义,亦即表示各个记号的特定含义,就好比说"如果下雨了,那么我就去收被子"。

计算机语言的发展经历了四代,分别是机器语言、汇编语言、高级语言和对象语言。

（1）机器语言

电子计算机内部只能识别"0"和"1"。在计算机发明之初，编写程序就是写出一串串由"0"和"1"组成的指令序列交由计算机直接执行，这就是机器语言。使用机器语言编写代码一开始是在纸带上打洞，有洞的位表示0，没洞的位表示1，用起来非常麻烦，而且无法移植到其他型号的机器上，因为各机器的指令系统不一致，但优点是效率高、速度快。

（2）汇编语言

为了减少使用机器语言编程带来的麻烦，人们进行了一种有益的改进：用一些简洁的英文字母、符号串来替代一个特定指令的二进制串，如用"ADD"代表加法，用"MOV"代表数据传递等。这样一来，人们很容易读懂并理解程序在干什么，纠错及维护都变得非常方便，这种程序设计语言称为"汇编语言"。然而计算机不认识这些符号，需要一个专门的程序负责将这些符号翻译成二进制数的机器语言，这种翻译程序被称为"汇编程序"。汇编语言依附于特定的机器指令系统，所以汇编语言编写程序也无法移植，但优点是效率高、速度快。

比如，针对8088单片机的汇编语言编写"a＋b"的代码如下：

```
mov AX a          将a放入寄存器AX中
add AX b          a与b相加放入寄存器AX中
```

（3）高级语言

从最初与计算机交流的痛苦经历中，人们意识到，应该设计一种接近于数学语言或人的自然语言，同时又不依赖于计算机硬件，编出的程序能在所有机器上通用。经过努力，1954年，第一个完全脱离机器硬件的高级语言——FORTRAN问世了。几十年来，共有上千种高级语言出现，有重要意义的有几十种，比如说曾经红极一时的BASIC语言和目前仍然非常实用的C语言。

用高级语言设计程序，比机器或者汇编语言书写起来更方便且更加容易理解和维护。总的来说，它们的基本使用方法相似，例如，求圆的面积，不同语言的写法如表1-1所示。

表1-1　用不同的语言来求圆的面积

语　言	举　例
C	area＝3.14＊r＊r;
MATLAB	area＝pi＊r2;
FORTRAN	area＝3.14＊r＊＊2
PASCAL	area：＝3.14＊r＊r;
BASIC	let area＝3.14＊r＊r;
COBOL	computer area＝3.14＊r＊r;

高级语言编写的程序必须根据不同的硬件自动翻译成机器语言才能在计算机上运行，翻译方式有两种：编译和解释。编译是把源代码整体翻译成二进制代码（称为"目标程序"），然后执行；解释是对源代码逐条翻译并执行，这种方式并不产生目标程序。从效率上说，编译比解释高，例如，C是编译型语言，而BASIC是解释型语言，C的效率优于BASIC。

高级语言的出现，有一个词goto尤其引人注意，其含义是跳转，由于它灵活且高效，因此成了程序员们竞相追捧的工具。有关goto的种种复杂诡异的技巧在程序员之间传诵，

4

goto 甚至成了衡量程序员水平的标尺。可是到了 20 世纪 60 年代中后期,软件越来越多,规模越来越大,错误也越来越多,几乎没有不出错的软件。这极大地震动了计算机界,史称"软件危机"。意识到这个危机并提出解决方案的人是 Edsger Wybe Dijkstra,这位荷兰科学家发表了他的著名论文《goto 有害论》,使人们认识到 goto 是导致程序复杂、混乱、难以理解的罪魁祸首,不仅效率难以度量,而且程序难以维护,大型程序编写不同于小程序,它应该有一项新的技术。

通过众人的努力,人们总结出一套行之有效的程序设计方法,这种方法既便于保证程序的正确,也便于保证验证正确,这就是面向过程的结构化程序设计方法。"自顶而下、逐步细化、模块设计、结构编程"被称为"结构化程序设计思想"。程序员不能再随心所欲地编码了,goto 逐步淡出历史舞台。

(4)对象语言

随着软件规模的不断增大,用面向过程的高级语言编写程序出现瓶颈,程序设计者必须细致地设计程序中的每一个环节,准确地考虑程序运行时每一刻发生的事情。例如,各个变量的值是如何变化的,什么时候应该进行哪些输入,在屏幕上应该输出什么等,问题越复杂,程序员越感到力不从心。继第一次软件危机后,软件的设计上又出现了新的危机,在这种情况下面向对象(Object-Oriented,OO)语言的研究和发展突飞猛进。

面向对象的程序设计语言模拟客观世界,在计算机语言世界里建立起一个个能够管理自身且有行为能力(向外界提供服务)的对象,然后分析各对象的联系,让对象相互作用从而去解决实际问题。

面向对象的思想从 20 世纪 50 年代就已经出现(人们早有预感应该遵循自然之道去设计程序处理复杂问题),但面向对象的实质发展始于 1966 年的 Simula 语言。1972 年在 Simula 语言的基础上,计算机专家 Alan Kay(ACM 图灵奖获得者)开发了一个真正实用的面向对象语言 Smalltalk。Smalltalk 在很多第 3 代语言出现之前就出现了(著名的 C 语言 1973 年才出现),并且深刻地影响了其他面向对象的语言,例如,C++(1983)、Objective-C(1986)等。

目前,面向对象的语言包含 4 个基本的分支。

①基于 Smalltalk 语法结构:Smalltalk-80。

②基于 C 语法结构:Objective-C,C++,Java,C♯。

③基于 Lisp 语法结构:Clos、Xlisp、Flavors。

④基于 Pascal 语法结构:Delphi(Object Pascal)、Ada95。

计算机语言的下一个发展目标是什么呢? 可能是一种智能语言,专家推测这种语言的特征是:告诉计算机我要做什么事情,程序就能自动生成算法,自动进行处理。

1.3 C 语 言 和 C++语 言

1.3.1 C/C++语言的起源和发展

在C/C++计算机语言的诞生与发展中有 3 个重要的人物:C 语言之父 Dennis M

Ritchie、C++之父 Bjarne Stroustrup 和 STL 之父 Alex Stepanov。

（1）Dennis M Ritchie

C 语言和 UNIX 系统的出现和发展,有两个传奇人物,其中之一是 Ken Thompson。他利用 PDP-7 上的汇编语言和自创的 B 语言写出了 UNIX 的第一个版本。而 Ritchie 在 B 语言中加入新的数据类型及语法,缔造了 C 语言,并且用 C 语言重写了可以方便移植的 UNIX。

图 1-1　Ken 与 Ritchie 获全美技术勋章

可以说,C 语言的诞生是程序设计语言发展史上的一个里程碑。自 C 出现后,以 C 为根基的 C++、Java 和 C♯等面向对象语言相继诞生,并在各自领域大获成功。目前,C 语言依旧在系统编程、嵌入式编程等领域占据着统治地位。

（2）Bjarne Stroustrup

C++语言受 C 语言的影响巨大。创造C++源于一次项目开发,当时工作进展得并不顺利,因为那时几乎所有程序设计工具都不适合完成此类工作。于是 Bjarne Stroustrup 决定自己开发一个名为"带类的 C"的工具,它既允许以类似于 Simula 的方式组织程序（这种方式现在被称为"面向对象"）,同时也支持在硬件层次上进行系统软件开发。由于C++的发明,1995 年,美国 BYTE 杂志颁予 Bjarne Stroustrup"近 20 年来计算机工业最具影响力的 20 人"的称号。Bjarne Stroustrup 对大学教育情有独钟,他现在是 A & M 大学教授。他认为,学生不能只学习计算机和

图 1-2　Bjarne 正在教学

编程,还要积累一种或多种领域的经验,要有其他专业知识,这样就能明白什么东西值得编程实现。另外,学习多种语言也是他一再强调的,如果只学一种,就容易导致想象力的僵化。

（3）Alex Stepanov

STL(Standard Template Library),即标准模板库,是一个具有工业强度的、高效的 C++程序库。它被容纳于C++标准程序库(C++ Standard Library)中,是 ANSI/ISO C++标准中最新、最具革命性的一部分。该库包含诸多在计算机科学领域里所常用的基本数据结构和基本算法,为 C++程序员们提供了一个可扩展的应用框架,高度体现了软件的可复用性。

图 1-3　Alex 生活照

早先的C++标准中没有出现的语言特性——模板(Template),正是由于 Stepanov 提出了泛型编程(Generic Programming)和模板元程序(Template Metaprogramming)编程思想,指出算法不依赖于数据结构的特定实现,而仅和数据结构的一些基本语义属性相关,并制定了模板库的规范,让 C++功能更加强大。与此同时,C++标准也不断地改进,不断出现的新特性为 STL 的实现提供了更多的方便。

1.3.2 C/C++语言的特点

C语言兼有高级语言和低级语言的特点:

①高级语言特点:语言简洁,运算符丰富,使用灵活方便,适合结构化编程。

②低级语言特点:可操作内存单元和数据位操作,目标代码质量高,适合开发系统软件和嵌入式软件。

C++保留了C的所有特点(编译生成的目标代码质量、效率只比C稍差),并在其基础上增加了面向对象程序设计的语法,更容易完成复杂环境模型建立和问题解决。

1.3.3 学C还是学C++

首先,由于C/C++的应用背景不同,两种语言都是我们的学习目标;其次,因二者语法近乎一致,导致同时学习这两种语言成为可能;最后,语言只是思想的载体,解决问题的过程论思想和对象论思想才是学习语言最核心的东西(思想、方法、表达)。本教材前10章介绍面向过程的设计结构,包括模型设计、模块设计、数据类型和结构编程语法,这些不论对C还是C++都是适用的;最后3章介绍面向对象,讲述如何产生对象,对象间如何发生这种关系,这些更适用于C++。

1.4 解决简单问题的一般步骤

用计算机语言解决问题和人类解决问题的思路一致,包括以下4个步骤:

①清楚表达所要解决的问题。

②分解输入量和输出量。

③给出解决问题的具体方法,通常是数学公式或一些逻辑判断的组合。

④制定算法步骤,即将思路细化并按顺序展开。

例1.1 编程解决如下问题:已知两点的坐标,求两点之间的距离。

①清楚表达问题:求平面上已知两点间的距离。

②分解输入量输出量:输入两个点的坐标,输出它们之间的距离。

③给出解决思路:

已知p1(x_1, y_1)和p2(x_2, y_2),通过以下公式求这两个点间的距离。

$$distance = \sqrt{(x_1 - x_2)^2 + (y_1 - y_2)^2}$$

如:p1(1,2),p2(4,6),通过上面公式可得:

$$distance = \sqrt{(4-1)^2 + (6-2)^2} = 5$$

④制定算法步骤:给p1、p2两个点赋值,即给x_1、y_1和x_2、y_2赋值;用两点间距离公式求出distance;输出显示distance。

上述4步是顺利编写程序的前提,4步分解可让我们更清楚地认识问题,找到解决方法。

1.5　第一个程序——初识 main 模块

（1）main 模块的地位

C/C++控制台程序：要求有且仅有一个 main 系统模块，它是 C/C++程序的起点和终点。

（2）main 模块的结构

```
int main()                          //第一个部分:模块的头部
{
    …                               //第二个部分:躯干第 1 块,变量定义部分
    …                               //第二个部分:躯干第 2 块,执行语句部分
    return 0;                       //返回给 OS,这里只需记住格式
}
```

（3）main 模块的输入与输出

系统 main 模块的输入与输出一般指模块内部的键盘输入和显示器输出，而不考虑模块级别的输入和输出（第 4 章介绍 main 模块与 OS 的交流）。

（4）第一个程序代码

```
/*目的:求两点间距离
文件名:TwoPointDistanceMain.cpp*/
#include <iostream.h>                               //头文件
#include <math.h>                                   //头文件
int main()                                          //模块的头部
{
    //躯干的第一部分:定义部分
    float x1,y1,x2,y2;                              //定义两个点的坐标值
    float distance;                                //定义距离变量
    //躯干的第二部分:执行语句部分
    cout<<"请输入两个点的坐标值:";                    //提示输入
    cin>>x1>>y1>>x2>>y2;                            //输入语句
    distance=sqrt((x1-x2)*(x1-x2)+(y1-y2)*(y1-y2)); //计算公式
    cout<<"两点间距离是:"<<distance;                  //打印显示
    return 0;
}
```

程序运行结果如下：

```
请输入两个点的坐标值:0 0 3 4
两点间距离是:5
```

程序代码注解：

①用"/*"和"*/"括起来的部分是程序的注释部分，这种注释表达方式多用于大段文

字说明。如果是某一行需要注释,可用//来引导。

②C/C++里提供的功能函数,在使用时必须包含功能函数的声明头文件。如本例中的求平方根 sqrt 函数在 math. h 头文件里声明,而头文件 iostream. h 声明的 cin 表示输入,cout 表示输出显示。

③float x1,y1,x2,y2, 意味着 x1,y1 等用来保存坐标的变量类型是 float 类型(小数类型)。

④躯干部分,每行语句后加上";"表示每条语句的结束。

(5)求两点间距离的再思考

将所有的代码全部写在 main 模块里看起来是清楚简单的,但在实际解决问题的过程中很难遇到一个只求平面上 2 个点距离的简单问题。事实上,如果遇到的问题比较复杂(例如,要构建一个"学生成绩管理系统",大概需要写 1000 行代码),这时将所有代码都写在 main 函数中,理论上虽然可行,但形式上是可怕的,书写是痛苦的。

复杂问题的解决必须依赖科学的世界观和方法论,面向过程和面向对象就是分析和解决问题的两种世界观和方法论。下面,我们从面向过程的设计思路分析一个较复杂的问题。

1.6 面向过程的编程——模块设计

1.6.1 编程思想

面向过程程序设计思想是:自顶而下,逐步求精,模块设计,结构编程。自顶而下、逐步求精指的是设计思路,即程序设计应当遵循将大问题逐步分解成小问题这种思路,简单地说就是分步骤做事情;而模块设计、结构编程指的是实现方式,即实现过程中要求编写一个个模块(函数),并在其中使用结构化编程语句。

分步有条不紊地做事情,这种思想是成功的前提。面向过程的关键是设计好这个"步",即设计好一个个大小合适、功能清晰的小模块,再将这些小模块串联起来。

1.6.2 模块设计——大象的经历

下面以一个有趣的实例"将大象放入冰箱"来体现面向过程的程序设计思想。处理这个"复杂"问题的思路可以分 3 步:第 1 步将冰箱门打开;第 2 步将大象放进去;第 3 步将门关上。

将上述每一个"复杂"的过程(即每一步)当作一个模块,3 个模块串接起来完成这样一个"伟大"的工程。模块结构如图 1-4 所示。

图 1-4 左侧是主模块 main,其中是 3 个自定义模块 openTheDoor、input、closeTheDoor(自定义模块的名字一般是动词,本教材约定,模块名中第一个单词首字母小写,以后出现的单词首字母全部大字),图 1-4 右侧是 3 个自定义模块的清单(说明或声明)。可以看出,在解决一个较复杂问题时候,应将问题分解成几个小的模块,然后逐个解决这些小模块。模块是解决问题的基本单元,是一个基本动作。

较复杂的程序编写：主模块＋自定义模块＋自定义模块声明。

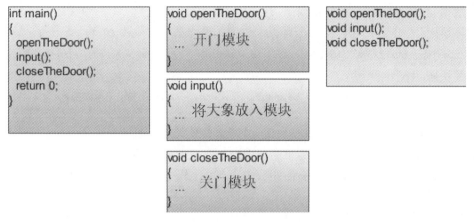

图 1-4　"将大象放入冰箱"的自定义模块

思考练习：

①上述例子中哪些地方体现了"自顶而下，逐步求精"？哪些地方体现了"模块设计"？哪些地方体现了"结构编程"？

②void 为何意？

1.6.3　初识自定义模块

（1）自定义模块的格式

"大象"例子中自定义的 3 个模块和 main 模块的格式类似，但模块名和引导词、后缀词不同。模块名和参数（由引导词和后缀词表达）需要根据具体要求而定。比如，设计一个根据长、宽返回长方形面积的模块，此模块可命名为 getSquareArea。模块图形如下：

上述图中已知的、返回的、模块名构成了一个模块的头部，C/C++书写格式如下：

　　　float getSquareArea (float height,float width)

　　　　　　　　　　//height 长,width 宽,getSquareArea 面积,float 表示小数

　　　{

　　　　…　　　　　　　//求出面积值

　　　　return 面积值；

　　　}

问题：请比较下面两个模块图的区别？并思考如何写出右图模块的头部？

答案：两个模块的名称不同，一个表示通过从外部输入给模块的两个数据（长和宽），向

模块的外部传出一个面积,所以模块名为 getSquareArea。而另一个模块表示通过外部传入的两个数据,在模块内部进行显示输出,并非传出模块。

左模块图:

　　float getSquareArea (float height,float width)　　　　//float 表示返回一个小数数据

右模块图:

　　void displaySquareArea (float height,float width)　　//void 表示无返回数据

思考练习:根据给定条件,请画出模块图,并写出具体的形式表达。

　①输入 2 个数(整数),输出其中的最大数。

　②输入半径(小数),输出圆的面积。

----

(2)自定义模块的共同特征

①模块名表示模块的功能和作用,名字通常用动词或动词的组合表示。

②模块的头部既可以带参数,也可以不带参数,这些参数表示要告诉模块什么信息,要模块返回什么信息,称之为"模块的输入和输出"。模块的输入和输出是不同模块之间相互沟通的桥梁(在今后的学习中会大量使用这种技术)。

③每个模块的内部解决方案需要按照前面详细阐述的解决问题的 4 个步骤制订。

1.7　模块的有机组织——模型设计

1.7.1　模块的载体——文件

文件是模块的载体,而模块是文件具体的书写内容。现在的问题是,这些模块怎么结合在一起? 是放入一个文件还是放入多个文件呢? 这就是本节要阐述的文件的模型结构。

1.7.2　单文件设计模型

将主模块、自定义模块、清单说明放在一个文件里,这是最简单的组合方案,称为"多模块单文件设计模型"。书写顺序是:先写声明,再写主模块,再写自定义模块,如图 1-5 所示。

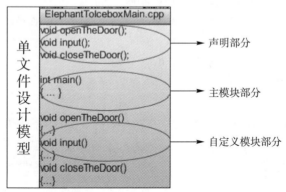

图 1-5　单文件设计模型结构

图 1-5 中文件名为 ElephantToIceboxMain.cpp，本书约定：文件名用名词或名词词组表示，其中单词首字母大写，而包括主模块的文件名用"名词词组＋Main"表示。

多模块单文件的模型结构可行，但有缺陷，最大的问题是没有扩展性。事实上，这种设计即便不是将 1000 行代码全部写在 main 模块里（分散写在几个模块里），也还是写在一个文件里。一个文件里写 1000 行代码也同样是可怕的，这面临着一种尴尬与不便：这个文件交给谁来写？让甲来写，那这个文件就不可能同时再交给乙来写。这种方案不具备扩充性，不能满足多个程序员共同去完成一个系统这样的目标（程序员协作编程是必然趋势）。因此，需要调整模型结构。下面考虑用多文件结构来组织这些模块。

1.7.3　多文件设计模型

将主模块写在一个文件（ElephantExperienceMain.cpp），将自定义模块写在一个文件（Elephant.cpp），将自定义模块的声明写在一个文件（Elephant.h）。主模块包含声明文件（图 1-6 中的关联纽带），从而将多个文件组合起来，这种方案就是多模块多文件的设计模型。这种方案的一个好处是可以分工做事，例如，主模块文件可以交给一个人来做，自定义模块可以交给另外一个人来做。模型结构如图 1-6 所示。

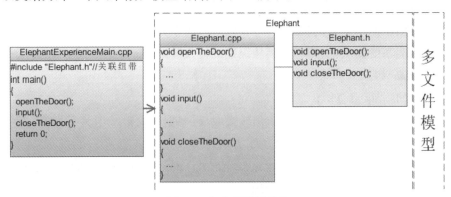

图 1-6　多文档模型结构

或许有人会有这样的疑问：从图 1-6 的多文件模型结构中并没有看出多文件的好处啊？上面的结构不过就是将一个人做的事情分给两个人来做：一个人做主模块所在的文件，另外一个人做自定义模块所在的文件。难道这就是体现出多人合作了吗？

这个问题很好，将大象放入冰箱也许还不够复杂，如果不仅将大象，还要将狮子、老虎等很多的动物放入冰箱呢？那么好了，多文件设计模型结构的好处就体现出来了，有人设计大象 Elephant，有人设计狮子 Lion，有人设计老虎 Tiger，各司其职，相互配合，就可以共同完成一项动物集体搬家的伟大任务。

多文件设计模型结构可以更好地体现多人合作，每个人都可以编写自己的文件，每个人也都能够单独检查自己编写的代码（学习第 2 章调试技巧，会更加清楚此模型的优势）。

说明：主文件名同上述单文档的主文件名，而自定义模块所在文件名按动作归属命名在一个管理者名词中，如上例中几个动作都是针对大象的，管理者应该是"大象管理者"，即 ElephantManager，这里简化为 Elephant。

12

1.7.4　单文件设计模型和多文件设计模型的比较

（1）不同点

模块的组织方式不同，所有模块放在一个文件里就是单文件模型，而将模块分门别类地存放就是多文件模型。

（2）共同点

单文件设计模型和多文件设计模型均由3个部分组成，即主模块部分、自定义模块部分和声明部分。

1.7.5　模块、模型设计案例

例1.2　从键盘输入两个整数，求较大数及较大数的平方值（要求：使用多文件方案）。

［模块设计］

主模块 main

①模块功能：求两个整数的较大数，以及较大数的平方。

②输入输出：系统模块，暂不考虑模块级别的输入输出，输入输出在内部完成。

形式：int main()

归属：TwoMaxSquareMain

③解决思路：输入两个整数后，先求出较大数，再根据较大数求出其平方值。例如，输入两个数分别是3、4，先得到4，再计算4的平方值。

④算法提纲：第一步，输入两个整数a、b；第二步，max＝getMax(a,b)；第三步，square＝getSquare(max)；第四步，输出 max 和 square。

⑤模块代码：

```
# include <iostream.h>        //因程序体中用到了 cin/cout
# include "Int.h"             //因程序体用到了 Int 里的两个模块 getMax/getSquare
int main()
{
    int a,b,max,square;
    cin>>a>>b;
    max=getMax(a,b);
    square=getSquare(max);
    cout<<"较大值是"<<max;
    cout<<"较大值的平方是"<<square;
    return 0;
}
```

自定义模块 getMax

①模块功能:求两个整数的较大值。

②输入输出:

形式:int getMax(int a,int b)

归属:Int

③解决思路:比较 a 与 b,得到较大值,如 a=3,b=4,则应该返回 b 的值 4。

④算法步骤:如果 a>b,则返回 a;否则返回 b。

⑤模块代码:

```
int getMax(int a,int b)
{
    if(a>b)
        return a;
    else
        return b;
}
```

自定义模块 getSquare

①模块功能:求一个整数的平方值。

②输入输出:

形式:int getSquare(int max)

归属:Int

③解决思路:用 max * max 得到结果,如 max=5,结果是 25。

④算法步骤:先计算 max * max,再返回结果,或直接返回 max * max。

⑤模块代码:

```
int getSquare (int max)
{
    return max * max;
}
```

[模型设计]

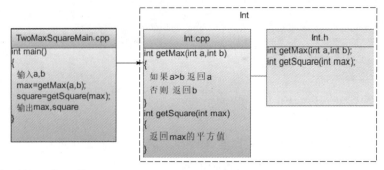

多模块多文档的完整代码:

主模块所在文件 TwoMaxSquareMain. cpp	自定义模块所在文件 Int. cpp

<pre># include ″Int.h″ 	
# include ＜iostream.h＞ 	
int main()
{
    int a,b,max,square;
    cin＞＞a＞＞b;
    max＝getMax(a,b);
    square＝getSquare (max);
    cout＜＜"较大值是"＜＜max;
    cout＜＜"较大值的平方是"＜＜square;
    return 0;
}</pre>
	<pre>int getMax(int a,int b)
	{
	    if(a＞b) return a;
	    else return b;
	}
	int getSquare (int max)
	{
	    return max * max;
	}</pre>

	自定义模块所在声明文件 Int. h

	<pre>int getMax(int a,int b);
	int getSquare (int max);</pre>

程序解释:

• 自定义部分的文件名为何为 Int? 因为 getMax 和 getSquare 这两个动作是针对"整数"的,故命名为 Int。实际上,针对"整数"还有很多有用的"动作",如整数分解数位、整数倒序等,今后也将归属 Int,这极大地提高了 Int 的功能和针对"整数"操作的管理能力。今后只要涉及整数的操作,我们就会自然而然地想到 Int,这实际上是一种软件复用技术。

• 这个程序虽然简单,却体现了面向过程的程序设计思想,在主模块 main 里进行了分步计算,实际上,如果自定义模块比较复杂,还可继续遵循分步设计的思想。在本教材第 6 章"循环结构"里会出现自定义模块再细分成更小模块的案例。

思考练习:

①从例 1.2 中,你能看出"文件"的命名方法与"模块"的命名方法有何不同吗?

②将本例改为单文档,如何呈现代码?

1.8 程序的编辑、编译、连接、运行

程序代码写完后,下一关键步骤就是翻译成机器码,C/C++将这个过程称为"编译"。厂家、团体或个人制作的编译器性能不尽相同,除微软、宝兰、Intel 公司出品的主流C/C++编译器外,开放软件联盟提供的 GCC 编译器也非常强大。但单有编译器,并不能让工作更方便。将编译器与良好的编写调试环节结合在一起的集成开发软件才是编写程序的利器,如 Codeblocks、Bloodshed Dev C++、C-Free 等。Visual C++6.0(简称 VC)并不是最好用的开发环境,但优点是开发环境相对简单,功能丰富,更重要的是微软出品,除基本功能外,还支持 Windows 开发的一套框架结构,在用户使用个人电脑开发程序上有天然优势。本教材使用 VC 开发环境。

1.8.1 建立项目

在 VC 的环境里,首先就要建立一个统一的项目管理,步骤如下:

①双击 VC 的快捷方式,进入 VC 的工作环境。

②选择菜单栏 Files→New,在出现的对话框里选择 Projects 栏目,选择 Win32 Console Application,选择好位置(如 C:\),填写项目名称 TwoMaxSquareProj,点击 OK 完成,在 C 盘根目录下出现 TwoMaxSquareProj 文件夹,如图 1-7 所示。

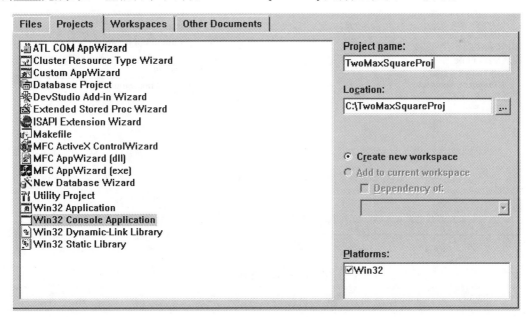

图 1-7 项目建立界面

项目建立后,窗口的左边会出现视图窗口,窗口里有两个标签:ClassView 标签和

FileView 标签。选择 FileView 标签,查看项目下面有 3 个子项,如图 1-8 所示。

说明:Source Files 是代码文件;Header Files 是头文件;Resource Files 是资源文件。现在这些子项里都是空的,建立相应类型的文件,这些子项就会出现相关内容。

图 1-8　FileView 视图内容

1.8.2　编辑文档

(1)单文件解决方案

①建立一个新文件 TwoMaxSquareMain. cpp(单文件模型只有这一个文件)。

选择菜单栏 File→New,在出现的对话框里选择 Files 栏目,可以看到这个窗口里显示出刚建立的项目的名称和相应的位置,选择 C++ Source Files,在右边填写上建立的文件名 TwoMaxSquareMain,点击 OK 即可,如图 1-9 所示。

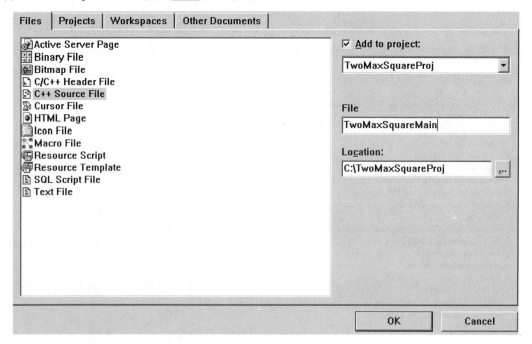

图 1-9　新建源码界面

点击 OK 进入编辑代码界面,录入原先设计的 TwoMaxSquareMain. cpp 代码,如图1-10所示。另外,点击 FileView 标签,发现在 Source Files 下生成相应文件。

②录入代码。

```cpp
//以下第3部分，自定义模块的声明部分
int getMax(int a,int b);
int getSquare(int max);

//以下是第1部分，主模块部分
#include <iostream.h>
int main()
{
    int a,b,max,square;
    cin>>a>>b;
    max=getMax(a,b);
    square=getSquare(max);
    cout<<"较大值是"<<max;
    cout<<"较大值的平方是"<<square;
    return 0;
}

//以下是第2部分，自定义模块部分
int getMax(int a,int b)
{
    if(a>b) return a;
    else return b;
}
int getSquare (int max)
{
    return max*max;
}
```

Workspace 'TwoMaxSquareProj': 1
└─ TwoMaxSquareProj files
　　├─ Source Files
　　│　　└─ TwoMaxSquareMain.cpp
　　├─ Header Files
　　├─ Resource Files
　　└─ External Dependencies

图 1-10　录入源代码界面

（2）多文件解决方案

项目分别建立 TwoMaxSquareMain. cpp、Int. cpp、Int. h 3 个文件。

①建立文件。

建立 TwoMaxSquareMain. cpp 文件、Int. cpp 文件，与上述单文件解决方案建立步骤相同，这里不再赘述。

注意：在建立声明文件 Int. h 时，要选择 C/C++ Header File 选项，如图 1-11 所示。

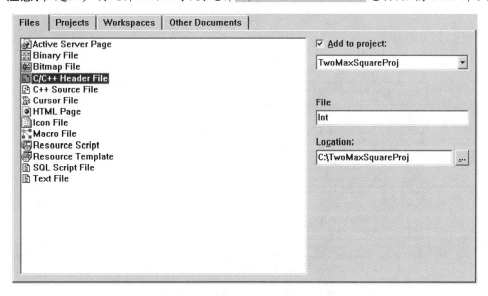

图 1-11　新建清单文件（头文件）界面

18

②在相应文件里,录入相关代码即可,图 1-12 输入 Int.h 文件。

图 1-12 录入清单文件(头文件)界面

1.8.3 编译、连接、运行

(1)编译(compile)

将这些代码翻译成机器所能够理解的二进制目标文件(0、1 组成的机器代码),称之为"编译"。编译后的目标文件的后缀名是 obj,有几个 cpp 文件,就会生成几个 obj 文件。例 1.2 的多文档模型方案,相应地生成 TwoMaxSquareMain. obj 和 Int. obj。

(2)连接(builder)

连接阶段将 obj 目标文件和系统函数的目标代码连接在一起,生成一个可执行文件。一般情况下,可执行文件的后缀名是 exe。

注意:连接之后生成以项目名为准的可执行文件,如,例 1.2 中生成可执行文件名是 TwoMaxSquareProj. exe。

(3)运行(run)

可执行文件是可以脱离 VC 环境执行的。但为了方便,通常在 VC 里直接运行,如果出错,也方便调试,一旦运行是成功的,就可以将生成的 exe 文件拷贝到任意地方运行。图 1-13 表示从源码到最后的可执行文件所经历的过程。

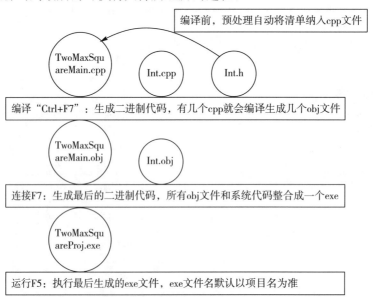

图 1-13 编辑、编译、连接、运行过程

> **温馨提示:** 在 VC 中,使用快捷键"Ctrl+F5"进行编译、连接、运行。

1.9　代码的执行顺序

程序从主函数开始,一步步向下执行,遇到子函数就去执行子函数,子函数执行完之后再回到主函数中,直到执行完主函数的最后一条语句。也就是说执行从主函数开始,到主函数结束。

例如,编程求表达式 $f(x)=x^2+2x+1$ 的值,如图 1-14 所示,从箭头的指向可看出程序执行的流程。

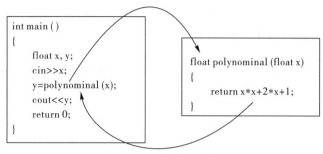

图 1-14　代码执行顺序

1.10　数学函数和程序函数的比较 *

(1)定义方式比较

C/C++函数和数学函数的定义相似,都是由函数名、函数参数、函数体 3 个部分组成。

数学函数:

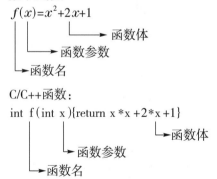

C/C++函数:

int　f(int　x){return x *x +2*x +1}

从定义方式看,它们的参数和返回说明方式不同。

①参数说明方式:数学函数的参数说明用数学语言或自然语言描述,如"自变量 x 的值取整数";C/C++函数的参数说明用特定的标识符描述,如"int f(int x)"。

②返回说明方式:数学函数总有返回值,且返回无需描述;C/C++函数可能有返回,也可能不需要返回,但需用特定的标识符描述。例如,"将大象放入冰箱"定义的函数,无需返回,标识符说明是 void(教材 3.8.3 将详细讨论)。

(2)实现方式比较

数学函数的函数体是一个数学表达式,而 C/C++函数里除了数据公式外,常常有一些判断。例如,判断两个数的较大数的函数,其中没有数据公式,只有逻辑判断语句。

(3)使用方法比较

在大多数情况下,若函数 $y=f(x)$ 有具体的计算结果,则数学函数使用格式为:$y=f(x)$,C/C++函数使用格式为:$y=f(x)$,两者使用方式相同。但C/C++对于函数无返回值的情况直接调用,如"操作大象"的函数调用。

【本章总结】

计算机由硬件和软件两部分组成,其中软件包括程序和文档说明两个部分。

计算机语言发展经历了四代,其发展过程体现了人们编程思想的变化。

面向过程的程序设计思想强调:自顶而下、逐步求精、模块设计、结构编程。

有效落实编程思想的方法是:建立双模(模型结构和模块设计)。模型结构通过一种直观的图形来表达模块的归属、顺序、联系;而模块设计则具体体现在每一个小问题里,按问题表达、分解输入量和输出量、解决思路、制定算法步骤 4 步顺序达到目标。另外,模型名(文件名)必须是名词或名词词组(约定首字母大写),而模块名必须是动词或动词词组(约定首字母小写)。

模块由头部和躯干两部分组成,而躯干又包括定义和执行两个部分。主模块 main 是程序中必须有的模块。而自定义模块是根据需要编写的模块。自定义模块的头部格式依据输入、输出、功能的不同而各不相同。

高级语言的执行途径:编译执行与解释执行。编译执行效率高,C 与 C++ 都属于编译型语言。

❋ 个人心得体会 ❋

调 试 技 术

【学习目标】

➤ 进一步熟悉开发环境。
➤ 辨析程序中的 3 种错误及其出现的环境和调试的方法。
➤ 掌握项目文件规划管理的方法。
➤ 进一步认识模块,理解模块的封闭性。
➤ 认识多种数学函数及其使用方法。

【学习导读】

你知道程序会出现哪几种错误吗?你知道如何排除这些错误吗?调试技术对学习任何编程语言都至关重要,通过调试不仅可以迅速地改正错误,而且还能更清楚地看清程序的走向,加深对模型和模块本质的认识。熟练掌握调试技术是自我学习、提高的重要保障。

【课前预习】

节点	基本问题预习要点	标记
2.1	程序有哪几种错误?	
2.2	避免程序出错有哪几种策略?	
2.3	单步调试与断点调试的含义分别是什么?	
2.4	清晰的程序目录结构指什么?	
2.5	如何在自己的程序中添加进别人编写的代码?	
2.6	"模块是独立的世界"含义是什么?	

2.1　程序中的 3 种错误

一般来说,程序中有 3 种错误:编译错误、连接错误、运行错误,认清这些错误产生的原因对排除错误至关重要。

2.1.1　编译错误

(1)产生原因

初学者写代码时,经常会出现未经定义使用变量、未经声明使用模块、关键词写错、运算

22

符写错、少写空格或分号等语法错误,这些错误在编译阶段会被发现,称"编译错误"。例如,定义一个整型变量,正确格式为"int a;",但不小心写成"inta;",错误地将数据类型和变量名写在一起;再如,将模块名"getMax"写成"get Max"或"getmax";再如,将♯include 写成♯Include 等。

注意:C/C++区分大小写。

(2)解决方案

语法错误在编译时会有相应的出错提示信息,认真阅读这些信息,可以很容易地找到错误的原因并进行修改。请看下面"求 3 个整数的平方和"的代码。

SquareSumMain. cpp	Int. cpp	Int. h

♯include ˝Int.h˝//getSquareSum 在 Int.h里声明
int main()
{
　　int d1,d2,d3;　　//定义 3 个变量
　　cin>>d1>>d2>>d3
　　　　　　//输入 3 个变量
　　s=getSquareSum(d1,d2,d3);　//调用
　　cout<<s;　　//输出最后的平方和
　　return 0;
}
	int getSquare(int d1,int d2,int d3)
	{
	　return d1*d1+d2*d2+d3*d3;
	}
		int getSquareSum
		(int d1,int d2,
		int d3);

编译 Int. cpp 正确,但编译 SquareSumMain. cpp 出错,出错信息、原因、改正方法如下:

出错信息	出错原因	改正方法
error C2065:′cin′: undeclared identifier	出错信息含义:cin 是没有声明的标识符(不认识 cin)	双击这个错误提示信息,光标转到出错行 cin>>d1…cin 表示输入,要使用它必须在开头加上头文件 iostream. h,即在模块 main 的前面加上♯include<iostream. h>
error C2146:syntax error: missing′;′before identifier ′s′	出错信息含义:在标识符 s 之前少一个分号	双击这个错误提示信息,光标转到出错行 "s=…",发现"s=…"的上一行末尾少一个分号,加上一个";"即可
error C2065:′s′: undeclared identifier	出错信息含义:s 是没有声明的标识符(不认识 s)	双击这个错误提示信息,光标转到出错行 "s=getSquareSum(d1,d2,d3);",这里使用了 s 用来保存最后的数据,向前面看定义部分,s 并没有被定义,所以应该在前面定义部分加上一句"int s;"。变量必须先定义再使用

(3)注意事项

认真辨析错误提示,编译出错一般都很容易解决,但要注意两点:第一,双击出错信息后的位置与实际发生错误的位置可能有偏离;第二,编译可能出现很多条错误信息,但有些错误是其他错误产生的原因,所以建议修改完第一出错点后,再次编译,出错时再修改。

> **温馨提示**:在 VC 平台中可按"F4"快捷键,从一个错误点跳到下一个错误点。

2.1.2　连接错误

(1)产生原因

各源码文件(cpp 文件)编译都正确,但连接阶段还是可能发生错误,这种错误称为"连接出错"。其原因是不同模块间的调用出现了问题。最常见的情况是头文件(清单文件)和源码文件(实现文件)不匹配,如头文件 Int.h 中声明模块"int getMax(int a,int b);",但源码文件 Int.cpp 提供"getmax(int a,int b){…}",两者不匹配。

(2)解决方案

通过连接出错信息,查找源码文件和声明文件中不匹配处并修改。请看下面"求 3 个整数的平方和"的代码。

SquareSumMain.cpp	Int.cpp	Int.h

# include ＜iostream.h＞ 	
# include ″Int.h″ 	
int main()
{
　int d1,d2,d3,s;
　cin＞＞d1＞＞d2＞＞d3;
　s=getSquareSum(d1,d2,d3);
　cout＜＜s;
　return 0;
}
	int getSquare(int d1,int d2,int d3)
	{
	　　return d1＊d1＋d2＊d2＋d3＊d3;
	}
		int getSquareSum
		(int d1,int d2,int d3);

单独编译 Int.cpp 和 SquareSumMain.cpp 均没有错误,但连接时出错,出错信息如下:

SquareSumMain.obj:error LNK2001:unresolved external symbol ″int_cdecl getSquareSum(int,int,int)″

出错信息含义:无法解析 getSquareSum(int,int,int)。清单文件 Int.h 声明了 getSquareSum,源码文件 Int.cpp 本应该提供真实的 getSquareSum 代码,但实际提供的是 getSquare。将 Int.cpp 里模块的定义改名为 getSquareSum,重新编译,再次连接即可。

> **温馨提示**:连接出错大都因言行不一,即说的(h 文件)与做的(cpp 文件)不一致。

2.1.3　运行错误

(1)产生原因

程序在编译、连接过程中都没有出错(开发环境中没有错误提示信息),程序可以运行,但运行结果达不到要求;或运行过程中崩溃,程序被迫终止,这种错误称为"运行错误"。其原因大都是语义不正确(错误的数学公式或错误的逻辑描述)或使用了不合法内存。

(2)解决方案

对于初学者而言,排除运行错误的方法主要有两种:单步调试和断点调试。单步调试指单步执行程序,每一步查看变量的变动,借以查明出错点并及时改正;断点调试指在怀疑出错的地方设置一个断点,让程序直接运行至断点位置,然后查看变量此时的状态,分析数据是否正确,这样可更快速地找到错误并改正。

以前面介绍的"求3个整数的平方和"为例来说明调试过程,提供代码如下:

SquareSumMain. cpp	Int. cpp	Int. h

＃include ＜iostream.h＞
＃include ″Int.h″
int main()
{
　　int d1,d2,d3,s;
　　cin＞＞d1＞＞d2＞＞d3;
　　s＝getSquareSum(d1,d2,3);
　　cout＜＜s;
　　return 0;
}
	int getSquareSum(int d1,int d2,int d3)
	{
	　　　return d1＊d1＋d2＊d2＋d3＊d3;
	}
		int getSquareSum
		(int d1,int d2,int d3);

运行程序结果如下:

```
0 1 2
10Press any key to continue_
```

输入数据是 0 1 2,结果应该是 5,但实际运行的结果是 10,程序运行出错。

①单步调试。

反复按 F10 键(单步调试快捷键),至 s＝getSquareSum(d1,d2,3)行,如图 2-1 所示。

图 2-1　单步调试过程　　图 2-2　调试过程中的变量窗口　　图 2-3　调试过程中的查看窗口

说明:调试过程中自动弹出两个重要的窗口,即"变量窗口"和"查看窗口",如果这两个窗口被关闭的话,还可以分别通过"Alt＋3"和"Alt＋4"这两个快捷键打开。

"变量窗口"可以方便地查看当前激活状态模块内部变量的值;而"查看窗口"不仅可以查看变量的值,还可以查看变量的组合所代表的值。

从图 2-2"变量窗口"中,可看出 d1、d2、d3 已经成功地连接到了从键盘上输入的 3 个数据。

注意:当前行 s＝getSquareSum(d1,d2,3)还没有被执行,所以 s 是一个随机值－858993460。

在图 2-3 中,可针对当前的变量进行组合运算,如在查看窗口中计算 d2＊d2。

按 F11 键(单步调试细节快捷键),进入 getSquareSum 模块内部,此时"变量窗口"和"查看窗口"内容如图 2-4、图 2-5 所示。

Context:	getSquareSum(int, int, int)
Name	Value
d1	0
d2	1
d3	3

Name	Value
d1*d2	0

图 2-4　进入自定义模块后的变量窗口　　图 2-5　进入自定义模块后的查看窗口

变量窗口的上下文 Context 表明,此时活跃模块是 getSquareSum 模块,新的工作环境里 d1、d2、d3 应该是 0、1、2,但从图 2-4 可看出主模块中 d3 的值 2 并没有传过来。程序之所以出错,是因为这里的数据传输有问题。仔细地检查调用语句,发现 s＝getSquareSum(d1,d2,3) 的最后一个参数写错,将 3 改为 d3 就正确了。

②断点调试。

单步执行的效率较低,可以在程序的某一处设置断点(按快捷键 F9),程序直接运行至断点停下来(按快捷键 F5),检查各状态数据是否正确,针对上述代码的断点调试具体步骤如下:首先,将光标定位在代码 s＝getSquareSum(d1,d2,3) 行,并按下 F9 键,生成一个断点;然后按 F5 键程序运行到断点处停下来。此时 s＝getSquareSum(d1,d2,3) 尚未执行。除上述两种调试方案外,还有"位置、条件断点调试""跟踪堆栈""反汇编调试"等,可参考后续章节内容,这里不再深入讨论。

2.2　程序编写策略与技巧

尽可能少犯错误和出错之后快速地定位错误、分析错误、找出原因并修改是树立学好这门语言信心的关键,为此,需要掌握一些策略技巧。

(1)搭建良好的框架结构

建立多文档多模块模型结构。这种结构不仅是设计结构的需要,同时也为调试提供便利,多文档可快速将错误定位于某一文档,多模块可快速将错误定位于某一模块。

(2)规范命名

变量名、函数名(模块名)、文件名,除必须遵守标识符的命名规则(见教材 3.4.3),遵循事先约定(见教材 1.6.3 和 1.7.2)之外,还必须有明确的意义,以便于理解程序的结构。例如,记数变量可命名为 count;表示行列数的变量可分别命名为 rows 和 cols;求圆的面积的模块可命名为 getArea;求一组数的平均数的模块可命名为 getAverage;设置起点和终点范围的模块可命名为 setRange;画线模块可命名为 drawLine。

(3)书写一致

一致的代码缩进风格能够清晰地表达程序代码的结构。

不好的写法	较好的写法

int main()
{
int i, s;
s=0;
for(i=0;i<10;i++)
s=s+i;
return 0;
}
	int main()
	{
	   int i, s;
	   s=0;
	   for(i=0;i<10;i++)
	   {
	      s=s+i;
	   }
	   return 0;
	}

(4)注释齐全

据最新的C/C++标准,两种语言程序块的注释常采用/ * … * /,行注释一般采用//。

对模块的注释通常分:对模块整体的注释和对模块内部重要代码的注释。模块整体注释通常包括:功能、参数等,常用注释格式如下:

```
/ *
 * @模块名 getMax
 * @功能   求两个整数的较大数
 * @param [in] a   第一个数
 * @param [in] b   第二个数
 * @return 较大数
 * /
int getMax(int a,int b)
{ … }
```

(5)每写一个模块单独编译一次,不断完善

初学者不必将模块全部写全了才编译,可每写一个模块就编译一次,测试该模块编写是否正确。如"求两个数的较大数并求较大数的平方",需自定义 2 个模块 getMax 和 getSquare,这两个模块归属 Int 文件,写此文件时,可先写 getMax 模块,进行编译测试,编译通过后,再写 getSquare 模块,然后再进行编译测试。

2.3　建立结构清晰的程序目录结构

(1)规划目录结构

为便于教材程序的分类管理,可先建立课程目录和章目录,再将建立的程序项目放置于相应章目录中。例如,在 F:建立课程目录C++下建立子目录 chapt1、chapt2 等。

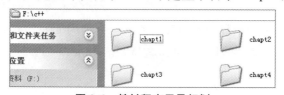

图 2-6　教材程序目录规划

（2）建立控制台项目

在 VC 中建立项目时,选择相应的章目录。例如,选择 chap2 后建立项目 SquareSumProj,其中编写相应的主模块文件、自定义模块文件、清单文件,如图 2-7 所示。

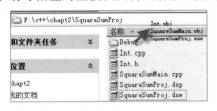

图 2-7　项目目录结构和内容

说明:其中的 dsp/dsw 是 VC 开发环境自动生成的项目管理文件,项目的重新打开需要双击这两个文件之一(非双击 cpp 或 h 文件),编辑的 cpp 和 h 文件与项目文件(dsp/dsw)处同一层。

（3）生成的可执行文件位置

Debug 目录将保存编译生成的 obj 文件和连接生成的 exe 文件,如图 2-7 箭头所示。

2.4　程序核心代码的拷贝和重新调入

做好的项目可以整体拷贝,但涉及多人合作编程时,就需要将各人编写的核心代码(cpp 文件和 h 文件)拷贝出来,在一个新项目里整合在一起。首先新建项目,将需要引入的 cpp 源码文件和相应的 h 声明文件拷贝到新建项目目录里。其次引入文件,在 VC 环境里用右键点击项目名,在弹出的菜单中选择"添加文件至工程",将拷贝进来的文件引入即可。

2.5　模块(函数)的封闭性

（1）模块是封闭的世界,不同模块变量名相同只是巧合

两个模块可能有相同名称的变量,但这仅是巧合(为使用方便),一个模块里的变量值的改变,不影响另外一个模块里相同名称变量的值。

主模块世界	自定义模块世界

<pre>int main()
{
    int a,b;
    cin>>a>>b; //输入 3 4
    max=getMax(a,b);
    cout<<max;
    cout<<a;
    return 0;
}</pre>
	<pre>int getMax(int a,int b)
	{
	    int temp;
	    if (a>b) temp=a;
	    else temp=b;
	    a=a+10;
	    cout<<a;
	    return temp;
	}</pre>

以上代码求两个整数的较大数,主模块和自定义模块都有变量 a,但通过对方框内代码的测试,主模块 a 显示值是 3,而自定义模块显示值是 13。

（2）模块是封闭的世界，不同模块之间的联系通过传递和返回完成

调用模块和返回数据都是数值传递的过程。调用模块时将数据传递给被调用模块中设置的变量，接收变量的名称可以任意，而返回时将数据传递回调用模块。如下所示，main 模块 a、b 的值 3、4 传递给 getMax 模块的变量 aa、bb，getMax 模块运行完毕将较大值返回至 main 模块。

主模块世界	自定义模块世界

int main()
 {
     int a,b;
     cin>>a>>b;   //输入 3 4
     max＝getMax(a,b); //3,4 两个值将抛出
     cout<<max;
     return 0;
 }
	int getMax(int aa,int bb)
	 { //aa,bb 两变量接到3,4
	     int temp;
	     if (aa>bb) temp＝aa;
	     else temp＝bb;
	     return temp;
	 }

（3）模块是封闭的世界，不同模块变量不能相互进入

不同模块（函数）是不同的世界，不同模块的变量不能相互进入，不同模块的变量只存在于自己的世界。通过调试，可看到模块传递数据的详细情况。

如上述代码，在主模块 main 的 max＝getMax(a,b)处设置断点，按 F5 运行到断点，再按 F11 进入到 getMax 模块后，发现 a 和 b 消失，aa 和 bb 出现，并接到了传过来的数据 3 和 4。当单步运行 getMax 返回 main 模块之后，aa 和 bb 消失，而 a 和 b 又出现。表 2-1 显示进入 getMax 模块前后"变量窗口"中变量的变化情况。

表 2-1　进入 getMax 模块前后变量窗口的变化

模块状态	变量窗口	查看窗口
主模块 main	Name　Value **a　　3** b　　4	Name　Value aa　CXX0017: Error: symbol "aa" not found bb　CXX0017: Error: symbol "bb" not found
自定义模块 getMax	Name　Value aa　　3 bb　　4	Name　Value a　CXX0017: Error: symbol "a" not found b　CXX0017: Error: symbol "b" not found

2.6　常见系统数学函数*

C/C++提供了非常丰富的库函数，这些函数的代码都由专家编写，效率、稳定性一流，覆盖了数学运算、字符串处理、环境设置、时间调整、图形图像、进程安排、网络连接等许多方面，使用这些函数可以极大地提高工作效率。

系统不提供库函数的源代码（c 或 cpp 代码），它们已经被编译成了二进制代码文件（后缀名为 obj 或者 lib 等）。程序中使用这些函数时，在程序的"连接"阶段，系统会自动地将相应编译好的二进制代码加入可执行程序。

看不见这些代码,如何使用呢? 记着加入这些函数的声明文件即可。如需使用 sqrt 这个求平方根的数学库函数,只要在前面加上 ♯include ＜math. h＞。下面给出常用的数学库函数。

(1)初等函数

sqrt(x)	计算 x 的算术平方根
pow(x,n)	计算 x 的 n 次方,例如 pow(3,2)结果是 9
exp(x)	计算 e 的 x 次方
log(x)	计算 $\ln(x)$,即以 e 为底的自然对数,e 的值是 2.718
floor(x)	向左取 x 的整数部分,例如 floor(3.4)结果是 3
ceil(x)	向右取 x 的整数部分,例如 ceil(3.4)结果是 4
fabs(x)	求 x 的绝对值,例如 fabs(−3.4)结果是 3.4

(2)三角函数

三角函数也是经常使用的函数,许多复杂的信号都可以最后分解成多个简单三角函数的组合。三角函数在使用的时候,参数是弧度值,而不是角度值,如果给定的是角度,则要乘以 3.1415/180来转换。

sin(x)	计算 x 的正弦值
cos(x)	计算 x 的余弦值
tan(x)	计算 x 的正切值
atan(x)	计算 x 的反正切值

【本章总结】

程序中可能出现的错误有 3 种:编译错误、连接错误、运行错误。

通过分析出错提示信息,可找到编译、连接错误的解决方法;通过单步或断点调试,分析其中变量的状态,可找到运行错误的解决方法。

通过建立良好的框架结构、命名规范、书写规范、注释等可减少错误出现的概率。

模块是一个独立的世界,各模块之间的联系通过数据的传递和返回发生。

✿ 个人心得体会 ✿

基本数据类型

【学习目标】

➢ 理解数据类型的基本概念,分辨不同数据类型的使用环境,掌握基本数据类型的特征。
➢ 掌握常量、变量命名的合法规则和使用方法。
➢ 初步认识局部变量和全局变量的作用域。
➢ 初步掌握常用运算符的使用方法。
➢ 进一步认识模块,理解模块间的联系,掌握模块(函数)的 4 种形式。

【学习导读】

编程过程实质上是对已知数据的处理过程,其前提是要能正确地表达数据和相应地处理数据的运算规范。数据表达和运算规范总称为数据类型。本章主要研究最基本的数据类型及其相关运算规则,并从其内存表达上探讨数据类型的特点及混合运算规律。另外,本章将继续对模块的结构进行研究,基于模块的封闭性,重点讨论模块之间的联系。

【课前预习】

节点	基本问题预习要点	标记
3.1	数据类型含义及分类划分依据是什么?	
3.2	几种基本数据类型表达的数据范围?	
3.3	常量的直接表达和符号表达是怎样的?	
3.4	变量的特点是什么及变量名如何约定?	
3.5	整数和字符数据在内存中如何呈现?	
3.6	局部变量和全局变量在作用域上如何区别?	
3.7	运算符的运算顺序分几个方面?	
3.8	模块设计的一般思路和函数使用"三步曲"是什么? 什么是实参、形参?	

3.1 数据类型简介

3.1.1 数据类型概念

客观和主观世界充满大量信息,表达和处理这些信息的关键在于确定其不同的特征因素及相关运算规范。数据表达和运算规范总称"数据类型"。也就是说,数据类型包括不同特征的值的集合,以及在这些集合上附着的运算规律。

3.1.2　数据类型划分

(1)基本数据类型

特点:基本数据类型指最简单、最单纯的数据类型,它表达了事物某一方面的特征。

分类:基本数据类型又可细分为高级类型与低级类型 2 种。高级类型描述的是数据的外因,表达的是数据外部呈现的特征及运算规律;低级类型描述的多是数据的内因,表达的是数据内部存在的特征及运算规律。C/C++中的基本数据类型如下:

①基本类型之低级类型包括:整型、小数型、字符型、逻辑类型(也可称布尔类型)。

②基本类型之高级类型包括:指针类型、引用类型、空类型。

说明:上述加方框类型为C++语言独有。另外,自本章起,在不引起误会情况下,简称"基本类型之低级数据类型"为"基本数据类型",本章研究的就是"低级数据类型"。

(2)构造的数据类型

构造类型是以基本数据类型为基础而构造出来的数据类型。它反映的是多个同型数据特征及运算规律,或多种不同型数据综合特征及运算规律。C/C++中构造的数据类型如下:

构造类型包括:数组型、结构体型、共用体型、类类型、枚举型。

说明:上述加方框类型为C++语言独有。

3.1.3　数据类型分析

(1)基本的数据类型分析

基本的数据类型指最简单、最单纯的数据类型,它表达了事物某一方面的特征。例如,学生学号是整型数据;而身高是小数型数据;性别可以用一个字符 M 或者 W 来分别表示男性和女性,是字符型数据;在表达一种判断时,常用"真"或"假",是逻辑型数据。

注意:逻辑类型是C++语言独有的,C语言里没有,可用整数1和0来代替。

(2)高级的数据类型分析

高级并不意味复杂,高级的数据类型依然是最简单、最单纯的一种数据类型,和基本的数据类型表述相比,它是从另外一个角度来描述事物的特征。其中包括:

①指针类型:表达的是数据在计算机内存中的地址,数据总是放在内存某个单元中或某几个单元中,而指针类型就是内存单元的地址,它相当于门牌号码。

②引用类型:表达的是一个变量的别名,正如一个人除了有一个主名,还可有很多的别名,这种类型为操作某变量提供更多选择机会(C++语言独有)。

③空类型:表达的是不带有类型特征的类型,空类型多用于函数的参数定义,如 void funC(…)表示 funC 函数不需要返回值。

(3)构造的数据类型分析

构造类型是以基本类型或高级类型为基础而构造出来的数据类型,包括:

①数组类型:一个人的身高可用基本数据类型中的小数类型表示,而 50 个人的身高,就要用"小数型数组"来表示;再如,一个人的姓名由多个字符组合而成,这种字符的组合称为"字符型数组"。

②结构体类型:一个人的年龄是整数,身高是小数,姓名是"字符型数组",将这几个方面结合成一体较完整地表达一个人,可以用"结构体"数据类型。

③共用体类型:共用体类型与结构体类型相似,也能够包括几个成员,但成员存储机制不同。

④类类型:在结构体类型的基础上加行为特征,如在人的年龄、身高、姓名的基础上,加"跑""跳"等动作,从而构建出一个较真实的人,这种类型就是面向对象程序设计语言里最核心的类类型。

⑤枚举类型:列举出有限状态的数据可以用枚举类型来表示。例如,一个星期有 7 天,这 7 天的表示法可用"枚举类型"表示;一个按钮有 3 种状态:原始、按下、抬起,这 3 种状态可用"枚举类型"表示。

思考练习:保存一个学生的年龄,用什么类型?保存一个学生的分数,用什么类型?保存一个学生的姓名用什么类型?保存一个学生的基本信息(多个方面)用什么类型?保存一个学生的完整信息(有行为特征)用什么类型?一周有几天用什么类型?

3.2 基本数据类型

3.2.1 整数类型

(1)3 种整数类型

整数类型有 3 种类型说明符:short、int、long int,分别表示短整型、整型和长整型,在 VC 环境下,各整型数特点如表 3-1 所示。

表 3-1 整数类型说明符、内存大小、数据容量、数据范围

说明符	内存大小	数据容量	数据范围
short	2B	$2^{16}=65536$	$-32768\sim32767$
int	4B	$2^{32}=4294967296$	$-2147483648\sim2147483647$
long int	4B	$2^{32}=4294967296$	$-2147483648\sim2147483647$

(2)内存大小决定整数的范围

所有的数据均存放于内存,而计算机内存分配的最小单元称为"字节"(BYTE,简称 B),一个字节由 8 个二进制位(bit,简称 b)组成,即 8b。可以形象地将一个字节(1B)理解成一个房间,这个房间里有 8 个床位(8b),每个床位上要么是 0,要么是 1。

short 整数分配 2B,可表示 $2^{16}=65536$ 个数据,正负各半,表示范围为[-32768,32767];int

整数分配 4B,表示数据 $2^{32} = 4294967296$ 个,正负各半,表示范围[－2147483648,2147483647]。可见分配内存越大,表示的数据越多。

整数类型说明符前加 unsigned 限定符,表示正整数。带限定符和不带限定符的整型表示数量相同、但范围不同的数据。例如,在 VC 环境下,short 和 unsigned short 都表达了 65536 个数据,但 short 类型数值范围为－32768 至 32767,而 unsigned short 类型数值范围为 0 至 65535。有些环境下,不需要负数,但同时需要表示的范围尽量大一些,可使用限定符。

思考回答: 某大学大约有 5 万名学生,为每个学生作一个整数编号,如何选择类型?

3.2.2　小数类型

(1)3 种小数类型

小数类型的类型说明符有单精度 float、双精度 double、长双精度 long double 3 种。在 VC 环境下,各小数特点如表 3-2 所示。

表 3-2　小数类型说明符、内存大小、数据容量、数据范围

说明符	内存大小	数据容量	数据范围
float	4B	$2^{32} = 4294967296$	6 位精度,指数最大 38 范围±3.402823e+38
double	8B	$2^{64} = 1844$ 万亿 6744 千亿 0737 亿 0955 万 1 千 6 百 1 十 6	15 位精度,指数最大 308 范围±1.797693e+308
long double	8B	$2^{64} = 1844$ 万亿 6744 千亿 0737 亿 0955 万 1 千 6 百 1 十 6	15 位精度,指数最大 308 范围±1.797693e+308

(2)内存大小决定小数的范围和精度

范围指小数的大小范围。从表 3-2 可知,定义一个很大的数据,需要使用 double 或者 long double 类型说明符。

精度指一个小数中准确数字的个数。对于 float 小数,其中数字超过 6 位就可能不准确,如小数本身是 1.23456789,但用 float 表示可能为 1.234568,可以看出结果中只有前 6 位是精确的。double 类型小数精度是 15,也即给定小数前 15 位是精确的。如果要求精度更大,那就要想其他办法了,有兴趣的同学可以查询相关的资料。

实际上,小数在计算机中以科学记数法(指数＋尾数法)保存,如 345 表示为 3.45×10^2,其中的 2 是指数,3.45 是尾数。分配的内存空间越大,则相应指数位和尾数位就越大。这样表示的范围和精度就越大。如 float 小数,4B(32b)的分配方法是 1b 符号位＋8b 指数位＋23b 尾数位;double 小数,8B(64b)的分配方法是 1b 符号位＋11b 指数位＋52b 尾数位。

由于固定内存分配,因此任何类型的小数只能表示一定范围内一定精度的小数。

3.2.3 字符类型

(1)字符类型说明符

标准字符类型的类型说明符是 char,在 VC 环境下,字符类型特点如表 3-3 所示。

表 3-3 字符类型说明符、内存大小、数据容量、数据范围

说明符	内存大小	数据容量	数据范围
char	1B	$2^8=256$	$-128\sim127$

字符类型说明符前加 unsigned 限定符,即 unsigned char,其数据容量还是 256,但数据范围是 0~255,表示非负整数。

(2)ASCII 码表

针对每一个字符,有单独的编码(0~127)与之对应,这种编码称为"ASCII 码"(American Standard Code for Information Interchange,美国标准信息交换码),这套单字节编码方案包括:0~9 数字、A~Z/a~z 大小写英文字母以及一些常用符号。例如,′A′的 ASCII 码值是 65,′B′的 ASCII 码值是 66,′a′的 ASCII 码值是 97,′b′的 ASCII 码值是 98,′0′的 ASCII 码值是 48,空格键的 ASCII 码值是 32,换行符的 ASCII 码值是 10 等。

(3)不同国家的编码表

不同国家有不同的字符,计算机该如何表达呢? 国际通用的标准是用 2 个字节来存放 1 个字符(1 个英文字符和 1 个汉字字符一样都用 2 个字节表达),这样可保存 65536 个字符,可满足不同国家的需求,并且统一了标准。

3.2.4 逻辑类型

逻辑类型用于描述"真"或"假"两种状态的数据类型。标准逻辑类型的说明符在C++中是 bool,据此定义的变量只能设置 true 或 false 两种状态;标准逻辑类型的说明符在 C 中是_Bool(C99 标准,通过宏代换也用 bool 来表达),据此定义的变量只能设置 1 或 0 两个数据。逻辑数据的特点如表 3-4 所示。

表 3-4 逻辑类型说明符、内存大小、容量、范围

说明符	内存大小	数据容量	数据范围
bool	1B	$2^8=256$	$-128\sim127$

从表的数据范围可以看出,bool 型数据可取 256 种数据。但实际上,任何变量用 bool 定义后,在内存中表达的数据只有 1 或 0 两种,分别表示"真"或"假"两种状态。

3.2.5 数据类型取别名

有些数据类型的写法比较长(今后会遇到很长的类型定义),为了程序的简洁,可给这些较长的类型定义一个别名。方法是:typedef<已有类型> <别名>。例如:

```
typedef unsigned int uint;            //unsigned int 类型的别名是 uint
typedef unsigned long int ulint;      //unsigned long int 类型的别名是 ulint
```

3.3　基本数据类型定义的常量

3.3.1　常量概念

常量是指在整个程序运行过程中保持不变的量,如圆周率、地球半径、光的速度等。其表达分为直接表达和符号表达两种。

3.3.2　常量的直接表达

(1)整数类型常量

在C/C++中,整数类型常量的表达有十进制、八进制、十六进制 3 种形式。

①十进制:由 0～9 共 10 个数字组成,如 78、89。

②八进制:由 0～7 共 8 个数字组成,表达之前加 0,如 023、056。

③十六进制:由 0～9 共 10 个数字及 a～f(或者大写的 A～F)6 个字母组成,表达之前加 0x(或 0X),如 0x5f、0x2b。

注意:直接写一个整型常量,默认情况下是 int 类型,如直接写 78 就是 int 类型整数。如果在整型常量的最后加上类型符,可调整为其他的整型常量,如 78l(或 78L)表示 78 是一个 long int 类型,如 78u(或 78U)表示 78 是 unsigned int 类型,如 78ul(或 78UL)表示 78 是一个 unsigned long int 类型。

(2)小数类型常量

在C/C++中,小数类型常量的表达有小数表示法和科学计数法两种形式。

①小数表示法:如 12.34、−0.67。

②科学计数法:如 1.2e5 表示 1.2×10^5。

注意:直接写一个小数,默认是 double 类型。例如,直接写 12.34 这个常量参与运算,则 12.34 是 double 型小数。也可在小数末尾加上类型符重新设置这个小数常量的类型,例如,12.34f(或 12.34F)表示 12.34 是一个 float 类型的小数。

(3)字符常量

字符常量表达一个字符,根据其外在形式和内存特征,有以下几种表达方式:

①′字符′:用单引号直接包裹可见字符,如:′a′′0′′Z′。这里注意是单引号,不是双引号("a"不是字符常量,而是字符串常量,第 8 章会详细讲述字符串)。

②′\ASCII 码′:这种方式不仅可表达可见字符,也可表达不可见字符。

注意:\(称"转义符")后跟着的 ASCII 码只有八进制和十六进制两种写法。例如,可见字符′M′的十进制码值 77,故用此法表达′M′的方法为:

　　′\115′　　//八进制,无需前导符,115 表示字符′M′的八进制码值

　　′\x4D′　　//十六进制,前导符 x,4D 表示字符′M′的十六进制码值

在 ASCII 码表中除 ′M′这样的可见字符外,也有一些不可见字符,如"Tab 键"和"换

行",这些不可见字符可用'\ASCII'表达,如表 3-5 所示。

表 3-5　常用不可见字符的含义及相应 ASCII 码

不可见字符	含义	十进制	八进制	十六进制	'\ASCII'表达	'\助记符'表达
回车	回车就是将水平位置复位,不卷动滚筒	13	15	xD	'\15'或'\xD'	'\r'
换行	换行就是将滚筒卷一格,不改变水平位置	10	12	xA	'\12'或'\xA'	'\n'
TAB	水平制表,横向制表	9	11	x9	'\11'或'\x9'	'\t'
响铃	扬声器响一次	7	7	x7	'\7'或'\x7'	'\a'

③'\助记符':记住全部不可见字符的 ASCII 码比较困难,部分常用不可见字符定义了助记符,如表 3-5 表示。

④直接写出字符的 ASCII 码:用十进制、八进制、十六进制均可。如字符'M',可直接写成 77(十进制数),或者 0115(八进制数),或者 0x4D(十六进制数)。

(4)逻辑常量

逻辑常量通常用 true 和 false,或 1 和 0 来表达。但实际上取值中只要是非 0 值,即表示真,否则表示假(C99 标准认为所有非 0 的数值都是真,并以 1 表达)。

3.3.3　常量的符号表达

(1)符号常量存在的意义

程序中经常会遇到一些不变的数值(包括不变的字符串)。例如,圆周率 3.1415926,如果代码中 10 次用到圆周率,那么这段长的数字就要输入 10 遍,难保不会发生书写错误,即便写得都正确,但若将圆周率改为 3.14159265,那么要在程序里一一找到相应的位置重新修改,也是一件非常麻烦的事情。另外,对于一些不常用的常数,如电子电荷 1.602177×10^{-19},即便在代码中都写对了,但往往由于时间的关系而忘记其真实含义。如果使用一个常量标识符来代表这些常量,就会避免上述种种不便。

(2)符号常量的表达方式

常量一般用全大写字母标识符表达,具体定义有以下两种方式:

①const 常变量方式。定义一个变量前加关键字 const,这种常量称为"常变量"。

格式:const 数据类型 常变量名=值;

例如:const double PI=3.1415926;

②define 宏代换方式。宏代换可以用来定义常量,起替换作用。编译器会一次性将常量标识符换成实际的常量值。宏代换不能加数据类型,末尾不能加";"号。

格式:#define 代换字符名 代换值

例如:#define PI 3.1415926

思考练习：

①将下面的常量数据分别用常变量和宏代换进行定义。

光速：$C = 2.99792 \times 10^8 \, m/s$

电子电荷：$E = 1.602177 \times 10^{-19} \, C$

阿伏伽德罗常数：$N_A = 6.022 \times 10^{23} \, mol$

地球质量：$m_E = 5.98 \times 10^{24} \, kg$

②定义常量"const int len＝1;"，请指出书写不规范的地方？

③ const 与 define 的异同。const 是 C++ 的特性，C 语言里没有，但 C99 标准引入了这个关键字。另外，const 定义的常量有类型，编译器可进行类型安全检查，而 define 就不能享受这个便利。

（3）符号常量放置的位置*

常量放置的位置主要根据它的使用范围确定。通常 define 定义的符号常量放置于一个源码文件的开头，参照 include 位置。而 const 定义的符号常量放置位置设计如下：

①如果只有一个模块使用它，可定义在这个模块内部，如图 3-1 所示。

②如果一个文件里所有模块都需要使用，可定义在这个文件的最前面，如图 3-2 所示。

③如果多个文件都需要使用它，那就可以专门开辟一个头文件定义这个常量，使用时包含这个头文件即可，如图 3-3 所示。

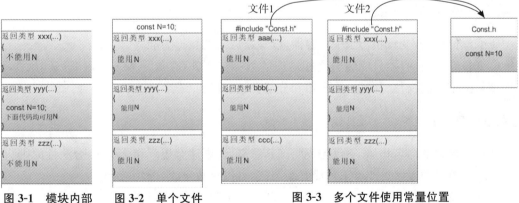

图 3-1　模块内部　　图 3-2　单个文件　　　　图 3-3　多个文件使用常量位置
使用常量位置　　　　使用常量位置

3.4　基本数据类型定义的变量

3.4.1　变量的概念与赋值

变量是被指定了名字（或称"标识符"）的存储单元，变量名用于标记内存单元存储值。对基本类型的变量定义和赋值如下：

定义变量	对变量进行赋值
int age;	age=40;
float salary,height;	salary=2048.56;
char sex;	sex=′M′;
bool married;	married=true;

对于没有赋值的变量,其值是随机的,不同的C/C++编译环境,随机值各不相同,如在 VC 中随机值是十进制−858993460(十六进制为 CCCCCCCC),下图用"?"来表示这种不确定性。

注意:变量被赋值不可见字符′换行′后,输出时会自动在前面加上"回车"字符,导致下一次的显示在新行开头位置,例如:

char ch; ch=′\n′;   //采用助记符′\n′表达字符′换行′

cout <<″my name is liyi″<<ch<<″haha″;   //或 cout <<″my name is liyi\nhaha″;

显示结果:

my name is liyi

haha

思考练习:想一想,如何编程响 3 声铃?

3.4.2 变量的特点

①变量值可变,变量相当于一个容器,以最新放入的数据为准。

②变量有规格,容器只能装与之相适应的数据。例如,存放某人工资(1987.56 元),设置的变量类型不能为整型变量,否则角和分都会被忽略。

3.4.3 变量的命名规则

变量与模块的命名相似,不仅需要明确其意义,还要注意规范和合法性,合法性原则指:

①标识符必须以字母或者下划线开头,其余可以是数字、字母、下划线。

②标识符中的字母不限大小写,但大小写意义不同,代表不同的名称。

③C99 标准规定标识符的有效长度最大是 63 个字符(C89 标准规定标识符的最大长度为 31 个字符),C++中没有类似规定。

注意:一些被系统明确规定的标识符(称"关键字"或"保留字"),如 float 表示小数类型引导词,while 表示循环语句引导词,include 表示包含头文件等,这些词不能用于变量命名。

思考练习:请指出下面自定义的标识符哪些合法?

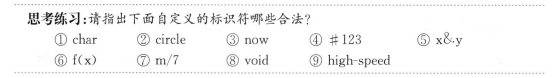

3.5　基本数据类型定义变量的内存快照

3.5.1　内存快照

(1)变量的系统分配空间

不同基本类型定义的变量,系统分配的空间大小不同。在 VC 编译系统中,1 个 char 分配 1 个字节,1 个 int 分配 4 个字节,1 个 float 分配 4 个字节。

(2)基本数据类型变量的内存快照

所有变量的值在计算机的内存中都是以数的形式存在,内存中表达(快照)如下:

①字符快照。例如,"char c;c='a';"系统会分配 1 个字节空间来保存这个字符,假如这个单元起始地址是 2000,那么里面存放的就是'a'的 ASCII 码,这个码值是十进制数 97,换算成二进制就是 01100001,如图 3-4 所示。

②整数快照。例如,"int age=3;"系统会为 age 变量分配 4 个字节的空间,假如空间地址起始值是 5000,那么这个变量在内存中的快照如图 3-5 所示。

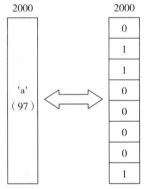

图 3-4　某字符内存快照

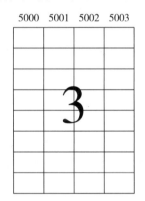

图 3-5　某整数内存快照

③小数快照* 。例如,"float f=12.5;"系统会为 f 变量分配 4 个字节的空间,假如空间地址起始值是 6000,那么这个变量在内存中的快照如图 3-6 所示。

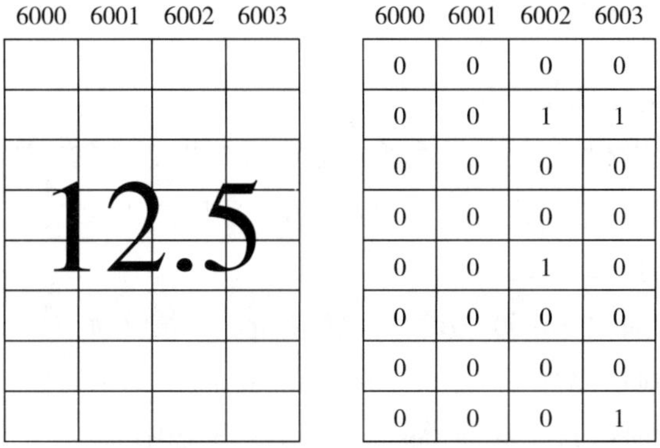

图 3-6　某小数内存快照

（3）基本数据类型的数据本质

内存中各数据类型本质都是数，但在使用 cout 进行输出显示时，呈现方式要由相应类型来决定（第 5 章学习 printf 进行输出时，呈现方式由格式符决定）。在变量前可加其他类型说明符，强制转化成其他类型。如一个字符变量正常显示应该是字符，但如果强制转化成整数类型，则显示的就是整数。

例 3.1 测试不同数据类型的呈现方式。

	定义一个字符变量	定义一个整型变量	定义一个小数变量

代码	`# include <iostream.h>`
	`int main()`
	`{`
	`    char x;`
	`    x='a';`
	`    cout<<x<<endl;`
	`    cout<<(int)x<<endl;`
	`    cout<<setiosflags(ios::`
	`    fixed)<<setprecision(3)`
	`    <<(float)x<<endl;`
	`    return 0;`
	`}`
		`# include <iostream.h>`
		`int main()`
		`{`
		`    int x;`
		`    x=97;`
		`    cout<<(char)x<<endl;`
		`    cout<<x<<endl;`
		`    cout<<setiosflags(ios::`
		`    fixed)<<setprecision(3)`
		`    <<(float)x<<endl;`
		`    return 0;`
		`}`
			`# include <iostream.h>`
			`int main()`
			`{`
			`    float x;`
			`    x=97;`
			`    cout<<(char)x<<endl;`
			`    cout<<(int)x<<endl;`
			`    cout<<setiosflags(ios::`
			`    fixed)<<setprecision(3)`
			`    <<(float)x<<endl;`
			`    return 0;`
			`}`

结果	a 97 97.000	a 97 97.000	a 97 97.000

代码中（类型）称为"强制转化符"。强制转换只是为了本次运算需要对数据类型进行的临时性转换，并不改变原始的类型，如上面代码中定义"char x，(int)x"是临时性整型变量 x 还是字符类型。另外，上述代码 setprecision(3)表示输出小数控制小数点后显示 3 位。

3.5.2 数据间混合运算

（1）不同数据类型间可混合运算

同种类型的变量可以相互运算（基本四则运算），如两个整数相加还是整数，两个小数相加还是小数；不同类型的变量理论上也可相互运算，因为在内存中它们的本质都是数。

（2）基本数据类型间自动转换

不同类型变量之间的相互运算必须首先转成同一类型才能运算，这个工作由编译器自动完成，转换的基本规则是：范围小的类型自动向范围大的类型转换，如图 3-7 所示。图中横线向左箭头表示任意时候自动转化，如在一个表达式里有 float 小数，那么这个小数会自动转成 double 型小数后参与运算。这样做的好处是可以得到最大的精度；向上的箭头表示两种不同类型的数据之间运算,下面的类型自动转成上面的类型再运算。

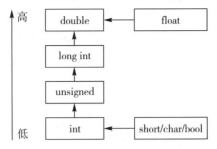

图 3-7　混合运算中数据的自动转换

例如,"int a＝3;double b＝4.5,c;c＝a＋b;",代码中 a 的值 3 自动转成 double 型参与运算。

再如,"int a＝3,b;b＝a＋true;",bool 型数据 true 参与运算自动转成 1,b 的值是 4。

例 3.2　将一个大写字母转换成小写字母。

解决思路:大写字符比相应的小写字符 ASCII 码值小 32,如′A′码值是 65,而′a′码值是 97,所以只要将大写字符的码值加上 32 即可得到小写字符。代码如下:

```
# include <iostream.h>
int main()
{
    char upperChar, lowerChar;
    upperChar=′A′;
    lowerChar=upperChar+32;          //混合运算,upperChar 表达的字符自动转成整数 65
    cout<<lowerChar <<endl;
    return 0;
}
```

运行结果:a

(3)基本数据类型间强制转换

使用(类型)强制转化符,可临时将基本数据类型强制转化为另一种数据类型参与运算,转化的结果存放临时内存单元,并不改变原类型。如:

```
int a=2147483647;           //int 型整数的最大值
a=a+1;                      //越界,得不到预期结果
double(a)+1;                //强制转成小数后再加 1,结果是 2147483648.0
```

(4)混合运算可能产生截断

不同数据类型运算,必定存在大类型和小类型之分(指范围),小类型向大类型转换时会发生扩展,大类型向小类型转换时(强制转换)会发生截断,可能丢失数据,造成精度降低。

例 3.3　测试小类型数据转成大类型数据出现扩展:将 float 型小数转成 double 型小数。	例 3.4　测试大类型数据转成小类型数据出现截断:将 double 型小数转成 float 型小数。
解决思路:直接赋值,自动转化。	解决思路:直接赋值,自动转化。

``cpp
＃include ＜iostream.h＞
＃include ＜iomanip.h＞
int main()
{
    float f=3.141592;
    double d;
    d=f;   //将小类型数转成大类型数
    cout<< setiosflags(ios::fixed)<<
    setprecision(10)<<d<<endl;
    return 0;
}
``
	``cpp
	＃include ＜iostream.h＞
	＃include ＜iomanip.h＞
	int main()
	{
	    double d=3.1415920258;
	    float f;
	    f=d; //将大类型数转成小类型数
	    cout<< setiosflags(ios::fixed)<<
	    setprecision(10)<<f<<endl;
	    return 0;
	}
	``

运行结果:3.1415920258	运行结果:3.1415927410
说明:0258 是扩展后的自动填充	说明:7410 是截断后的自动填充,不准确

3.6　初步认识全局变量和局部变量

(1)全局变量和局部变量的定义

模块外定义的变量称为"全局变量",模块内定义的变量称为"局部变量"。

(2)变量的作用域

局部变量作用域只是这个函数内部的小区域;全局变量作用域是本文件内从定义点开始的所有区域。全局变量影响大,操作简单,但同时也破坏了函数结构的封闭性。

全局变量的定义和使用(正确)	局部变量的定义和使用(错误)

``cpp
＃include ＜iostream.h＞
int LEN;   //全局变量定义点
void printLen();
 	
int main()
{
    LEN=10;
    printLen();
    return 0;
}
void printLen()
{
    cout<<LEN;   //正确
}
``
	``cpp
	＃include ＜iostream.h＞
	void printLen();
	
	int main()
	{
	    int len; //局部变量定义点
	    len=10;
	    printLen();
	    return 0;
	}
	void printLen()
	{
	    cout<<len; //错误
	}
	``

注意:上述全局变量和局部变量命名规范不同,全局变量通常全部用大字字母。

（3）变量作用域的扩展*

局部变量不能扩展作用域，全局变量可通过 extern 关键字来扩展作用域到本文件定义点的上方或者其他文件中。

①将全局变量扩展到定义点之前（一个文件）。

```
/ * 文件名 ExtendGlobeVarMain.cpp 这里只有一个文件,在一个文件内扩展 * /
extern int LEN;              //全局变量的扩展声明
void printLen ();
int main()
{
    LEN=20;
    printLen ();
    return 0;
}
int LEN=10;              //全局变量的定义点
void printLen ()
{
    cout<< LEN;
}
```

②将全局变量扩展到其他文件（多个文件）*。

全局变量还可定义在一个 cpp 文件中，在相应的 h 文件中声明扩展。

```
/ * 文件一:文件名 ExtendGlobeVarMain.cpp * /
# include <Globe. h>
int main()
{
    LEN=20;
    printLen ();
    return 0;
}
/ * 文件二:文件名 Globe.cpp * /
int LEN=10;     //全局变量的定义点
void printLen ()
{
    cout<< LEN;
}
/ * 文件三:头文件名 Globe. h * /
extern int LEN;        //全局变量的扩展声明
void printLen ();
```

注意：全局变量通常定义在 cpp 文件里，而将全局变量的声明放在对应的 h 文件中，在需要这个全局变量的地方，引入相应的头文件即可，如上述代码中，Globe.cpp 里定义的全局变量，在 Globe.h 里进行声明，在文件一中引入 Globe.h。

3.7　运算符和表达式

3.7.1　运算符的种类

C/C++运算符非常丰富，多达几十种，甚至同一个运算符号在不同场合表达不同的运算意义（运算符重载）。下面列出部分主要运算符：

表 3-6　主要运算符

元级运算符：（） ［］ —> ．	级别最高
单目运算符：* & ! ～ （type） —— ++ sizeof －	如 sizeof(int)可以计算整数占多少空间
算术运算符：* / ％ ＋ －	如 3 * 4
移位运算符：>> <<	
关系运算符：> < >= <= == !=	如 if(a>=b)
位运算符：& ^ |	
逻辑运算符：&& ||	如 if (a％3==0 && a％7==0)
条件运算符：条件表达式? 表达式 1:表达式 2	如(a>b)? a:b
赋值运算符：= += —= *= /= ％=等	如 a=4;a+=4;a—=4;
逗号运算符：只有一个","号	如 a=3,a+4;表示先执行 a=3 再执行 a+4

说明：以上运算符为C/C++共有，C++里增加了一些运算符。运算符中的()在不同的场合可以解释为"元级运算符"（先算括号内部）或"单目运算符"（强制转化运算符，见例 3.1 的强制转化），称为运算符的"重载"（后叙逐步介绍这种用法），不用担心用同一个运算符号会出现歧义，编译系统会根据上下文自动运行。

3.7.2　运算顺序

表达式里符号众多，运算时谁先算、谁后算是有规则的，必须考虑以下 3 点：

（1）优先级（纵向：不同级别看优先级）

优先级表示不同级别运算符的执行顺序，在表 3-6 中，越向上级别越高，级别越高越优先执行。

例如，判断语句：if (a％3==0 && a％7==0)，其中有 3 种运算符号：％是算术运算符；==是关系运算符；&& 是逻辑运算符。算术运算符优先级最高，先算两个％；关系运算符其次，所以再判断两个==；逻辑运算符优先级在这里最低，所以最后计算 &&。

> **温馨提示**：快速地记住主要运算符的优先级别：元旦算关逻挑武斗，关前关后位符秀（谐音）。

（2）结合性（横向：同一级别看结合性）

当表达式中多个运算符的优先级相同时，要看结合性。结合性决定从左向右算，还是从右向左算。"单目运算符""条件运算符""赋值运算符"自右向左，其余自左向右。

左结合性：如"3＋4＋5"这个表达式，就是先算左边的加，得到 7，然后将 7 和 5 相加。

右结合性：如"＝"赋值运算符。

```
int a＝3, b＝4;
a＝b＝a－2;
cout<<a<<´\t´<<b<<endl;
```

结果：1　1

解释：a＝b＝a－2 有两个"＝"运算符（赋值运算符），先算右边的"＝"，即 b＝a－2，然后再算 a＝b。

（3）顺序性

顺序性只针对＋＋自增运算符和－－自减运算符，它们的作用是变量值加 1 或减 1，＋＋/－－放在变量前与放在变量后的运算顺序不同，其功能描述如表 3-7 所示。

表 3-7　＋＋/－－运算符的运算特点

运算符	名称	举例	解释
＋＋	前加	＋＋i	先：i 值加 1；后：新值参与运算
＋＋	后加	i＋＋	先：i 当前值参与运算；后：i 值加 1
－－	前减	－－i	先：i 值减 1；后：新值参与运算
－－	后减	i－－	先：i 当前值参与运算；后：i 值减 1

例 3.5　测试运算符＋＋。

测试程序：

```cpp
# include <iostream. h>
# include <iomanip. h>
int main()
{
    int i＝0,j＝0, resulti,resultj;
    resulti＝i＋＋;
    resultj＝＋＋j;
    cout<<"i 的值是:"<<i<<"j 的值是:"<<j<<endl;
    cout<<"后加结果 resulti:"<<resulti<<endl;
    cout<<"前加结果 resultj:"<<resultj<<endl;
    return 0;
}
```

输出结果：

```
i的值是:1    j的值是:1
后加结果resulti:0
前加结果resultj:1
```

3.7.3 形式多样的表达式

表达式是用运算符将操作数(常量、变量、函数等)连接起来的式子。运算符与操作数书写格式既可连续书写,也可中间加空格,如a+b等价于a ＋ b。

(1)算术运算符与算术表达式

①算术运算符。

＋(加)　 －(减)　 ＊(乘)　 /(除)　　 ％(取余)

注意:两个整数相除是整数,例如,3/2 结果是 1,而 2/3 结果是 0;％两边必须是整数,例如,5％2 结果是 1。

②算术表达式。

用算术运算符连接的表达式为算术表达式,其运算结果是一个数。例如,3＊4＋5,结果是 17。

形式:表达式 算术运算符 表达式

(2)关系运算符与关系表达式

①关系运算符。

＞(大于)　 ＞=(大于等于)　　 ＜(小于)　 ＜=(小于等于)　　 ==(等于)　 !=(不等于)

②关系表达式。

用关系运算符连接的表达式为关系表达式,其运算结果是逻辑值"真"或者"假"。例如,判断某整数 a 能否被 3 整除,表达方式是 if(a％3==0)。

形式:表达式 关系运算符 表达式

注意:由于小数都是近似值,所以千万不要将小数与某个具体的数值用"=="或"!="进行比较,要设法转成"＞="或"＜="的比较形式,如判定一个小数变量 a 是否等于 0,可通过判断其值是否足够小,代码为:if (fabs(a)＜1e－6){…}。

(3)逻辑运算符与逻辑表达式

①逻辑运算符。

＆＆:逻辑与,如 a ＆＆ b 表示若 a,b 全部为真,则结果为真。

‖:逻辑或,如 a‖b 表示若 a,b 有一个为真,则结果为真。

!:逻辑非,优先级比 ＆＆ 和‖高,如!a 表示若 a 为真,则结果为假,反之为真。

②逻辑表达式。

用逻辑运算符连接起来的表达式即为逻辑表达式。逻辑运算符的结果只能是"真"或者"假"。

形式:表达式 逻辑运算符 表达式

例如,如果判断输入的字母是大写字母,就将其转换成小写字母。

```
char ch;
cin＞＞ch;
if(ch＞='A' && ch＜='Z')
ch=ch＋32;
```

注意：

①将具体数值看作关系表达式或逻辑表达式条件时，非 0 值即为"真"，0 值为"假"，如 if(3) 表示为真，if(0) 表示为假。

② && 和 ‖ 两种运算符在使用时，在第一个表达式值确定的情况下，可能不需要计算第二个表达式的值。如已知 a＝4，x 不定，则 if(a＞0 ‖ x＞0)根据 a＞0 为真，即可确定其等价于 if(true)。如已知 a＝－4，x 不定，则 if(a＞0 && x＞0)根据 a＞0 为假，即可确定其等价于 if(false)。

(4)赋值运算符与赋值表达式

①赋值运算符。

＝ ＋＝ －＝ ＊＝ /＝ ％＝

②赋值表达式。

用赋值运算符连接起来的表达式为赋值表达式。例如，"int a＝4；a＋＝3；cout＜＜a；" 结果是 7，其中的代码 a＋＝3，相当于 a＝a＋3。

形式：变量 赋值运算符 表达式

赋值表达式左边必须是有明确固定地址且其内容可以被修改的量，也称"左值表达式" (lvalue expression)。"右值表达式"(rvalue expression)意义相反。C/C＋＋语言中，变量是最经常使用的左值表达式，表达式是最经常使用的右值表达式，如：

```
int a;a＝3;     //正确,a 是变量,是左值,其值可以被修改
int a;3＝a;     //错误,3 是常量,是右值,其值不能被修改
```

注意 *：C＋＋语言中可作为左值的还有：＋＋变量、－－变量、返回引用的模块名，其本质原因是它们都代表了一个明确且可修改内容的地址。

(5)位运算符与位表达式 *

①位运算符。

＜＜(左移) ＞＞(右移) ～(按位取反) &(按位与) ＾(按位异或) ｜(按位或)

＜＜：二目运算符，将第一操作数左移第二操作数指定位数，低位补 0，高位舍弃。

＞＞：二目运算符，将第一操作数右移第二操作数指定位数，高位补 0，低位舍弃。

～：单目运算符，将操作数每个二进制位取反，即 0/1 互换。

&：二目运算符，将两个操作数相应位进行"与"操作，规则是有 0，结果为 0，即 0 & 0 为 0，0 & 1 为 0，1 & 0 为 0，1 & 1 为 1。

＾：二目运算符，将两个操作数相应位进行"异或"操作，规则为后面是 0 不变，后面是 1 取反，即 0＾0 保持不变为 0，1＾0 保持不变为 1，0＾1 取反为 1，1＾1 取反为 0。

｜：二目运算符，将两个操作数相应位进行"或"操作，规则是有 1，结果为 1，即 0｜0 为 0，0｜1 为 1，1｜0 为 1，1｜1 为 1。

②位表达式。

用位运算符连接起来的表达式称"位表达式"。通过位表达式可方便做到取出内存单元中某位、置某位为 1、置某位为 0、改变某位状态等。在单片机的资源控制中，一个字节(如 char c)可表达 8 种资源的控制，可使用位运算符对单片机资源进行读取和控制。

```
c & 0x04      //取出第 3 号资源的状态,十六进制 0x04,即二进制的 0000 0100
c=c|0x04      //设置第 3 号资源为可用,十六进制 0x04,即二进制的 0000 0100
c=c^0x04      //改变第 3 号资源的状态,十六进制 0x04,即二进制的 0000 0100
c=c&0xFB      //设置第 3 号资源不可用,十六进制 0xFB,即二进制的 1111 1011
```

另外,使用左移或右移可快速地计算整数乘除,左移一位相当于乘 2,右移一位相当于除以 2,如 4<<1,结果是 8,而 4>>1,结果是 2。

3.8 模块(函数)间如何联系

3.8.1 函数使用"三步曲"

函数定义、函数声明、函数调用是函数使用"三步曲"。首先,定义一个解决特定问题的函数原型;其次,在需要调用的地方前面加函数的声明;最后,调用此函数。

3.8.2 问题域与函数定义格式

明确问题域(功能要求)和问题域接口(输入量和输出量),对于函数定义至关重要,这些信息从函数定义的头部反映出来,如图 3-8 所示。

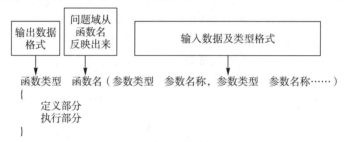

图 3-8 问题域与函数头部对应关系

3.8.3 4 种不同的函数格式

由于输入量与输出量的不同,函数参数有 4 种组合,如表 3-8 所示。

表 3-8 函数参数的 4 种组合

格式	解释
void xxx(void)	无输入无输出
int xxx(void)	无输入有输出(输出类型假定为 int)
void xxx(int)	有输入无输出(输入类型假定为 int)
int xxx(int)	有输入有输出(输入输出类型假定为 int)

例 3.6 编写模块 sort,在这个模块内部分别给 a,b,c 输入 1 个数,比较后将最大值放在 a 里,将中间值放在 b 里,将最小值放在 c 里,并按从大到小的顺序输出。

①模块功能:内部输入 3 个整数 a、b、c,并完成这 3 个数的排序。

②输入输出：

```
sort
```

形式：void sort(void)

归属：Int

③解决思路：每个数和其后面的数依次比较，将小的放在前面。如 a、b、c 3 个数分别是 6、3、5，a 与 b 比后小的交换到前面，结果是 3、6、5；再将 a 与 c 比，小者交换到前面，结果 3、6、5；再将 b 与 c 比，小者交换到前面，结果是 3、5、6。

④算法步骤：

第一步，a 与 b 比，如果 a<b，则交换 a 与 b；

第二步，a 与 c 比，如果 a<c，则交换 a 与 c；

第三步，b 与 c 比，如果 b<c，则交换 b 与 c。

⑤模块代码：

```
void sort (void)
{
    int a,b,c,temp;
    cout<<"请输入第一个数:";cin>>a;
    cout<<"请输入第二个数:";cin>>b;
    cout<<"请输入第三个数:";cin>>c;
    if (a>b){temp=a;a=b;b=temp;}
    if (a>c){temp=a;a=c;c=temp;}
    if (b>c){temp=b;b=c;c=temp;}
    cout<<" 最后的排序结果是:"<<a<<b<<c;
}
```

思考练习：请自行编写 main 模块测试 sort 模块。

3.8.4　认识形参与实参

函数定义中的变量称为"形参"，而调用函数时填写的数据或变量称为"实参"。例如，系统 math 库正弦函数的原型是：

定义时：

```
float sin(float angle){…}              //形参是 angle
```

调用时：

```
int main(){… x=3.5;y=sin(x);…}        //这里的 x 就是实参,x 里放的是弧度值 3.5
```

上述实参和形参分别来源于两个模块，如形参 angle 在被调用模块 sin 里，而 x 在调用模块 main 里。这一点，可通过调试过程的"变量窗口"，清晰地看到实参与形参的归属情况。

注意：实参与形参个数不匹配，会出现编译错误。

50

例 3.7　编写 upper2Lower 模块,将给定的 5 个大写字母(如:′C′、′H′、′I′、′N′、′A′)全部转换成小写字母并在模块内部显示,编写主模块并测试此模块。

[模块设计]

①模块功能:将给定的 5 个大写字母,转成小写字母并显示。

②输入输出:

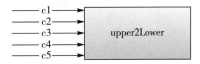

形式:void upper2Lower(char c1,char c2,char c3,char c4,char c5)

归属:Char

③解决思路:大写字母加 32 就是小写字母,转换后显示即可。

④步骤算法:

第一步,c1＝c1＋32;

第二步,c2＝c2＋32;

……

最后,显示 c1,c2,c3,c4,c5。

⑤模块代码:

```
# include <iostream. h>
void upper2Lower(char c1,char c2,char c3,char c4,char c5)          //形参 c1,c2,c3,c4,c5
{
    c1＝c1＋32;c2＝c2＋32;c3＝c3＋32;c4＝c4＋32;c5＝c5＋32;
    cout<<c1<<c2<<c3<<c4<<c5;
}
```

[模型结构]

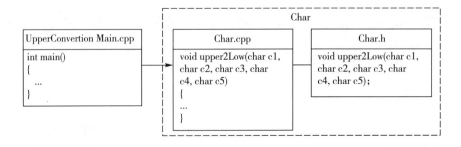

主模块所在的文件 UpperConvertionMain. cpp,代码如下：

```cpp
# include "Char.h"
int main()
{
    char c1,c2,c3,c4,c5;
    c1='C';c2='H';c3='I';c4='N';c5='A';        //给 c1,c2,c3,c4,c5 赋值
    upper2Lower(c1,c2,c3,c4,c5);                //实参 c1,c2,c3,c4,c5
    return 0;
}
```

程序解释：

• 主模块 main 与自定义模块 upper2Lower 是完全不同的两个环境,这两个环境之间的联系发生在调用阶段,调用时实参 c1、c2、c3、c4、c5 传递给形参的 c1、c2、c3、c4、c5。

• upper2Lower 函数的类型为 void,表明这个函数没有返回值。

• 主模块 main 对变量通过"="赋值,也可改为 cin 输入,即"cin＞＞c1＞＞c2＞＞c3＞＞c4＞＞c5；"。

3.8.5　两个函数(模块)之间的联系

(1)传递和返回

调用模块和被调用模块是两个世界,模块间通过参数的传递和值的返回联系起来。

①传递。传递通过实参和形参的配合完成,形象地看,实参在这边抛数据,而形参在另外一边接数据。这里面发生的动作是：一方抛,一方接,除此之外无任何关系。

②返回。被调用的模块在执行完之后,通过语句"return 数据"返回值。

注意：返回数据要受返回类型说明符的限制,若输出类型定义成整数,但真实返回的是一个小数,则会发生强制转换,如"int xxx(){return 3.5;}"返回的数据是整数 3。需要特别注意,可传递多个值给一个模块,但通过 return 模块只能返回一个值。

(2)模块的形参变量属于模块内部的变量

模块形式中的形参属于局部变量,必须定义成变量形式,以便于接收实参传来的数据。

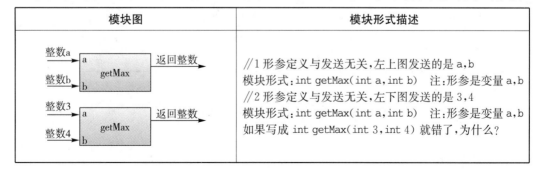

模块图	模块形式描述
整数a → a / getMax / b ← 整数b → 返回整数 整数3 → a / getMax / b ← 整数4 → 返回整数	//1 形参定义与发送无关,左上图发送的是 a,b 模块形式：int getMax(int a,int b)　注：形参是变量 a,b //2 形参定义与发送无关,左下图发送的是 3,4 模块形式：int getMax(int a,int b)　注：形参是变量 a,b 如果写成 int getMax(int 3,int 4) 就错了,为什么?

3.9　高聚合低耦合的模块设计思想与现实之间的平衡 *

聚合(Cohesion)是指将分散的聚集到一起,在模块设计中指模块内部各部分之间的关联程度;耦合(Coupling)是指两个或多个实体相互依赖于对方的程度,在模块设计中指各模块之间的关联程度。

设计模块(函数)有一个总体原则:高聚合低耦合。高聚合指一个模块应只完成某单一的功能要求(最小功能划分模块),不要将不相关的东西放在一个模块里,否则会造成模块功能含糊、代码臃肿(通常一个模块的代码不应该超过 50 行);低耦合指两个模块之间关联度越小越好,两个模块正常的联系只通过参数进行传递和返回完成,每一个模块都不需知道另一个模块的内部是如何实现的。

前面反复强调,两个模块是两个世界,这两个世界的通信是通过参数的传递和值的返回实现的,如果不是通过这种渠道,在一个模块里更改数据会引起另外某个模块的数据的变动,这表明耦合太紧,要尽量避免这种情况发生。例如,两个模块都调用了同一个全局变量来实现交互,则两个模块间的耦合将会变得复杂且难以控制。

低耦合是理想状态,它使编程更加规范,但什么事情都不是绝对的,理想和现实之间需要平衡。在单片机的编程开发中,各状态接口数据和中断处理函数中处理的数据必须设置成全局变量。

例3.8　单片机中控制铃声,要求 1s 后响一次。

解决思路:51 系列单片机可用 C 语言直接编程。典型的 89C51 单片机中共有 5 个中断源,其中有一个定时器中断 0,通过初始化设定(init 模块)一定时间间隔(微秒级)自动调用相应的中断处理模块(timer0 模块)一次,在此模块中判断是否达到一定时间间隔(秒级),并将结果标记返回给主模块(main 模块),在主模块中决定是否响铃。

由于中断处理模块的形式固定(形式是 void timer0()),不能带参也不能有返回值,因此返回结果的标记只能通过全局变量来实现。因此设置判断是否达到 1 秒的全局变量 flag。这样在 timer0 模块中得到 flag 准确值,main 模块中判断 flag 值后决定是否响铃。模块说明如下:

模块名	作用	形式
初始模块名 init	打开中断,设定间隔时间(以微秒为单位)	void init()
中断模块名 timer0	到间隔时间(以秒为单位),自动调用,并设置 flag=1	void timer0()
主模块名 main	判断 flag==1 时,响铃	int main()

3.10　常见的系统字符函数

有关字符操作的系统函数在 ctype.h 中声明,常用的函数原型如下:

```
int isalpha(int c);   //判断给定的 c 是否是字母,是则返回非 0,否则返回 0

int isupper(int c);   //判断给定的 c 是否是大写字母,是则返回非 0,否则返回 0
```

```
int islower(int c);     //判断给定的 c 是否是小写字母,是则返回非 0,否则返回 0
int isdigit(int c);     //判断给定的 c 是否是数字字符,是则返回非 0,否则返回 0
int isxdigit(int c);    //判断给定的 c 是否是十六进制数字字符(0~9 或 A~F),是则返回非 0,否则
                          返回 0
int isspace(int c);     //判断给定的 c 是否是空格或 TAB 字符或换行符,是则返回非 0,否则返
                          回 0
int toupper(int c);     //将给定的 c 转成大写字母,若参数 c 非小写字母则返回本身 c
int tolower(int c);     //将给定的 c 转成小写字母,若参数 c 非大写字母则返回本身 c
```

【本章总结】

数据类型的特征信息包括:数据值及相应的运算规范。

基本的数据类型是最简单的数据类型,它具有原子的特征,不能再分解。

考查一个变量,不仅要考虑其中放的值,还要考虑这个变量保存的地址。它们相当于事物的内因和外因,是一个有机体,缺一不可。

常量可以直接写出来,也可以用 const 或 define 来定义。

C/C++不同的运算符组合在一起要按优先级、结合性、顺序性来考虑计算顺序。

两个模块中数据的传递实质:调用模块传递的是实参,而被调用模块接受的变量称为"形参",实参和形参只是完成值的传递,除此之外,形参与实参之间并不会发生亲密接触。根据模块的输入与输出,可将模块分成 4 种形式。

❋ 个人心得体会 ❋

高级数据类型

【学习目标】

➢ 理解指针的含义,学会保存指针。
➢ 体会指针使用的好处,掌握指针作为函数参数的使用步骤。
➢ 理解动态申请空间的必要,并学会动态申请空间。
➢ 初步掌握引用的基本概念及引用作为函数参数的使用步骤。
➢ 理解并掌握局部变量、全局变量的生存期和作用域。
➢ 了解用 static 扩展局部变量生存期和限制全局变量作用域的方法。
➢ 初步掌握不同指针之间的转化。
➢ 通过使用指针或引用作函数参数,进一步体会模块间的联系。

【学习导读】

　　每一个数据都保存在内存的某个地址处,通过这个地址可间接地访问到数据,这种数据访问方式既是机遇同时也蕴藏着风险,是C/C++最神秘的地方。本章要学习如何找到地址,如何充分发挥使用地址的优越性(跨模块),如何避免在使用地址的过程中可能产生的风险。另外,在上章讨论全局变量和局部变量的作用域基础上进一步学习这两种变量的其他特性。

【课前预习】

节点	基本问题预习要点	标记
4.1	指针的含义,如何得到指针,间接操作方式指什么?	
4.2	指针作函数参数的好处是什么,指针作函数参数的"三步曲"指什么?	
4.3	引用类型的含义和格式是什么?	.
4.4	引用类型设置的变量可以赋初值为 NULL 吗?	
4.5	void 与 void * 是什么意思?	
4.6	为什么要主动申请空间?	
4.7	一种类型的指针如何强制转换成另外一种类型的指针?	
4.8	静态存储区域与动态存储区域分别是什么意思?	
4.9	普通定义的变量空间与动态生成的空间分别占用哪块区域?	

4.1　指针类型

4.1.1　指针的定义

指针就是地址,每一个变量定义时,系统都会给这个变量分配一段空间,这段空间的地址称为"指针"。例如,"int i＝3;"内存快照如下,但如何确定 i 的地址呢?

4.1.2　如何得到变量的指针(地址)

变量的地址用取地址符"＆"得到。如 ＆i 得到 i 在内存中的真实地址。

注意:＆i 得到的不是普通数据,而是地址数据。

通过 VC 调试器可查看变量的地址及存放的数据。下面程序,设置好断点(·表示断点位置),按 F5 键运行到断点处停止,变量窗口、查看窗口、内存窗口内容如下:

代码	窗口类型	窗口内容
```# include <iostream.h> int main() { int d1,d2,d3; d1=10; d2=1; d3=3; • cout<<""end";//在此行设置断点 return 0; }```	变量窗口 (Alt＋4)	Context: main() Name / Value d3 / 3 d2 / 1 d1 / 10
	查看窗口 (Alt＋3)	Name / Value &d1 / 0x0012ff7c / 10 &d2 / 0x0012ff78 &d3 / 0x0012ff74
	内存窗口 (Alt＋6)	Address: 0x0012ff7c　　d3 0012FF6C CC CC CC CC CC CC CC CC 烫烫 0012FF74 03 00 00 00 01 00 00 00 .... 0012FF7C 0A 00 00 00 C0 FF 12 00 ..... 　　　　d1　　　　　d2

通过 & 可以查看变量首字节的地址。例如, & d1 得到 d1 分配单元 4 个字节中首字节的地址是 0x0012ff7c。模块内使用一种栈结构来保存数据,即先定义的变量放在下方(地址较大的地方),如上例中 d1 定义最先定义,但保存时 d1 位置在最下面。

4.1.3 指针变量定义

指针类型数据(地址)的保存要专门定义一个指针类型的变量。

格式:类型名 * 变量名

例如:

保存字符变量的地址	保存整型变量的地址

char c, *pC;
c='a';
pC= & c; //字符指针变量 pC 保存了 c 的首地址
	int i, *pI;
	i=10;
	pI= & i; //整型指针变量 pI 保存了 i 的首地址

字符类型变量的地址只能用字符型指针变量来保存,整型变量的地址只能用整型指针变量来保存,形象地称为"门当户对"。

例 4.1 测试,定义一个字符型变量并赋值字符'a',然后取出系统为这个字符分配的地址;再定义一个整型变量并赋值 10,然后取出系统为这个整数分配的头地址。

解决思路:用 & 运算符获取地址。

程序代码:

```
# include <iostream.h>
int main()
{
    char c, *pC;
    int i, *pI;
    c='a';
    pC= & c;      cout<<"字符变量 c 的地址:"<<hex<<(int)pC<<endl;
                              //测试字符变量的地址,hex 以十六进制来显示地址
    i=10;
    pI= & i;
    cout<<"整型变量 i 的头地址:"<<hex<<(int)pI<<endl;
                              //测试整型变量的地址,hex 以十六进制来显示地址
    return 0;
}
```

运行结果:

```
字符变量c的地址:12ff44
整型变量i的头地址:12ff3c
```

解释:不能直接输出地址,代码(int)pI 表示地址 pI 前加(int),是将地址值临时强制转成整数(见教材 3.5),再输出。

4.1.4　指针变量的优点

（1）变量数值的两种操作方式

直接方式	间接方式	
int i;	int i, *pI;	//定义部分的 * 是说明符
	pI= & i;	
i=10;	*pI=10;	//执行部分的 * 是运算符

间接方式的执行体部分,变量地址前面加 * 号,等价于直接方式中对变量的操作,这种方式称为"间接操作方式"。如 *pI=10 与 i=10 效果等价。这里的" * "号称指针运算符(间接操作数据可形象地理解为"芝麻开门")。

注意:指针变量定义时, * 是变量定义的说明符,与执行部分的 * 意义不同。

（2）使用指针变量的好处

使用指针变量可以用间接方式操作变量数据。但仔细想一想,这又算是什么好处啊? 直接操作不是非常方便吗? 为什么非要用指针变量这种间接方式操作呢? 看样子,好处可能远远不是增加了一个看起来无用的"间接操作访问数据"这样简单。

思考回答:学习 4.2 节后,请写出使用指针的真正好处。

4.1.5　指针的移动

指针变量 pC 存放了某变量(变量 c)的地址,可形象画出 pC 到这个变量的一个指向:

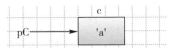

指针的移动实质是根据指针的类型指向下一个地址(门牌号)。如果是字符型指针,移动 1 次就会移动到下 1 个字节单元;如果是整型指针,移动 1 次就会移动到下 1 个整数,实际移动 4 个字节单元,指向第 5 个字节单元。字符型指针变量 pC 和整型指针变量 pI 的移动如下图所示。

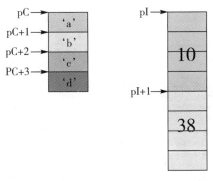

4.2 指针作函数参数

4.2.1 一个无法解决的问题

例 4.2 给定的两个整型变量 a、b,编写模块 swap 交换 a、b 中的数值,并在主模块里验证交换结果。

[模块设计]

①模块功能:给定的两个整数,完成两者之间的交换。

②输入输出:

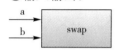

形式:void swap(int a,int b)

归属:Int

③解决思路:取一个中间变量,作为 a、b 交换的中介。

④算法步骤:

第一步,a 换给 temp;

第二步,b 换给 a;

第三步,temp 换给 b。

⑤模块代码:

```
void swap(int a,int b)
{
    int temp;
    temp=a;a=b;b=temp;
}
```

测试代码(主模块):

```
# include <iostream. h>
# include <Int. h>
int main()
{
    int a,b;
    cout<<"请输入要交换的两个整数:";
    cin>>a>>b;
    swap(a,b);
    cout<<"交换的结果是:"<<a<<" "<<b<<endl;    //最后输出换行
    return 0;
}
```

运行结果：

```
请输入要交换的两个整数:3 4
交换的结果是:3  4
```

问题 1：数据 3 和 4 并没有交换成功，与预想结果不符，是什么原因？

答案：自定义 swap 模块 a、b 的改变不影响主模块 main 中的 a、b，这在第 2 章"模块的封闭性"里深入讨论过。

问题 2：既然自定义的 swap 模块里的 a 和 b 将数据交换了，能不能够将 a、b 都返回回去呢？ 即在 swap 模块的最后增加"return a；return b"语句，或者"retrun a，b;"语句。

答案："return a；return b;"返回两个数据方法不正确，因为执行到前一个 return 时程序已经返回主模块，第二个 return 执行不到。"retrun a，b;"返回两个数据方法也不正确，因为其相当于"return b;"，其中的"，"运算符只表明运算的顺序。

在 C/C++ 中，一个模块中的 return 只能被执行一次，而且 return 只能返回一个数据（第 2 章"模块的封闭性"里深入讨论过）。真正无法将交换结果返回主模块的原因在于，一开始传递 a、b 的值的思路不正确，解决的思路只能另辟蹊径：抛地址（抛钥匙）。

4.2.2　指针作函数参数

通过传递指针（地址）可以达到上述变换目的。如果在主函数中将 a、b 两个变量的地址（形象地看作钥匙）抛过去，子函数那边接到地址（接到钥匙），就可以按图索骥，用"间接方式"改变主模块中 a、b 的值。现阶段，这几乎可以看成指针（地址）类型变量存在的最主要、最重要的原因，也是最大好处（今后，还将学习用指针来传递数据的其他好处，如代价小等）。

例 4.3　根据给定的两整数 a、b，编写模块 swap，在此模块完成两个数的交换，并在主模块里验证交换的结果（指针解决方案）。

[模块设计]

①模块功能：将给定的两个整数互换。

②输入输出：

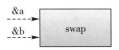

形式：void swap(int *pA，int *pB)

归属：Int

③解决思路：取一中间变量 temp 与 *pA、*pB 进行交换。

④算法步骤：

第一步，temp= *pA；

第二步，*pA= *pB；

第三步，*pB=temp；

⑤模块代码：

```
void swap(int *pA,int *pB)
{                                          //类型匹配
    int temp;
    temp= *pA; *pA= *pB; *pB=temp;          //使用间接方式操作
}
```

[模型设计]

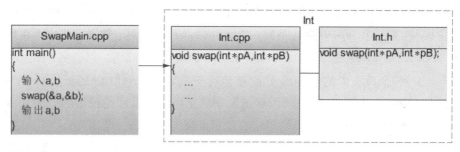

测试代码：(主模块代码)

```
# include <iostream. h>
# include "Int.h"
int main()
{
    int a,b;
    cout<<"请输入要交换的两个整数:";
    cin>>a>>b;
    swap(&a, &b);                              //抛地址
    cout<<"交换的结果是:"<<a<<" "<<b <<endl;  //endl 表示换行
    return 0;
}
```

运行结果：

请输入要交换的两个整数:3 4
交换的结果是:4 3

4.2.3 指针做函数参数的使用步骤

(1)抛地址(抛钥匙或抛绣球)

上述主模块调用交换模块代码:swap(&a, &b),实参 &a、&b 分别是 a、b 的地址,也即抛地址。目前,当一个模块中的变量需要在另一个模块中即时改变时,需牢记:除了将这些变量地址抛出去之外,别无他法。

（2）类型匹配（门当户对）

交换模块定义头部：void swap(int *pA,int *pB)，定义了两个形参，这两个形参的类型是整数型的指针变量，必须与抛过来的地址类型匹配。

当然，一切函数参数传递都要遵循类型匹配这个规则，匹配有两个含义：第一，要求相同类型；第二，数据个数相同。

（3）使用间接方式操作（芝麻开门）

在 swap 模块内部使用 pA 和 pB 的时候，前面都加上了指针运算符 *，这是间接操作数据方式（芝麻开门）。读者可以揣测一下发送者和接收者的心思，接收者接到了地址（钥匙），最终目的一般不是把玩钥匙（对 pA 和 pB 操作），而是进入房间（对 *pA 和 *pB 操作）。

4.2.4　函数注释规范再认识*

指针作为函数的参数不仅可以有数据传递进入，而且还可以有数据传出模块。因此，参数的描述可以用［in,out］来表示。例 4.3 交换模块 swap 注释的规范写法如下（请比较教材2.2）：

```
/*@模块名 swap
*@功能　交换两个数
*@param ［in,out］ pA 第一个数的地址
*@param ［in,out］ pB 第二个数的地址
*@return 无
*/
void swap(int *pA,int *pB){…}
```

4.2.5　指针作函数参数与 **return** 的异同

（1）二者异同

相同点：二者都可以改变调用模块中变量的值。

不同点：return 是返回后经赋值改变（如"max＝getMax(a,b);"），而传递指针是同步改变（如"swap(&a, &b);"）；return 只能返回一个值，而传多个指针，就可以改变多个值。

例 4.4　分别用返回方式、指针参数方式两种方法编写模块求两个整数的较大值和较小值，再返回赋值给主模块中变量的 max 和 min。

方法一：用 return 方法，需定义两个模块即 getMax 和 getMin 分别得到较大值和较小值。

模块结构：

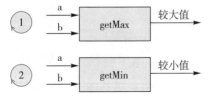

形式：int getMax(int a,int b)及 int getMin(int a,int b)

归属：Int

程序代码：

主模块文件 MaxMinMain. cpp	自定义模块文件 Int. cpp	自定义模块声明文件 Int. h
| ```
# include <iostream. h>
int main()
{
    int a,b,max,min;
    cin>>a>>b;
    max=getMax(a,b);
    min=getMin(a,b);
    cout<<max<<min;
    return 0;
}
``` | ```
int getMax(int a,int b)
{
    if (a>b) return a;
    else return b;
}
int getMin(int a,int b)
{
    if (a<b) return a;
    else return b;
}
``` | ```
int getMax(int a,int b);
int getMin(int a,int b);
``` |

方法二：用指针方法，将 max 和 min 的地址传递给自定义模块 setMaxMin，这样在模块 setMaxMin 里可以直接得到 max 和 min 的房间号（地址）。此方法只需定义一个模块即可。

模块结构：

形式：void setMaxMin(int a,int b,int *pMax,int *pMin)

归属：Int

程序代码：

主模块文件 MaxMinMain. cpp	自定义模块文件 Int. cpp	自定义模块声明文件 Int. h
| ```
# include <iostream. h>
int main()
{
    int a,b,max,min;
    cin>>a>>b;
    setMaxMin(a,b, &max, &min);
    cout<<max<<min;
    return 0;
}
``` | ```
void setMaxMin(int a,int b,
int *pMax,int *pMin)
{
    if (a>b)
    {
        *pMax=a; *pMin=b;
    }
    else
    {
        *pMax=b; *pMin=a;
    }
}
``` | ```
void setMaxMin(int a,int b,
int *pMax,int *pMin) ;
``` |

（2）两者可同时使用

指针作函数参数与 return 并不冲突，在一个模块的设计中，既可将指针作为参数，同时也可以有 return 语句。例如，设计一个从文件中读入一个字符的自定义模块，如果成功则返回 true，如果失败则返回 false。读入的字符是要返回的，而读写成功与否的标记也是要返回的，这就涉及两个返回，可以将字符返回用指针的形式呈现，成功标记用返回值呈现（使用

return），模块结构如下：

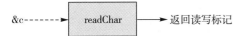

形式：bool readChar(char *pC)

模块写法：

```
/ *@模块名 readChar
 *@功能　读入一个字符
 *@param［in,out］　pC 表示读入字符变量的指针（地址）
 *@return 真或假,真表示读成功,假表示读不成功
 * /
bool readChar（int *pC）｛…｝
```

小结：两个模块通信的两种返回方式：通过 return 方式（仅能返回一个值）；第二种方式抛地址（可抛多个地址进而改变多个变量值），这两种方式并不冲突，可同时使用。

4.3　引 用 类 型

（1）引用的含义

使用引用技术，简单地说就是给变量起别名（引用名），别名和原变量名占用同样的内存空间（没有新的空间生成），使用引用名同样可以操作原来的数据。

（2）引用的定义

形式：数据类型 & 引用变量名＝原变量名

示例："int a＝3；int & rA＝a；"定义了 a 的一个引用名 rA。定义引用名时必须立即指定所代表的原名，不能在程序中指定，如以下代码错误："int a＝3；int & rA；rA＝a；"。

（3）使用引用的好处

①在不开辟新空间的情况下，可使用其他名操作原变量。

②自定义模块中使用引用名作参数，可直接修改调用模块中的原变量名，达到类似传递指针的效果，但使用起来比指针更加简洁。

（4）引用作函数参数

例 4.5　根据给定的两整数 a、b，编写模块 swap，在此模块内部进行两个数的交换，并在主模块里验证交换的结果（引用解决方案）。

［模块设计］

①模块功能：将给定的两个整数互换。

②输入输出：

形式：void swap(int & rA,int & rB)

归属：Int

③解决思路：取一个中间变量 temp 与 rA、rB 进行交换。

④算法步骤：

第一步，temp＝rA；

第二步，rA＝rB；

第三步，rB＝temp；

⑤模块代码：

```
void swap(int & rA,int & rB)
{
    int temp;
    temp=rA; rA=rB; rB=temp;
}
```

[模型设计]

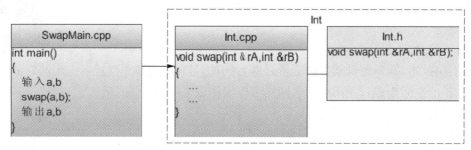

测试代码：(主模块代码)

```
# include <iostream.h>
# include "Int.h"
int main()
{
    int a,b;
    cout<<"请输入要交换的两个整数:";
    cin>>a>>b;
    swap(a,b);   //调用时传递变量本身,即原名
    cout<<"交换的结果是:"<<a<<" "<<b <<endl;   //最后输出换行
    return 0;
}
```

运行结果：

```
请输入要交换的两个整数:3 4
交换的结果是:4  3
```

（5）引用作为函数参数的使用步骤总结

引用作为函数参数的使用步骤为：实参用原变量（抛原名）、形参设置为引用变量（接引用名）、模块内直接操作引用变量。

（6）引用类型使用注意事项

①一个变量可以有多个别名，比如，"int & rX1＝x;int & rX2＝x;"这相当于变量 a 的别名可以有两个，一个是 rX1，另一个是 rX2。

②一个别名指定给一个变量后，就不能再指定给别的变量，否则就会引起混乱。例如，定义"int & rX＝x;"之后，再定义"int & rX＝y;"就是错误的，rx 不能同时指定为 x,y 的引用名。

③只能针对变量起别名，常量和数组（本质也是常量）不能起别名。

④引用类型定义时要与原名类型一致，如对整型变量定义别名，要定义成整型的引用类型。

⑤引用类型作参数与 return 的关系与指针类型作参数与 return 的关系相同，引用类型作参数与 return 并不冲突，且可同时使用。

思考练习：编写一个模块，使用引用方式同时求 2 个整数的较大值和较小值。

4.4 引用和指针的区别 *

引用和指针的最大区别是引用是有依附的，而指针是一个独立体。除此之外，在初始化和赋值等方面也有所不同，具体如下：

①引用变量只能与一个变量联系（一个母体），指针变量可以指向多个变量。

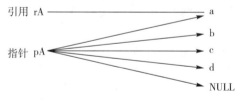

上图中引用在不同时刻均与原名变量对应，而指针在不同时刻可指向不同的变量。

②引用变量定义时必须完成初始化，即和母体变量挂接；而指针变量定义时可初始化，也可不初始化（若不初始化，则分配一个随机地址），如下面代码：

```
int a,b;
int & rA＝a;      //引用名 rA 定义时必须和某变量（此处为变量 a）挂接
int *pA;          //指针变量 pA 定义时没有初始化
int *pB＝ & b;    //指针变量 pB 定义时，初始化与变量 b 挂接
```

③引用变量不能初始化为 NULL，而指针变量可以初始化或赋值 NULL（详见教材 4.6.4）。

④使用指针和引用作函数参数均可在另一个模块里达到修改自身数据的目的。比较而言，引用更简单，而指针更巧妙灵活（有些语言如 JAVA 只有引用没有指针）。

⑤指针和引用都可作为模块的返回值*,但返回指针会克隆产生一个新无名变量,返回引用不会产生新无名变量,而是直接绑定至原有变量(详见教材8.7)。

4.5 空类型和空类型指针变量

4.5.1 空类型

(1)含义

空类型指值集为空的数据类型。

(2)表示方法

表示方法:void

(3)使用环境

不能根据空类型定义一个变量,如"void v;"错误,一般只用于函数中的参数和返回值。

void 作返回值类型:如 void xxx(···) {···},表示模块没有返回数据。

void 作参数的说明类型:如 int yyy(void){···},表示没有传递进数据。

注意:无需传入参数时,写 void 与不写 void 有一定区别。

4.5.2 空类型指针

(1)含义

不指明具体数据类型的指针称为空类型指针。

(2)表示方法

表示方法:void* 指针变量名

空类型指针用于定义一个空类型指针变量。例如,"void*pVoid;" pVoid 是空类型指针变量,它可以接收任意类型的地址(体现了虚实之间的微妙关系,无中生有,它的"空"是为了去迎接不同的"实")。

注意:这种类型的指针不能够移动,因为它不知道该怎么移动。

```
void *pVoid; int *pI; char *pC;
pVoid=pI;        //合法,以虚迎实
pVoid=pC;        //合法,以虚迎实
pVoid++;         //非法,因为不知道一步跨出去到底走多远?
pI++;            //合法,一次移动 4 个字节
```

思考回答:下面代码为何出错?如何做到类型指针之间转换?请学习完 4.7 节再来解答。

```
int *pI;char *pC;
pC=pI;pI=pC;     //代码出错,请填写出错原因?
```

(3)常见使用环境*

当不能确定地址类型时,或根本不需要知道地址类型时,可使用这种指针类型。例如,将一块内存的数据拷贝到另一块内存里去,不知道也无需知道其中的数据类型,那么空间地

址的记法就需要空类型指针了,可以使用C/C++的标准库中的内存拷贝函数 memcpy。

函数原型:void * memcpy(void * dest, const void *src, size_t len)

文件包含:#include <string. h>

功能:由 src 所指内存区域复制 len 个字节到 dest 所指内存区域。

说明:src 和 dest 所指内存区域不能重叠,函数返回指向 dest 的 void * 型指针。另外, size_t 是无符号整数,其定义为 typedef unsigned int size_t(详见教材 3.2.5)。

4.5.3　再认识 main 模块 *

main 模块被操作系统调用,main 模块可以有输入参数。输入参数表示操作系统向程序传递的信息。main 模块的返回值表示程序运行结束向操作系统的报告信息。

(1)C/C++标准下的 main

main 模块是一个很特别的模块,它被操作系统调用。C/C++标准委员会制定的规范对于 main 的格式规定如下:

C 语言(C99 标准中规定)	C++语言(C++98 标准中规定)
格式 1:int main (void)	格式 1:int main ()
格式 2:int main (int argc, char * argv[])	格式 2:int main (int argc, char * argv[])

从上面的规定格式中可以看出两点:第一,main 模块可以有输入参数,也可无输入参数;第二,无论哪种格式都有一个返回值。

为什么有返回值? 输入参数指什么呢? 要解释这点,就必须清楚所有程序的外壳都是操作系统,一个程序的执行是和操作系统相关联的。

当需要从操作系统里取数据时,就需要输入参数(用上面格式 2)。

另外,程序执行完之后,总要向系统返回一些信息,返回值可以是任意一个整数(通常返回 0 表示程序正常结束,返回其他值的含义自定),操作系统根据得到的整数值决定其他的操作。

(2)操作系统得到 main 的返回值举例

①程序代码:

```
#include <iostream. h>
int main()
{
    int i;
    cout<<"请输入数据:";
    cin>>i;
    if (i==0) return 0;
    else return 1;
}
```

上述程序生成可执行文件 TestProj. exe。

②制作文件 a. bat。

通过制作文件 a. bat,在外壳文件里显示 main 返回的数据。a. bat 内容如下:

::清屏,注意,::符号是 bat 文件的注释符

cls

::测试程序返回值

TestProj.exe

@echo 返回操作系统的数据为: % errorlevel %

③a. bat 运行结果。

请输入数据:1

返回操作系统的数据为:1

4.6　可用的指针

4.6.1　不经意的遗憾

只有特定分配给这个程序的空间,使用起来才能安然无恙,但定义一个指针变量之后,系统给这个指针变量随机分配了一个地址。例如,"int *pI;"中的 pI 指向哪里呢?

pI 定义之初,编译系统分配随机值,随机指向某处,各编译系统分配的指向点虽不同,但有一共同特点:此处不可读写,操作此处数据非法。例如,"int *pI; *pI=100;"代码出错。怎么知道哪些地址是合法可用的呢? 实际上,程序里只有两种地址(空间)可用:一是编译器分配的地址(空间);二是主动申请的地址(空间)。

4.6.2　编译器分配空间

根据某种数据类型去定义一个变量时,相应的空间同步分配,比如:

```
int i;                    //此时系统分配了 4 个字节
int *pI; pI= &i; *pI=100;  //借助 i 的空间赋值数据 100
```

编译器为变量分配的空间,在变量生存期结束时,编译器自动回收。

4.6.3　主动申请空间

在主动申请空间方面,C 和 C++有不同的方法。

(1)C 语言申请空间*

①两个重要的函数。

内存申请与回收函数(C 语言)	功能
void * malloc(size_t size);	申请空间:分配 size 个字节的空间,返回空间头地址
void free(void *ptr);	回收空间:从 prt 处将 malloc 分配的内存片段释放

申请的空间返回的地址是一个空类型指针(void* 见上节),必须经过强制转化后才能交

给具体类型的指针变量。

②申请空间。

```
int *pI;float *pF;char *pC;
pI=(int *)malloc(sizeof(int));        //申请 4 个字节,地址交给整型指针变量 pI
pF=(float *)malloc(sizeof(float));    //申请 4 个字节,地址交给小数型指针变量 pF
pC=(char *)malloc(sizeof(char));      //申请 1 个字节,地址交给字符型指针变量 pC
```

注意:申请空间后,必须立即赋值给一个同类型的指针变量(上述代码中 pI、pF、pC),否则不仅无法使用这段空间,而且无法事后回收这段空间。

③使用空间。通过主动申请空间之后,使用间接方式赋值,例如,

"pI=(int*)malloc(4); *pI=100;"

④空间回收。主动申请的空间要手工回收,如针对上述 pI 指向空间,回收代码如下:

```
free(pI);        //通过指针回收被分配的空间
```

⑤注意事项。申请空间和回收空间需一一对应,否则造成内存泄露。

* 回收通常写法:if(pI! =NULL) {free(pI);pI=NULL;} ,代码中先判断不为空(NULL 为空之意,见下小节)后再回收,否则,可能 pI 所指向空间在某处已被回收,造成回收失败。

(2)C++语言申请空间

①两个重要的运算符。

• new 运算符:申请空间,强制类型空间分配运算符,返回带类型的地址。

• delete 运算符:回收空间,释放由 new 分配的内存片段,以便内存被再次使用。

②申请空间。

```
int *pI=new int;        //申请一个整数大小的空间,地址交给整型指针变量 pI
float *pF=new float;    //申请一个小数大小的空间,地址交给小数型指针变量 pF
char *pC=new char;      //申请一个字符大小的空间,地址交给字符型指针变量 pC
```

注意:申请空间后,必须立即赋值给一个同类型的指针变量(上述代码中 pI、pF、pC),否则不仅无法使用这段空间,而且无法事后回收这段空间。

③使用空间。通过主动申请空间之后,使用间接方式赋值,如"int *pI=new int; *pI=100;"。

④空间回收。主动申请的空间要手工回收,如针对上述 pI 指向空间回收代码如下:

```
delete pI;        //通过指针回收被分配的空间
```

⑤注意事项。申请空间和回收空间需一一对应,否则会造成内存泄露。

* 回收通常写法:if(pI! =NULL) {delete pI;pI=NULL;},代码中先判断不为空(NULL 为空之意,见下小节)后再回收,否则 pI 所指向空间可能在某处已被回收,造成回收失败。

(3)C 与 C++空间申请方法比较*

在内存分配机制上,C 与 C++相同,但 new 方式下分配空间确定类型,而 malloc 分配空间无类型。一般在C++里用 new/delete,在 C 里用 malloc/free。实际上,C++里也可以用 malloc/free,只要将 C 标准库的头文件 stdlib. h 引入即可。

* 另外,两种方式在申请和销毁对象空间时,new 和 delete 可自动调用构造函数初始化数据和析构函数,而 malloc 和 free 无法做到这点(详见教材 11.6 和 12.1)。

4.6.4 空指针(闲指针)

当指针变量所指空间是动态生成时,由于指针的灵活拨动,可能导致指针变量由于转移所指导致前一块可用空间的丢失。应该养成将指针变量置于可控状态的良好编程风格,从而避免上述现象出现。

NULL 是 VC 宏定义的一个指针常量,可理解成"闲",可以拿来用之意,不必钻研 NULL 指向内存何处,因为不同的编译器有不同的解释(VC 分配的地址是 0),研究没有太大意义,只要知道空指针的作用即可。值得注意的是,如果一个功能函数返回一个"空闲"指针,一般表示失败、没有达到目标(参见教材 6.8.2)。

可从指针的变量定义和使用两个方面对 NULL 作规范要求:

不良编程风格,代码错误	良好编程风格,代码正确

int i, *p;
p=new int;　　//动态申请空间
p= &i;　　//指针拨动,原 p 指向空间丢失
	int i, *p=NULL;　　//定义时,表示"闲可用"
	if (p==NULL)　　//如果"闲可用",则直接使用
	{
	　　pI=new int;　　//动态申请空间
	}
	if (pI==NULL)　　//如果"闲可用"
	{
	　　pI=&i;　　//借助编译器分配空间
	}
	if (pI!=NULL)　　//如果"不闲",可回收
	{
	　　delete pI;　　//回收空间
	　　pI=NULL　　//再次置闲
	}

4.7　指针类型的相互转化

(1)相互转化的基础

不同类型的指针之间可以转化,其根本原因在于不管什么类型的指针其本质是一个 32 位(4B)的地址。下面代码验证不同类型的指针长度效果是一样的。

```
int *pI; cout<<sizeof(pI)<<endl;        //结果是 4,表示 4 个字节,32 位的地址
char *pC; cout<<sizeof(pC)<<endl;       //结果是 4,表示 4 个字节,32 位的地址
```

(2)指针变量之间强制转化

从一个指针类型 A 到另一个指针类型 B,需要强制转换,格式如下:

```
类型 A *pA;
类型 B *pB;
pA=(类型 A * )pB;
```

例 4.6 编写模块:给定一个整数,将这个整数在内存中的每个字节内容单独取出显示。另外,编写主模块测试此自定义模块。

[模块设计]

①模块功能:分解一个整数,取出各字节内容。

②输入输出:

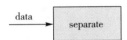

形式:void separate(int data)

归属:Int

③解决思路:先将整数的地址(指针)取出来,再转成字符地址(指针),这样就可一个字节一个字节地移动,用间接读取方式取出相应字节的内容。

④算法步骤:

第一步,取出一个整数的地址;

第二步,强制转成字符型指针;

第三步,取出字符型指针所指内容显示,移动字符指针指向下一字节,再次执行第三步。

⑤模块代码:

SeparateMain. cpp	Int. cpp	Int. h

```#include <iostream.h>```
 ```#include "Int.h"```
 ```int main()```
 ```{```
 　　```int data;```
 　　```cout<<"请输数:";```
 　　```cin>>data;```
 　　```separate(data);```
 　　```return 0;```
 ```}```
	```#include <iostream.h>```
	 ```void separate(int data)```
	 ```{```
	 　　```int *pI; char *pC;```
	 　　```pI= & data;```
	 　　```pC=(char *)pI;```
	 　　```cout<<"first:"<<(int)*pC<<endl;```
	 　　```cout<<"second:"<<(int)*(pC+1)<<endl;```
	 　　```cout<<"third:"<<(int)*(pC+2)<<endl;```
	 　　```cout<<"fourth:"<<(int)*(pC+3)<<endl;```
	 ```}```
		```void separate```
		 ```(int data);```

运行结果:

请输数:123

first:123

second:0

third:0

fouth:0

程序解释:

- 运行结果表明,整型数据保存是从低字节开始。

- "pC=(char *)pI;"是将整型地址强转成字符地址并赋值给字符指针变量。

（3）具体的地址常量强转成指针变量*

指针变量保存的是地址，如果知道了一个可用的空间地址数值：0x0012ff7c(十六进制)，那么能不能直接将这个数值赋值给指针变量呢？代码如下：

```
int *p;p=0x0012ff7c;              //错误,左边是地址,右边是十六进制数
int *p;p=(int *)0x0012ff7c;       //正确,左边是地址,右边的数被强制转成地址,匹配
```

4.8　深入认识全局变量和局部变量

4.8.1　作用域与生存期

（1）作用域

在3.6节中初步认识模块外的全局变量和模块内的局部变量。实际上，全局和局部的概念只是从外观上反映变量作用域特性，局部变量的作用区域限定在一个模块内部，全局变量的作用区域限定于所定义的文件中从定义点开始向下的所有模块。

（2）生存期

从变量的内在结构看，变量还有另外一个特性，即生存期。

生存期指生存的时间期限。生存期和作用域是完全不同的两个概念，例如，人(校长)在起作用(规划学校的发展)则他必定存在着，而他存在却不一定起作用了(退休后不参与学校管理)。形象地看：活着不一定起作用，但起作用肯定活着。

局部变量的生存期是模块内部，全局变量的生存期则一直存在，如表4-1所示。

表 4-1　局部变量和全局变量的生存期和作用域

名称	生存期	作用域
局部变量	模块内部	本模块
全局变量	始终存在	本文件中从定义点向下,并可扩展到其他文件

（3）动态存储区和静态存储区

生存期的长短由变量存放内存位置决定：局部变量放置在动态存储区，全局变量放置在静态存储区。动态区域是一个有一定时间限度的临时区域，也称为"栈区"。局部变量放置在栈区，退出某个模块，此模块内部定义的局部变量生命期结束，让出空间。这或许可以解释前面所说的"为什么两个模块里的变量会变得老死不相往来"，这指的就是一个模块的局部变量会随着此模块运行的结束而结束生存期。

局部变量定义用 auto 引导，如"auto int a;"，但实际使用过程中 auto 可不加，直接写成"int a;"，局部变量除了一般在模块内部定义的变量之外，还指模块的参数中定义的形参变量。

```
int mult(int a,int b)      //a,b是参数,属于局部的变量,在动态存储区
{
    int result;            //可以写成 auto int result,局部变量,在动态存储区
    result=a*b;
    return result;
}
```

4.8.2　static 关键字

static 是静态的意思,变量定义前加上此关键字,可改变局部变量的生存期或全局变量的作用域,下面分别阐述这两种作用。

(1)局部 static 变量生存期扩展——永远存在

局部变量也称"局部静态变量"或"内部静态变量",前面加上关键字 static,其保存位置为静态存储区,特性如表 4-2 所示。

表 4-2　局部静态变量的生存期和作用域

名称	生存期	作用域
局部 static 变量	静态存储区,直到程序运行结束	本模块

从表 4-2 看,局部 static 变量虽然永久存在,但只有在进入定义模块时,才起作用。那么局部静态变量有何用处? 有何意义呢?

根据静态局部变量的特点,可以看出这种变量是模块为自身特意留下的数据,可以形象地理解成为本模块留下美好的记忆。这样,虽然离开定义它的函数就不能使用,但如果再次进入此函数,遗留的数据又可拿出继续使用。当多次调用一个函数且要求在调用之间保留某些变量的值时,可考虑采用静态局部变量。

例如,求 1!+2!+3!+4!+5!,如果不使用递推和递归思路,最普通的想法就是求出第一个数的阶乘,并保留这个数,求第二个数的阶乘时利用前面一个数的阶乘。所以可以考虑在求阶乘 fact 模块内用 static 保留上一次的阶乘值。程序代码(单文档结构)如下:

```
# include <iostream.h>
int fact(int i);
int main()
{
    int s=0;
    s=fact(1)+fact(2)+fact(3)+fact(4)+fact(5);
    cout<<s;
    return 0;
}
int fact(int i)
{
    static int reserve=1;      //局部静态变量 reserve 是 fact 模块为自身保留的阶乘数据
    reserve=reserve * i;
    return reserve;
}
```

上述程序,第一次调用 fact 模块,即 fact(1),静态变量 reserve 里保存了 1 的阶乘,同时返回 1 的阶乘给主模块；第二次调用 fact 模块，即 fact(2)，由于 reserve 保存了 1 的阶乘，所以当前的 reserve 变成了 2 的阶乘，同时返回 2 的阶乘给主模块，依次下去，很方便地求出每个数的阶乘，并返回给主模块。

注意："static int reserve＝1"定义并初始化 reserve 语句，只在第一次进入 fact 模块起作用（即 fact(1)时），以后的多次调用不会重新定义或初始化。另外，基本类型的静态局部变量定义时如果不主动初始化为某数值，则系统自动初始化为 0 值。这与一般的局部变量区别很大，一般的局部变量不赋初值，随机取值。

(2)全局 static 变量——作用域限制在本文件中*

static 关键字放在全局变量前，称"全局 static 变量"(也称"全局静态变量"或"外部静态变量")，可起到改变全局变量作用域的效果。一般全局变量的作用域是本文件内部从定义点开始的所有模块，但一般全局变量可通过 extern 扩展作用区域到其他文件，而全局 static 变量仅限于本文件，不能够扩展至其他文件，可形象地理解为本文件各模块"专用"全局变量，如表 4-3 所示。

表 4-3 全局静态变量的生存期和作用域

名称	生存期	作用域
全局 static 变量	静态存储区，直到程序运行结束	本文件

注意：不同于局部变量，不管是一般的全局变量还是静态的全局变量，默认值都是 0。

4.9 程序和数据的内存分布*

①程序代码区，存放函数体的二进制代码。
②静态存储数据区，包括文字常量区、全局变量区、静态变量区。
③堆区(heap)，由编程者申请的数据存放空间，同时也需编程者释放空间。
④栈区(stack)，由编译器自动分配释放，存放函数的参数值、局部变量的值等。

图 4-1 C/C++程序和数据在内存的分配情况

图 4-1 表明，模块内部定义的局部变量存放在栈区，这种变量的回收由编译器自动完成；而由 new、malloc 等动态分配的空间放在堆区，需通过 delete 或 free 等手动收回。代码如下：

```
int A;                    //全局变量,默认是 0,在静态存储数据区
char *P1;                 //全局变量,默认是 0,在静态存储数据区
int main()
{
    int b;                //局部变量 b,默认随机值,在栈区
    char s[]="abc";       //"abc"在静态存储数据区,s 在栈区
    int *p2;              //局部变量 p2,默认随机值在栈区
    char *p3="123456";    //"123456"在常量区,局部变量 p3 在栈区
    static int c=0;       //静态局部变量 c 在静态存储数据区
    P1=new char;          //分配的空间(一个字节)在堆区
    p2=new int;           //或写成 p2=(int * )malloc(sizeof(int))分配的空间(4 个字节)在堆区
    return 0;
}
```

【本章总结】

指针就是内存地址。

将内存空间存放的数值看成事物的内因,那么内存地址就是事物的外因,内因和外因同时存在,缺一不可。存放数据值用普通的变量,而存放地址用指针变量。

不同类型的指针移动速度不同,不同类型的指针相互转化时需强制转化。

保证指针安全可用,既可通过承接编译器分配好的变量地址,也可以主动地申请空间,主动申请的空间要手工回收。

指针是两个模块之间联系最强大的纽带,将一个变量的地址从一个模块 A 传递到另外一个模块 B,在 B 中通过间接操作方式修改这个变量,与在 A 中直接修改一样有效。

指针作为函数参数的 3 个步骤:指定实参为可用地址;指定形参为相同类型的指针变量;在模块中使用指针运算符"＊"间接操作传过来的指针所指向的内容。

引用是给某变量定义别名,引用常用于函数参数,比指针使用更简洁。

通过其他模块改变本模块中某变量的值有 3 种方法:通过 return 返回赋值;传递变量的地址,使用指针变量间接操作;传递变量名,使用引用名直接操作。

局部变量生存期和作用域在模块内部,全局变量生存期永久、作用域为自定义点向下的整个文件。局部变量和全局变量前加 static,分别达到扩展生存期和降低作用域的目的。

❋ 个人心得体会 ❋

结构编程之顺序与选择

【学习目标】

➢ 理解结构编程的特点，明确数据流程步骤。

➢ 掌握交互(标准输入输出)方法、赋值方法，初步理解克隆技术。

➢ 学会根据不同选择环境，使用不同的选择语句。

➢ 进一步加深对函数的认识，较熟练使用多归属函数编写较大的程序。

➢ 初步掌握建立自定义库的方法，理解不同类型文件分类存放的好处。

【学习导读】

"结构编程"指局部程序单元的处理流程按单一方向进行，包括顺序结构、选择结构、循环结构。本章主要研究顺序和选择两种结构，顺序结构主要研究交互、赋值、克隆等技术，选择结构着重研究选择环境及与语法的对应关系。另外，在面向过程程序设计指导思想下，本章将不同模块进行不同归属，多个归属相互配合完成任务，为编写复杂程序提供借鉴。

【课前预习】

节点	基本问题预习要点	标记
5.1	结构编程的真正含义是什么？	
5.2	数据流程包括哪 3 个方面？	
5.3	输入方式主要有哪几种？	
5.4	输出方式主要有哪几种？	
5.5	选择语句有哪几种，主要特点是什么？	
5.6*	外部函数与内部函数如何区别？	
5.8*	为什么要建立自己的函数库？	

5.1 概　述

(1)"结构编程"的结构

代码的执行速度很快，在计算机里可能也就一瞬间，如果放慢看，就会如人生一样，有时稳步前行，有时面临选择，有时需要反复。顺序、选择、循环这 3 种结构作为基本的结构单元是征途上终始不变的主旋律。

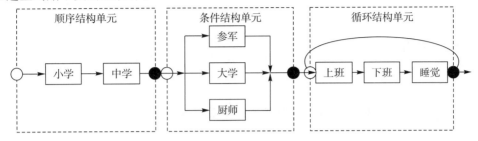

（2）"结构编程"的特点

"结构"是一种秩序，"结构编程"强调一种稳定的秩序。基本结构单元中只有一个入口、一个出口。这是维护稳定秩序的强有力保障，不允许从单元内部直接跳至外部，也不允许从外部直接跳至内部。上图中，○表示入口，●表示出口，每个单元只有一入一出，以结构控制单元为单位，按顺序编写和阅读程序代码。

（3）"结构编程"的表达语句

"结构编程"中的选择、循环结构有专门的语法描述。顺序结构无专门语法表达，它反映数据处理的流程顺序，如输入输出语句、赋值语句、克隆（拷贝）语句、表达式语句、空语句，甚至是后续章节描述的选择和循环等均可作为顺序结构的组成语句。

5.2　程序的数据流程

模块处理问题的着力点是各种各样的"数据"。例如，"学生成绩管理系统"的数据是学生的分数、姓名；"求多项式加法运算"的数据是两个多项式各项的系数、指数。

对数据监控可看到数据流程的 3 个阶段：数据输入、数据处理和数据输出。数据流程的处理从总体上看就是一个顺序结构。

（1）数据输入

模块内部的数据输入主要有：交互输入、赋值、克隆（拷贝）；模块之间的数据输入主要有：克隆（拷贝），即通过克隆将值（变量值或变量的地址值）从调用模块传入被调用模块。

（2）数据处理

数据处理的思路是基于一定的规则，使用判断或循环得到结果。另外，基于数学公式的赋值也可看作数据处理（模块内部）。如果处理问题较复杂，可将处理问题的逻辑写成一个函数进行调用（模块之间）。

（3）数据输出

模块内部的数据输出主要有：交互输出、赋值、克隆（拷贝）；模块之间的数据输出：克隆（拷贝），即通过克隆将值（变量值或变量的地址值）从被调用模块返回至调用模块。

表 5-1　模块内部和模块之间的数据处理方式

数据流程	模块内部	模块之间
数据输入	交互输入、赋值、克隆（或称拷贝）	克隆（或称拷贝）
数据处理	判断语句、循环语句	函数调用
数据输出	交互输出、赋值、克隆（或称拷贝）	克隆（或称拷贝）

例 5.1 求一个一元二次方程 $ax^2+bx+c=0$ 的两个根(假定方程的系数 a、b、c 均为整数,且有两个实根)。

第一种方案:用 return 语句返回根。

[模块设计]

①模块功能:根据给定的一元二次方程的 3 个系数,得到 2 个实根。

②输入与输出:

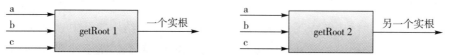

形式:float getRoot1 (int a,int b,int c)及 float getRoot2 (int a,int b,int c)

归属:Polynominal

③解决思路:利用求根公式 $\dfrac{-b \pm \sqrt{b^2-4ac}}{2a}$,分别求出两根并返回。

④步骤算法:

第一步,公式求根。

第二步,返回根值。

⑤模块代码:

PolynominalRootMain. cpp	Polynominal. cpp

<pre>＃include <iostream. h>
＃include "Polynominal. h"
int main()
{
    int a,b,c; float root1,root2;
    cout<<"请输入系数:";
    cin>>a>>b>>c;   //输入语句
    root1=getRoot1(a,b,c);   //处理语句
    root2=getRoot2(a,b,c);   //处理语句
    cout<<"求出的两个根:";
    cout<<root1<<" "root2<<endl;
                        //输出语句
    return 0;
}</pre>
	<pre>/ * @模块名 getRoot1 getRoot2
	 * @功能 得到一元二次方程的根
	 * @param [in] a 二次项系数
	 * @param [in] b 一次项系数
	 * @param [in] c 常数项
	 * @return 其中一个实根 * /
	＃include <math. h>
	float getRoot1 (int a,int b,int c)
	{
	    return ((−b+sqrt(b∗b−4∗a∗c))/(2∗a));
	}
	float getRoot2 (int a,int b,int c)
	{
	    return ((−b−sqrt(b∗b−4∗a∗c))/(2∗a));
	}</pre>

运行结果:	Polynominal. h
请输入系数:1 −4 3 求出的两个根:3 1	float getRoot1(int a,int b,int c); float getRoot2(int a,int b,int c);

[模型设计]

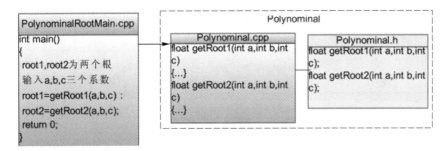

第二种方案:用指针方法求根。

[模块设计]

①模块功能:根据给定的一元二次方程的 3 个系数,得到 2 个实根。

②输入与输出:

形式:void setRoot (int a,int b,int c,float *pRoot1, float *pRoot2)

归属:Polynominal

③解决思路:利用求根公式 $\dfrac{-b \pm \sqrt{b^2-4ac}}{2a}$ 得到两个值,分别赋值于 *pRoot1 和 *pRoot2。

④步骤算法:

第一步,求出一根赋值给 *pRoot1。

第二步,再求出一根赋值给 *pRoot2。

⑤模块代码:

PolynominalRootMain. cpp	Polynominal. cpp

``cpp
# include <iostream.h> 	
# include "Polynominal.h" 	
int main()
{
    int a,b,c; float root1,root2;
    cout<<"请输入系数:";
    cin>>a>>b>>c;   //输入语句
    setRoot(a,b,c, & root1, & root2);
                    //处理语句
    cout<<"求出的两个根:";
    cout<<root1<<" "root2<<endl;
                    //输出语句
    return 0;
}
``
	``cpp
	/ * @模块名 setRoot
	 * @功能 得到一元二次方程的根
	 * @param [in] a 二次项系数
	 * @param [in] b 一次项系数
	 * @param [in] c 常数项
	 * @param [in,out] pRoot1 第一个根的指针
	 * @param [in,out] pRoot2 第二个根的指针
	 * @return 无返回值 * /
	# include <math.h>
	void setRoot (int a,int b,int c,float *pRoot1, float *pRoot2)
	{
	    * pRoot1=(-b+sqrt(b*b-4*a*c))/(2*a));
	    *pRoot2=(-b-sqrt(b*b-4*a*c))/(2*a));
	}
	``

续表

运行结果：	Polynominal.h
请输入系数:1 −4 3 求出的两个根:3 1	#ifndef Polynominal _h #define Polynominal _h void setRoot (int a, int b, int c, float *pRoot1, float *pRoot2); #endif

[模型设计]

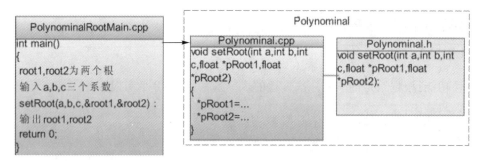

若考虑到虚根的情况,setRoot 模块结构要做适当的调整。另外,声明文件 Polynominal. h 中增加#ifndef、#define、#endif 条件编译语句,目的是防止头文件被重复包含,例如,头文件 A. h 中有模块 a 声明;头文件 B. h 中有模块 b 声明,假定 b 的实现需要用到 a,则 B. cpp 需要包含 A. h。若主模块所在文件 TestMain. cpp 需同时使用 a 和 b,A. h 实际被重复引入两次,编译出错。有了条件编译,就不会发生重复引入的错误。

思考回答:请指出上述主模块代码中的输入语句、处理语句、输出语句分别是哪些?

5.3 数据的输入

5.3.1 交互输入

交互输入指从另外一个设备中输入数据,标准交互输入指从键盘设备输入数据,以下讨论标准交互输入方式(教材第 10 章将讨论基于硬盘文件等设备的非标准交互输入)。

(1)标准交互输入流对象 cin

标准输入指键盘输入,cin 对象用于管理输入数据,它负责从键盘接收数据并赋值给变量(仅限于C++中使用)。使用这个对象,必须加预处理语句#include <iostream. h>(标准C++加#include <iostream. h>)。cin 的输入方法很多,更多方法参见第 10 章,这里只简单介绍用运算符">>"的输入方法。例如,"int a;float b;char c;cin>>a>>b>>c;"可从键盘输入一个整数、一个小数、一个字符,分别给不同的变量。cin 输入可根据实际定义的数据类型进行相应的转化。

注意：cin 是缓冲输入，即输入数据首先进入缓冲区，按回车键后，数据才能进入变量。"＞＞"运算符在 C++里有两个含义："提取运算符"和位运算符中的"右移运算符"，同一运算符在不同环境下有不同含义，称为"重载"。这里的"＞＞"称为"提取运算符"。

（2）标准交互输入函数 scanf

scanf 函数是 C 语言环境下最频繁使用的输入函数（C++也可使用），使用这个函数可以从键盘上接受整数、小数、字符，甚至字符串（字符串的输入详见教材第 8 章）。使用这个函数，必须加入预处理语句：#include ＜stdio. h＞。另外，scanf 也是缓冲输入，按回车键后才有效。

①格式：scanf("控制格式"，存储地址)；

从键盘上输入的内容按指定的控制格式进入存储地址。例如，从键盘上输入一个整数年龄，使用 scanf 函数，格式如下：

　　int age; scanf("%d", & age)；　　　　// %d 是整数输入的控制符，输入的数据进入 age 的地址处

②格式控制符：输入不同类型数据，要求的格式控制符不同，常用控制符如表 5-2 所示。

表 5-2　scanf 部分输入格式控制符

类型	控制符	含义
int	%d	输入整数
long int	%ld	输入长整数
float	%f 或 %e	输入小数
double	%lf 或 %le	输入双精度小数
char	%c	输入字符
char []	%s	输入字符串

例如，输入一个人的身高、体重、年龄、性别。

　　float height,weight; int age;char sex；

　　scanf("%f %f %d %c", & height, & weight, & age, & sex)；　　　　// 如输入：170.5　62.6　18　M

　　scanf("%f,%f, %d, %c",&height,&weight,&age,&sex)；　　　　// 如输入：170.5,62.6,18, M

另外，使用控制符%o 和%x，还可分别输入 8 进制和 16 进制整数，此处不再赘述。

（3）标准库中单独字符输入函数

函数 getchar，只负责一个字符的输入，例如，"char c; c＝getchar()；"使用这个函数，需声明文件＜stdio. h＞。

注意：getchar 也是缓冲输入。

（4）非标准库单独字符输入函数

具体的应用平台可能会提供一些非标准库函数，例如，getch 函数（声明在 Windows 平台头文件 conio. h），getche 函数（声明在 Linux 平台头文件 curses. h），这两个函数目的也是输入单个字符，但不要"回车"就可以直接进入变量之中，称为"非缓冲输入"。用这个函数可以编写密码输入，防止密码显示。

（5）标准库中多个字符（字串）的输入函数*

针对多个字符（也称字符串）的交互输入专用函数，参见教材 8.4.1 中 gets/fgets 函数介绍。

（6）特别提醒：关于交互输入失效问题*

输入时一定要注意键盘输入内容与原设计意图对应，否则可能导致输入失败。具体如下：

①cin 失效。用 cin 输入时，必须确保按要求输入。如，代码"int a;cin>>a;"，输入时必须输入一个整数，如果输入一个字符，就会导致输入失败（输入的字符进入缓冲区，但无法读取，结果是 0），而且之后的 cin 语句全部失效（后续 cin 不再执行），可以单步调试检测其他没有成功接收到输入数据的变量状态数据（默认是随机值 CC）。解决办法是清除缓冲后，再使用 cin 语句，具体方法参见教材 10.3.2 节。

②scanf 失效。与 cin 失效相似，若 scanf 指定"控制格式"与对应的键盘输入数据格式不匹配，则可能会造成无法读取。如，scanf 需要读入一个整数，但键盘输入一个字符，导致无法成功读取。解决方法是：调用标准库函数 fflush(stdin)清除输入缓冲，之后再进行某变量的输入，也可自编代码清除输入缓冲。与 cin 失效不同的是，本句 scanf 失效，但不影响后续缓冲输入函数（如 scanf/getchar 等）从输入缓冲区里读入数据（而非从键盘读入数据）。

③所有的缓冲输入函数（如 scanf/getchar 等）可能会因上一次输入数据后的回车换行，影响到本次变量的输入。如本次字符变量的输入，因上次某变量输入后的回车换行符（在输入缓冲区内）直接进入字符变量而自动忽视应该的键盘字符输入。应想办法跳过缓冲里的回车换行符，或清除输入缓冲（调用标准库函数 fflush(stdin)或自编代码清除输入缓冲），之后再进行某变量的输入。

5.3.2　赋值输入

（1）赋值的概念及特点

赋值是使用赋值运算符号"="将一个具体的数值或变量值传给一个已经存在的相同或相似类型的变量。其中要点是"变量已经存在"，即变量已经定义了才能赋值。例如：

普通数据和变量值的赋值	指针数据和指针变量值的赋值
int a,b;　　//先定义两个整型变量 a=3;　　　//赋具体的数值 b=a;　　　//赋变量的值	int a, *pA, *pB;　//先定义两个整型指针变量 pA= & a;　　　//赋具体的地址值，将 a 的地址给 pA pB=pA ;　　　//赋变量的值，将 pA 赋值给 pB

（2）数值赋值

数值赋值很简单，只要将数据放入相应的变量即可。例如，"int a;"编译器会为 a 分配 4 个字节的空间，但里面的值随机；而赋值语句"a=3"，其含义是将数值 3 放到这 4 个字节里。

（3）指针赋值

①指针赋值只是指针的拨动，并不涉及指向内容的传递。

```
int *pA, *pB;
pA=new int; *pA=1;
pB=new int; *pB=2;
pB=pA;          // 对 pB 赋值,实质是 pB 的拨动
```

上述赋值,并不是将 pA 所指向单元里的值 1 给 pB 所指向单元的值,而只是将 pA 里保存的地址传递给了 pB,形象地看成 pB 拨动,与 pA 指向同一个地方。如下所示:

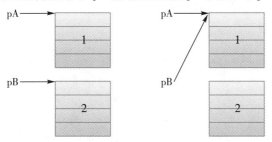

②指针赋值,动态分配的地址易丢失。上述代码,pA 和 pB 所指向的空间都是动态分配的,pA 和 pB 是两块空间的地址(抓手),其作用非常重要:通过 pA 和 pB,可顺利地找到那两块空间。但通过语句"pB=pA;"给 pB 赋值后,丢掉了 pB 原来的指向,放 2 的那块空间失去抓手,成为无人识别的野地址,造成空间泄露,所以动态分配的空间一定不要丢掉它的地址(抓手)。

③指针赋值丢失空间的避免方案*。针对动态生成的空间相互赋值的时候容易丢失空间的问题,有以下两种避免方案:

第一种:在赋值之前(拨动之前),将被赋值的地址保存起来。例如,为避免 pB 指向空间丢失,在给 pB 赋值前先将 pB 保存起来。代码如下:

```
int *pA, *pB;
pA=new int; *pA=1;
pB=new int; *pB=2;          // 在给 pB 赋值前,先保存 pB 给 pOldB
int *pOldB=pB;
pB=pA;
```

这样 pOldB 依然掌控着那块空间,如下所示:

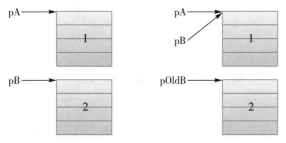

第二种:在拨动之前,即在被赋值前,先收回空间,就不会出现空间丢失,代码如下:

```
int *pA=new int; *pA=1;
int *pB=new int; *pB=2;
delete pB;                  //将 pB 原来所指向的空间收回
pB=pA;
```

空间收回之后,指针状态如下所示:

5.3.3 克隆输入*

(1)克隆的概念及特点

定义变量时同步使用同类型的数据(或变量)初始化,称"克隆",也称"复制"或"拷贝"。其特点是:变量从无到有的过程中接受了同类型的数据。赋值与克隆的区别是:赋值是变量"已经存在",而克隆是变量"无中生有"。

(2)克隆的使用分类

①模块内部定义变量时克隆。内部克隆有两种等价写法:第一种,如"int a(3);";第二种,"int a=3;"。

下面两段代码,a 里都放了 3,但原理是不相同的。

定义时使用了克隆技术	执行时使用了赋值技术

<pre>int main()
{
    int a(3);   //或者 int a=3;这是克隆
    return 0;
}</pre>
	<pre>int main()
	{
	    int a;
	    a=3; //这是赋值
	    return 0;
	}</pre>

②模块之间形参对实参的克隆,返回值对无名变量的克隆。

```
int main()
{
    int a,b,max;
    a=3;b=4;
    max=getMax(a,b);        //临时无名变量赋值给 max
    return 0;
}
int getMax(int x,int y)
{                           //使用了克隆技术,分别用 a,b 克隆出 x,y
    int max;
    if(x>y) max=x ;
    else max=y;
    return max;             //使用了克隆技术,根据 max 值克隆给一个临时无名变量
}
```

克隆简单数据(基本的数据类型和指针类型)由编译器自动完成,但克隆复杂数据(结构体、类对象)可能需要主动编写克隆函数(详见第 11 章)。

5.4　数据的输出

5.4.1　交互输出

交互输出指向另外一个设备输出数据,标准交互输出指将结果输出至显示器,以下讨论标准交互输出方式。

(1)标准交互输出流对象 cout

cout 对象用于管理输出数据,它负责将变量或表达式的值输出到显示屏上显示(仅限于 C++中使用)。使用这个对象,必须加预处理语句♯include <iostream. h>(标准 C++加 ♯include <iostream. h>)。

①格式:

cout<<变量或表达式;

cout 后"<<"运算符称"插入运算符",可根据变量的不同类型输出,例如,a、b、c 分别表示整数、小数、字符,"cout<<a<<b<<c;"可完成输出。另外,"<<"还是左移运算符(重载)。

②格式控制方法*。cout 对象可将数据按指定方式输出,使用需调用"♯include <iomanip. h>",部分控制方法如表 5-3 所示。

表 5-3　cout 对象部分输出格式控制

控制方法	作用
setprecision(n)	n 表示浮点输出方式有效数据位数或定点输出方式小数点后的位数
setiosflags(flag)	设置控制定点输出方式,不加此控制为浮点输出方式。flag 可取值为 ios::fixed 和 ios:scientific 两种,即 setiosflags(ios::fixed)表示定点输出方式(小数形式),setiosflags(ios:scientific)表示定点输出方式(指数形式)
setw(n)	设置字段宽度为 n,即一共 n 列,包括小数点
dec/oct/hex	以十进制/八进制/十六进制显示数据
setfill(c)	设置填充字符 c
flush()	输出缓冲内容立即显示
endl	输出换行

注意:浮点输出指有效位数长度固定,定点输出指小数点后位数长度固定。当没有使用 setiosflags(flag)进行设置时,就是浮点输出,故 setprecision(n)中的 n 表示有效数据位数;当使用 setiosflags(flag)进行设置时,就是定点输出,故 setprecision(n)中的 n 表示小数后位数。

另外,setiosflags(ios::left)和 setiosflags(ios::right)分别表示输出左对齐和右对齐(表 5-3 中没有列出,参见配套教材"思维训练、上机实验指导(第 2 版)")。

例 5.2* 编写测试程序,输入圆周率 pi(3.1415926),以浮点和定点两种方式输出。定点输出时,总长度为 10 位或 12 位,小数位固定显示 4 位,当不足规定的显示长度时,前面补空格。

解决思路:定点输出小数位数用 setiosflags(ios::fixed)控制,小数点后位数用 setprecision(n)控制,显示列宽总长度用 setw(n)控制。

测试代码:

```cpp
#include <iostream.h>
#include <iomanip.h>
int main()
{
    double pi;
    cout<<"请输入圆周率 pi 的值:";
    cin>>pi;
    cout<<setprecision(4)<<pi<<endl;                     //浮点输出
    cout<<setiosflags(ios::fixed) <<setprecision(4)<<setw(10) <<pi<<endl;
                                                          //定点输出
    cout<<setiosflags(ios::fixed) <<setprecision(4)<<setw(12) <<pi<<endl;
                                                          //定点输出
    return 0;
}
```

运行结果:

请输入圆周率 pi 的值:3.1415926

3.142

□□□□3.1416

□□□□□□3.1416

程序解释:

- 浮点输出 4 位,指所有有效数字,不包括小数点。
- 定点输出 4 位,指小数点后 4 位,总长度分别是 10 列和 12 列,前面补空格。

(2)标准交互输出函数 printf

printf 函数是 C 语言环境下最频繁使用的输出函数(在C++里也可使用),使用这个函数不仅可以输出各种基本类型的数据,还可以输出字符串。这个函数有丰富的格式控制符号,熟练地掌握这些符号可以做到对显示数据的位置和内容的准确控制。使用这个函数,必须加入预处理语句:#include <stdio.h>。

①格式:

printf("控制格式",常量或变量或表达式);

按指定的控制格式打印显示常量或变量或表达式所代表的数据。如需显示一整数年龄,可使用 printf 函数,格式如下:

int age=33;printf("%d",age);   // %d 是整数输出的控制符,显示结果为 33

如果 printf 语句中只写控制格式部分,可起到文字提示作用,如"printf("请输入数据:");"。

②格式控制符。printf 函数的格式控制符和 scanf 相同(参看表 5-2),不同的是,printf 格式控制符中还可增加一些辅助数字或符号,从而更精确地控制显示列宽和小数位数。例如:

```
i=123;
printf("%d",i);                  //输出 123
printf("%6d",i);                 //输出 □□□123,共 6 位,前加空格,可用于右对齐
printf("%−6d",i);                //输出 123□□□,共 6 位,后加空格,可用于左对齐
f=123.456;
printf("%f",f);                  //输出 123.456000,一般小数点后面 6 位有效数字
printf("%6.2f",f);               //输出 123.46,共 6 位(包括小数点),小数点后面 2 位有效数字
printf("%8.2f",f);               //输出 □□123.46,共 8 位(包括小数点),前加空格,可用于右对齐
printf("%−8.2f",f);              //输出 123.46□□,共 8 位(包括小数点),后加空格,可用于左
```
对齐

注意:C++的 cout 输出方式与 C 的 printf 输出方式在输出格式上有所不同,如"cout<<1.23;",显示结果是 1.23;而 printf("%f",1.23)显示结果是 1.230000,小数点后显示 6 位。

例 5.3　编写一个菜单模块,根据选择返回选项值。菜单内容如下:

欢迎进入本测试系统

1 大写字母转小写字母　　　　2 求两个数的最大数

3 根据等级字符打印分数范围　　4 退出系统

请选择功能号(1,2,3,4):

[模块设计]

①模块功能:显示菜单,根据选择返回选项值。

②输入输出:

choiceMenu　　→ 返回选项

形式:int choiceMenu(void)

归属:Menu

③解决思路:先输出显示菜单中的内容(各个选择项),再输入一个整数,最后返回此整数。

④算法步骤:

流程图	说明
模块开始 ↓ 输入菜单 ↓ 输入 choice ↓ return choice	简单的问题,其算法步骤可用自然语言方式表示,如果问题较复杂,就可以将算法步骤进一步细化成伪算法或流程图方式。伪算法或流程图为转化成具体代码提供更详细的参考。左图给出流程图方案,各基本图案含义和注意事项见附录 VI 算法的多种表达方式。

⑤模块代码：

```c
# include <stdio.h>
int choiceMenu(void)
{
    int choice;
    printf("\t\t\t 欢迎进入本测试系统\n");
    printf("1 大写字母转小写字母\t\t\t2 求两个数的最大数\n");
    printf("3 根据等级字符打印分数范围\t\t\t4 退出系统\n");
    printf("请选择功能号(1,2,3,4):");
    scanf("%d", & choice);
    return choice;
}
```

[模型设计]　略。

上述模块经主程序调用之后，运行结果如下：

```
                  欢迎进入本测试系统
1大写字母转小写字母                        2求两个数的最大数
3根据等级字符打印分数范围                   4退出系统
请选择功能号(1，2，3，4)：
```

程序解释：

- 输入数据时，一般先用 printf 进行提示，再用 scanf 来进行输入。
- \t 是横向制表位的助记符；\n 是换行的助记符。

思考练习：

　　①请编写 main 模块。

　　②请改用 cout 和 cin 实现 choiceMenu 模块。

(3)标准库中单独字符输出函数

putchar 函数用于单字符输出，这个函数和 getchar 对应，使用时前面要加上声明文件 stdio.h，例如，"char c='a';putchar(c);"输出的结果是一个字符 a。

(4)标准库中多个字符(字串)的输出函数

针对多字符(也称字符串)的交互输出专用函数，可参见教材 8.4.1 中的 puts/fputs 函数介绍。

(5)特别提醒：关于输出不显示的情况*

①cout 失效。只有输出缓冲区满或遇到换行符，cout<<…才会即时显示数据。因此要求及时显示的 cout 语句之后，使用 cout.flush();清除缓冲(也可自编代码清除)而直接显示，或使用换行符换行后直接显示(换行时自动清除缓冲区)，即 cout<<…<<endl;。否则会等到缓冲区填满才输出到终端显示器，直观表现是不能立即看到输出结果。

②printf 失效。只有输出缓冲区满或遇到换行符,printf 才会即时显示数据。因此在要求及时显示的 printf 语句之后,使用系统清单文件 stdio. h 中声明的 fflush(stdout);清除缓冲(也可自编代码清除)而直接显示,或使用 printf("\n");换行后直接显示(换行时自动清除缓冲区)。

5.4.2　赋值输出

赋值输出与赋值输入是一个问题的两个方面,参看上节的赋值输入。

5.4.3　克隆输出

克隆输出与克隆输入是一个问题的两个方面,参看上节的克隆输入。

5.5　选择语句的结构和使用技巧

5.5.1　单选语句

(1)格式

　　if(表达式)语句 1;

单选结构流程图	解释与说明

表达式
 	
真　　　假
 	
语句1
 	
	解释:如果表达式为真,就执行语句 1;如果表达式为假,就跳过语句 1。
	真和假也可用 yes(y)和 no(n)表示。
	说明:
	①表达式可为任意表达式,通常是关系表达式。
	关系表达式:如 if(a>b)
	算术表达式:如 if(3),若表达式值非 0,则表示真
	混合表达式:如 if(a>b && c>c) // 表达式值非 0,表示真
	②语句 1 可以是一条单独的语句,也可以是多条语句的合并(复合句),多条语句一定要加上大括号,如下格式:
	if（表达式）
	{
	　　语句 1;
	　　语句 2;
	}

(2)特点

单选语句的特点是单纯。条件满足就执行,不满足就不执行。例如,如果有时间,就去旅游、健身。这里并没有考虑没有时间的情况。但不管有没有时间都会执行后面的学习。

　　if（有时间）{旅游;健身;}

　　学习

5.5.2 二选一语句

(1)格式

```
if(表达式)
    语句1;
else
    语句2;
```

二选一结构流程图	解释与说明
	解释:如果表达式的值为真,则执行语句1;如果相反,则执行语句2。 说明:同样,语句1和语句2所在部分可为复合语句。

(2)特点

二选一语句的特点是矛盾。这种选择适合于一个集合被分解成相互矛盾的两个方面的情况,选择只能是非此即彼,不可能出现第3种情况,如图5-1所示,图中整体中除了A和B之外,没有任何其他部分。

图5-1 整体中的矛盾

例5.4 编写模块isTri,根据给定的3个小数判断是否能够构成一个三角形。

[模块设计]

①功能描述:判断3个小数是否能够构成三角形。

②输入输出:

```
  a
──────▶┌──────────┐
  b    │          │   真或假
──────▶│  isTri   │──────────▶
  c    │          │
──────▶└──────────┘
```

形式:bool isTri(float a,float b,float c)

归属:Triangle

③解决思路:根据两边之和大于第3边的三角形构成特点。如给定三边是3、4、5,由于3+4>5、3+5>4、4+5>3,因此,它们可构成三角形。

④算法步骤:

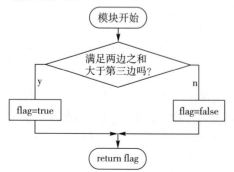

⑤模块代码：

```
bool isTri(float a,float b,float c)
{
    bool flag;
    if (a<b+c && b<a+c && c<a+b)
        flag=true;
    else
        flag=false;
    return flag;
}
```

思考练习：请给出 isTri 模块的主模块测试代码。

例 5.5　编写模块 getTriArea，根据输入的 3 个小数求三角形的面积（自行判断 3 个小数能否构成三角形，如能构成则返回面积，如不能构成则返回 0）。

［模块设计］

①功能描述：求三角形的面积。

②输入输出：

形式：float getTriArea(float a,float b,float c)

归属：Triangle

③解决思路：首先要考虑的问题是给定的 3 个数是否可以构成三角形。如果可以构成，再根据海伦公式求出三角形面积，公式如下：

$$p = \frac{1}{2} \times (a+b+c); \; area = \sqrt{p \times (p-a) \times (p-b) \times (p-c)}$$

例如，输入的 3 边是 3、4、5，能够构成三角形，那么 $p=6$，$area=6$，返回 6；如果给定 3 边是 3、3、4，则不能构成三角形，返回 0。

④算法步骤：

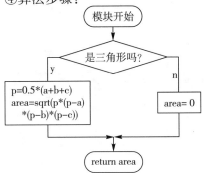

⑤模块代码:

```
#include <iostream.h>
#include <math.h>
float getTriArea(float a,float b,float c)
{
    float p,area;
    if (isTri(a,b,c))
    {
        p=0.5*(a+b+c);
        area=sqrt(p*(p-a)*(p-b)*(p-c));
    }
    else
    {
        cout<<"这不是一个三角形";
        area=0;
    }
    return area;
}
```

主模块 main 里调用 getTriArea,运行结果如下:

```
请输入三边边长:3 4 5
三角形面积是:6Press any key to continue_
```

思考练习:请自行补齐求三角形面积的主模块代码。

(3)三目运算符进行二选一

除了使用 if else 语句进行二选一,C/C++中唯一的三目运算符也可达到相同目的。

①三目运算符的格式:

表达式 1? 表达式 2:表达式 3

②原理:判断表达式 1 的结果是否为真,如果为真,那么结果就取表达式 2 的值,如果为假,就取表达式 3 的值。

例如,int a=3,b=4,c; c=(a>b)? a:b; cout<<c;

解释:因为 $a>b$ 为假,所以 c 的值取 b,即 c 的值是 4。

5.5.3　多选一语句

（1）格式

语法结构	解释与说明

if(表达式 1)
　语句 1；
else if(表达式 2)
　语句 2；
else if(表达式 3)
　语句 3；
…
else if(表达式 n)
　语句 n；
else
　语句 n＋1；
	解释：
	　如果满足表达式 1(表达式 1 为真)就执行语句 1；
	　否则看是否满足表达式 2,如果满足就执行语句 2；
	　否则看是否满足表达式 3,如果满足就执行语句 3；
	　依此类推,如果所有条件都不满足,就执行 else 部分。
	
	说明：
	　语句 1～n＋1 可为复合语句,用{}括起来。

以末尾不带 else 的 3 个分支为例,语法结构和相对应的流程图如下：

语法结构	不带 else 的 if 多选一流程图
if(表达式 1) 　语句 1； else if(表达式 2) 　语句 2； else if(表达式 3) 　语句 3；	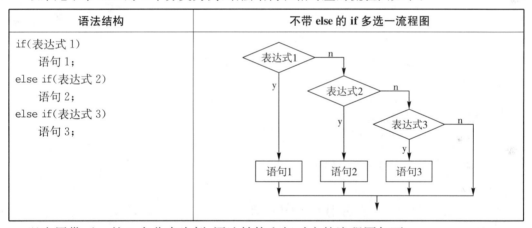

以末尾带 else 的 3 个分支为例,语法结构和相对应的流程图如下：

语法结构	带 else 的 if 多选一流程图

if(表达式 1)
　语句 1；
else if(表达式 2)
　语句 2；
else if(表达式 3)
　语句 3；
else
　else 的语句；
	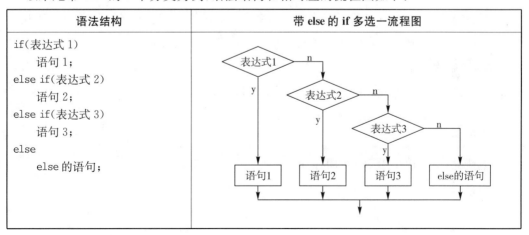

多分支选择最终的出口还是只有一个(多分支是二分支的扩展),末尾不带 else 考虑的是全集的子集选择,而末尾带 else 考虑的是全集的选择。如果不带 else,在 3 个表达式条件都不满足时直接进行下去;如果带 else,当 3 个表达式条件都不满足时执行 else 语句。

> **温馨提示**:多分支选择,即使条件和不等于全集(子集),末尾写 else 是好的书写习惯。如果 else 里无可执行代码,可写一个";"号表示空语句。

(2)特点

多选一语句的特点是对立。如图 5-2 所示,整体中除了 A、B 之外,还有其他部分,A、B 关系不是非此即彼,而是相互独立。

例 5.6 如果发 500 吨以上(包括 500 吨)的货物,费用是每吨 0.15 元,[300,500)之间是每吨 0.10 元,[100,300)之间是每吨 0.075 元,[50,100)之间是每吨 0.05 元,小于 50 吨费用不计,请编写相应的模块,根据传入的货物重量在模块内部计算出相应的费用并显示出来。

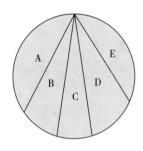

图 5-2　整体中的对立

[模块设计]

①功能描述:根据货物的重量,计算相应的费用并显示。

②输入输出:

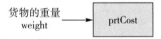

形式:void prtCost(float weight)

归属:Cost

③解决思路:根据 5 种情况分别进行处理。如果重量是 600,那么费用就是 $600 \times 0.15 = 90$(元);如果重量是 400,那么费用就是 $400 \times 0.10 = 40$(元)。

④算法提纲:前面均以自然语言或流程图来表达算法提纲,此外,还可用伪算法表达,不管用哪种,方式上都是为了思路的步骤化。下面给出 3 种表达方式:

自然语言表示法

第一步,如果范围在 500 以上,那么费用是重量×0.15;

第二步,如果范围在[300,500),那么费用是重量×0.10;

……

其他情况,即重量小于 50,费用计 0;

打印费用。

流程图表示法

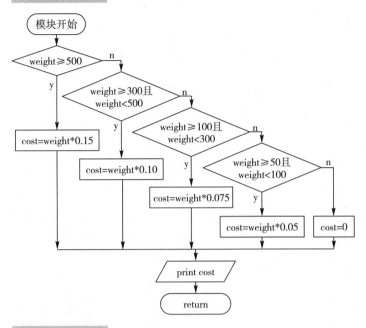

伪代码表示法

```
Pseudocode prtCost(weight)：
if weight≥500 set cost to weight * 0.15
else if weight≥300 & weight<500 set cost to weight * 0.10
else if weight≥100 & weight<300 set cost to weight * 0.075
else if weight≥50 & weight<100 set cost to weight * 0.05
else set cost to 0
print cost
```

伪代码(Pseudocode)书写格式和内容并无强行规定,它使用符号对自然语言浓缩,只要能够写清楚,便于给出最终代码,书写形式不限。例如,伪代码 set cost to 0 可写成 cost＝0。

上述伪代码似乎比真正的C/C++代码还复杂麻烦,例如,C/C++语言代码"cost＝weight * 0.15;"要比伪代码"set cost to weight * 0.15"书写更简单。其实,熟悉了伪代码之后,只要写一句"print cost according to weight",就可代替上面所写的全部伪代码。但任何高大的建筑都是由最小的砖瓦构成的,在起步阶段,做一些这样的演练是必要的。

注意:void 型模块画流程图时,也需要画 return 返回。

小结:算法步骤的 3 种表达方式:第一种自然语言表达方式容易,但可能会出现歧义;第二种流程图表达方式直观,但画图有些麻烦;第三种伪代码表达更加贴近源代码,但需注意书写简洁。

----

⑤模块代码：

```
# include <iostream.h>
void prtCost(float weight)
{
    float cost;              //定义费用变量
    if (weight>=500)
        cost=weight * 0.15;
    else if (weight>=300 && weight<500)
        cost=weight * 0.10;
    else if (weight>=100 && weight<300)
        cost=weight * 0.075;
    else if (weight>=50)
        cost=weight * 0.05;
    else
        cost=0;
    cout<<"cost is:"<<cost<<endl;
}
```

注意：上述模块代码不简洁，做多选一时，不一定要将每个条件都写足写全，要恰当地利用前面的条件，尤其对于连续的空间判断，只要按顺序写出临界点就可以了，如下所示：

改进的流程图	改进代码
| 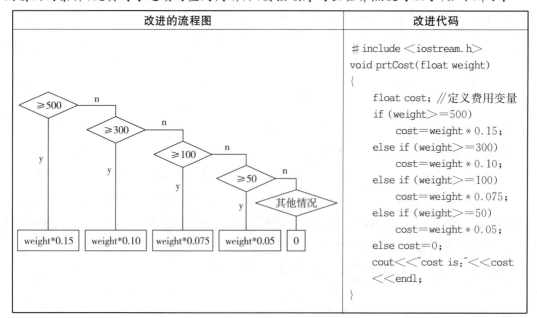 | ```
# include <iostream.h>
void prtCost(float weight)
{
    float cost; //定义费用变量
    if (weight>=500)
        cost=weight * 0.15;
    else if (weight>=300)
        cost=weight * 0.10;
    else if (weight>=100)
        cost=weight * 0.075;
    else if (weight>=50)
        cost=weight * 0.05;
    else cost=0;
    cout<<"cost is:"<<cost
        <<endl;
}
``` |

思考练习：将上述模块改为根据输入的货物重量返回费用，模块名为：getCost。
```

5.5.4 switch 多选一语句

（1）格式

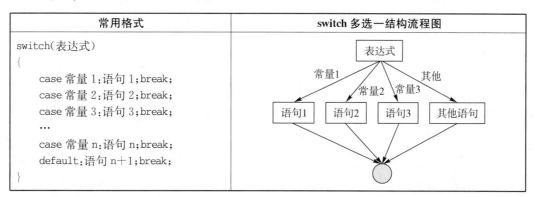

常用格式	switch 多选一结构流程图

switch(表达式)
{
    case 常量 1:语句 1;break;
    case 常量 2:语句 2;break;
    case 常量 3:语句 3;break;
    …
    case 常量 n:语句 n;break;
    default:语句 n+1;break;
}	

switch 语句又称"开关语句"，它根据表达式的值去匹配相应的整数型常量 1 至常量 n，并选择相应的语句去执行；如果没有一个常量可匹配，就执行 default 语句。虽然 default 语句可选（与上节 if 多选一最后的 else 作用相同），但一般都写上，如果不写就失去了一个匹配不成的处理环境。switch 中表达式的值为常量 1 至常量 n，必须是整型数（包括字符型、枚举型），而不能是其他类型。

注意：各分支语句后的 break 语句，表示匹配成功后立即离开选择（如上图所示，至小圆圈处），如果没有 break 语句，就会直接执行下句 case 后面的部分（不再做判断是否匹配），直至遇到 break。

（2）特点

switch 语句由于匹配的是整数值，故 switch 多用于离散点的判断。

例 5.7 编写程序，根据输入的等级字符′a′，′b′，′c′，′d′判断分数范围。如果是字符′a′，则表示分数范围[100,85]；如果是字符′b′，则表示分数范围[84,70]；如果是字符′c′，则表示分数范围[69,60]；如果是字符′d′，表示分数范围[59,0]。

流程图如下：

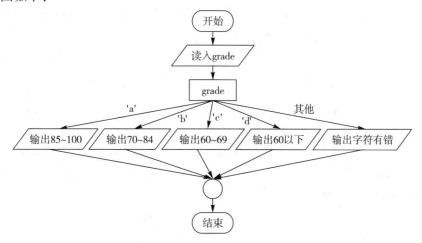

程序代码如下:

方法一：switch 多选一代码	方法二：if 多选一代码

<pre>＃include ＜iostream.h＞
int main()
{
    char grade;
    cout＜＜"请输入 a,b,c,d 4 个等级";
    cin＞＞grade;
    switch(grade)
    {
        case ´a´:cout＜＜"85－100"＜＜endl;break;
        case ´b´:cout＜＜"70－84"＜＜endl;break;
        case ´c´:cout＜＜"60－69"＜＜endl;break;
        case ´d´:cout＜＜"＜60"＜＜endl;break;
        default:cout＜＜"输错"＜＜endl;break;
    }
    return 0;
}</pre>
	<pre>＃include ＜iostream.h＞
	int main()
	{
	    char grade;
	    cout＜＜"请输入 a,b,c,d 4 个等级";
	    cin＞＞grade;
	    if (grade==´a´)
	        cout＜＜"85－100"＜＜endl;
	    else if (grade==´b´)
	        cout＜＜"70－84"＜＜endl;
	    else if (grade==´c´)
	        cout＜＜"60－69"＜＜endl;
	    else if (grade==´d´)
	        cout＜＜"＜60"＜＜endl;
	    else
	        cout＜＜"输错"＜＜endl;
	    return 0;
	}
	①关系运算符"=="是判断是否相等之
	  意,非赋值号"="。
	②switch 中断当前选择用的 break 语句,
	  在 if 语句中不能使用。</pre>

思考练习：

①编写模块 void prtByGrade(char grade),根据给定的等级打印分数范围,归属 Score。

②编写模块 char getGrade(float score),根据给定分数返回等级字符,归属 Score。

(3)case 匹配多个值

根据 switch 的执行流程,可设计 switch 语句匹配多个值集合。具体思路是将多个匹配 case 写在一起,将共同反应的动作写在值集合的最后一个 case 上,并在最后一个匹配值后加 break 中断。例如,当输入的字符是 a、b、c 时,显示"成绩大于等于 60 分",当输入字符 d 时,显示"成绩小于 60 分",输入其他字符,显示"非法字符"。测试主模块代码如下:

```
＃include ＜iostream.h＞
int main()
{
    char grade;
    cout＜＜"请输入 a,b,c,d 4 个等级";          //提示输入
    cin＞＞grade;                              //输入等级字符
    switch(grade)
```

```
    {
        case ´a´:
        case ´b´:
        case ´c´:cout<<"成绩大于等于 60 分"<<endl;break;
        case ´d´:cout<<"成绩小于 60 分"<<endl;break;
        default:cout<<"非法字符"<<endl;break;
    }
    return 0;
}
```

5.5.5　选择语句中表达式与 0 的比较

(1)0 在不同场合下的含义

程序中使用 0 的场合非常多,尤其在选择语句里,从不同的角度来看,0 的含义不一样,表达式也不一样。

①整数类型:0 表达方式就是 0,查看它的存储空间,可以发现 4 个字节里放的全部是 0。

②小数类型:0 表达方式是绝对值很小的一个数,如 $1e-6$,这是由小数类型的存储格式决定的(尾数+指数),在精度确定的范围内逼近 0,而不能够完全等于 0。

③布尔类型:0 表示为"假",表达方式是 false,任何非 0 值都是"真",表达方式是 true。

④指针类型:0 表示闲地址,表示目前状态是"闲",当指针变量赋"闲"时表示这个指针变量随时可以拿出使用,表达方式宏定义 NULL 详见教材 4.6.4。

(2)与 0 有关的判断

①整型变量与 0 比较。整型变量 i 与 0 值比较的标准 if 语句如下:

　　if (i == 0) 或 if (i!=0)

②小数变量与 0 比较。小数有精度限制。所以一定要避免将浮点变量用"=="或"!="与数字比较,应该设法转化成">="或"<="形式。假设浮点变量 f,与 0 值比较语句如下:

　　if (fabs(f)<1e-6)

③布尔变量与 0 比较。假设布尔变量名为 flag,它与 0 值比较的标准 if 语句如下:

　　if (flag)　　　　　//表示 flag 为真的判断,也可写成 if(flag==true)

　　if (!flag)　　　　//表示 flag 为假的判断,也可写成 if(flag!=true)或 if(flag==false)

④指针变量与零值比较。假设指针变量名为 p,它与 0 值比较的标准 if 语句如下:

　　if (p==NULL)　　//表示 p 是闲指针

　　if (p!=NULL)　　//表示 p 非闲指针

5.6　函数的生存期与作用域

变量有生存期和作用域,函数也有。函数和全局变量相似,本质都具有全局性特点,因此在整个程序运行过程中,都是存在的。全局变量有两种:全局变量和静态全局变量;函数也分两种:普通函数和静态函数。

5.6.1 普通函数

普通函数和普通全局变量一样,作用域在本文件内从定义点向下。若此文件自定义点之前要使用这个函数,或其他文件要使用这个函数,则需要做函数声明。如函数的定义如下:int fact(int n){…},声明格式为"extern int fact(int n);",C/C++允许书写声明时省去extern。通常,将声明放在一个专门的头文件里,调用某函数前,引入此头文件即可。

注意:同一个归属下不同模块之间也可能发生相互调用,如 XXX 归属下有两个模块 a 和 b,b 定义在 a 之后,而 a 想调用 b,就会发生不认识 b 的错误,如下所示:

XXX. cpp	出错信息及原因	解决方案

void a( )
{
   b( );
}
void b( )
{
  …
}
	错误提示信息:error C2065:′b′:undeclared identifier。
	错误原因:因为 b 模块是在下面定义的,根据函数作用域,在 b 定义点之后才可以使用 b,所以上面的 a 使用 b 是错误的。
		解决方案1:将 b 的定义写在上面,但这种方案往往效果不佳,因为多个模块相互调用,有时不太容易看清谁在前,谁在后;
		解决方案2:在 XXX. cpp 文件的前面加上 b 模块的声明:void b( );
		解决方案3:将"void b( )"和"void a( )"等函数声明写在 XXX. h,在 XXX. cpp 文件的开头加 #include<XXX. h>。

温馨提示:XXX. cpp 首句加 #include<XXX. h>能够有效地解决本文件内部模块调用。

5.6.2 静态函数(内部函数)

用 static 定义的静态函数和静态全局变量一样,作用域只能在本文件里,不能使用extern 扩展作用域至文件外。静态函数可以说是专属于某文件的函数。

目前编写的程序较小,静态函数无用武之地,如果一个大的系统程序需要编写成千上万的模块,这些模块分配给不同的人去编写,这样就很难保证所有的模块名不重复。如果使用了静态函数,一个人写的模块哪怕和别人写的模块重名了,也没有关系,因为这个模块只在你定义的文件里起作用(当然要确保文件名不能同名),不会造成编译器混乱无法区分识别。

静态函数的定义格式:static+函数的格式。如:

```
static int fact(int n){…}
```

5.7 多归属模块的相互调用

如果问题较简单,程序中的自定义模块可以都归属在一个文件里;但如果问题较复杂,自定义模块的归属就可能不止一个文件,也就涉及多文件(归属)、多模块之间的相互调用。

（1）案例描述

编写如下程序界面，选择一个功能号可执行相应的功能。

欢迎进入本测试系统

1 大写字母转小写字母 　　　　2 求两个整数的较大数

3 根据等级字符打印分数范围 　　4 退出系统

请选择功能号(1,2,3,4)：

（2）案例分析

程序所需要的几个模块，在前面都有讲解，其中：

菜单模块：choiceMenu（见例 5.3）；大写字母转小写字母模块：upper2Lower（见例 3.7）；求两个数的较大数模块：getMax（见例 1.2）；根据等级字符打印分数范围模块：prtByGrade（见例 5.7，有稍加改变）；退出系统模块：系统提供 exit 模块直接退出程序，调用方法为 exit(0)。

（3）模型结构

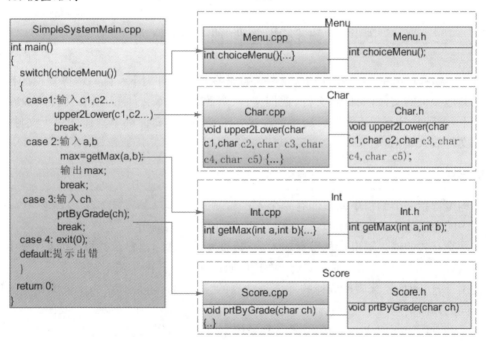

上述模型中自定义模块需要 4 个归属，即有 8 个文件（每个归属 2 个文件），加上主模块所在的文件，共 9 个文件。请参考已知模块代码，自行完成并上机验证。

5.8　统 一 规 划 自 定 义 函 数 库 *

在实际编程过程中，归类并不是一次完成的。例如，在教材 1.7 节编写了求两个整数的较大数模块 getMax，归属于 TwoMaxSquareProj 目录的 Int（实际包括两个部分 Int.cpp 和 Int.h），在教材 4.2 节编写了交换两个整数的 swap 模块，归属于 SwapProj 目录的 Int（包括两个部分 Int.cpp 和 Int.h）。到本节为止，归属于 Int 的模块如表 5-4 所示。

表 5-4　隶属 Int 的模块功能及章节分布

int getMax(int a,int b)	求 2 个整数的较大数	见教材 1.7
int getSquare(int max)	求 1 个整数的平方	见教材 1.7
int squareSum(int data1,int data2,int data3)	求 3 个整数的平方和	见教材 2.1
void sort ()	比较 3 个整数的大小并输出	见教材 3.8
void swap(int *pA,int *pB)	通过指针交换 2 个整数	见教材 4.2
void swap(int & aliasA,int & aliasB)	通过引用交换 2 个整数	见教材 4.3
void separate(int data)	将 1 个整数按字节顺序分离	见教材 4.7

Int 归属被写死在相应的项目目录,如果新建立的项目需要这个归属中已经定义过的模块,则必须拷贝一份(Int.cpp 和 Int.h 两个文件)到新项目目录,这种做法不利于归属使用和扩充。建立共享函数库可解决这个问题,所谓的"共享库"是指这些应具备扩展性的归属文件放在固定目录的一个统一文件中,所有新建项目都去访问一份共享的归属文件,同时也便于随时增加新功能(参见配套教材"思维训练、上机实验指导(第 2 版)")。

5.9　项目内文件的精确分类 *

在 VC 编程环境中,cpp 文件和 h 文件都存放在项目文件夹下。随着程序规模的扩大还会用到其他类型的文件,如日志文件、数据文件、资源文件、库文件等,所有文件均放在一个文件夹下,混乱并且不利于管理。通常的解决办法是将每类文件都单独建立一个文件夹,将相应的文件放入其中。

【本章总结】

结构编程指一个编程单元只能有一个入口和一个出口。

程序的数据处理分 3 个环节:数据输入、数据处理、数据输出。

标准交互式的输入输出指从键盘输入数据、通过显示器输出显示数据。C/C++中可通过系统函数 scanf、printf 等完成。C++中还可通过 cin、cout 两种流对象完成。

使用 if 选择时,要分清楚选择的环境是独立的,矛盾的,还是对立的。根据相应的环境选择不同的判断语句。

switch 专用于断点式多分支选择,其判断依据是字符或整数。

函数是全局性的,函数前加关键词 static,可以限制作用域在一个文件中。

两个模块间的参数传递和值返回,其原理是克隆(复制)。克隆包括值克隆和地址克隆。

较复杂的程序,需考虑将不同模块归属在不同文件中。

为防止 h 文件被重复引入,可在 h 文件头部加入 #ifndef 等预处理语句;为防止 cpp 文件中多个模块之间相互调用冲突,可在 cpp 文件头部加入相对应的 h 文件。

❋ 个人心得体会 ❋

结构编程之循环

【学习目标】

➢ 理解循环结构的使用语境,掌握循环语句的语法结构。

➢ 熟练掌握循环规则,即三要素和循环规律。

➢ 熟练掌握运用规律的递推和递归两种思路。

➢ 初步掌握简单数据文件的存取方法和步骤。

➢ 初步掌握多人合作思路,进一步领悟面向过程编程中的模型、模块结构和分层设计思想。

【学习导读】

递推与递归是两种思维方式,递推是由因导果,递归是由果索因。循环结构是结构编程的重要组成部分,是递推的重要呈现方式。学习循环,首先要善于发现循环发生的规律,其次从中分解出构成要素,最后用C/C++提供的 3 种循环格式语句表达。另外,本章还提出多人合作编程的工作模式,指出任务分配、人员管理是其中的关键。

【课前预习】

节点	基本问题预习要点	标记
6.1	什么是循环?循环三要素指什么?	
6.2	while 语句的格式和流程图是什么?	
6.3	如何寻找有规律数列的第 i 项?	
6.4	do while 语句的格式和流程图是什么?	
6.5	for 语句的格式和流程图是什么?	
6.6	break 与 continue 有什么区别?	
6.7	递推和递归的思路有什么区别?	
6.8*	如何定义文件指针与具体的文件关联,如何操作数据?	
6.9	带参数的宏含义是什么?	
6.10*	随机数如何产生?	
6.11	多人之间为什么要合作编程?大致思路是什么?	

6.1 循环的基本概念

6.1.1 循环的含义

循环通常指在满足某条件的情况下,反复做有规律的事情,其特征是:反复、有规律。如求 $1+2+\cdots+100$,就是一个反复、有规律求解的过程。"反复"指不断地"加","规律"指每次加的数在前者基础上增 1。

下面用向水缸里不断注水来描述这个过程:设 s 表示总水量,开始水缸为空,即 $s=0$;用 a 表示不断地向水缸里抛注有规律的水量(数),开始抛注 1,再抛注 2……一直抛注到 100。用 i 来记录抛注的次数,抛数过程伪代码如下:

伪代码		优化的伪代码(抛数和次数变化规律相同,统一用 i 表示)	
s=0,a=1;i=1;	//抛前准备	s=0,i=1;	//抛前准备,i 既是记数又是抛数
while i≤100	//抛置条件	while i≤100	//抛置条件
s=s+a;	//抛	s=s+i;	//抛
a=a+1;	//抛后改变得到新 a	i=i+1;	//记数(也是抛数)加 1
i=i+1;	//抛后改变记数 i 加 1		

6.1.2 循环三要素

初始值、循环条件、循环变量称为"循环三要素"。

(1)初始值

初始值指循环开始之前各变量的准备值,初始值的设定表示准备工作就绪。如上例循环求 1~100 的和,需准备好一个空的累加器 s(=0),一个计数器 i(=1),一个要抛的数 a(=1)。

(2)循环条件

循环条件指循环动作持续下去的条件。C/C++语言中的循环都是"当"循环,即当满足某条件时循环(在其他语言中还有一种"直到"循环,条件满足即跳出循环,参见本书附录)。

循环可固定次数(如上例循环 100 次,循环条件记 i≤100),称计数循环;也可不固定次数,称事件循环。循环体内任何数据的状态变化(是否达到某个目标)都可作为循环的条件。

(3)循环变量的改变

广义角度看,循环变量是指循环过程中每个短暂的停留点(称状态阈值)与上一次停留点之间有规律变化的变量(如上例循环中,s、a、i 三个变量),找出其中变化的规律至关重要(如上例循环中,s=s+a;a=a+i;i=i+1;)。狭义角度看,循环变量特指与循环条件相关联的变量,可作为循环条件或其组成部分,从而影响循环次数(如上例循环中的变量 i)。

6.2 while 循环

C/C++可用关键词 while 描述,例如,上节循环求和伪代码中"while i≤100"这段语义。

（1）while 循环的语句格式

语句格式	流程图
while（表达式） ｛ 　　循环体语句 ｝	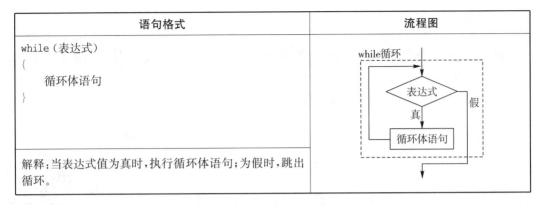
解释：当表达式值为真时，执行循环体语句；为假时，跳出循环。	

依上述流程图可知，循环语句是由"选择语句＋跳转语句"组合而成的。前面说过结构编程应避免跳转（详见教材 5.1），其含义是不能随意跳转，这里循环作为一个整体，跳转在其内部发生，整体结构只有一个入口和一个出口，是结构化语句。

思考回答：上述流程图与 5.5.5 中选择结构流程图画法的区别是什么？

（2）while 语句的特点

while 语句的特点是先判断，再循环。即先判断表达式的值，然后再决定是否执行语句，这个特点导致 while 循环语句有可能一次都不执行循环体内语句。

例 6.1　求 $1+2+\cdots+100$ 的和（使用 while 循环）。

解决思路见教材 6.1 节，这里给出流程图和程序代码：

```
# include ＜iostream.h＞
int main()
{
    int s,i;              //s 称为累加器
    s＝0;i＝1;            //抛前准备
    while (i＜＝100)      //循环条件
    {
        s＝s+i;          //抛中的动作
        i＝i+1;          //抛后改变 i
    }
    cout＜＜s＜＜endl;
    return 0;
}
```

上例中循环 3 个要素内容如下：

①初始值："s＝0;i＝1;"。

②循环条件："while (i＜＝100)"。

③循环变量（狭义）的改变："i＝i+1;"。

循环体语句如果是复合句则必须用{}包裹,否则语义出错,例如:

```
while(i<=100){s=s+i;i=i+1;}    //循环体中2条语句,i加1后判断,语义正确
while(i<=100) s=s+i;i=i+1;     //循环体中1条语句,s加1后判断,语义错误,且死循环
```

另外,VC开发平台中,有专门针对循环结构的调试设计,可通过设计"条件满足"或"次数达到"两种方式来决定执行至断点停止并检查变量状态值。这对于了解循环过程非常有益,可看成第2章调试技术断点调试的延伸。

思考练习:求 $1\times2\times\cdots\times10$ 的值。

6.3 循环规律的发现

循环必须有规律,所以循环的关键是找到规律。这一节里,以"用循环求数列之和"这个专题来分析其中的规律,并根据规律前推直至达到目标。

(1)循环求数列和

数列求和的关键是找到求第i项值(a_i)的方法。数列的结构不同,找到第i项的方法也不相同,下面给出常见的几种结构:

①给定数列中项值和项数之间的关系特征明显,即 $a_i=f(i)$。

例 6.2 求 $1+3+5+\cdots$ 的前20项的和。

解决思路:$a_i=2\times i-1$,这个规律至关重要,决定了向累加器里抛的内容。在这里设置变量s表示累加器,变量a代表不断抛进去的内容,i代表次数(项数)。

程序代码如下:

```
int main()
{
    int s,a,i;            //s表示累加器,a表示要抛内容,i表示当前抛的次数
    s=0;                  //累加器里开始为空
    a=1;                  //第一次要抛的内容
    i=1;                  //目前状态是第一次
    while(i<=20)
    {
        s=s+a;
        i++;              //次数加1
        a=2*i-1;          //得到下一次要抛的值
    }
    cout<<s<<endl;
    return 0;
}
```

思考回答：

①上述程序中循环的三要素和最重要的规律分别是什么？

②如果 return 0 前加一条语句：cout<<a，它的值是第 20 项的值吗？为什么？

③如果 return 0 前加一条语句：cout<<i，它的值是多少？为什么？

②给定数列中前后项之间的关系一目了然，即 $a_i = f(a_{i-1})$。

例 6.3　求 $2+22+222+\cdots$ 的前 8 项。

解决思路：$a_i = a_{i-1} \times 10 + 2$，这个规律至关重要，决定了向里面抛的内容。设置变量 s 表示累加器，变量 a 代表不断抛进去的内容，i 代表次数。

程序代码如下：

```
int main()
{
    int s,a,i;
    s=0;a=2;i=1;       //s表示累加器；a表示第一次要抛的数；i表示次数,当前是第1次
    while (i<=8)
    {
        s=s+a;
        i++;           //次数加1
        a=a*10+2;      //得到下一次要抛的值
    }
    cout<<s<<endl;
    return 0;
}
```

思考回答：

循环退出之后，a、i 的值分别等于多少？

③给定数列中前后项之间关系不明显，但从项值分解来看关系明显，即将项值看成由几个子项组成，子项前后之间存在非常明显的联系。

例 6.4　利用公式 $\pi/4 = 1 - 1/3 + 1/5 - 1/7 + \cdots$ 求 π 的近似值，要求参加计算的项绝对值大于 10^{-6}。

解决思路：将 $1 - 1/3 + 1/5 - 1/7 + \cdots$ 中每一项看成由三部分组成：符号、分子、分母。符号是一正一负地变化，有规律；分子都是 1，有规律；分母是在前一个分母的基础上加 2，也是有规律的。符号用 sign 表示，分子用 numerator 表示，分母用 denominator 表示。这样某项的值是（sign * numerator/denominator）。"当型"循环条件是：|项值|$>10^{-6}$。

程序代码如下：

```
int main()
{
    double s;
    int sign,numerator,denominator;
    s=0;sign=1;numerator=1;denominator=1;
    while (fabs(1.0 * sign * numerator/denominator)>1e-6)
    {
        s=s+1.0 * sign * numerator/denominator;        //这里为什么乘1.0?
        sign * =-1;
        numerator=numerator;
        denominator=denominator+2;
    }
    cout<<4 * s<<endl;
    return 0;
}
```

程序运行结果：3.141593

(2)牛顿迭代法*

①牛顿迭代法求方程的根。从牛顿迭代公式出发，可求出某个曲线方程在某点附近的根，其原理是：通过切线与 x 轴相交得到下一个切点位置，不断迭代，从而逼近根值。如图 6-1 所示：为求 x_1 附近的根，从 x_1 出发作切线，与 x 轴相交后引垂线得到 x_2，再从 x_2 出发作切线，与 x 轴相交后引垂线得到 x_3，依此进行下去，当 x_{n+1} 与 x_n 距离足够近时，x_{n+1} 即为所求曲线方程的根。

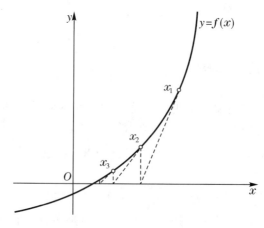

图 6-1　牛顿迭代法求根

由 x_n 找 x_{n+1} 的规律表达式为：$x_{n+1}=x_n-f(x_n)/f'(x_n)$，这里，$f'(x_n)$ 为 $f(x_n)$ 的导数，也是切线方程。

例 6.5 求方程 $x^3-3x^2+6x-5=0$ 在 3 附近的实数根。

解决思路:$f(x)=x^3-3x^2+6x-5$,则 $f'(x)=3x^2-6x+6$。从迭代因子 $x_1=3$ 出发,根据规律公式:$x_{n+1}=x_n-f(x_n)/f'(x_n)$,可求出下一项的值 x_2,当 x_1、x_2 之差的绝对值足够小时,即可认为 x_2 为所求的根值。

程序代码如下:

```cpp
int main()
{
    double x1,x2;
    x1=3;                          //初始化因子,可以任意,这里赋值非 3 也可,只影响迭代次数
    x2=x1-(x1*x1*x1-3*x1*x1+6*x1-5)/(3*x1*x1-6*x1+6);
    while(fabs(x2-x1)>1e-6)
    {
        x1=x2;
        x2=x1-(x1*x1*x1-3*x1*x1+6*x1-5)/(3*x1*x1-6*x1+6);
    }
    cout<<x2<<endl;        //结果是:1.32219
}
```

② 牛顿迭代法求平方根。

例 6.6 使用迭代方法求 a 的平方根,要求前后两次迭代值差的绝对值小于 10^{-6}。

解决思路:求 a 的平方根,即求 $x^2-a=0$ 这个方程的根,其中 $f(x)=x^2-a$,则 $f'(x)=2x$,根据迭代规律公式:$x_{n+1}=x_n-f(x_n)/f'(x_n)$,求出下一项的值 $x_{n+1}=x_n-(x_n^2-a)/2x_n$,经整理后得出前后项的关系为:$x_{n+1}=(x_n+a/x_n)/2$。

程序代码如下:

```cpp
int main()
{
    int a;                         //求 a 的平方根
    cin>>a;                        //输入要求的数据
    double x1,x2;
    x1=3;                          //初始化因子,可以任意,这里赋值非 3 也可,只影响迭代次数
    x2=(x1+a/x1)/2;                //使用求平方根的迭代公式
    while(fabs(x2-x1)>1e-6)
    {
        x1=x2;
        x2=(x1+a/x1)/2;
    }
    cout<<x2<<endl;                //若 a 为 3,结果为 1.732;若 a 为 2,结果为 1.414
}
```

思考练习：

①如何得到 3 次方根的迭代公式 $x_{n+1}=(2x_n+a/x_n^2)/3$,如何编写代码求某数的立方根值。

②如何得到 n 次方根迭代公式,如何编写代码求某数的 n 次方根值。

6.4   do while 循环

（1）do while 语句的格式

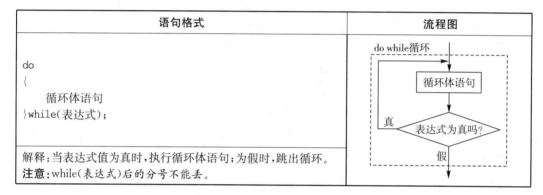

语句格式	流程图
do { 循环体语句 }while(表达式);	
解释:当表达式值为真时,执行循环体语句;为假时,跳出循环。 注意:while(表达式)后的分号不能丢。	

（2）do while 语句的特点

do while 语句的特点是先循环,再判断。即首先执行循环体,然后再判断循环条件,也就是不管条件是否满足,都会执行一次循环。

例 6.7   求 $1+2+\cdots+100$ 的和(用 do while)。

解决思路教材见 6.1 节,程序代码和流程图如下:

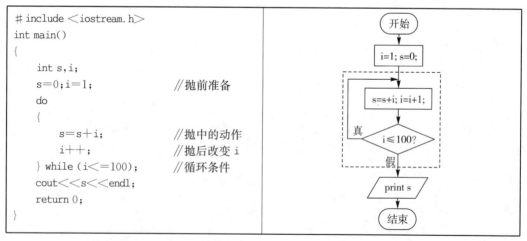

```cpp
# include <iostream.h>
int main()
{
    int s,i;
    s=0;i=1;              //抛前准备
    do
    {
        s=s+i;            //抛中的动作
        i++;              //抛后改变 i
    } while (i<=100);     //循环条件
    cout<<s<<endl;
    return 0;
}
```

（3）while 和 do while 两种循环异同

①相同:三要素代码完全相同。

②不同:循环条件的判断时机不同。

do while 是先执行再判断,总是要执行一次,而 while 先判断再决定是否执行,如果条件不满足,则不执行循环体,请看如下的比较代码:

while 循环	do while 循环

int s,i;
s=0;i=101;
while (i<=100)
{
    s=s+i;
    i++;
}
cout<<s<<endl;
	int s,i;
	s=0;i=101;
	do
	{
	    s=s+i;
	    i++;
	}while(i<=100);
	cout<<s<<endl;

结果是:0	结果是:101

思考回答:上述两种代码,循环退出之后 i 值分别是多少?

6.5 for 循环

for 循环是将循环三要素写在一起的循环表达方式。

(1) for 语句格式

语句格式	流程图

for(表达式 1;表达式 2;表达式 3)
{
    循环体语句
}
	for循环
	表达式1
	表达式2 —— 假
	真
	循环体语句
	表达式3

解释:通常情况下,表达式 1 表示循环的初始值,表达式 2 表示循环条件,表达式 3 表示循环变量(通常指狭义)的改变。三者之间用分号隔开。表达式内部多项内容之间可用",",隔开。	

for 循环完全等同于 while 循环对条件的判断时机,for 语句的执行过程如下:

①求表达式 1 的值。

②求表达式 2 的值,并判断真假。如果为真,执行循环体语句;否则,退出循环。

③求表达式 3 的值。

循环执行②③两步,直到表达式 2 的值为假时退出循环。

> **温馨提示:** 前章与本章,给出 3 种结构编程单元的标准流程图,标准流程图有利于代码映射,理论可证明任何一个程序都可用它们表达。但由于思维方式不同,有时作出的图与标准有出入,需要适当转化。

(2) for 语句的特点

for 语句的特点是先判断,再循环,其运算顺序完全等同 while 循环。

例 6.8 改编求 $1+\cdots+100$ 的和(用 for 语句)。

解决思路见例 6.1(流程图的画法同 while 循环,见例 6.1,这里不再提供)。

程序代码如下:

```cpp
#include <iostream.h>
int main()
{
    int i,s;
    for (i=1,s=0;i<=100;i++)    //i=1,s=0 部分是 for 结构的表达式 1,内部用","分开
    {
        s=s+i;
    }
    cout<<s;
    return 0;
}
```

问题:上述代码,如果将循环条件 i<=100,改成 i>=0,结果会是怎样?

答案:条件改成 i>=0 时,条件始终为真,结果会是死循环。

(3) 使用 for 循环的注意事项

①for 循环格式的 3 个表达式可部分省略,也可全部省略。

省略表达式 1 和表达式 3,实质上是将它们提前或下移(注意 for 中两分号不能少)。

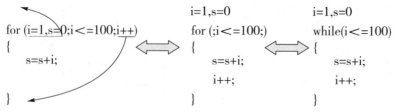

省略表达式 2,实质上是死循环。

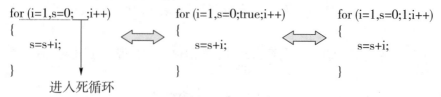

极端的死循环是三要素都不写,如 for(；；)等价于 while(true)或 while(1)。

死循环意义是让程序处于可控状态。纯粹的死循环没有意义,所以一般死循环都有一个强制中断的触发条件,这个条件在循环体内,等待时机成熟立即中断死循环,如下所示:

```
for (; ;)                        while(1)
{                                {
  ...              ⇨               ...
  if(中断条件)                      if(中断条件)
    中断                             中断
}                                }
```

②for 尾部一般不加“；”号。加“；”号表示循环体只有一个空语句。

如代码:

```
for (i=1,s=0;i<=100;i++)         for (i=1,s=0;i<=100;i++)
{                ⇔                {
    s=s+i;                           ;//循环体语句为空
}                                }
                                 {
                                     s=s+i;//非循环体语句
                                 }
```

上述写法是有问题的,“s＝s＋i；”不是循环体语句了。如果非要在 for 尾部加“；”号,可将循环体语句提前。如:for(i＝1,s＝0;i＜＝100; s＝s+i,i++);

③for 语句提倡写法 for(int i=0;i＜100;＋＋i) 就是说,int i 的声明放在里面,i 只在 for 循环里面有效(C/C++标准),但事实上 VC 没有遵循标准,此处 i 在循环体外也有效。

6.6　循环的非正常中断 break 和 continue

6.6.1　中断整个循环的 break 语句

正常循环中止指当循环条件不满足时自动退出循环。但在某些情况下,循环体内需要再埋伏一个条件,一旦条件满足,立即中断循环,这种退出循环的方式称“中断”。中断由关键字 break 引导。从流程图上看,break 语句指向最近循环的“否”线,如下例中的流程图。

例 6.9　从 1 加到 100,当加数之和大于等于 1000 时停下来,查看此时的和与加数的值。

解决思路:循环从 1 加到 100,在加的过程中,遇到满足条件(大于等于 1000)时中断。

程序代码、流程图、伪代码如下：

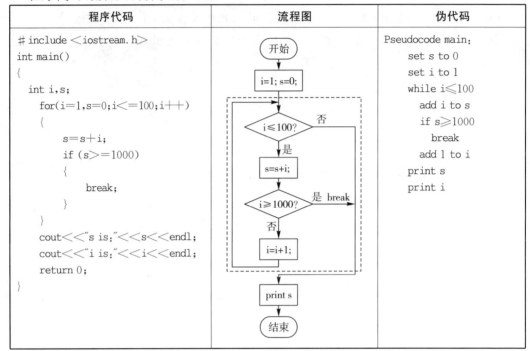

程序代码	流程图	伪代码
| ```cpp
#include <iostream.h>
int main()
{
  int i,s;
    for(i=1,s=0;i<=100;i++)
    {
        s=s+i;
        if (s>=1000)
        {
            break;
        }
    }
    cout<<"s is:"<<s<<endl;
    cout<<"i is:"<<i<<endl;
    return 0;
}
``` | 开始 → i=1; s=0; → i≤100? 否 / 是 → s=s+i; → i≥1000? 是 break / 否 → i=i+1; → print s → 结束 | Pseudocode main:<br>　set s to 0<br>　set i to 1<br>　while i≤100<br>　　add i to s<br>　　if s≥1000<br>　　break<br>　　add 1 to i<br>　print s<br>　print i |

程序运行结果：

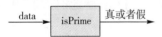

```
s is:1035
i is:45
```

程序解释：

• 从 1 加到 100 的过程中，s 肯定在某一时刻超过 1000，当超过 1000 时，循环被 break 中断语句强行中断，直接跳出循环。

• 中断退出循环后 i 的值应是最后一次放到累加器里的加数，运行结果 45，表示加到 45 时和超过 1000。

问题：求 1 加到 100 过程中，和不大于 1000 的最大数及最后一个加数。

答案：因为 $i+1$ 表示下一次要抛进的数，故只要将 if (s>=1000)改为 if (s+i+1>=1000) 即可。

例 6.10 编写模块 isPrime，判断一个正整数是否是素数。

①模块功能：根据整数得到是否是素数标记。

②模块结构：

data → isPrime → 真或者假

形式：bool isPrime(int data)

归属：Prime

③解决思路：根据素数的定义：除 1 和它本身之外，没有其他约数的数称为"素数"，也称"质数"。如测试数是 7，则测试过程如下：
```

7÷2　　　不能整除,继续试下一个

7÷3　　　不能整除,继续试下一个

7÷4　　　不能整除,继续试下一个

7÷5　　　不能整除,继续试下一个

7÷6　　　不能整除,结论 7 是素数

如测试数是 8,测试过程如下:

8÷2　　　能整除,结论 8 不是素数,中断

8÷3　　　不能整除,无需向下再检验

如果试验数是 data,则试验被除的数据范围是[2,data−1],试出其中一个被整除,即可停下来证明是非素数。

④算法步骤(伪代码):

```
Pseudocode isPrime(data):
    set i=2
    set flag=true
    while i≤data−1
        if data mod i=0
            flag=false
            break;
        add 1 to i
    return flag
```

⑤模块代码:

```
bool isPrime(int data)
{
    int i=2;
    bool flag=true;
    for(;i<data;i++)
    {
        if(data%i==0)    //在反复试的过程中,只要有一个被整除,就断定不是素数
        {
        flag=false;
        break;
        }
    }
    return flag;
}
```

注意:实际上,测试一个数 data,试验次数不必要为 2～data−1,为 2～data/2 即可,如果更进一步地考虑,为 2～$\sqrt{\text{data}}$ 即可(请思考原因)。

测试 isPrime 的主模块代码如下：

```
#include <iostream.h>
#include "Prime.h"
int main()
{
    int a;
    cin>>a;
    if (isPrime(a)) cout<<"这是素数";
    else cout<<"这不是素数";
    return 0;
}
```

例 6.11 编写程序求出 a 与 b 之间的所有素数并显示出来，显示格式是每行显示 3 个素数。如 a、b 值分别是 100 和 200，则显示结果如下：

```
101    103    107
109    113    127
131    137    139
...
```

[模块设计]

模块 displayPrimeArray

①模块功能：显示 2 个整数范围内的素数。

②输入输出：输入 2 个整数，表示起点值和终点值；本模块不需要回传数据给主模块，仅在模块内输出素数到显示器。

形式：void displayPrimeArray (int a,int b)

归属：Prime

③解决思路：如数据范围[100,200]，则先测试 100，再测试 101…直至 200，显然需要一个循环处理，称为"外循环"；而在测试每一个数时又需要一个循环，称为"内循环"。输出形式要求每 3 个数显示一行，可设置一个素数记数器，初始值为 0，当判断出一个数是素数时，记数器加 1，当记数器是 3 的倍数时，打印换行符。

④算法步骤(伪代码)：

```
Pseudocode displayPrimeArray(a,b):
    i 循环从 a 至 b                        //外层循环,控制范围
        定义素数标记 flag=true
        j 循环从 2 至 sqrt(i)              //内层循环,判断 i 是否是素数
            如果 i 是非素数,标记 flag=false;
```

中断内层循环
　　如果 flag＝true
　　　　打印素数 i
　　　　记数器增加
　　　　根据记数器是否是 3 的倍数，判断是否打印换行

⑤模块代码：

```cpp
# include <math.h>
void displayPrimeArray (int a,int b)
{
    int i,j;                        //用于循环记数,其中 i 控制外循环,j 控制内循环
    int counter=0;                  //counter 记录素数的个数
    for (i=a;i<=b;i++)              //外循环开始
    {
        bool flag=true;
        for (j=2;j<=sqrt(i);j++)    //内循环开始
        {
            if (i%j==0)             //只要有一次被整除则不是素数
            {
                flag=false;
                break;
            }
        }                           //内循环结束
        if (flag==true)             //或写成 if(flag)
        {
            cout<<i<<"\t";
            counter++;
            if (counter%3==0)
            {
                cout<<endl;
            }
        }
    }                               //外循环结束
}
```

[模型设计]

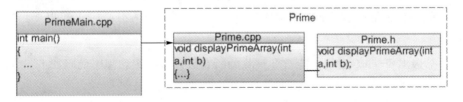

测试主程序 PrimeNumMain. cpp 代码如下：

```
#include <iostream.h>
#include "Prime.h"
int main()
{
    int a,b;
    cin>>a>>b;
    displayPrimeArray(a,b);
    return 0;
}
```

运行结果：

```
请输入范围a,b:100 200
101        103        107
109        113        127
131        137        139
149        151        157
163        167        173
179        181        191
193        197        199
```

程序解释：

• 该程序使用两重循环，第一层循环称为"外循环"，控制数的变化从 a 到 b；第二层循环称为"内循环"，用于测试其中某数是否是素数。

• 从 a 到 b，每取一个数记为 c，事先假定它是素数，用语句 flag=true 表示，然后使用内层循环来判断它是否是素数，退出内循环时，flag 里记录了此数是否为素数的真实状态。

思考练习：上述模块的算法步骤中带下划点部分可归纳总结为"判断 i 是否为素数"，可调用例 6.10 中 isPrime 模块来改写上述 displayPrimeArray 模块，实现软件复用。

6.6.2 中断本次循环的 continue 语句

循环语句中，与 break 相对应的有一个 continue 语句。遇到这个语句时，会忽略循环体内此语句下的其他语句，直接转到循环语句头部，进行循环条件判断（若为 for 循环，则转到表达式 3 计算后再判断），如果满足就再次执行循环体内容，如果不满足就退出循环。实际上 continue 只是中断本次循环，与 break 中断整个循环区别很大。请看下面的例子：

例 6.12 筛选出 1～100 之间不能被 3 整除的所有数。流程图和程序代码如下：

```
#include <iostream.h>
int main()
{
    for(int i=1;i<=100;i++)
    {
        if(i%3==0)          //能被 3 整除时跳到下个数
        {
            continue;
        }
        cout<<i<<"\t";
    }
    return 0;
}
```

运行结果：

思考练习：

①上面的程序如果不使用 continue，应如何改编。

②编写程序筛选出 1～100 同时能被 3 和 5 整除的数，并显示出来。

6.6.3　执行块中变量的生存期与作用域 *

（1）即时定义变量

第 3、4 章学习了局部变量和全局变量的生存期和作用域。模块的局部变量，通常写在模块内执行语句的前面，但这种表达方式不太灵活，因为很难确定程序不断向下执行时会有何种变量要求，因此，模块内的变量如果随用随定义将带来很大方便，这种临时用临时定义的局部变量，其生存期还是在模块内部，其作用域是在定义点之后。代码如下：

```
int main()
{
    int a,b;
    cin>>a>>b;
    int max;                //max 在这里定义正是满足当前需要,求出的最大值放在 max 中
    max=getMax(a,b);
    cout<<max;
    return 0;
}
```

(2)执行块中定义变量

执行块指小块独立的程序段,用{}包起来,在{}里定义的变量,生存期和作用域在块内。

```
int main()
{
    {
        int a;
        a=3;
    }
    a=5;                    //出错,因为上面的执行块走完之后,a立即消失。
    return 0;
}
```

(3)在循环头和循环体中定义变量

为了方便,常在循环头部和循环体内定义变量。如循环头部的 i 和循环体内的 a :

```
int main()
{
    for(int i=1;i<10;i++)       //i的生存期和作用域在整个循环过程中
    {
        int a=5;                //a的生存期是本次循环结束,进入下一次循环,重新定义
        printf("%d",a);
        a=3;
    }
    i=100;                      //出循环,再使用 i,错误,
}
```

> **温馨提示:** ①循环体内定义执行块变量时要慎重,因为进入下一次循环的时候,执行块变量值会重新定义。②循环体内定义的执行块变量,可与外部的变量同名,不会冲突。③循环体头部,如 for 格式中定义的变量应该属于执行块内部变量,离开模块则结束生命期,但可能有些编译器有变。

6.7 递推和递归

6.7.1 一个有趣的数列

意大利数学家斐波那契于 1202 年从兔子的繁殖问题中提出斐波那契数列:一对兔子第 1 个月新生,第 2 个月成熟,第 3 个月可生育一对小兔子,如此反复,数列规律如下:

第1月	第2月	第3月	第4月	第5月	…
1	1	1 1	1 1 1	1 1 1 1 1	…

上述成熟兔子用粗体1表示,数列规律:1,1,2,3,5,8,13,21,34,55,89,144,233,377,…这串数里有两个规律:从第3个数开始,后面的每个数都是它前面两个数的和;从第3个数起,每个数与它后面数的比值,都很接近于"黄金分割":0.618。

在自然界的很多现象里都可以发现这些有规律的数列,比如:树生长、花瓣数目等。例如,百合花由3瓣花瓣,毛茛属的植物有5瓣花,许多翠雀属植物有8瓣花,万寿菊的花有13瓣,紫菀属的植物有21瓣花。

求解斐波那契数列的项值有递推和递归两种思路。实际上,递推和递归是解决循环问题的两种思维方式(前面求数列和,用的是递推方法),无论哪种方式都必须遵循两个条件:第一,前项与后项有关系;第二,必须知道起始值。

6.7.2 递推解决斐波那契数列

递推是指根据已知的条件,通过规律不断地推导出下一个未知项,直到达到目标为止。递推是由因导果的一种思维方式。

例6.13 编写模块,用递推解决方案求斐波那契数列(1,1,2,3,5,8,…)第 n 项的值。

①模块功能:根据项数 n,返回数列的第 n 项值。

②模块设计:

形式:long int getFibNDiscursion (int n)

归属:Progression

③解决思路:如果 n 是1或2,则直接返回值1即可。否则,根据前两项值,求出两项之和,即得第3项;再将第2项交给第1项,第3项交给第2项,构成新的前两项。如此反复循环,直到求出第 n 项。

另外,需关注求第 n 项($n>2$)时,需要累加的次数。如果求第3项,只需加1次;如果求第4项,需要循环加2次(先求第3项,再求第4项);如果求第 n 项,需要循环加 $n-2$ 次(先求第3项,再求第4项……,最后求第 n 项)。如果循环变量记为 i(表达的是次数),初值取1,则循环条件应为 $i \leqslant n-2$。

④算法步骤:

```
Pseudocode getFibNDiscursion(n):
    if n equal 1 or 2 return 1
    set firstItem and secondItem to 1
    set current i to 1
    while i<n-2
```

```
        set thirdItem to firstItem+secondItem
        set firstItem to secondItem
        set secondItem to thirdItem
        append i
    return thirdItem
```

⑤模块代码：

```
long int getFibNDiscursion (int n)
{
    int firstItem=1, secondItem=1, thirdItem;
    int i=1;                          //i表示循环次数
    if (n==1 || n==2) return 1;
    while(i<=n-2)
    {
        thirdItem=firstItem+secondItem;
        firstItem=secondItem;
        secondItem=thirdItem;
        i++;
    }
    return thirdItem;
}
```

[模型设计]略

主模块测试代码：

```
# include "Progression.h"
int main()
{
    int n;
    cout<<"请输入项数:";
    cin>>n;
    cout<<"第"<<n<<"项值为:"<<getFibNDiscursion(n)<<endl;
    return 0;
}
```

运行结果：

请输入项数:6
第6项值为:8

> **温馨提示：**计数循环的循环条件除了直接用次数直接标记外,还可通过契合循环起
> 止点的其他数据状态值来标记,如本例循环变量 i 表示项数,初值取 3,结
> 束值为 n,则循环条件应为 $i \leqslant n$。求第 3 项时,循环 1 次,求第 n 项,则循
> 环 $n-2$ 次。

6.7.3 递归解决斐波那契数列

递归是指将问题转化成一个性质相同但规模较小的问题,基于这个较小的问题再转化为一个更小的问题,直到问题可解决为止。这是由果索因的一种思维方式。从编程形式来看,调用自身的函数称为"递归函数"。

例 6.14 递归解决方案求斐波那契数列第 n 项的值。

①模块功能:根据项数 n,返回数列的第 n 项值。

②模块设计:

形式:long int getFibNRecursion(int n)

归属:Progression

③解决思路:如求 getFibNRecursion(4),求解过程如下所示:

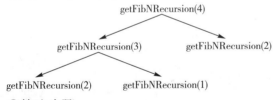

④算法步骤:

```
Pseudocode getFibNRecursion(n):
    if n=1 or n=2
        return 1
    else
        return getFibNRecursion(n—1)+ getFibNRecursion(n—2)
```

⑤模块代码:

```
long int getFibNRecursion(int n)
{
    if (n==1‖n==2)                    //终止条件
    {
        return 1;
    }
    else
        return getFibNRecursion(n—1)+getFibNRecursion(n—2);        //递归根据
}
```

主模块测试代码：

```
int main()
{
    int n;
    cout<<"请输入项数:";
    cin>>n;
    cout<<"第"<<n<<"项值为:"<< getFibNRecursion (n)<<endl;
    return 0;
}
```

运行结果：

```
请输入项数:6
第6项值为:8
```

程序解释：

• 递归程序结构清楚,代码简单(递归借助编译系统的堆栈调用间接完成推理,让编程者将注意力集中在推理关系上)。在递归模块里调用自身,要注意:递归里必须有终止条件和递归根据。

• 递归要反复调用自身,如求第4项的值,经过4次调用。调用占空间资源和时间资源,有时得不偿失。可利用标准库 clock()函数,在调用 getFibNDiscursion 和 getFibNRecursion 的前后,计算求同一个项值的时间差距。

6.8 循环中大批数据的文本文件保存技术

上一章学习了交互式输入、输出方式,但实际应用中,例如,股票交易的数据、学生的档案信息、从传感器采集到的各种信号,这些数据都保存在数据文件里。从现在开始,逐步学习如何从一个数据文件里读入数据,如何向一个数据文件里写出数据(称非标准输入输出)。

6.8.1 文本文件的基本含义 *

文本文件是最简单的数据文件,一种由若干行字符构成的计算机文件。本节只要求学会文本文件的基本操作步骤和方法,第10章详细研究各类文件(包括文本文件)及操作技巧。

6.8.2 文本文件的简单读写步骤 *

(1)根据文件类型定义一个文件指针变量

表达:FILE *pF;

说明:FILE 是系统定义的一种结构体类型(详见教材第9章)。FILE 包含了文件的各种信息,如:文件名称、文件状态、文件位置等。"FILE *pF;"是根据 FILE 定义文件指针pF,通过 pF 读写文件数据。另外,使用 FILE 类型需加头文件 stdio. h。

（2）指针变量和具体文件挂接

表达：pF＝fopen("stock. txt","r")；

说明：stock. txt 是要操作的文件，r 表示要从这个文件里读入数据。如果将 r 换成 w，就表示要将数据写出至这个文件。另外，若 fopen 成功打开文件，则 pF 得到这个文件的控制指针；若 fopen 没有成功打开文件，则 pF 为 NULL。代码如下：

```
FILE *pF;
pF＝fopen("stock.txt","r");          //r 表示要从文件中读入数据
if (pF==NULL)                        //pF 若为空指针,则表示打开失败
{
    printf("can not open this file");
}
else
{                                    //具体读入或写出数据,方法见下
}
```

（3）读写数据

①读入数据函数 fscanf。

表达：fscanf(pF，"%d"，& i)；　　　　　　　　//从文件里读入一个整数

说明：按指定的格式将文件中数据读入至内存相应地址，并转化成相应格式的数据类型。上式从文件中读入数据给变量 i，其中"%d"是整数的控制格式。fscanf 与 scanf 用法相似（scanf 用法，参考教材 5.3 节），但 fscanf 读入来源不是键盘，而是普通文件。

②写出数据函数 fprintf＊＊。

表达：fprintf(pF，"%d"，i)；　　　　　　　　//向文件写出一个整数

说明：将变量按指定的格式写出至文件，上式将变量 i 按整数格式写出至文件。fprintf 与 printf 的用法相似（printf 用法参考教材 5.3 节），但 fprintf 写出目标不是显示器，而是普通文件。

（4）关闭文件

表达：fclose(pF)；

说明：使用完一个文件后，要关闭文件并收回资源。

6.8.3　股票文本文件读写案例＊

例 6.15　stock. txt 保存 5 天某股票收盘价格，编写程序读入并显示。stock. txt 内容如下：

1	4.25
2	4.50
3	4.90
4	5.40
5	5.80

运行结果：

```
-day--price-
 1  4.25
 2  4.50
 3  4.90
 4  5.40
 5  5.80
```

程序代码：

```cpp
#include <iostream.h>
#include <iomanip.h>
#include <stdio.h>
int main()
{
    int day; float price; FILE *pF;
    pF=fopen("stock.txt","r");
    if (pF==NULL)
        printf("can not open this file");
    else
    {
        printf("-day--price-\n");
        fscanf(pF,"%d %f", &day, &price);      //读第1行
        printf("%3d%6.2f\n",day,price);
        fscanf(pF,"%d %f", &day, &price);      //读第2行
        printf("%3d%6.2f\n",day,price);
        fscanf(pF,"%d %f", &day, &price);      //读第3行
        printf("%3d%6.2f\n",day,price);
        fscanf(pF,"%d %f", &day, &price);      //读第4行
        printf("%3d%6.2f\n",day,price);
        fscanf(pF,"%d %f", &day, &price);      //读第5行
        printf("%3d%6.2f\n",day,price);
    }
    fclose(pF);
    return 0;
}
```

上述代码执行效率低，fscanf语句每次读入2个数据(与stock.txt一行2个数据对应)，如果有100行数据呢？难道要写100条fscanf语句？更现实的情况是，当我们只知道里面有数据但不知道有多少行时，如何处理？解决这个问题的思路是：循环读取，直至无法读取(读到末尾)。

从 fscanf 函数的返回值中可找到末尾。实际上,fscanf 函数的原型是:int fscanf(文件指针,"格式",地址)。这个函数有一个返回值表示读取数据的个数,其模块结构图如下:

如果 fscanf 函数返回值不是预期的值,则可以断定文件读到了末尾。在本例中,正常情况下,fscanf(pF,"%d %f", & day, & price)的返回值是 2;若返回值不是 2,则说明文件到了末尾,停止读取。所以可用循环读取方式,循环条件是读取数是否为 2,上面代码 else 部分的语句改动如下:

```
else
{
    printf("—day ——price—\n");
    while(fscanf(pF,"%d %f", & day, & price)==2)
    {
        printf("%3d%6.2f\n",day,price);
    }
}
```

请思考:如何增加代码,使例 6.15 中的程序可以计算股票价格的平均值并写至新文件?

6.9　预处理

6.9.1　预处理的概念

预处理指源码文件在编译之前所做的预先处理。在源码文件进行编译时,系统将自动启用预处理程序对预处理语句进行处理,处理完毕后再对源程序编译。合理地使用预处理功能编写的程序既便于阅读、修改、移植和调试,也有利于模块化程序设计。

6.9.2　预处理的类型

C/C++语言提供 3 种预处理功能:文件包含、宏定义、条件编译。预处理语句以♯打头,如♯include 预处理称"文件包含",作用是将头文件内容直接拷贝到源文件;♯define 预处理称"宏定义",作用是代换;♯if…预处理称"条件编译",作用是依据条件选择编译内容。

上述预处理,前面章节已在不同场合逐步使用,下面详细研究带参数的宏定义和条件编译的不同应用环境。

6.9.3　带参数的宏定义 *

C/C++允许用一个标识符指代一串字符(一串字符含义可能是数、表达式或语句),称为"宏定义",其中的标识符称为"宏"。预处理将程序中所有出现的"宏"用宏后面的字串代换,称为"宏代换"。宏的定义由♯define引导,根据有无参数,可将宏分为无参数的宏和有参数的宏。

(1)无参数的宏

无参数的宏,如"♯define PI 3.1415926",这是第3章中讲到的常量的一种定义方式。

(2)有参数的宏

格式:♯define MACRO_NAME(parameters) macrotext

macrotext 会替换程序中对 MACRO_NAME 的使用。参数的使用使宏更像一个函数。事实上,用这种带参数的宏去代替一个简单的函数非常方便实用。

注意:使用有参宏时,宏名和替换字串务必规范,宏名用大写字母的单词表示,不同单词间用下划线"_"分隔;替换字串中凡用到参数的地方都用"()"括起来。

例6.16 用有参宏来表示一个球的体积,参数是半径,球的体积公式为:$v=4/3\times\pi\times r^3$。

程序代码:

```
#include <iostream.h>
#define PI 3.14159
#define GLO_VOL(x) (4/3 *PI * (x) * (x) * (x))
int main()
{
    cout<<"球的体积是:"<<GLO_VOL(4)<<endl;
    return 0;
}
```

运行结果:球的体积是:268.082。

思考回答:根据三角形的三边,如何写一个表示三角形面积的带参数的宏?

(3)带参数的宏与函数的区别

在带参数的宏中,调用时的"实参代换形参",只是简单的符号替换。而在函数中,形参和实参是两个不同的量,它们各有自己的生存期和作用域,调用时将实参"值传递"给形参,并自动进行参数类型检查与自动转化数据类型。

只有简单而又频繁地被使用到的一些运算,用宏定义来替换函数才值得;如果某个运算只用一次,就不需要定义有参宏。另外,使用带参宏在编译前的预先处理中代换,会给调试中错误信息的准确定位带来一定的不利影响(教材9.10.1给出的函数性能优化方案可解决此问题)。

6.9.4 条件编译*

(1)条件编译的定义

"条件编译"是根据一定的条件进行的编译,例如,根据不同系统,编译生成不同的代码,提高程序的可移植性,增加程序的灵活性。

（2）条件编译的基本格式

形式一	形式二	形式三
＃ifdef 标识符 　　程序段 1 ＃else 　　程序段 2 ＃endif	＃ifndef 标识符 　　程序段 1 ＃else 　　程序段 2 ＃endif	＃if 表达式 　　程序段 1 ＃else 　　程序段 2 ＃endif
作用：当标识符已经被定义过（即使用＃define 定义过的标识符），则对程序段 1 进行编译，否则编译程序段 2。	作用：若标识符未被定义则编译程序段 1，否则编译程序段 2。这种形式与第一种形式的作用相反。	作用：当指定的表达式值为真（非零）时就编译程序段 1，否则编译程序段 2。

（3）条件编译常见的应用环境

①守护头文件。为了防止头文件被多次包含，这是一种常用技巧。例如，定义 Int.h：

```
＃ifndef Int_h
＃define Int_h
…                           //各模块的声明部分
＃endif
```

②减少编译语句，从而减少目标程序的长度，减少运行时间。例如，按条件编译的不同条件，将一个已知的十进制数按十六进制或八进制输出。

源代码	预处理后代码	预处理后无＃define FLAG16 代码

＃define FLAG16　//条件编译依据
int main()
{
　　int i＝10;
＃ifdef FLAG16
　　printf(″%x\n″,i);
＃else
　　printf(″%o\n″,i);
＃endif
　　return 0;
}
	int main()
	{
	　　int i＝10;
	　　printf(″%x\n″,i);
	　　　　　　　　//十六进制
	　　return 0;
	}
	
	运行结果：
	`a`
		int main()
		{
		　　int i 10;
		　　printf(″%o\n″,i);　　//八进制
		　　return 0;
		}
		
		运行结果：
		`12`

③程序调试。第 2 章里较详细地阐述了 VC 集成开发环境里调试器的使用方法，使用条件编译可做到在程序代码里进行调试。

例如，根据从键盘上输入的两个整数求它们的和，可以用输出语句来测试、查看变量的值。

```
＃include <iostream.h>
int main()
{
    int i,j;
    cout<<″请输入两个整数的值,以空格分开″;
```

```
    cin>>i>>j;
    cout<<"查看 i 的值:"<<i<<endl;        //检验是否正确地接到了从键盘上输入的数据
    cout<<"查看 j 的值:"<<j<<endl;        //同上
    cout<<"输入两个整数的和是:"<<i+j<<endl;
    return 0;
}
```

上述代码,通过 cout 语句验证变量 i、j 的值,最终发行程序中验证语句(粗体字代码)需手动删除。用条件编译也能够做到方便地调试,在编译后需将这些调试语句去掉。

```
# include <iostream. h>
# define DEBUG                  //这是定义的调试标记,调试完毕后删除此语句即可
int main()
{
    int i,j;
    cout<<"请输入两个整数的值,以空格分开";
    cin>>i>>j;
    # ifdef DEBUG
        cout<<"查看 i 的值:"<<i<<endl;
        cout<<"查看 j 的值:"<<j<<endl;
    # endif
    cout<<"输入两个整数的和是:"<<i+j<<endl;
    return 0;
}
```

④平台转换。不同平台提供的数据类型有区别,例如,表达双精度数据,在 Windows 平台使用 double,而在其他平台使用 long float。编写两套程序显然不是好的方案,可以用条件编译来解决。

```
# ifdef WINDOWS
# define DBT double        //统一用 DBT 表示双精度小数
# else
# define DBT long float    //统一用 DBT 表示长浮点型小数
# endif
```

在 Windows 上编写程序,则可以在程序的开始加上"# define WINDOWS",双精度小数定义如"DBT a;"。这样,源程序可以不必做任何修改就可以用于不同平台的计算机系统。

6.10　生成随机数

6.10.1　随机数的概念及用法

（1）随机数的概念与基本使用方法

随机数指在某个范围内按同等概率抽取而产生的数。大量的随机数可作为模拟工程问题的数据来源，如模拟噪声信号、模拟器件工作的稳定性等。

标准库函数 rand 可产生范围[0,32767]内的随机正整数。如产生 10 个随机整数：

```cpp
# include <stdlib.h>            //rand 的声明文件
# include <iostream.h>
int main()
{
    for(int i=0;i<10;i++)
    {
        cout<<rand()<<"\t";
    }
    return 0;
}
```

运行结果：

| 41 | 18467 | 6334 | 26500 | 19169 | 15724 | 11478 | 29358 | 26962 | 24464 |

问题：再次运行上述程序，结果不变。这是怎么回事呢？既然是随机数，第二次产生的数应该和第一次不同啊？

解释：随机序列根据固定种子产生，一旦种子确定，随机数及排列顺序固定，默认种子值为1，可通过函数 srand(种子)来控制产生不同随机序列。

（2）随机序列与伪随机数*

rand 产生的随机数按随机序列出现，到底随机序列里的数据是什么？首先，这里面的数肯定是[0,32767]之间的数；其次，序列里的数是根据某种规则（事实上是根据种子的值）而从[0,32767]里随机抽取，一旦抽取完毕之后，随机序列就固定下来了，即种子确定随机序列也就确定了；最后，随机序列中的随机数可能有重复。以下用两个实验来证明：

实验一随机代码：

```cpp
/*******************************************************
purpose:试验不同的种子数产生的序列不相同。
 *******************************************************/
# include <stdlib.h>
# include <iostream.h>
```

```
int main()
{
    cout<<endl<<"种子数是 2"<<endl;
    srand(2);
    for(int i=0;i<10;i++)
    {
        cout<<rand()<<"\t";
    }
    cout<<endl<<"种子数是 3"<<endl;
    srand(3);
    for(int ii=0;ii<10;ii++)
    {
        cout<<rand()<<"\t";
    }
    return 0;
}
```

运行结果：

```
种子数是2
45      29216   24198   17795   29484   19650   14590   26431   10705   18316
种子数是3
48      7196    9294    9091    7031    23577   17702   23503   27217   12168
```

实验二代码：

```
/********************************************************
purpose:试验随机序列中的伪随机数。
********************************************************/
#include <stdlib.h>
#include <iostream.h>
int main()
{
    int statis[32768]={0};
    for (int k=0;k<=32767;k++)
    {
        statis[rand()]++;
    }
    for(int i=0;i<10;i++)                    //只显示前 10 个数
    {
        cout<<statis[i]<<"";
    }
    return 0;
}
```

运行结果：

```
1 0 1 1 3 2 2 2 1 2  Press any key to continue_
```

程序解释：

• 实验一说明种子数对序列有影响。如果产生在随机序列前，则加 srand((unsigned int)time(0))可确保根据当前时间，种子数不同，每次运行结果不同。

• 实验二用到第 7 章的数组知识，statis[]是一个数组，其中 statis[i]里存放随机数 i 的个数。从运行结果看：0 被取到了 1 次，1 没有被取到，2 被取到 1 次，3 被取到 1 次，4 被取到 3 次等。

• 实验二产生随机数列有重复现象，通过这种方式产生的随机数也称"伪随机数"。产生真正不重复的随机数有较大的应用价值，例如，在抽奖活动中，从 100 个人里抽取 10 个幸运观众，要求既要随机又不能重复。单纯用 rand 语句，并不能真正地产生不重复数据。真正随机数的产生参见本书配套教材第 7 章。

（3）产生某固定范围内的随机数

产生[a,b]内随机整数方法：rand()%(b−a+1)+a。

产生(0,1)内随机小数方法：(double)rand()/RAND_MAX；//RAND_MAX 值 32768。

产生(a,b)内随机小数方法：(double)rand()/RAND_MAX * (b−a)+a。

思考练习：编写程序产生 1～100 中的 40 个随机整数。

6.10.2　仪器可靠性分析案例*

每件仪器都有可靠性，通过不同方式连接形成系统时，需要考虑整体系统的可靠性。

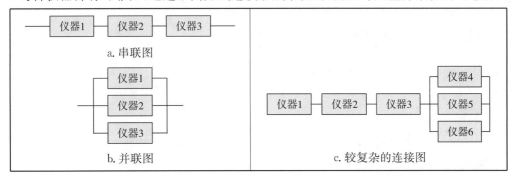

如果每个器件的可靠度相同，均为 r，则上面"a. 串联图"的可靠度是 r^3，"b. 并联图"的可靠度是 $3r−3r^2+r^3$。如果每种器件的可靠度都是 0.8，则很容易得到其串联可靠度是 0.512，并联可靠度是 0.992。

对于上面的"c. 较复杂的连接图"，很难通过公式确定可靠度。若每个仪器的可靠度不同，如果仪器 1 至仪器 6 的可靠度分别是 0.7、0.75、0.8、0.85、0.9、0.95，则如何估算整个系统的可靠度？此时，可用计算机产生随机数来模拟系统运行过程，并据此估算整个系统的可靠度。

首先,一个部件的可靠度如果是 0.7,那就意味着该器件在 70% 的时间内正常,可以随机产生 0~1 的一个随机数,如果产生的这个数在 0~0.7,就说明这个部件正常。其次,从整个系统里看,应产生 6 个随机数,将这 6 个数分成两部分:第一部分是前面的串联部分,3 个数都落在其所属的正常范围(分别是 0.7、0.75、0.8),表示在正常通道上走一步;第二部分是后面的并联部分,产生的 3 个随机数中如果有一个(只要有一个即可)落在其所属范围内,则表示第二步也正常,这样系统就正常。最后,进行多次试验(如试验 1000 次,每次产生 6 个随机数),用正常的次数除以试验的次数,可以得到整个系统的可靠度。

[模型设计]

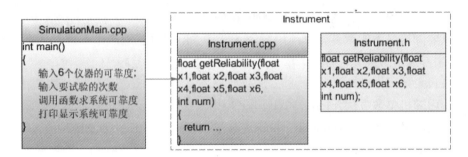

[模块设计]

模块 getReliability

①模块功能:通过输入的 6 个部件的可靠度和试验的次数得到整个系统的可靠度。

②输入与输出:

各组件可靠度 试验次数 → getReliability → 系统可靠性

形式:double getReliability(double r1, double r2, double r3, double r4, double r5, double r6, int num)

归属:Instument

③解决思路:各部件可靠度分别为:0.7、0.75、0.8、0.85、0.9、0.95,做 3 组试验,每组产生 6 个随机数。

第一组随机数:0.68、0.72、0.9、0.3、0.5、0.6,因第三个数是 0.9,不在合法范围之内,所以系统不正常。

第二组随机数:0.68、0.74、0.7、0.3、0.8、0.6,数据合法,系统正常。

第三组随机数:0.6、0.72、0.7、0.9、0.91、0.6,数据合法,系统正常。后面的数据中虽然 0.9 和 0.91 不合法,但 0.6 在正常范围之内,由于是并联,所以正常。

以上 3 组试验后,2 次正常,得出系统的可靠性是 2/3=66%。随着试验次数的增加,可靠性的准确度不断增加。

④算法步骤：

　　循环 num 次

　　　　产生 6 个随机数 x1…x6

　　　　判断前 3 个数都可靠情况下

　　　　　　判断后 3 个数有一个可靠

　　　　　　　　记数 count++

　　cout/num 即为所求

⑤重点模块代码如下：

```c
#include <math.h>
#include <stdlib.h>
double getReliability(double r1,double r2,double r3,double r4,double r5,double r6,int num)
{
    int i=0;
    int counter=0;
    double x1,x2,x3,x4,x5,x6;
    while (i<num)
    {
        x1=(double)rand()/RAND_MAX;         //产生 0 至 1 间随机小数
        x2=(double)rand()/RAND_MAX;
        x3=(double)rand()/RAND_MAX;
        x4=(double)rand()/RAND_MAX;
        x5=(double)rand()/RAND_MAX;
        x6=(double)rand()/RAND_MAX;
        if (x1<=r1 && x2<=r2 && x3<=r3)
        {
            if (x4<=r4 || x5<=r5 || x6<=r6)
            {
                counter++;
            }
        }
        i++;
    }
    return 1.0*counter/num;
}
```

程序说明：

①"x1=(double)rand()/RAND_MAX;"产生 0～1 的随机小数，RAND_MAX 值是 32768。

问题：如果写成"x1=(double)(rand()/RAND_MAX);"，结果是否正确？

答案:写法出错,因为(rand()/RAND_MAX)已经是 0 了,再转成小数已经无意义。

②循环体内不能写 srand(1),否则每轮取到的 6 个数都相同,试验数据无效,可靠性要么是 0,要么是 1。去除 srand(1),或将其改为 srand(i)或 srand(time(0)),请思考原因。

6.11 如何开展多人合作编程

6.11.1 多人合作编程的角色分配与指导思想

(1)角色分配

合作编程有两类角色:架构师和程序员。架构师负责对整体程序进行结构设计,在团队中处于核心地位,通常一个团队有一名架构师;程序员是具体的编程人员。

①架构师的工作流程。首先,架构师画出整体模型结构图。通过模型结构图,确定主模块、自定义模块归属,以及它们之间的相互调用关系。其次,架构师进行人员的划分。架构师根据团队实际人数和每个人的能力大小,划分归属到人。最后,架构师向程序员提供任务需求表(h 文件)。

②程序员的工作流程。接到任务需求表(h 文件)的程序员,编写的相应 cpp 代码文件;编译正确后,上交文件。

(2)指导思想

①确定分层思想。分层思想必须得到落实。分层合作主要是指上下层之间的沟通,而非同层之间。上层都会通过任务需求表向下层(如果有下层)提出要求,即我需要什么样的接口,请您去按时实现。这种层次管理策略,避免同层横向沟通带来的不确定因素,让整个项目进展在可控之中。

②架构师和程序员地位相对。分层中居于上层的是架构师,下层的就是程序员。他们的位置是相对的,程序员接到一个较复杂的任务时,他也可以充当架构师的角色,规划并分配任务,请他的下层人员完成,此时,对下层人员的管理应该由他来负责,不能推诿给自己的上层或者同层。

6.11.2 多人合作编程简易系统案例

(1)案例描述

编写一个程序,界面如下,选择一个功能号,可以执行相应的功能。

欢迎进入本系统

1 大写字母转小写字母	2 显示某一整数范围内的所有的素数
3 整数分析	4 退出系统

请选择功能号:(1,2,3,4)

(2)角色划分和任务分配

编写团队共 4 人,分别是李祎、张三、李四、王五,确定李祎为架构师。

①架构师的工作。绘制整体模型结构图,据此将 Menu、Char 分配给程序员张三,将 Prime 分配给程序员李四,将 Analyze 分配给程序员王五,并分别向 3 人提供相应的 h 文件。

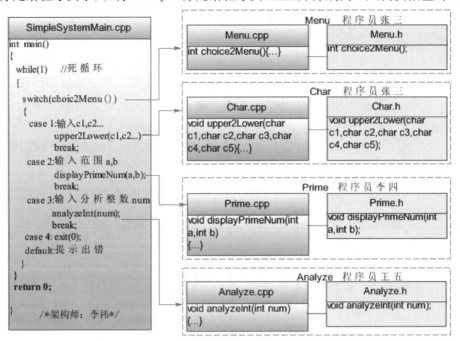

②各程序员的工作。根据 h 文件编写相应的 cpp 文件,如张三根据 Menu、h 编写 Menu、cpp,编译正确后,上交 Menu、cpp 文件,其他程序员的工作类似。这里需要着重说明程序员王五的工作:他负责编写的是整数分析 Analyze、cpp 文件,分析后 analyzeInt 模块需要编写求整数位数、正序输出各数位、反序输出各数位 3 个模块。这 3 个模块对整数操作的模块归属为 Int,可以由王五完成,也可将任务交给他的助手完成,此时他的角色也变成了架构师,如下图所示:

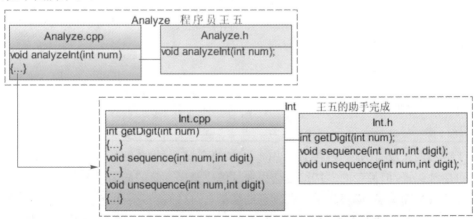

注意:王五的助手完成任务后,将 Int 交给的是王五而非其他人,王五编译 Analyze 成功后,再将 Analyze 交给上层的李祎。

6.11.3 多人合作编程可能出现的问题*

虽然每个人都将自己的模块做好并编译成功了,但将多人制作的模块组装在一起可能会出错,一般有以下几个原因。

(1)多次引入同一份清单文件

多人合作编程,对于一些公用模块的引入,每个人都需要引入同一份公用模块归属的清单文件(h头文件),导致出错。因此多人合作编程时,必须使用预处理机制来保证头文件不被重复引入。

解决方案:每位编程者写头文件时,加上♯ifndef、♯define、♯endif预处理语句。

(2)全局变量名相同

某些特殊场合需要使用全局变量,但多人合作时可能会出现名称相同的情况,比如:

甲写代码如下:

XXX. cpp	XXX. h

int COUNTER;　　//这是一个全局变量,表示计数器
void fun1()
{
　…COUNTER　　　//使用全局变量
}
void fun2()
{
　…COUNTER　　　//使用全局变量
}
	extern int COUNTER;　　//在头文件里声明全局变量
	void fun1();
	void fun2();

乙写代码如下:

YYY. cpp	YYY. h

int COUNTER;　　//这是一个全局变量,表示计数器
void fun3()
{
　…COUNTER　　　//使用全局变量
}
void fun4()
{
　…COUNTER　　　//使用全局变量
}
	extern int COUNTER;//在头文件里声明全局变量
	void fun3();
	void fun4();

由于甲乙两人没有沟通好,导致使用了同名的全局变量COUNTER,虽然每个人写的代码都可单独编译,但最后的连接组装会失败。解决全局变量的同名冲突有以下4种思路:

①让两人当面沟通,说服其中一人改全局变量名,这样就不会冲突了。但这并不是一个好办法。其原因是这两个人当面沟通的环境并不存在,这两个人是谁? 他们分别属于哪一层的管理? 他们有没有机会见面? 这些都是未知数。

②全局变量加特征姓名信息。比如,第一人全局变量为COUNTER_xxx,第二人全局变量为COUNTER_yyy,这样就不会冲突。但这里还可能出现两个人的姓名相同的情况。

③每位程序员分配一个不重复的 id 号,如 COUNTER_100 或 COUNTER_200,程序员在其使用的全局变量前加 id 号,就不会重复了。当然 id 号分法可以按组号、小组号直到个人。这种命名的规则应以文档的形式保存,事前让所有的人都清楚。

④使用静态全局变量,将全局变量的作用域限定在自己所编写的文件内部。上述甲乙代码只要将 cpp 文件中定义部分"int COUNTER;"都改写成"static int COUNTER;"即可。这样两个人都可以在自己编写程序范围内使用 COUNTER 静态全局变量,直接组装也不会出错。

(3)模块名相同产生冲突

模块名、参数类型、参数个数是一个模块的三大特征,如果这三者都相同,则被认为是两个完全相同的函数。C++语言提供的重载机制(详见教材 9.10 节),只要后 2 个特征不同,模块名相同也是合法的,这大大降低了模块重名情况,如 void sort(int a,int b,int c)/ void sort(float a,float b,float c) 尽管函数名字相同,但系统认为是不同的函数。在纯粹的 C 语言环境中,模块名绝对不能重复。

多人合作中不能保证不出现格式完全相同的两个函数(尽管有可能里面执行的代码不一样)。由于模块(函数)的本质与全局变量相同,都是全局性的,因此其同名解决思路与全局变量同名解决思路完全相同,这里不再赘述。

(4)归属名重复出错

归属文件名相同,也会出错,可通过给文件名加 id 号来解决。

有一个例外,对于同一层分解出的归属同一文件的模块较多,如 input/display/sort/save 等归属于 Manager,全部交给一人编写难度较大,可将 input/display 归属于 Manager_in_dis 交给一人,而将 sort/sava 归属于 Manager_sort_save 交给另外一人,待这两个编译成功后,将上交代码合并成 Manager。

另外,同一性质的归属,不同层次编写的时候可能出现 Menu_001,Menu_002。归属过多不利于结构清晰表达,在最后的汇总阶段,可合并成 Menu。

为了避免名字(全局变量名、模块名)冲突,C++语言还特意设置了命名空间,利用命名空间的概念可以很好地解决上述同名冲突问题(详见教材 12.5.6)。

6.11.4　多人合作模式展开——分布开发、集中管理

(1)Git 简介

项目规模越来越大,功能越来越多,需要有一个团队合作开发。合作开发中最关键的问题是如何进行协作。Git 为我们提供了一个非常好的解决方案。

Git 是 Linus Torvalds 为了帮助管理 Linux 内核开发而开发的一个开放源码的版本控制软件,是一个开源的分布式版本控制系统,用于敏捷高效地处理任何或小或大的项目。与常用的版本控制工具 CVS 和 Subversion 等不同,Git 采用分布式版本库的方式,不需要服务器端软件支持。

(2)Git 开发基本工作流程

工作区:对应操作系统中的一个普通文件夹,里面存放着大量文件或文件夹。这些文件和文件夹由 Git 进行管理。

索引区:也称为暂存区,英文是 Stage 或者 Index。索引区介于工作区和本地库之间,起缓存的作用。索引区的文件或文件夹都由 Git 进行管理。

本地库:建立在本地电脑磁盘上的版本库,可以同步到远程库中。

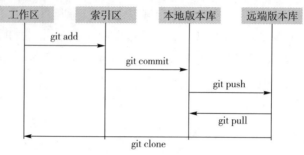

图 6-2 git 开发基本工作流程

(3)多人合作的解决方案

多人合作是基于项目组来完成的,基于合作方式的不同,可以有两种方式:所有组员共用一个仓库;每一个组员 fork 一个独立的仓库。

只有一个远程仓库:所有的开发全部在一个分支 master 上,容易导致开发文件被更新后出现问题而无法恢复。

多个仓库:每个参与者都有一个自己的远程仓库,而各人的开发可以放在新分支 develop 上进行,成功后提交到自己远程仓库的 develop 分支上;然后向管理者提出申请,要求将自己做的东西与管理员的 develop 合并;管理员的 develop 最后再合并到 master 分支上,作为最终产品。

【本章总结】

循环三要素是:初始值、循环条件、循环变量的改变。使用循环的关键是找规律。

C/C++的 3 种循环都是"当"循环,表达方式分别是 while/do while/for。

解决问题有两种思维过程:递推和递归,递归结构清晰,但效率不如递推高。

循环中有 2 种非正常中断:中断整个循环 break;中断本次循环 continue。

预处理语句有 3 种:文件包含、宏定义、条件编译。带参的宏定义可以代替一些简单函数。

多人使用编程要确定管理关系,并明确责任。另外需避免全局变量名、模块名的重名等。

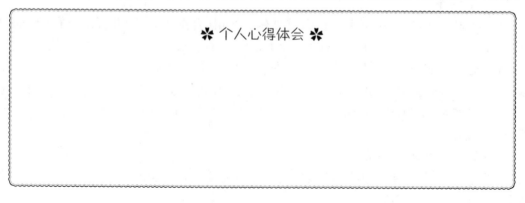

数 组

【学习目标】

- ➢ 掌握一维数组的定义和元素的寻址方法。
- ➢ 掌握一维数组的基本排序方法。
- ➢ 掌握一维数组名作为函数参数进行函数调用的实质。
- ➢ 学会以数组作参数构建模块,实现数组的输入、输出、排序、删除等功能。
- ➢ 认识二维数组的两种定义方法和元素的三种寻址方法。
- ➢ 辨析一级指针与二级指针,理解二级指针与指针数组的关系,尝试建立指针数组。

【学习导读】

数组是一种构造类型,使用数组可以保存大量的数据,如大量学生的分数。本章不仅要学习数组定义和数组元素操作的基本方法,更重要的是掌握通过数组传递技术,编写输入、输出、删除、排序等标准化模块,以更好地体现自顶而下的编程思想。本章内容较多,初学者可将注意力集中于一维数组结构和一维数组作函数的参数,并且要做好实验。

【课前预习】

节点	基本问题预习要点	标记
7.1	为什么要使用数组?	
7.2	有哪几种常用数组,数组的两个重要指标是什么?	
7.3	一维数组的两种定义方式是什么? 数组如何初始化和赋值?	
7.4	一维数组排序的思路是什么?	
7.5	数组名作函数实参,为什么在定义函数的时候要用指针变量作形参?	
7.6	为什么要在形参指针变量前加 const?	
7.7	针对一维数组有哪些常用的统计函数?	
7.8*	如何将简单数据文件里的数据调入并放在程序的数组里?	
7.9	二维数组如何定义? 二维数组的实质是什么?	
7.10	针对二维数组有哪些常用的运算?	
7.11*	为什么传递静态定义的二维数组不方便,不通用?	
7.12*	二维数组地址如何转化为普通地址?	
7.13*	高维数组的含义是什么?	

7.1 为什么会出现数组类型

多数排序是基础的编程问题,例如,输入4个数给4个变量a、b、c、d,要求按从小到大排序。

解决思路:第1轮从a开始,将a与后面的数b、c、d依次比较,小数放前,大数放后,第1轮结束后a存放的是最小数;第2轮从b开始,将b与后面的数c、d依次比较,小数放前,大数放后,第2轮结束后b存放的是次小数;第3轮从c开始,将c与后面的数d依次比较,小数放前,大数放后,3轮结束后c存放的是第3小的数。这样4个数要比较3轮共6次才能从小到大排好序,比较的次数实际上是组合数C_4^2,如图7-1所示。

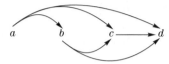

图7-1 4个数比较的顺序

假定a、b、c、d这4个变量里放的数分别是3、2、1、7,每轮次变化情况如下:

	a	b	c	d
开始前数据	3	2	1	7
第一轮第1次	2	3	1	7
第2次	1	3	2	7
第3次	**1**	3	2	7
第二轮第1次	1	2	3	7
第2次	1	**2**	3	7
第三轮第1次	1	2	**3**	7

程序代码:

```cpp
#include <iostream.h>
int main()
{
    int a=3,b=2,c=1,d=7,t;
    //以下是第一轮的比较交换
    if (a>b) {t=a;a=b;b=t;}
    if (a>c) {t=a;a=c;c=t;}
    if (a>d) {t=a;a=d;d=t;}
    //以下是第二轮的比较交换
    if (b>c) {t=b;b=c;c=t;}
    if (b>d) {t=b;b=d;d=t;}
    //以下是第三轮的比较交换
    if (c>d) {t=c;c=d;d=t;}
    cout<<a<<" "<<b<<" "<<c<<" "<<d<<endl;
    return 0;
}
```

运行结果：`1 2 3 7`

困惑之处：如果 100 个数排序，如何解决？首先，如何保存这 100 个数呢？设置 100 个变量不是明智之举。另外，即使设置了 100 个变量，难道要写 C_{100}^2（即 4950）次的条件语句吗？可见，保存大量同类数据，我们必须构造一种新的数据类型（并在此基础上构建新的运算方式），这种类型就是数组类型。

7.2 数组的基本概念

7.2.1 什么是数组

数组是以相同数据类型为基础单元而构建的连续空间。基础单元的相同数据类型既可以是基本数据类型（如整型），也可以是高级数据类型（如指针类型），还可以是其他类型。

7.2.2 数组的分类

（1）根据构建基础分类

根据构建基础将数组分成整型数组、小数数组、指针数组等。数组里的数据如果是整数，则称"整数数组"；如果是小数，则称"小数数组"；如果是字符，则称"字符数组"；如果是指针（地址），则称"指针数组"。如图 7-2 所示。

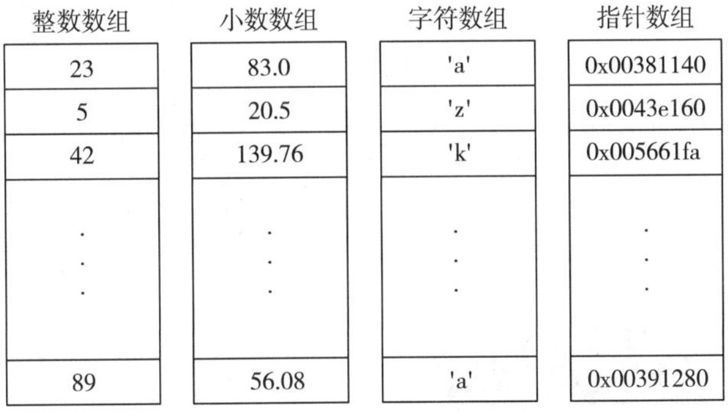

整数数组	小数数组	字符数组	指针数组
23	83.0	'a'	0x00381140
5	20.5	'z'	0x0043e160
42	139.76	'k'	0x005661fa
.	.	.	.
.	.	.	.
.	.	.	.
89	56.08	'a'	0x00391280

图 7-2 按基础类型分类的数组

例如，保存 40 个同学的年龄，定义一个整数数组；保存 40 个同学的分数，定义一个小数数组；保存一个人的姓名就用字符数组；保存 40 个地址就用指针数组。

> **温馨提示**：指针数组的每个元素都放着一个地址（地址 32 位，用 8 个十六进制数表示），若每个地址指示一段连续空间首地址，那么指针数组可表达的内容将十分丰富（参考 7.9.2 二维数组的动态定义图和 8.6.1 多人姓名的保存）。

（2）根据维度分类

维度是连接同种空间的通路，也可以理解为度量数据的指标个数，如果只有一个度量指标，就是一维数组；如果有两个度量指标，就是二维数组，依此类推。

如单纯保存一个班级(40人)某课程的分数,就是一维数组,其维度是1(人数),维长40;如果要保存这个班级4门课程的分数,就需要二维数组,其维度是2(人数、课程),第一维长度40(表示40名同学),第二维长度4(表示4门课程)。二维数组从形式看是一个表格。图7-3显示一维(维长40)和二维数组(维长40×4)数据的分布情况。

一维数组	二维数组			
78	78	93	66	87
87	87	92	76	87
90	90	89	68	88
…	…	…	…	…
…	…	…	…	…
90	90	99	70	83

图7-3　一维数组和二维数组维长比较

从图7-3中可以看出,二维数组其实就是由多个一维数组构成的,上图中的40×4可以看成40个一维数组,其中每个一维数组的长度是4。

除了常见的一维、二维数组之外,还有多维数组。多维数组从更多角度来度量数据。例如,一幅色彩丰富的图片,图片的特征是从宽、高、颜色方面度量。宽、高是两个度量指标(也称行、列指标),假设为200×300,表示高是200个像素,宽是300个像素,这两维的长度分别是200、300;第三个指标是颜色指标(页指标),颜色指标一般由红、绿、蓝3种色值(简称"RGB",每个色值范围0～255)综合而成,所以此维长度是3,即应该有3页。所以图片实际就是一个三维数组,上述图片三维的长度是200×300×3,如下所示:

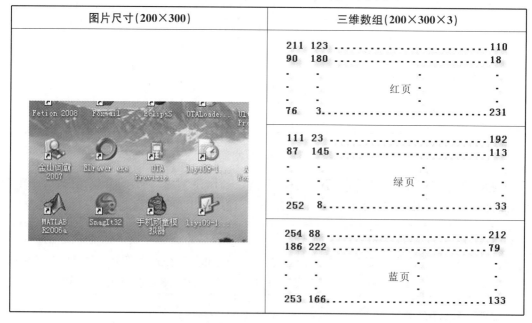

三维数组其实就是由多个二维数组构成的,从上图中可以看出一幅图片可以用3个二维数组来表达(注:每点的色值是红、绿、蓝对应位置数据的综合)。

7.3 一维数组的结构

7.3.1 一维数组的定义

(1)静态定义

①静态定义格式:数据类型 数组名[长度]

静态定义的数组,其长度必须是常数或常量,其空间由编译器在编译时自动分配。如:

"int a[10];",数组名 a,长度为常数 10,系统分配了 10×4＝40 字节的空间(基础类型是整数,一个整数占 4 个字节),数组元素分别是 a[0],a[1]…a[9]共 10 个整数。

"char b[10];",数组名 b,长度为常数 10,系统分配了 10×1＝10 字节的空间(基础类型是字符,一个字符占 1 个字节),数组元素分别是 b[0],b[1]…b[9]共 10 个字符。

"float c[10];"数组名 c,长度为常数 10,系统分配了 10×4＝40 字节的空间(基础类型是小数,一个小数占 4 个字节),数组元素分别是 c[0],c[1]…c[9]共有 10 个小数。

"float *p[10];",数组名 p,长度为常数 10,系统分配了 10×4＝40 字节的空间(基础类型是小数地址,一个地址占 4 个字节),数组元素分别是 p[0],p[1]…p[9]共有 10 个小数地址。

> **思考练习**:为什么"♯define N 40 int a[N]"是正确的,而"int n＝10; int a[n];"是错误的?

> **温馨提示**:C/C++国际新标准支持不定长的数组,即数组的长度可以用变量或表达式表示,这样就可随时改变数组的大小,但 VC6 对此不支持,故不作深入讨论。

②静态数组名的实质:数组名代表地址,且代表固定地址。

静态定义的数组名,代表分配空间的头地址,如:"int a[10];",则名 a 就是数组空间的首地址。图 7-4 显示数组 a 的空间分配情况。

图中有三点需要注意:第一点,数组元素为 a[0]~a[9],a[10]不在定义范围内。第二点,数组名 a 是这段空间的头地址且指向第一个元素,a＋1 指向第二个元素…所以用＊a、＊(a＋1)…也可以表示数组元素,且它们等同于 a[0],a[1]…a[9]。第三点,数组名 a 是一个常量,不能被赋值,故 a＝a＋1 等错误。

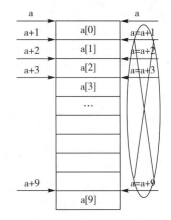

图 7-4 静态定义数组内存分配与操作

> **思考回答**:"a＝a＋1;"为什么出错?"a＋1;"含义是什么?数组里第 i 个元素的地址是什么(两种方法)?数组元素的表达方式有哪两种?"a[10]＝10;"代码对不对?

静态分配数组空间有一个弱点,就是不能满足不确定长度数据的请求。举例来说,从一个数据文件(某班学生某课程的分数文件,人数事先不知道)里提取数据到内存某数组,问题是应该建立多大的数组呢? 按下面给出的两种定义方式均不妥:

```
float score[40];          //可能不够
float score[100];         //够了,但会浪费
```

根据需要动态地申请空间存放数组元素,这是数组的动态定义方式。

(2)动态定义

下面讨论C++方式下数组空间的申请,C方式下数组空间的申请请参考 4.6.3。

①动态定义格式:new 数据类型 [长度]

通过 new 动态申请一段空间,并返回这段空间的头地址。动态生成基本类型数组如下:

```
int n1,n2,n3;
cin>>n1>>n2>>n3;          //随机输入 3 个正整数
int *pI;                  //定义整型指针变量
pI=new int[n1];           //根据 n1 申请了一段空间,空间的头地址交给 pI
char *pC;                 //定义字符指针变量
pC=new char[n2];          //根据 n2 申请了一段空间,空间的头地址交给 pC
float **p;                //定义指针型指针变量,为什么是 **,请参见 7.8.1 二级指针
概念
p=newfloat*[n3];          //根据 n3 申请了一段空间,空间的头地址交给 p
```

动态申请数组空间,使用完毕后,需收回空间,方法如下:

```
delete []pI;              //pI 是申请空间的头地址
delete []pC;              //pC 是申请空间的头地址
delete []p;               //p 是申请空间的头地址
```

> **温馨提示**:动态申请返回的头地址,要保存在指针变量里,不能丢失,否则就会造成内存泄露。

②动态数组的保存使用指针变量,是一个可变的地址。

动态产生的数组,其首地址交给指针变量保管,如"int n=10;int *p;p=new int[n] ;",图 7-5 显示指针变量 p 指向空间分配情况。

图中有三点注意:第一点,数组中元素为 p[0]~p[9]。第二点,指针变量 p 指向第 1 个元素,p+1 指向第 2 个元素…所以用 *p,*(p+1)…也可表示数组元素,且它们等同于 p[0],p[1]…p[9]。第三点,p 是指针变量,所以 p 位置可调,例如 p=p+1 等是正确的。

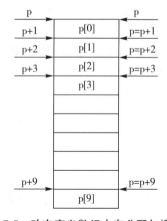

图 7-5 动态定义数组内存分配与操作

思考回答:为什么指针变量 p 指向数组之后,可以用 p=p+1?

注意:动态生成数组,其地址交由指针变量保管。而静态生成的数组,其名是固定地址,也可交由指针变量保管。指针变量指示数组的好处是,可根据需要灵活指向不同数组,也可指向同一数组的不同元素,且享受变量指针的移动(静态数组本身不能移动)。例如:

```
int a[3],b[3],*p; p=a; p=b;              //灵活指向,p 先后指向 a 数组和 b 数组
int a[3]={1,2,3},*p; for (p=a;p<a+3;p++) cout<< *p;   //遍历数组,结果是 123
```

思考回答:代码 int a[3]={1,2,3},*p; p=a,请画图表示 a 与 p 的关系。

(3)初始化数组,即定义数组时给出数据

例如:"int a[6]={1,2,3,4,5,6};char c[3]={'a','b','c'};"。

```
int *p=new int[10]();   //后面加()能够初始化,且初始化值为 0(注意有些编译系统不支持)
```

注意:初始化数据的个数不能超过数组定义长度,如"int a[3]={1,2,3,4,5,6};"会出现错误:"error C2078:too many initializers"。当然,初始化数据可以少一点,不足的部分自动初始化为 0。如"int a[10]={1};"则 a[0]值为 1,a[1]~a[9]值均为 0。

7.3.2 一维数组的核心指标

一维数组有两个最重要的指标:头地址和数组长度。头地址(静态数组名或指针变量表达)表示这段数据空间的开始位置;数组长度表示这段空间的实际大小。只有把握住这两个指标,才能把握住一维数组。

7.3.3 一维数组元素的定位

一维数组元素通过"名+标号"定位,具体定位方式有两种:[](下标符)或 *(指针运算符)。如静态数组或指针方式表达第 3 个元素的值(序号从 0 开始标记,此元素标号是 2),可表示为:a[2](等价于 *(a+2)),或者 p[2](等价于 *(p+2))。

7.3.4 一维数组元素的输入

(1)整体数据赋值、交互输入

不管哪种类型的数组(静态名或动态指针变量名),都不能通过名进行整体的数据赋值输入或交互输入(字符数组名的交互输入例外,参见第 8 章字符串输入),验证如下:

```
int a[3],*pA=new int[3];   //定义一个静态数组和一个指针变量指向的动态数组
a={1,2,3};                 //语法错误,a 是常量,且{}在执行体中是执行块之意
pA={1,2,3};                //语法错误,{}在执行体中是执行块之意
cin>>a;                    //语法错误
cin>>pA;                   //语法错误
```

注意：

```
a=pA;      //语法错误,因为上述静态数组名 a 是常量
pA=a;      //语法正确,但其含义并不是整体输入数据,只是将 pA 指向拨向 a 数组
```

（2）语句体中数组元素赋值、交互输入

①单个元素赋值、交互输入。

```
int a[3];          //定义长度为 3 的数组
a[0]=1;            //或者写成 * a=1;
a[2]=3;            //或者写成 * (a+2)=3;
cin>>a[1];         //或者写成 cin>> * (a+1);
```

②批量元素赋值、交互输入。

完成 score 数组的输入	将数组 a 赋值给数组 b

`float score[40];`
`for (int i=0;i<40;i++)`
`{    //使用循环语句`
`    cin>>score[i];`
`}`
	`int a[10]={1,2,3};b[10];`
	`for (int i=0;i<10;i++)`
	`{    //使用循环语句`
	`    b[i]=a[i]`
	`}`

7.3.5　一维数组元素的输出

（1）整体数据赋值、交互输出

执行部分,不管哪种类型的数组(静态或动态),都不能一次性整体赋值输出或交互输出(只有字符数组的交互输出例外,参见第 8 章字符串的输出),验证代码如下：

```
int a[3]={1,2,3}, *pA=a; //定义一个静态数组和一个指针变量指向静态数组
cout<<a;                 //输出 a 的地址值,如 0x0012ff74,没有达到输出 1 2 3 的目的
cout<<pA;                //输出 pA 中保存的 a 地址值,如 0x0012ff74,没有达到输出 1 2 3 的目的
```

（2）语句中数组元素赋值、交互输出

①单个元素赋值、交互输出。

例如,已知一个保存 40 个学生成绩的小数型数组 score,要求输出第 30 个同学的分数。

```
cout<<score[29];
```

②批量元素赋值、交互输出。

例如,已知一个保存 40 个学生成绩的数组 score,要求输出这些分数,关键代码如下：

```
for (int i=0;i<40;i++)
{    //使用循环语句
    cout<<score[i];
}
```

7.3.6　一维数组的排序

排序是数据分析最基本的手段。排序的方法很多,在"数据结构"课程里详细地讨论了各种算法及优缺点,这里不做深入探讨,只针对一维数组数据进行最简单的"选择法"排序。

例 7.1　有一个保存 40 个同学分数的小数型数组,编写程序将这些分数按从小到大排序。

①数据的结构定义,即数组定义:

```
#define N 40          //班级有 40 名同学,这里宏定义一个常量 N
float score[N];        //定义 40 名同学的分数数组
```

②排序思路:

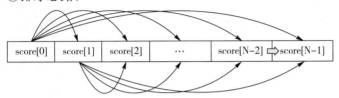

按轮来分析:第一轮从标号 0 开始,第二轮从标号 1 开始……最后一轮从标号 $N-2$ 开始。如果轮用变量 i 来表示的话,i 的变化范围是从 0 到 $N-2$。

按次来分析:每轮都是与其后面紧跟的项开始比较,一直到标号为 $N-1$ 的项为止。如果次用变量 j 来表示的话,j 的变化范围是从 $i+1$ 到 $N-1$。

轮的变化是外循环,每轮中次的变化是内循环,用两重循环可以解决排序问题。

③程序代码:

```cpp
#include <iostream.h>
#define N 4                    //为了初始化数据的方便,这里 N 定义为 4
int main()
{
    float score[N]={95,87,98,65};
    for (int i=0;i<=N-2;i++)
    {    //外循环开始
        for (int j=i+1;j<=N-1;j++)
        {
            if (score [i]> score [j])
            {
                float temp;
                temp=score [i]; score [i]=score [j]; score [j]=temp;
            }
        }
    }//外循环结束
    cout<<"排序结果如下"<<endl;
    for (i=0;i<=N-1;i++)
    {
        cout<< score [i]<<" ";
    }
    return 0;
}
```

运行结果：

排序结果如下
65<87<95<98<Press any key to continue

选择法排序可以适当优化,参见本书配套教材(配套教材中还提供了冒泡排序法)。

7.4 一维数组名作函数参数的实质

7.4.1 传递数组的困惑

数组保存了大量数据,如果将数组当做参数传递到另一个函数,就可以批量地向另一个模块传输数据;当然,如果返回的数据是数组型的数据,那可以一次返回大量的数据。这样,弥补了原来传输数据效率低下的缺点。

例7.2 编写模块 sort,将一个数组中各数据按从小到大的顺序排序,并编写主模块测试。

根据例 7.1 代码,排序 sort 模块和 main 模块代码如下:

```cpp
# include <iostream.h>
# define N 4                          //为了初始化数据的方便,这里 N 限定为 4
void sort(float pArray[N])            //sort 模块写在 main 前,可省去 sort 声明,可参见 5.6.1
{
    for(int i=0;i<=N-2;i++)
    {
        for(int j=i+1;j<=N-1;j++)
        {
            if(pArray[i]> pArray[j])
            {
                float temp;
                temp=pArray[i]; pArray[i]=pArray[j]; pArray[j]=temp;
            }
        }
    }
}
int main()
{   //main 主模块
    float score[N]={95,87,98,65};     //数组名是 score
    sort(score);                      //调用自定义模块 sort 完成排序,实参是数组名
    for(int i=0;i<=N-1;i++)           //循环显示排序后的数组元素
    {
        cout<< score[i]<<"<";
    }
    return 0;
}
```

运行结果：

`65<87<95<98<Press any key to continue`

程序运行正确,并得到排序结果。但这个程序有 3 处疑点：

①主函数的 score 与自定义函数的 pArray 是两个世界的数组,将主函数的数组 score 内容抛过来后,自定义函数里对数组 pArray 进行了排序,但这个排序与 score 有何关系？对主模块里的 score 应该没有任何影响,但事实上对 score 确实产生了影响。

②如果将自定义模块中已经排好序的 pArray 返回给主模块的 score,是不是应该有一个 return 语句返回 pArray 数组呢？但为什么看不到呢？

③自定义模块 sort 里的形参定义为 float pArray [N],pArray 是一个常量地址,常量地址怎么能够做形式参数呢？而做形参必须是变量,只有变量才能接收外面传来的数据啊？

思考回答：学习完下面数组传递的实质,请填写对上述疑问的解释。

7.4.2 数组作参数传递的实质

(1)传地址

数组名实质是一个固定地址,数组名作为实参传递,实际是将这个数组的头地址传过去(抛过去的不是一个数,是一把打开宝库的钥匙)。自定义函数的形参拿到了头地址(钥匙)后,控制了原来的数组,就可以按图索骥地改变原来数组中的元素内容。所以,自定义模块 sort 的形参形式 float pArray [N] 等价于 float *pArray,本质上是指针变量。

正是由于数组名作为函数参数传递的实质是地址传递,所以不需要显示 return 语句。

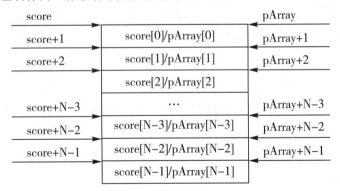

图 7-6 一维数组传递中实参与形参关系

图 7-6 显示实参和形参的关系,调用模块使用 score,而被调用模块使用 pArray,在被调用模块中定位具体元素,pArray[i]与 *(pArray+i)两种写法等价,都表示第 i 个元素。

152

例 7.3 编写模块用指针变量作为形参的方式实现一维数组的排序(改进方案)。

```
#define N 4                      //为了初始化数据的方便,这里 N 限定为 4
void sort(float pArray[N])       //改成 void sort(float *pArray)
{
    for (int i=0;i<=N-2;i++)
    {
        for (int j=i+1;j<=N-1;j++)
        {
            if (pArray[i]> pArray[j])        //或 if (*(pArray+i)> *(pArray+j))
            {
                float temp;
                temp=pArray[i]; pArray[i]=pArray[j]; pArray[j]=temp;
              //或 temp= *(pArray+i); *(pArray+i)= *(pArray+j); *(pArray+j)=temp;
            }
        }
    }
}
```

(2)传长度

既然形参写法:float pArray[N]等价于 float *pArray,这说明 float pArray[N]中的 N 可有可无。事实上,sort 模块的头部写成:void sort(float pArray[0])或 void sort(float pArray[1000])都可以,排序代码真正决定轮次变化的是模块前"#define N 4"中定义的常量 N。

这里有一个很不好的现象:sort 模块代码写死了,被 N 限制住了。N 被定义为 4,sort 代码只能进行长度是 4 的数组排序,N 被定义为 5,sort 代码只能进行长度是 5 的数组排序。sort 模块只能满足固定长度为 N 的数组排序,sort 模块不具通用性。

造成这种现象的根本原因是,没有将一个数组的完整信息传递过来,除了传递数组名(头地址)之外,还应传递数组的长度。

例 7.4 对例 7.3 的排序模块进行改写,用数组名(数组的头地址)和长度作为参数的方式实现一维数组的排序。

①模块功能:对一维数组进行排序。

②输入输出:

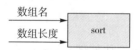

形式:void sort(float *pArray ,int n)

归属:Array

③解决思路:通过数组的前后项比较,小者放前。轮 i 变化范围是[0,n−2],次的变化范围是[i+1,n−1]。

④算法步骤(伪代码):

```
sort(pArray,n)
    set i to 0
    while i<=n-2
        set j to i+1
        while j<=n-1
            if pArray[i]>pArray[j]
            swap pArray[i] and pArray[j]
```

⑤模块代码:

```
void sort(float *pArray ,int n)
{
    for (int i=0;i<=n-2;i++)
    {
        for (int j=i+1;j<=n-1;j++)
        {
            if (pArray [i]> pArray [j])
            {
                float t;
                t=pArray[i];
                pArray[i]=pArray[j];
                pArray [j]=t;
            }
        }
    }
}
```

思考回答:

①在例 7.2,7.3 中"sort(score);"调用自定义模块 sort 完成排序,为何没传递数组的长度,程序也是正确的呢?

②请编写主程序测试例 7.4 中的 sort 模块。

小结:

①数组作为参数传递,需要传递数组名+数组长度。

②自定义函数中形参的定义,无论是写成数组形式 float pArray [N]还是写成指针变量的形式 float *pArray,意义都相同,其本质都是指针变量。

③对数组中具体元素的操作,无论是用下标形式 pArray [i],还是用间接操作指针变量得到其内容的形式 *(pArray+i),含义都相同,即 pArray [i]等价于 *(pArray+i)。

7.4.3 建立并完善成绩管理系统的 **ScoreManager** 管理器

(1)ScoreManager 管理器的基本操作

例 7.5 主模块定义一个小数数组存放班级学生(40 名)某门课分数,形如:float score[40],编写模块 inputScore、displayScore 和 sortScore 分别完成数组数据的录入、显示、排序。

[模块设计]

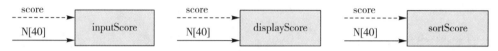

inputScore、displayScore 和 sortScore 模块与上述 sort 模块结构相同,实参是数组名 score 和长度 N,对应形参变量 float *pScore 和 int n,模块归属 ScoreManager(称"分数管理器")。

[模型设计]

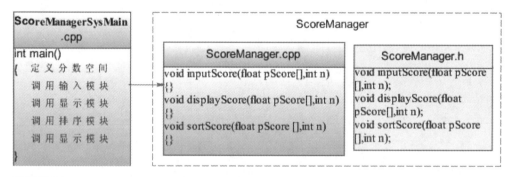

程序代码:

①ScoreManagerSysMain. cpp 文件内容。

```
#include "ScoreManager.h"
#define N 4                    //根据题意应设置为40,此处为方便数据输入,设置为4
int main()
{
    float score[N];            //定义并产生分数空间
    inputScore(score,N);       //调用输入模块
    displayScore (score,N);    //调用显示模块,显示排序前数据
    sortScore (score,N);       //调用排序模块
    displayScore (score,N);    //调用显示模块,显示排序后数据
    return 0;
}
```

②ScoreManager. cpp 文件内容。

```cpp
# include ˝ ScoreManager. h˝
# include <iostream. h>
void inputScore (float pScore[],int n)
{
    cout<<"请输入数据";
    for (int i=0;i<=n-1;i++)
    {
        cin>> pScore[i];
    }
}
void displayScore (float pScore[],int n)
{
    cout<<"数组元素显示";
    for (int i=0;i<=n-1;i++)
    {
        cout<< pScore[i]<<" ";
    }
    cout<<endl;
}
```

③ScoreManager. h 文件内容。

```cpp
# ifndef ScoreManager _h
# define ScoreManager _h
void inputScore (float pScore[],int n);
void displayScore (float pScore[],int n);
void sortScore (float pScore[],int n);
# endif
```

运行结果：

```
请输入数据:78 87 96 65
数组元素显示78  87  96  65
数组元素显示65  78  87  96
```

程序解释：

• 运行结果第 2 行是输入数据后的数组数据，第 3 行是经过排序处理之后的数组数据。

• 模块例 7.4 已经提供了，只需要改模块名为 sortScore 即可。

(2)ScoreManager 管理器的全局变量完善方案

上例定义的 3 个模块都有局限性，主要体现在：输入方式死板不灵活。
"输入模块"要求一次性输入所有同学的分数，否则不能显示和排序。在实际

应用中,应该可以根据需要暂时中断输入,然后根据实际输入人数显示和排序。因此,要有一个专门记录实际录入的真实人数变量,每输完一个同学分数应及时记录人数的变化。具体解决方案如下:

设置一个能够在所有模块中发生作用的表达学生真实人数的变量,例如,可在 ScoreManager(因为操作成绩的模块归属 ScoreManager)里设置一个记录真实输入人数的全局变量 NUM,其初始值为 0;对输入模块做相应的修改,每输入一分数,就记录 NUM 不断增加。另外,显示和排序模块根据 NUM 做相应的修改。

例 7.6 针对例 7.5 的学生分数管理程序进行改进,要求使用全局变量记录真实人数,改进的模块结构和程序解释如下:

① ScoreManagerSysMain. cpp 同例 7.5 主模块程序代码,宏定义 N 可设置为 40。

② ScoreManager. cpp 文件内容。

```cpp
# include "ScoreManager.h"
# include <iostream.h>
int NUM=0;                              //定义全局变量,表示实际输入的人数
void inputScore (float pScore[],int n)
{
    if (NUM==n)                         //说明当前人数已经满了,n是数组的长度
    {
        cout<<"对不起,人数已满";
    }
    else
    {
        char choice;
        while (cout<<"还要输入数据吗(y/n)", cin>>choice, choice=='y')
        {
            cout<<"请输入数据:";
            cin>> pScore[NUM];          //使用全局变量
            NUM++;
        }
    }
}
void displayScore (float pScore[],int n)
{
    cout<<"\t"<<"学生的分数显示结果如下:"<<endl;
    cout<<"\t"<<"*********************"<<endl;
    cout<<"\t"<<"序号\t"<<"分数"<<endl;
    for (int i=0;i<=NUM-1;i++)          //根据真实人数显示
    {
        cout<<"\t"<<i+1<<"\t"<< pScore[i]<<endl;
    }
```

```
        cout<<"\t"<<"*********************"<<endl;
        cout<<"\t"<<"学生的分数显示结束:"<<endl;
}
void sortScore(float pScore[],int n)
{
    for(int i=0;i<=NUM-2;i++)                    //根据真实人数排序
    {
        for(int j=i+1;j<=NUM-1;j++)              //根据真实人数排序
        {
            if(pScore[i]>pScore[j])
            {
                float temp;
                temp=pScore[i]; pScore[i]=pScore[j]; pScore[j]=temp;
            }
        }
    }
}
```

③ScoreManager. h 文件内容。

```
#ifndef ScoreManager_h
#define ScoreManager_h
extern int NUM;                    //全局变量的声明
void inputScore(float pScore[],int n);
void displayScore(float pScore[],int n);
void sortScore(float pScore[],int n);
#endif
```

运行结果:

程序解释:

• 显示模块 displayScore 和排序模块 sortScore,根据真实的人数 NUM 进行显示和排序,而不是根据参数传过来的数组长度,所以循环条件是 i<NUM。

• 自定义 3 个模块的形参。第 1 个参数 float pScore[]的实质是指针变量 float * pScore;第 2 个参数 int n 表示数组长度,模块内部暂且没有使用。

• while (cout<<"还要输入数据吗(y/n)",cin>>choice,choice=='y')中 3 个表达式的分隔符是逗号,逗号表达式表示运算的顺序,最后一项的逻辑值作为整个表达式的值。

• inputScore 模块也可按下面方式来写,这种方式无论如何都要输入一个数据。

```cpp
void inputScore (float pScore[],int n)
{
    if (NUM ==n){                          //说明当前人数已经满了,n 是数组的长度
        cout<<"对不起,人数已满";
    }
    else{
        do
        {
            cout<<"请输入数据:";
            cin>> pScore[NUM];             //C.使用全局变量
            NUM++;
            char choice;
            cout<<"还要输入数据吗? (y/n)";
            cin>>choice;
        } while (choice=='y');
    }
}
```

思考练习: 改进 inputScore 模块,不用输入 y/n 判断结束,而是输入分数为—1 时结束。

(3)ScoreManager 管理器的局部变量完善方案

例 7.7 针对 7.5 改进,完成真实的学生成绩的输入、显示和排序功能,要求使用局部变量记录真实人数。

全局变量 NUM 记录了真实录入学生人数,使用简单,但破坏了模块的封装性。为了不破坏模块的结构,可考虑采用局部变量记录真实录入学生人数,方法是:在主模块里定义表示真实人数的局部变量 num,然后将它传给各个功能模块(sortScore 画法同 displayScore)。

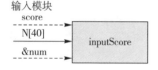

void inputScore(float pScore[],int n,int *pNum)   void displayScore(float pScore[],int n,int num)

问题:观察上面的入口参数,输入模块需要传 num 的地址,而显示模块只需要传 num 的值,这是为什么呢?

答案:传地址的目的是为了自定义模块能够改变它,输入模块 inputScore,每输入一个学生,真实人数都应该加 1,所以要传入 num 的地址,以便于在其中进行修改;而显示输出模块 displayScore 只需要根据真实人数去显示,并不需要改变人数,故传的是 num 的值。

局部变量方案主模块和输入模块代码如下(与方案一不同地方均粗体表示):

①ScoreManagerSysMain. cpp 文件内容。

```cpp
# include ˝ ScoreManager. h˝
# define N 40                    //预定义数组长度为 40
int main()
{
    int num=0;
    float score[N];              //定义数组
    inputScore (score,N, & num); //调用输入模块
    displayScore (score,N,num);  //调用显示模块
    sortScore (score,N,num);     //调用排序模块
    displayScore (score,N,num);  //调用显示模块
    return 0;
}
```

②ScoreManager. cpp 文件内容。

```cpp
# include ˝ ScoreManager. h˝
# include <iostream. h>
void inputScore(floatpScore[],int n,int *pNum)
{
    if ( *pNum==n)                           //说明当前人数已经满了,n 是数组的长度
    {
        cout<<˝对不起,人数已满˝;
    }
    else
    {
        char choice;
        while (cout<<˝还要输入数据吗(y/n)˝,cin>>choice,choice==´y´)
        {
            cout<<˝请输入数据:˝;
            cin>> pScore[ *pNum];
            ( *pNum)++;
        }
    }
}
```

160

③ScoreManager.h 文件内容同 7.6。

问题:inputScore 模块中代码"(*pNum)++;"能否写成"*pNum++;"?

答案:不能。"(*pNum)++"是取出 pNum 指向内容,然后指向内容增加(指针没有移动);而"*pNum++"中后置的++级别比 * 高(也可理解为同为单目运算符,运算顺序自右向左),等价于" * (pNum++)",是取出 pNum 指向内容,然后 pNum 指针移动(内容没有增加)。

思考练习:

①参考上述 inputScore 模块,补充完善 displayScore 和 sortScore 两个模块。

②使用输入分数为 -1 时来作为 inputScore 输入模块的终止条件,改造 inputScore。

7.5　数组名作函数参数的危险

7.5.1　危险存在及避免危险

(1)危险存在

数组名作为函数的实参传递的是这个数组的头地址,再配合数组的长度信息,可以准确无误地将数组信息从一个模块传递到另外一个模块,这里面有什么危险呢? 这里所说的危险不是来自于主动,而是来源于不慎。

举例来说,显示一维小数数组模块 display,本意不应该篡改数组数据。但如果 display 模块这样写(姑且认为是不慎),语法虽然正确,但后果恶劣,可谁又能阻止这种不慎?

```cpp
void display(float pArray[],int n)
{
    for (int i=0;i<=n-1;i++)
    {
        cout<< pArray[i];
    }
    pArray[0]=2.3;        //此句违背了 display 的原意,但语法没错,编译通过
}
```

(2)危险避免

有没有方法在写模块时就约定不能修改形参指针所指向内容值呢? 答案是:有,将形参由普通的指针变量改为常指针变量即可。代码如下:

```cpp
void display(const float *pArray,int n)   //增加关键字 const,pArray 称常指针变量
{
    for (int i=0;i<=n-1;i++)
    {
        cout<< pArray[i];
    }
    pArray[0]=2.3;              //这句话在这里违背了 display 的原意,语法出错,编译出错
}
```

所以,希望仅传递地址而不修改地址里的内容,应该使用常指针变量,请考虑ScoreManager里哪些模块的形参指针应做这样定义。

7.5.2 指向常变量的指针变量*

①格式:const 数据类型 * 指针变量名,如"const char *p;"。

②含义:指向常变量的指针变量在设计之初的原意是指向常变量(俗称常量,参见教材3.3.3),但事实上可以指向普通的变量,常指针变量所指的内容不可由其改变。

例7.8 指向常变量的指针变量的使用方法。

```
#include <iostream.h>
int main()
{
    const char a='a';          //a是常变量,里面放的字符是'a'
    char b='b';                //b是普通变量,里面放的字符是'b'
    char c[]={'a','b','c'};    //c是字符数组名
    const char *pConst;        //pConst是指向常变量的指针变量
    char *p;                   //p是普通的指针变量

    pConst=&a;p=&a;            //pConst,p均指向常变量a
    *pConst='x';               //出错,a值本身不可改,再者从pConst出发不可改
    *p='x';                    //出错,a值本身不可改

    pConst=&b;p=&b;            //pConst,p均指向普通变量b
    *pConst='y';               //出错,从pConst出发是不可更改的
    *p='y';                    //正确,从普通指针变量出发可改

    pConst=c;p=&c;             //pConst,c均指向数组c
    *pConst='x';               //出错,从p出发是不可更改的
    *p='x';                    //正确,从普通指针变量出发可改
    return 0;
}
```

7.6 一维数组与统计

数组可以大量存储数据,但存储不是目的,最终的目的是对这些数据进行统计与分析。例如,在高考中知道全省考生的成绩,那么最高分、最低分、平均值、中值、方差是多少呢? 这些指标是最基本的统计指标,也是分析数据最有力的手段。

7.6.1 一维数组的最大值、最小值、平均值

例7.9 编写3个模块分别求一维小数型数组中各元素的最大值、最小值、平均值。

模块 getMax

①模块功能:求数组的最大值。

②输入输出:输入参数为数组的地址、数组长度;返回最大值。

形式:float getMax(float *pArray,int n)

归属:Array

③解决思路:将第一个数先设置成最大值,然后,依次分析数组后面的数,如果比它大,就将它替换。例如,给定的数据是 10、8、19、39、3、49 这 6 个数,首先将 10 看成最大数,然后看 8 是否比 10 大,如果大就换掉,继续向前推进,直到最后。

④算法步骤:

    取出数组里第一个数记为 max;
    遍历数组(从第 2 个元素开始);
        如果数组元素比 max 大,就替换 max;
    返回 max。

⑤模块代码:

```cpp
float getMax(float *pArray,int n)
{
    float max=pArray[0];
    for (int i=1;i<n;i++)
    {
        if (pArray[i]>max)
        {
            max=pArray[i];
        }
    }
    return max;
}
```

getMin 模块,类似 getMax 模块,不再赘述。

模块 getMean

求平均值模块代码如下:

```cpp
float getMean(float *pArray,int n)
{
    float sum=0;
    for (int i=0;i<n;i++)
    {
        sum+=pArray[i];
    }
    return sum/n;
}
```

说明:以上编写的 3 个模块均针对一维数组的操作,可归属至 Array。

7.6.2 一维数组的方差

方差是每个数减平均值所得差的平方的平均值,而标准差是方差的平方根。方差数学表达式:$\sigma^2 = \sum_{i=0}^{n-1} (x_i - \mu)^2/(n-1)$,其中 σ 表示标准差,σ^2 表示方差,μ 表示平均值,方差公式中分母是 $n-1$ 表示的这种方差称为"样本方差",在实际统计中经常采用,如果分母上使用 n,所表达的方差就叫"总体方差",总体方差用得不多。方差反映稳定性,如下图所示。

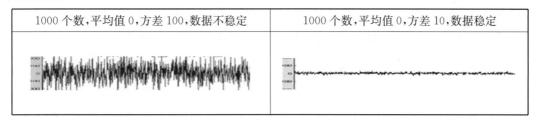

1000 个数,平均值 0,方差 100,数据不稳定	1000 个数,平均值 0,方差 10,数据稳定

例 7.10 编写模块求一维小数型数组中各数的方差。

①模块功能:求数组的方差。

②输入输出:输入参数为数组的地址、数组长度;返回方差。

形式:float getVariance (float *pArray,int n)

归属:Array

③解决思路:

$$\sigma^2 = \sum_{i=0}^{n-1} (x_i - \mu)^2/(n-1)$$

④算法步骤:

设置,累加器 sum=0,平均值 u;

遍历数组;

当前数组元素与平均值运算后投入 sum;

返回 sum/(n−1)。

⑤模块代码:

```
float getVariance (float *pArray,int n)
{
    float sum=0;
    float u=getMean(pArray,n);              //调用 Array 中 getMean 模块求平均值
    for (int i=0;i<n;i++)
    {
        sum=sum+(pArray[i]−u) * (pArray[i]−u);
    }
    return sum/(n−1);
}
```

主模块测试代码：

```
int main()
{
    float score[1000];
    for (int i=0;i<1000;i++)
    {
        score[i]=rand()%100+1;          //[1,100]之间的随机整数
    }
    float variance=getVariance (score,1000);
    cout<<"variance is:"<< variance <<endl;
    return 0;
}
```

7.7 一维数组与简单数据文件

重要数据通常以文件形式保存,例如,声音文件保存采样点、频率等重要数据,再如学生的考试成绩也是保存成数据文件以备今后查询。将这些文件里的数据提取出来,进行分析,可能是经常遇到的事情。

上一章 6.8 节介绍了如何将股票文件里的数据读入并进行处理,操作思路是一行一行地读入数据并立即处理。如果需要再次去处理文件里的数据,只能再从数据文件里读入数据,频繁地访问数据文件不仅效率低下,而且处理起来非常麻烦。如果将所有的数据一次性读入放到一个数组里,那么用到这些数据的时候,只要从内存的数组里直接取数据就可以了。

7.7.1 简单音频文件的处理案例*

使用工具软件 Matlab,可将录制声音文件转成文本数据文件(具体转换方法见思维训练手册)。文本数据文件记录不同时刻采集点的信号,其数据形式如下：

7.8125000e−003

−7.8125000e−003

−2.3437500e−002

...

其中,数据个数＝时间＊采样频率,如声音长度为 10 秒,采样频率是 8192(每秒采 8192 个点),上述共 81920 个数据。下面针对已转换好的声音数据文件进行处理。

例 7.11 编写模块读入一个已知的声音数据文件,反序声音数据至另一个声音数据文件。

模型结构:

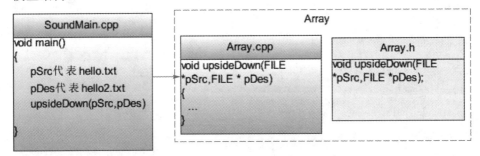

注:hello. txt 代表源数据文件,hello2. txt 代表转换后的数据文件。

模块 upsideDown

①模块功能:将一个文本文件中数据反向写出至另一个文本文件。

②输入输出:模块参数,两个文件指针;返回,空。

形式:void upsideDown (FILE *pSrc,FILE *pDes)

归属:Array

③解决思路:从文件中一个数一个数地读入并放置于数组,读入完毕后,再按标号自大至小的顺序遍历数组,并同步写至文件。

④算法步骤:

　　定义数组和计数器;

　　循环从源文件中读数据进数组;

　　　　计数器自增;

　　数组反向循环输出数据到目标文件。

⑤模块代码:

```c
#include <stdio.h>
void upsideDown (FILE *pSrc,FILE *pDes)
{
    double data[81920];                //假定长度为 10 秒,采样频率是 8192
    int counter=0;
    while ((fscanf(pSrc,"%le",& data[counter]))==1)
    {
        counter++;
    }
    for (int i=counter-1;i>=0;i--)    //反向开始向文件写数据
    {
        fprintf(pDes,"%le\n",data[i]);
    }
}
```

主模块代码：

```
int main()
{
    FILE *pSrc, *pDes;
    pSrc=fopen("hello.txt","r");
    pDes=fopen("hello2.txt","w");
    upsideDown(pSrc,pDes);
    fclose(pSrc);fclose(pDes);
    return 0;
}
```

用 Matlab 将得到的 hello2. txt 数据文件转成标准 wav 声音文件，可在播放器中试听。

7.7.2 简单成绩文件的读写案例*

在例 7.11 中，数组定义在模块内部，更通用的模块结构应将数组作为函数参数。下面以一个班某门课程的成绩数据文件为例，通过制作更通用的读、写模块来说明一维数组和简单文本文件间的数据交换技术。

例 7.12 编写 2 个模块，读入模块：根据给定的文件和数组，将文件中数据（文件内容如：85，78，99，67…）读入一维数组；写出模块：将一维数组写至一个文件（假定文件中数据的个数正好等于给定数组的长度）。

"读入模块"设计

①模块功能：读入文件中数据进一维数组。

②输入输出：

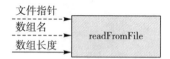

文件指针
数组名
数组长度
readFromFile

形式：void readFromFile(FILE *pFile,float *pArray,int n)

归属：Array

③解决思路：循环读入，每次读入一个小数至数组。

④算法步骤：

```
Set counter=0
While not eof
    Read data in pArray[counter]
    Add counter
```

⑤模块代码：

```
void readFromFile(FILE *pFile,float *pArray,int n)
{
    int counter=0;
    while (fscanf(pFile,"%f",pArray+counter)==1)
    {
        counter++;
    }
}
```

⑥模块解释：

• fscanf 中，%f 指按小数格式读入数据（不管文件里是什么样的数据），pArray＋counter 表示读取数据的存放地址，fscanf 函数读到 1 个数据，返回值 1，否则退出循环。

• readFromFile 模块内部没有使用参数 n。严格地说，此模块有缺陷，因为事先并不知道文件有多少个数据，因此接待数组规格无法准确预测，为了能够保证装下所有数据，数组空间要足够大，但这又会造成浪费。解决方案：方案一，在模块内部根据读入的真实数据个数设置传入的数组规格（头地址和长度），并将新数组规格告之调用模块，可参考教材 8.9.2 中的设计思路；方案二，单独编写模块求数据个数，据此准确生成数组空间，再传入 readFromFile。

"写出模块"设计

①模块功能：将一维数组写出至一个文本文件。

②输入输出：

文件指针
数组名　→　writeToFile
数组长度

形式：void writeToFile(FILE *pFile,float *pArray,int n)

归属：Array

③解决思路：根据数组长度，循环向文件里写出数据，每次写出一个数。

④算法步骤：

```
Set i=0
While i≤n
    Write pArray[i] to file
    Add i
```

⑤模块代码：

```
void writeToFile(FILE *pFile,float *pArray,int n)
{
    for (int i=0;i<n;i++)
    {
        fprintf(pFile,"%.2f\t",pArray[i]);
    }
}
```

7.7.3 成绩统计综合应用案例

例7.13 假定成绩文件 score. txt 数据如下:98、89、78、56、78、77、85、89、90、93共有10个数据,编写程序调入数据,并对数据进行统计分析,得到的最大值、平均值、方差放入评估数组中,并进一步将评估数组保存到另外一个文件 score2. txt 中。

主模块算法步骤:

第一步,定义 score 数组(长度为10);

第二步,定义 evaluation 数组(长度3),用于保存最大值、平均值和方差;

第三步,定义文件指针 pFile 和读文件 score. txt 关联上;

第四步,定义文件指针 pFile2 和写文件 score2. txt 关联上;

第五步,调用 readFromFile 模块得到数据,保存到分数数组 score;

第六步,调用 getMax、getMean、getVariance 模块得到数据,保存到评估数组 evaluation;

第七步,调用 writeToFile 模块将评估数组 evaluation 写入 score2. txt。

主模块代码如下:

```
# include <iostream. h>
# include <stdio. h>
# include "Array. h" // 见例 7.9/7.10/7.12,包括 getMax,getMean,getVariance,readFromFile,writeToFile


int main()
{
    float score[10];
    float evaluation[3];
    FILE *pFile;
    FILE *pFile2;
    pFile=fopen("score. txt","r");
    pFile2=fopen("score2. txt","w");
    readFromFile(pFile,score,10);          //从 pFile 关联文件中读入数据进 score 数组
    display(score,10);                     //在显示器上显示 score 数组的10个数据
    evaluation[0]=getMax(score,10);
    evaluation[1]=getMean(score,10);
    evaluation[2]=getVariance (score,10);
    fprintf(pFile2,"% s\n","最大值 平均值 方差");//将字段名写到 pFile2 关联文件
    writeToFile(pFile2,evaluation,3);      //将数组 evaluation 数据写到 pFile2 关联文件
    return 0;
}
```

运行结果1,在显示器上显示内容:

数组元素显示 98 89 78 56 78 77 85 89 90 93

运行结果 2，本程序所在目录下，生成了 score2. txt，内容如下：

最大值　　平均值　　方差
1254.00　199.40　　35.16

7.8　二维数组的结构

二维数组有两个度量指标，可用一个表格来表示其中数据存储规律。二维数组在线性代数、数值分析等数学学科中应用广泛，数学中一维数组称为"向量"，二维数组称为"矩阵"。

7.8.1　二维数组的静态定义、空间分配、本质

（1）静态二维数组的格式

格式：数据类型 数组名[行数][列数]

例如，int magic[4][4]，定义了一个 4 行 4 列的二维数组，数据元素的下标从 0 开始标记，下标范围从[0][0]到[3][3]，magic 结构图形如图 7-7 所示。

magic 是二维数组名，是一个固定不变的地址，这个地址增加一次移动一行，如图 7-7 所示，magic 指向第 0 行(实际是第 1 行)，而 magic＋1 指向第 1 行。这种指针原来没有遇到过，它叫什么？用什么样的指针变量来保存？我们将在下面的第(5)部分介绍。图中的箭头方向表示了二维数组里数据在内存空间中的存储顺序，如 magic[0][0]后跟着的是 magic[0][1]。C/C++中二维数组的存储顺序为先列后行。和一维数组相同，我们既可在定义初始化时赋值，也可在程序中用赋值语句对元素单独赋值。

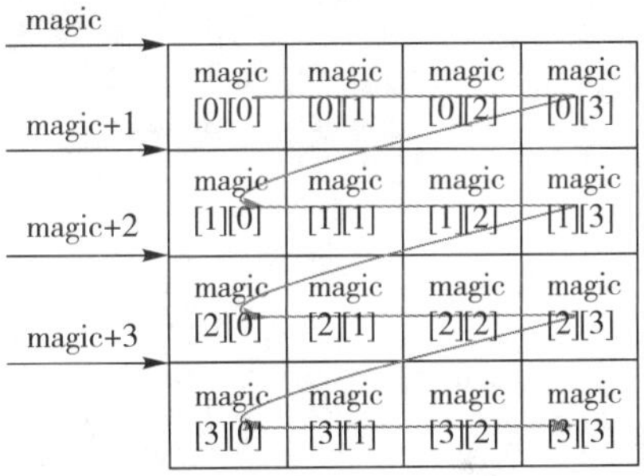

图 7-7　二维数组元素的存储顺序

（2）静态二维数组初始化

例如，int magic[4][4]＝{{ 16,2,3,13},{5,11,10,8},{9,7,6,12},{4,14,15,1}}。

二维数组初始化时，内部每行数据可用一个大括号括起来，这样看得更清楚。当然，也可以不用大括号，例如，int magic[4][4]＝{ 16,2,3,13,5,11,10,8,9,7,6,12,4,14,15,1}。

若初始化数据不够，用 0 来补充。例如，"int magic[4][4]＝{16,2,3};"会将这 3 个数据按先列后行依次地分下去，其余部分用 0 填充。即 magic[0][0]是 16，magic[0][1]是 2，magic[0][2]是 3，其余从 magic[0][3]直到 magic[3][3]都是 0。

初始化二维数组数据，可不写行长度，但必须写列长度，系统会根据列的大小自动地确定数组的行数。例如，int magic[][4]＝{ 1,2,3,4,5,6,7,8,9}，初始化数据是 9 个，在这种情况下，系统会根据列数是 4，准确地确定行数是 3 行，从而分配了 3 行 4 列的空间。

（3）二维数组元素赋值

首先要确定赋值的元素序号，二维数组里元素表达是数组名后加[序号][序号]确定，如

magic[1][2],表达的是第1行第2列(对应矩阵的第2行第3列)。对第 i 行第 j 列元素赋值为 x 的代码是:"magic[i][j]＝x;"。

另外,二维数组有两个度量指标:行(rows)、列(cols),借助二重循环语句可快速地对二维数组各元素赋值,其中外层循环从 0 到 rows－1,内层循环从 0 到 cols－1。

(4)二维数组基本运算

①遍历。遍历运算,也即从内存存储位置开始依次取出各数据值。

测试代码:

```cpp
# include <iostream.h>
# include <iomanip.h>
int main()
{
    int magic[3][4]={{16,2,3,13},{5,11,10,8},{9,7,6,12}};
    for (int i=0;i<3;i++)
    {
        for (int j=0;j<4;j++)
        {
            cout<<magic[i][j]<<" ";
        }
        cout<<endl;
    }
    return 0;
}
```

运行结果:

```
16 2 3 13
5 11 10 8
9 7 6 12
```

②转置。转置运算,也即将行列数据对调。

测试代码:

```cpp
# include <iostream.h>
int main()
{
    int i,j;
    int a[3][4]={{1,2,3,4},{2,3,4,5},{3,4,5,6}};
    int b[4][3];
    cout<<"a(3 行 4 列)数组里各元素:"<<endl;
    for (i=0;i<3;i++)
    {
        for (j=0;j<4;j++)
```

```
                {
                        cout<<a[i][j]<<" ";
                        b[j][i]=a[i][j];
                }
                cout<<endl;
        }
        cout<<"b(4 行 3 列)数组里各元素:"<<endl;
        for (i=0;i<4;i++)
        {
                for (j=0;j<3;j++)
                {
                        cout<<b[i][j]<<" ";
                }
                cout<<endl;
        }
        return 0;
}
```

运行结果:

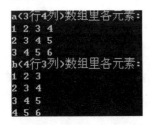

(5)静态二维数组的本质*

①静态定义二维数组名是一维数组指针。二维数组名是一个指针(地址),这种指针称为"一维数组指针"。它的特点是一次移动数组的一行。保存这种指针的变量称"一维数组指针变量",显然,定义这种指针变量一定要将一维数组宽度信息加进去。

一维数组指针变量定义格式:数据类型（＊指针变量名)[宽度],例如:

```
    int (*pMagic)[4];      //定义了一维数组指针变量 pMagic,宽度是 4,表示一次移动 4 个整数
    char(*p)[10];          //定义了一个一维数组指针变量 p,宽度是 10,表示一次移动 10 个字符
```

用一维数组指针变量保存二维数组名,例如:

```
    int magic[4][4]={16,2,3,12,5,11,10,8,9,7,6,12,4,14,15,1};
    int (*pMagic)[4];
    pMagic=magic;          //其中 pMagic 和 magic 均指向二维数组的头部,如图 7-8 所示
```

②一维数组指针是伪二级指针。

• 什么是二级指针?

保存地址的空间的地址是二级地址(二级指针)。我们知道:int a,＊p;p=&a;p 中保存

的是 a 的地址(一级地址),那么 p 本身的地址(&p,称为二级地址或二级指针)呢? 如何保存二级地址? 下面以动态申请空间说明二级地址的保存以及操作方法。

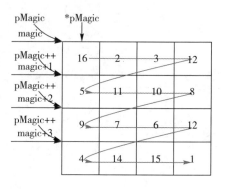

图 7-8 二维数组头部的不同方式指向

为某种简单的数据类型动态分配空间如下:

```
int *p=new int;        //动态生成一个整数空间
char *p=new char;      //动态生成一个字符空间
```

那么如何动态分配一个指针空间呢? 按同样的思路,给出下面的代码:

```
int *p=new int *;      //这种写法为什么是错误的
```

new int * 会在堆里申请一块空间,此空间装的是一个随机地址,是一级地址;而 new int * 返回此空间的地址,这是一个确定的"申请地址",是一个二级地址,所以 p 应定义成装放二级指针的指针变量,动态申请地址的方法应是:"int **p=new int * ;"。

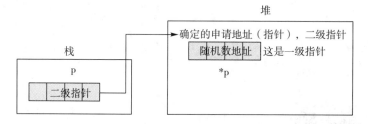

图 7-9 动态申请指针空间中的内存分布

在图 7-9 中,p 指向动态申请的空间地址为"二级指针";*p 表示的就是那个不确定的随机数地址,是一级指针(*p 必须赋一个有效地址才能使用)。从中可以看出,一级和二级两个指针里是两个不同的地址,这才是真正的二级指针机制。

• 一维数组指针是二级指针。

前面反复讲过,通过"间接操作"(前面加上" * "运算符)可得到所指向内存单元的内容。在图 7-8 中,pMagic 指向的单元内容是 16,那么 *pMagic 结果应该是 16,果真如此吗?

```
//测试一维数组指针
#include <iostream.h>
int main()
{
    int magic[4][4]={16,2,3,12,5,11,10,8,9,7,6,12,4,14,15,1};
    int (*pMagic)[4];                    //一维数组指针
    pMagic=magic;
    cout<< pMagic<<endl;                 //显示的是头地址
    cout<< *pMagic<<endl;                //显示的是什么
}
```

运行结果：

```
0x0012FF40
0x0012FF40
```

pMagic 的结果非常让人吃惊，不是 16，而是一个地址，而且此地址和数组的头地址值相同。既然是地址，那么可以继续""下去，最后一行加"cout<<**pMagic<<endl;"，结果如下：

```
0x0012FF40
0x0012FF40
16
```

期待的 16 终于出现了，其实我们很清楚，数据 16 的存放地址就是 0x0012FF40，但通过地址找到这个 16 确实很费周折。为什么会是这样呢？这里面存在"二级指针"的概念。请看下面的表格中 pMagic、*pMagic、**pMagic 的状态。

名称	**pMagic**	*pMagic	**pMagic
含义	指针(二级指针)	指针(一级指针)	数值

- 一维数组指针是伪二级指针。

从另一角度来看，pMagic 存放地址 0x0012FF40，*pMagic 没有表示成 0x0012FF40 地址里的数值 16，而指向了同样地址 0x0012FF40，这是一个很奇怪的现象，实际上这确实是一个特例，这里的 * 号并非取出 0x0012FF40 里的数值，而是起了概念上转换地址类型之意，即将一维数组指针转成了普通的一级指针。

所以，* 放在一维数组指针变量之前，只是起到了概念上的地址转换，并非取值。这里，pMagic 和 *pMagic 的值相同，都是同一个地址，但含义不同。通常，为了直观区别二者，pMagic 称为"行指针"，*pMagic 称为"列指针"。

综上所述，一维数组指针 pMagic 只能看成一个不纯粹的二级指针，*pMagic 级别降低一级，依然指向同一个地址，使用降级后的指针才可以操作具体的数据。

小结：普通方式定义的二维数组名的实质是二维数组的头地址，是一个固定地址，是一个二维数组首行的行地址，是一个一维数组指针，是一个不纯粹的二级指针。

③二维数组元素的 3 种寻址方式。

前面，通过[][]来确定元素的位置(称方法一，此法最简单直观)，由于静态定义的二维数组本质上是一维数组指针，所以还可以通过下面两种方式表达：

方法二：将二维数组看成一维数组的组合。比如说，定义二维数组 int magic[3][4]，可分解成 3 个一维数组：magic[0]、magic[1]、magic[2]。这样第 2 行第 3 列元素为 *(magic[2]+3)。对第 i 行第 j 列元素赋值为 x 方法是："*(magic[i]+j)=x;"。

方法三：完全用指针赋值方式，按从二级指针到一级指针再到元素的顺序确定位置，对第 i 行第 j 列元素的赋值为 x 方法是："*(*(magic+i)+j)=x;"。

7.8.2 二维数组的动态定义、空间分配、本质*

(1)二维数组的动态产生思路

首先定义一个指针数组(数组元素里放的都是随机地址),然后为每个数组元素申请长度相同的一段空间(一维数组),组合起来就可看成二维数组,如图 7-10 所示。

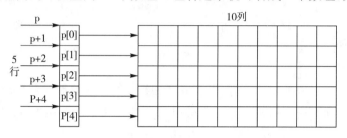

图 7-10 借指针数组表达二维数组

(2)动态生成二维数组的本质与定义方式

①动态产生二维数组本质。从图 7-10 左边可知,动态生成二维数组本质上是指针数组,而指针数组就是二级指针。

②指针数组定义方式。

方法一:静态定义指针数组。例如:

```
int *p[5];                  //数组可存放 5 个整型地址
```

方法二:动态定义指针数组。例如:

```
int **p=new int * [5];      //主动申请 5 个整型地址
```

上述两种定义方式,指针数组中的元素 p[0]、p[1]、p[2]、p[3]、p[4]里放的地址都是随机地址,下一步就要将真实有效的地址填入其中。

(3)为指针数组每个元素挂接一个真实有效的一维数组

借用已有的一维数组地址,或动态申请一维数组,并将头地址填入指针数组中,如图 7-11 所示。

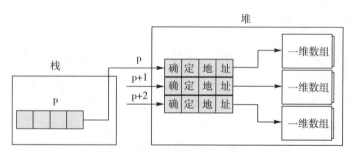

图 7-11 为动态定义的指针数组的元素动态分配空间

根据以上描述,动态产生 3×4 的二维数组的方法如下:

```
int main()
{
    int a[5][10], **p, rows=5, cols=10;
    p=new int * [rows];        //动态定义指针数组,长度是5
    for(int i=0;i< rows;i++)
    {
        p[i]=new int[cols];  //动态申请具体的元素空间,也可写成 * (p+i)=new int[cols];
    }
    return 0;
}
```

注意:可将上面代码改编成模块 void init (int **p,int rows,int cols),形参需定义成二级指针。

7.8.3　二维数组名作函数参数*

二维数组作函数参数,要传递三个数据:数组名、行长、列长。

自定义模块中接收二维数组名的形参,应根据传递的普通定义或指针数组定义的二维数组,设置成一维数组指针(伪二级指针)或指针数组(二级指针)。下面,以读入二维表格数据来说明。

(1)形参定义成数组指针(伪二级指针)

若传递普通方式定义的二维数组,则形参应设置数组指针,如 int (*pArray)[7],或数组形式的 int pArray[][7],这里的 7 表示列宽。

例如,反映中国三个城市一周七天的天气气温文件 Temperature. txt,数据如下表格所示:

	星期一	星期二	星期三	星期四	星期五	星期六	星期日
北京	21	18	19	16	25	23	20
上海	23	25	20	18	23	26	22
合肥	18	19	17	18	19	18	20

编写程序从文件读数据放入二维数组,然后求所有城市这七天的最高温度、平均气温,以及某城市(如北京)这七天的最高温度、平均气温,其中文本文件 Temperature. txt 内容为:

$$21 \quad 18 \quad 19 \quad 16 \quad 25 \quad 23 \quad 20$$
$$23 \quad 25 \quad 20 \quad 18 \quad 23 \quad 26 \quad 22$$
$$18 \quad 19 \quad 17 \quad 18 \quad 19 \quad 18 \quad 20$$

[模型设计]

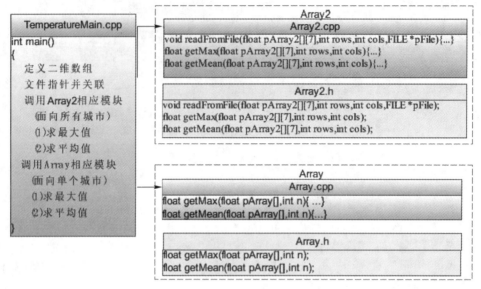

[模型分析] 略

程序代码：

①主模块所在文件：TemperatureMain. cpp。

```cpp
# include <iostream. h>
# include <stdio. h>
# include "Array2. h"
# include "Array. h"
# define ROWS 3
# define COLS 7
int main()
{
    float temperature[ROWS][COLS]              //数据结构采用普通方式定义数组
    float maxAll,averageAll;
    FILE *pFile;pFile=fopen("Temperature. txt","r");  //以下 3 个模块均传递普通方式定义的二维数组
    readFromFile(temperature,ROWS,COLS,pFile);  //从文件中读数据至二维数组
    maxAll=getMax(temperature,ROWS,COLS);       //取二维数组最大值
    averageAll=getMean(temperature,ROWS,COLS);  //取二维数组平均值
    cout<<"所有城市七天最高温度:"<<maxAll<<endl;
    cout<<"所有城市七天平均温度:"<<averageAll<<endl;  //以下 2 个模块均传递一维数组
    cout<<"北京城市七天最高温度:"<<getMax(temperature[0],COLS)<<endl;
    cout<<"北京城市七天平均温度:"<<getMean(temperature[0],COLS)<<endl;
    fclose(pFile);
}
```

②二维数组操作模块的源码文件：Array2.cpp。

```cpp
#include <stdio.h>
void readFromFile(float pArray2[][7],int rows,int cols,FILE *pFile)
{
    for(int i=0;i<rows;i++)
    {
        for(int j=0;j<cols;j++)
        {
            fscanf(pFile,"%f",&pArray2[i][j]);
        }
    }
}
float getMax(float pArray2[][7],int rows,int cols)
{
    float max=0;
    for(int i=0;i<rows;i++)
    {
        for(int j=0;j<cols;j++)
        {
            if(max<pArray2[i][j])
            {
                max=pArray2[i][j];
            }
        }
    }
    return max;
}
float getMean(float pArray2[][7],int rows,int cols)
{
    float total=0;
    for(int i=0;i<rows;i++)
    {
        for(int j=0;j<cols;j++)
        {
            total+=pArray2[i][j];
        }
    }
    return total/(rows*cols);
}
```

③二维数组操作模块的声明文件:Array2. h。

```
# ifndef Array2_h
# define Array2_h
void readFromFile (float pArray2[][7],int rows,int cols,FILE *pFile);
float getMax(float pArray2[][7],int rows,int cols);
float getMean(float pArray2[][7],int rows,int cols);
# endif
```

运行结果:

```
所有城市七天最高温度:26
所有城市七天平均温度:20.381
北京城市七天最高温度:25
北京城市七天平均温度:20.2857
```

程序解释:

• 形参 float pArray2[][7],其实质是一个数组指针变量,等价于 float (*pArray2)[7]。

• "float temperature[3][7];"相当于 3 个一维数组: temperature[0][7]、temperature[1][7]、temperature[2][7](下划线部分看成整体),可使用 Array 中的 getMax 模块(7.6 节)求一维数组最大值,即"cout<<"北京…最高温度:"<<getMax(temperature[0],COLS)<<endl;"。

(2)形参定义成指针数组(二级指针)

若传递动态方式定义的二维数组,则形参应设置指针数组(二级指针),如"int *pArray[]";或"int * *pArray;"针对上例求 3 个城市的气温,需要改动调换的地方:

①TemperatureMain 中主模块中动态定义 temperature,调整代码如下:

```
float * temperature[ROWS][COLS];          //数据结构采用动态定义数组
for (int i=0;i<ROWS;i++)
{
    temperature[i]=new float[COLS];
}
```

②Array2 中自定义的三个模块,形参调整

原先:void readFromFile (float pArray2[][7],int rows,int cols,FILE *pFile)

调整:void readFromFile (float *pArray2[],int rows,int cols,FILE *pFile)

调整:void readFromFile (float * *pArray2,int rows,int cols,FILE *pFile)

7.8.4 二维数组静态产生和动态产生的区别*

前面分析了二维数组的静态和动态产生机制,这里,通过产生一个 3×4 的二维整型数组对静态和动态两种方法进行全面总结。

	普通方式产生二维数组	指针数组方式产生二维数组

定义方式	int a[3][4];//定义方法
	int（*p)[4];//本质数组指针（伪二级指针）
	p＝a;
		int *p[3];//定义方法1
		int＊＊p; p＝new int＊[3]; //定义方法2
		本质指针数组（二级指针）
		for(int i=0;i<3;i++) p[i]＝new int[4];

图形		
目标	使用3×4内存连续空间	使用3×4内存连续空间
位置	真实数据在栈中,编译器分配管理	真实数据在堆中,手动分配管理
大小	3×4的空间	3×4的数据空间＋长度为3的指针数组空间
地址	p与＊p是一个地址,两种指针	p与＊p是两个地址,两种指针
层次	p称行指针,*p称列指针,是不纯粹的二级指针 高层指针:p 低层指针:*p或者p[0]	p称二级指针,*p称一级指针,是真正的二级指针 高层指针:p 低层指针:*p或者p[0]
称呼	静态二维数组实质上是数组指针（伪二级地址）,p的移动特征为:一次移动一行	动态二维数组实质上是指针数组（二级地址）,p的移动正常,一次移动一格
元素定位	＊（＊（p+i)+j)或＊（p[i]+j)或p[i][j]	＊（＊（p+i)+j)或＊（p[i]+j)或p[i][j]
优点缺点	优点:节约空间,没有浪费; 缺点:不灵活,个性特征明显（行移动的长度）,不适合设计通用模块	优点:灵活,尤其适合在模块设计中作参数,不带有个性特征; 缺点:空间上多了一个指针数组的空间

7.9 二维数组与矩阵

7.9.1 矩阵概念与基本运算

向量和矩阵是重要的数学工具,可灵活地解决工程技术中的大量问题。例如,数字图像处理、计算机图形学、计算几何学、人工智能、网络通信等。向量和矩阵在计算机内用数组表达,向量可看成一维数组,矩阵可看成二维数组。下面对矩阵的基本运算进行讨论。

（1）矩阵的表示方法

数学上的矩阵常用大写字母表示,将矩阵的元素写在一个中括号里,对于矩阵而言,它的下标从1开始（C/C++里数组的下标从0开始）。如矩阵 A:

$$A = \begin{bmatrix} a_{11} & a_{12} & a_{13} \\ a_{21} & a_{22} & a_{23} \\ a_{31} & a_{32} & a_{33} \end{bmatrix}$$

矩阵的基本运算包括:矩阵转置、矩阵的秩、矩阵的求逆运算等,限于篇幅,这里不再赘述。

180

（2）矩阵的点积运算

点积又称"内积"，是形式相同的两个矩阵对应元素的乘积，例如，2×4的矩阵只能与2×4的另一个矩阵进行点积运算。点积的运算规则很简单，对应元素相乘即可，如：

$$A = \begin{pmatrix} 1 & 2 & 3 \\ 4 & 5 & 6 \end{pmatrix} \qquad B = \begin{pmatrix} 11 & 12 & 13 \\ 14 & 15 & 16 \end{pmatrix}$$

$$C = A. \times B = \begin{pmatrix} 1 & 2 & 3 \\ 4 & 5 & 6 \end{pmatrix}. \times \begin{pmatrix} 11 & 12 & 13 \\ 14 & 15 & 16 \end{pmatrix} = \begin{pmatrix} 1 \times 11 & 2 \times 12 & 3 \times 13 \\ 4 \times 14 & 5 \times 15 & 6 \times 16 \end{pmatrix}$$

7.9.2 矩阵计算土地体积案例*

对于一块不规则土堆，需要估计其体积范围。如果在这块土地上建设一个公园，就要把这些土壤全部运走，这需要知道体积是多少立方米，再盘算一下现在的人力和设备，一天能够运送多少立方米，工程时间和工程进度才能够确定下来，所以现在最关键的是确定这块土壤的体积。

总体思路：使用点乘来计算土地的体积。将这块地形结构分成很多的小块，计算每个小块的水平面积。例如，每个小块是1米×1米，即1平方米；统计这一个小块上有效计算的比例（可能有的小块土壤不需要移走，即为0平方米；而有的小块只需要移走部分土壤，比如只移去一半，那就是0.5平方米；如果是全部移去，那就是1平方米）；然后测量这一小块土地的高度，用"高度×有效面积"就得到了这一小块的体积，最后将所有的体积加起来，得到这块土壤整体的体积。

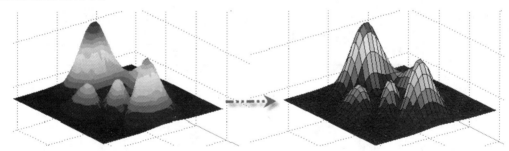

图 7-12　土地体积的量化

将一大块土地分成纵横相连的单位土块，用一个矩阵来表示；而对应的单位小土块的高度也是一个矩阵，需要这两个矩阵对应元素之积之和，也即内积运算。为方便讨论，将这块土地分成25块，即5行5列。假设其中高度数据用矩阵 A 表示，有效的面积数据用矩阵 B 表示，通过 A 与 B 的点积可以得出新的矩阵 C，再求 C 中所有元素之和，即为总的体积。

$$A = \begin{pmatrix} 1 & 2 & 3 & 4 & 5 \\ 2 & 3 & 3 & 4 & 3 \\ 2 & 2 & 2 & 4 & 3 \\ 3 & 2 & 3 & 2 & 3 \\ 1 & 1 & 2 & 2 & 3 \end{pmatrix} \qquad B = \begin{pmatrix} 1 & 0.5 & 0.3 & 1 & 1 \\ 0.7 & 1 & 1 & 1 & 0.4 \\ 1 & 1 & 1 & 1 & 0.8 \\ 1 & 1 & 1 & 1 & 1 \\ 1 & 1 & 0.3 & 1 & 1 \end{pmatrix}$$

[模型设计]

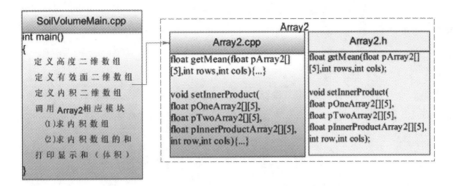

[模块设计] （仅给出 setInnerProduct 模块的设计思路）

①模块功能：对矩阵 **A** 和矩阵 **B**，点乘运算后，结果放置在矩阵 **C** 中。

②输入输出：

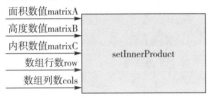

形式：void setInnerProduct（float pOneArray2［］［5］，float pTwoArray2［］［5］，float pInnerProductArray2［］［5］，int row，int cols）

归属：Array2

③解决思路：遍历二维数组，使用公式：matrixC［i］［j］＝matrixA［i］［j］* matrixB［i］［j］

④算法步骤：（略）

⑤模块代码：（见下）

主模块所在文件 SoilVolumeMain. cpp 代码：

```cpp
# include <iostream. h>
# include "Array2. h"
int main()
{
    float matrixA[5][5]={1,2,3,4,5,2,3,3,4,3,2,2,2,4,3,3,2,3,2,3,1,1,2,2,3};
    float matrixB[5][5]={1,0.5,0.3,1,1,0.7,1,1,1,0.4,1,1,1,0.8,1,1,1,1,1,1,0.3,1,1};
    float matrixC[5][5];
    setInnerProduct(matrixA,matrixB,matrixC,5,5);//得到内积数组 matrixC
    float result;
    result=getMean(matrixC,5,5) * 25;//体积平均数乘土壤总块数
    cout<<"需要运走的土块体积是:"<<result;
    return 0;
}
```

自定义模块所在文件 Array2.cpp 代码:

```
void setInnerProduct(float pOneArray2[][5],float pTwoArray2[][5],float pInnerProductArray2
[][5],int row,int cols)
{
    for (int i=0;i<rows;i++)
    {
        for (int j=0;j<cols;j++)
        {
            pInnerProductArray2 [i][j]=pOneArray2 [i][j] *pTwoArray2 [i][j];
        }
    }
}
float getMean (float pArray2[][5],int rows,int cols){…}
```

自定义模块声明文件 Array2.h 代码:

```
void setInnerProduct(float pOneArray2[][5],float pTwoArray2[][5],float pInnerProductArray2
[][5],int row,int cols);
float getMean(float pArray2[][5],int rows,int cols);
```

⑥程序解释:getMean 模块参见教材 7.8.3 城市气温,将形参 pArray2[][7]改为 pArray2[]
[5]即可。

⑦程序遗憾:上述程序无论是 getMean 模块,还是 setInnerProduct 模块,均不能通用,
只能计算 5 列的数组。

7.10 二维数组在模块设计中的不便及对策*

(1)静态产生二维数组传递的不便及对策

静态产生二维数组,本质上是数组指针,所以接收该指针必须设置指定具体宽度的数组
指针变量。模块不具备通用性,如求城市气温(参见教材 7.8.3)和求土地体积(参见教材
7.9.2)的两个案例都用到二维数组求平均 getMean 模块,但参数设计不同(分别是 float
pArray2[][7]和 float pArray2[][5]),形参中带有个性特征,getMean 不具备通用性。

如果想做到通用,就必须确保传递过程无个性特征,方法是:不直接传递二维数组名,将
二维数组地址强转成普通地址(一级指针)后再传,而形参中用普通的指针变量(一级指针变
量)来接。

注意:此时模块内部操作二维数组元素,应通过一维数组方式,自行计算一维偏移量,而
不能使用二维数组元素表示方法。

如求平均数的模块,修改 getMean 代码如下:

	形参设置数组指针,方法局限,无法重用	形参设置普通指针,通用方法,代码可重用
模块定义	```float getMean(float pArray2[][7],int rows,int cols)\n{\n float total=0;\n for (int i=0;i<rows;i++)\n {\n for (int j=0;j<cols;j++)\n {\n total+=pArray2[i][j];\n //二维表示法\n }\n }\n return total/(rows *cols);\n}```	```float getMean(float *pArray2,int rows,int cols)\n{\n float total=0;\n for (int i=0;i<rows;i++)\n {\n for (int j=0;j<cols;j++)\n {\n total+=pArray2[i *cols+j];\n //一维表示法\n }\n }\n return total/(rows *cols);\n}```
声明	float getMean(float pArray2[][7],int rows,int cols);	float getMean(float * pArray2, int rows, int cols);
调用	result=getMean(temperature,ROWS,COLS); 直接传二维数组地址	result=getMean((float *)temperature,ROWS, COLS);将二维数组地址强制转化后再传

(2)动态产生二维数组传递的不便及对策

①方便之处:动态产生的二维数组(指针数组),在传递时,不会带来不便,不带有个性因素,模块可做到通用,可参见教材 7.8.2 节和教材 8.6.2 节代码。

②使用注意:应确保传递的动态生成二维数组空间有效,也即定义一个指针数组或二级指针后,要立即对行列空间进行申请后才可传递。另外,形参定义的指针变量应为指针数组(二级指针)。

③附加说明:可强制将动态产生二维数组转成一级指针后传递,这样形参要设置成一级指针,具体方法同上面 getMean 的通用方法。

7.11 二维数组地址转换的再思考*

不管是静态定义的二维数组(数组指针),还是动态定义的二维数组(二级指针),或是普通指针(一级指针),它们都是指针,都可以相互强制转化,但转换之后会牺牲原来指针的特点。如将静态的二维数组地址以二级指针和一级指针的眼光来看,指针的移动不再是按行移动,而是按格移动,牺牲的特性需自己承担,也就是定位数据需重新计算。如上例形参设置普通指针的 getMean 模块元素的定位需以普通指针定位而自己计算。

例:将如下静态定义二维数组 array2 强转为二级、一级指针后定位数据。

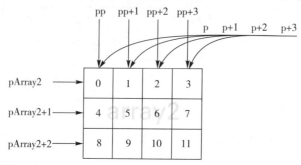

```
#include <iostream.h>
int main()
{
    int array2[3][4]={0,1,2,3,4,5,6,7,8,9,10,11};
    int (*pArray2)[4];                      //数组指针
    int **pp;                               //二级指针
    int *p;                                 //普通一级指针
    //以下3种类型的指针都可以接到二维数组的地址
    pArray2=array2;                         //标准,静态二维数组与数组指针是一回事
    pp=(int **)array2;                      //强转,以二级指针的眼光来看
    p=(int *)array2;                        //强转,以一级指针的眼光来看


    //各指针的特征不相同
    //显示第0行0列与显示第0行1列
    cout<<"显示第0行0列与显示第0行1列"<<endl;
    cout<<"1.数组指针方式";
    cout<<pArray2[0][0]<<"\t"<<pArray2[0][1]<<endl;   //按二维数组的规律访问数据
    cout<<"2.二级指针方式";
    cout<< *pp<<"\t"<< *(pp+1)<<endl;       //按二级指针的规律访问数据(显示的是地址)
    cout<<"3.一级指针方式";
    cout<< *p<<"\t"<< *(p+1)<<endl;         //按一级指针的规律访问数据(显示的是数据)


    //显示第2行3列
    cout<<"显示第2行3列"<<endl;
    cout<<"1.数组指针方式";
    cout<<pArray2[2][3]<<endl;              //按二维数组的规律访问数据
    cout<<"2.二级指针方式";
    cout<< *(pp+2*4+3)<<endl;               //每行4列,二级寻址转为一级寻址
    cout<<"3.一级指针方式";
    cout<< *(p+2*4+3)<<endl;                //每行4列,二级寻址转为一级寻址
    return 0;
}
```

运行结果：

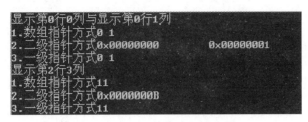

程序解释：

- pArray2[2][3]是原访问二维数组的方式,转换成二级指针 pp 或一级指针 p 后,每次只能移动一格,需访问二维数组中某行某列元素就必须二级寻址转为一级寻址。

- 二级指针里放的是地址,所以显示数据以地址的方式呈现。

7.12 三 维 数 组

7.12.1 三维数组结构、定义、操作思路

(1)三维数组的基本组成

如果一个数用一个小方格表示,那么一维数组就是一行小方格,二维数组就是行和列组成的小方格表格,三维数组就是由行列页三方面组成的小方格大楼,四维数组就是由多幢大楼组成(在一个小区),五维数组就是由多个楼群组成(在不同小区),如图 7-13 所示。

(2)三维数组的定义和初始化

①三维数组的定义。

格式:数据类型 数组名[行长][列长][页长]

例如,float temperature[3][7][3],其中的维长表示 3 行、7 列、3 页。

②初始化。初始化数据时,要清楚数据的保存顺序按页、列、行(C/C++的高维数组都是先变化最后的指标,然后逐步向前变化,一直到行的变化)。

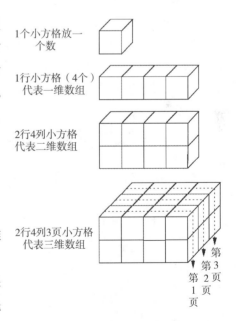

1个小方格放一个数

1行小方格（4个）代表一维数组

2行4列小方格代表二维数组

2行4列3页小方格代表三维数组

第3页 第2页 第1页

图7-13 各维数组的方格量化

如数组定义并初始化:float a[2][4][3]={2,4,5,6,7,8,9},数组定义的空间可容纳 2×4×3个数据,给出其中 7 个数据,其余的数据系统自动设置为 0。这些数据按下图箭头指向进入：

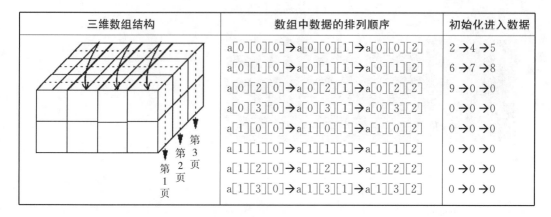

正像二维数据在初始化数据可不指定行数一样,三维数据也可不指定行数,它会根据实际的列、页的数值确定分几行,但列和页必须要指定。例如,float a[][4][3]={2,4,5,6,7,8,9},由于列和页分别确定为 4 和 3,而初始化数据是 7 个数字,系统会自动确定行数是 1,这种定义方式与 float a[1][4][3]={2,4,5,6,7,8,9}效果完全一致。

(3)三维数组操作思路*

高维数组的遍历应考虑到每一个指标,具体到三维数组,可使用三层循环控制行、列、页的变化。遍历代码的顺序是行、列、页,即行控制在最外层,列控制在中间层,页控制在最内层。这样数据变化的顺序是:先页再列最后行,黏合数据进驻空间的顺序。

另外,高维数组总是由较低一级的低级数组拼接而成,如三维数组由二维数据拼接而成。例如,对于 float a[4][7][3]这个三维数组,页长是 3,所以可看成 3 个 4×7 的二维数组组成。这给我们提供了操作三维数组的新思路,将二维数组赋值给三维数组中的页,即可完成低维向高维的跃迁。

7.12.2　统计不同城市气温案例*

教材 7.8.3 节北京气温记录表由一页 3 行、7 列的数据构成,现提供第 2 页表和第 3 页表数据。

第 2 页表格,记录了美国 3 个城市 7 天气温的变化情况,如下所示:

	星期一	星期二	星期三	星期四	星期五	星期六	星期日
纽约	30	35	32	31	37	39	30
费城	28	25	27	25	29	26	27
华盛顿	31	32	33	32	31	34	32

第 3 页表格,记录了日本 3 个城市 7 天气温的变化情况,如下所示:

	星期一	星期二	星期三	星期四	星期五	星期六	星期日
东京	38	35	32	31	37	38	34
大阪	35	39	33	30	39	32	37
久留米	31	40	33	32	33	34	42

编写程序从 3 个气温表数据文件里分别读入数据,存放到 3 个 3 行 7 列的二维数组中,并最后合并组成一个三维数组。

解决思路:首先,定义三维数组 float temperature[3][7][3],其中维长表示 3 行、7 列、3 页。其次,从 3 个文件中读出数据,进入 3 个二维数组。最后,遍历第 1 个二维数组传给三维数组的第 1 页,遍历第 2 个二维数组传给三维数组的第 2 页,遍历第 3 个二维数组传给三维数组的第 3 页。

[模型设计]

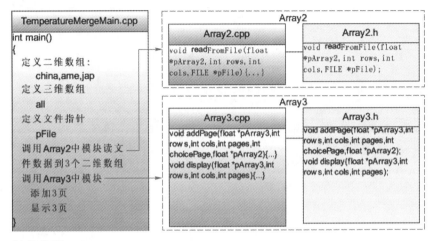

程序代码:

①主模块所有文件 TempratureMergeMain. cpp 代码。

```cpp
#include <iostream.h>
#include "Array2.h"
#include "Array3.h"
int main()
{
    float float all[3][7][3],china[3][7],ame[3][7],jap[3][7];
    FILE *pFile;
    pFile=fopen("china.txt","r");readFromFile((float *)china,3,7,pFile);
    pFile=fopen("ame.txt","r");readFromFile ((float *)ame,3,7,pFile);
    pFile=fopen("jap.txt","r");readFromFile ((float *)jap,3,7,pFile);
    addPage((float *)all,3,7,3,0,(float *)china);       //参数 0 表示加第 1 页
    addPage((float *)all,3,7,3,1,(float *)ame);         //参数 1 表示加第 2 页
    addPage((float *)all,3,7,3,2,(float *)jap);         //参数 2 表示加第 3 页
    displayArray3 ((float *)all,3,7,3);                 //显示 3 页数据
    fclose(pFile);
    return 0;
}
```

②Array2.cpp 文件代码。

```
# include <stdio.h>
void readFromFile(float *pArray2,int rows,int cols,FILE *pFile)    //通用方法
{
    for(int i=0;i<rows;i++)
    {
        for(int j=0;j<cols;j++)
        {
            fscanf(pFile,"%f",&pArray2[i*cols+j]);        //读入数据进第 i 行,第 j 列
        }
    }
}
```

③Array2.h 文件代码。

```
# ifndef Array2_h
#define Array2_h
# include <stdio.h>
void readFromFile(float *pArray2,int rows,int cols,FILE *pFile);
# endif
```

④Array3.cpp 文件代码。

```
# include <iostream.h>
void addPage(float *pArray3,int rows,int cols,int pages,int choicePage,float *pArray2)
{
    for(int i=0;i<rows;i++)
    {
        for(int j=0;j<cols;j++)
        {
            pArray3[i*cols*pages+j*pages+choicePage]=pArray2[i*cols+j];
        }
    }
}
void displayArray3(float *pArray3,int rows,int cols,int pages)      //通用方法
{
    for(int k=0;k<pages;k++)
    {
        for(int i=0;i<rows;i++)
        {
            for(int j=0;j<cols;j++)
            {
                cout<<pArray3[i*cols*pages+j*pages+k]<<" ";
            }
            cout<<endl;
        }
        cout<<endl<<endl;
    }
}
```

⑤Array3.h 文件代码。

```
# ifndef Array3_h
# define Array3_h
void addPage (float *pArray3,int rows,int cols,int pages,int choicePage,float *pArray2);
void displayArray3 (float *pArray3,int rows,int cols,int pages);
# endif
```

运行结果：

```
21  18  19  16  25  23  20
23  25  20  18  23  26  22
18  19  17  18  19  18  20

30  35  32  31  37  39  30
28  25  27  25  29  26  27
31  32  33  32  31  34  32

38  35  32  31  37  38  34
35  39  33  30  39  32  37
31  40  33  32  33  34  42
```

程序解释：

• 为了使针对二维数组和三维数组的操作具有可重用性,不管传递二维还是三维数组均进行了强制转型,转成普通一级指针后再进行传递。程序调用代码如下：

    addPage((float *)all,3,7,3,0,(float *)china);∥加第1页

• 在自定义模块内部,使用普通指针操作二维、三维数组,不能使用[][]和[][][]方式来表达数组元素,只能使用一个[]运算符,而在[]内部给出元素序号的计算公式。公式的给定按行、列、页的速度逐步减慢,核心代码如下：

    pArray3[i *cols *pages+j *pages+choicePage]=pArray2[i *cols+j];

• displayArray3 模块显示 3 页数据,最外层循环用"页"来控制。

• readFromFile 模块代码是对教材 7.8.3 模块 readFromFile 的改进,代码可通用。

7.12.3 图像色彩简易处理案例*

平面图像是由一个一个像素点构成的,这些像素点按水平方向和垂直方向表现为一定的长宽,每一个像素点的颜色由红(R)、绿(G)、蓝(B)3 个方面的特征共同决定。

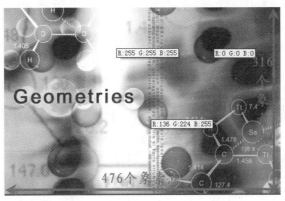

以上图像476×316个像素点,若某点RGB全是255,混合的颜色就是纯白色,若RGB全部是0,混合的颜色就是纯黑色,其余的组合构成了丰富多彩的世界。

图片的红、绿、蓝3个通道(在很多绘图软件里,可以对3个通道单独处理),其实就是三维数组里的3页,所以对于RGB这样的图片可用三维数组来表示。

实际上对图片的处理就是对图像元素遍历,也就是对三维数组的遍历。在进行图像处理时,经常会进行这样的操作:将某种颜色的色块转变成其他颜色的色块。为简单起见,以下面简单图片(每个小方格代表1个像素点)为例,研究如何将一幅图片上的纯白变成纯黑。

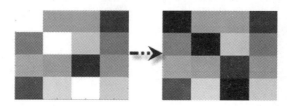

原始图片(上图左部)对应的红绿蓝3页的数据如下:

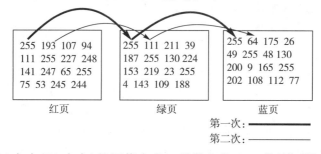

红页	绿页	蓝页
255 193 107 94	255 111 211 39	255 64 175 26
111 255 227 248	187 255 130 224	49 255 48 130
141 247 65 255	153 219 23 255	200 9 165 255
75 53 245 244	4 143 109 188	202 108 112 77

第一次: ———
第二次: ———

针对上面4×4大小(16个点)的图像定义三维数组"int pic[4][4][3];",3页数据的拼合形成真正颜色,如左上角的3页都是255,所以组合起来颜色是白色。按页、列、行顺序上述数据进驻三维数组,依次是:255 255 255 193 111 64…

解决思路:先定义一个三维数组(4×4×3),初始化预装放图像数据,然后按行、列遍历数据,若此时3页数据均为255,则置为0,这样由白转成黑。

程序代码:

①主模块所在文件 ColorConvertionMain.cpp 代码:

```
#include "Array3.h"
#define ROWS 4
#define COLS 4
#define PAGES 3
int main()
{
    int pic[ROWS][COLS][PAGES]=
    {
        255,255,255,193,111,64,107,211,175,94,39,26,111,187,49,255,255,255,227,130,
        48,248,224,130,141,153,200,247,219,9,65,23,165,255,255,255,75,4,202,53,143,
        108,245,109,112,244,188,77
    };                              //16个点共48个数据
```

```
    convertWhite2Black((int * )pic,ROWS,COLS,PAGES);
    displayArray3((int * )pic,ROWS,COLS,PAGES);
    return 0;
}
```

②调用模块所在文件 Array3.cpp 代码：

```
void convertWhite2Black(int *pArray3,int rows,int cols,int pages)
{
    int i,j,k;                              //分别代表行、列、页
    for (i=0;i<rows;i++)
    {
        for (j=0;j<cols;j++)
        {
            int statisNum255=0;
            for (k=0;k<pages;k++)
            {
                if(pArray3[i *cols *pages+j *pages+k]==255)
                statisNum255++;
            }
            if(statisNum255==3)
            {
                for (k=0;k<pages;k++)
                {
                    pArray3[i *cols *pages+j *pages+k]=0;
                                //不能用 pArray3[i][j][k]=0;因 pArray3 是普通指针
                }
            }
        }
    }
}

void displayArray3(int *pArray3,int rows,int cols,int pages){//代码略,见上例}
```

③调用模块声明文件 Array3.h 代码：

```
void displayArray3(int *pArray3,int rows,int cols,int pages);
void ConvertWhite2Black(int *pArray3,int rows,int cols,int pages);
```

运行结果：

程序解释：

• 本例三维数组 pic 初始化数据的顺序是实际内存中数据的物理存储顺序。另外，若已知 3 页数据分别来源于 3 个文本文件，可按上例从文件中提取数据至三维数组。

• displayArray3 模块要求显示三维数组各页数据，上例已提供，将上例参数 float *pArray3 改为格式为 int *pArray3 即可。

程序思考：教材 7.12.2 与 7.12.3 中两个案例的模块 displayArray3，代码功能相同，就因为参数不同，所以要写两次，没有体现代码复用。第 9 章"函数编写优化"可解决此问题。

【本章总结】

按基础元素类型划分，数组可分为：整型数组、小数数组、字符数组、指针数组等；按维度划分，数组可分为：一维数组、二维数组、三维数组等。

一维数组中元素的确定，可通过下标方式和指针方式两种定位。数组作为一个整体，不能相互赋值或交互输入输出(字符串数组例外)，必须通过其中元素的赋值完成整体赋值。

使用数组作参数的好处显而易见，但需注意：完整的传递数组必须包括数组名和长度。

数组名的实质是指针，在传递数组时，如果用普通指针作行参，在调用模块时可改变其指向内容，如果用指向常量的指针作行参，在调用模块时不可改变其指向内容，但可保证数组安全。

静态定义的二维数组本质上是数组指针，其特点是一次移动一行数据，又称为行指针。行指针不能直接读出其指向的值，必须转成列指针才可读出其指向内容，所以数组指针是一个伪二级指针。而动态定义的二维数组本质上是指针数组，指针数组是真正的二级指针。

代码复用是编写模块的一个重要指导思想，静态定义二维数组名作函数参数不能做到模块复用，可在传递二维数组参数的时候预先强制转成普通的指针，而在模块里定位数组元素时要自行根据维度和长度信息计算序号。

❀ 个人心得体会 ❀

字 符 串

【学习目标】

➢ 理解字符串的本质和核心指标。
➢ 掌握字符串的数组表示方法和指针表示方法。
➢ 掌握字符作为函数参数进行函数调用的实质。
➢ 理解并掌握指针数组的建立和使用方法。
➢ 学会以字符串列表作参数构建模块,实现字符串列表的输入、输出、排序和删除等功能。

【学习导读】

你知道如何保存一个人的姓名吗? 你知道如何保存很多人的姓名吗? 本章将学习一种特殊的数组——字符串。首先我们将学习字符串的定义和表达方法,学会使用字符串来表达一个人的姓名,并将一个字符串传递给另外的模块;其次,学习将多个字符串结合在一起的字符串列表,学会表达姓名列表,并将字符串列表传递给另外的模块。

【课前预习】

节点	基本问题预习要点	标记
8.1	字符串的本质及核心指标是什么?	
8.2	如何用数组来定义字符串?	
8.3	指针变量来指示字符串如何体现灵活性?	
8.4	数组、指针变量指示字符串在输入、输出上有什么不同?	
8.5	字符串作为函数参数传递的指标是什么?	
8.6	如何表示多个字符串? 如何传递多个字符串?	

8.1 字符串的基本概念

8.1.1 字符串的本质

在 C/C+中,标准字符串是末尾为 0 的字符型一维数组,内存表达为:

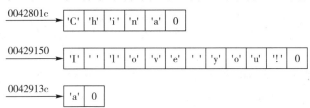

注意: 这个 0 是纯 0(ASCII 码为 0),而不是字符'0'(ASCII 码为 48)。

> **温馨提示:** 并非所有计算机语言表达字符串末尾都赋 0,比如说 pascal 语言里的字符串表示方法是:可用长度+各字符。

8.1.2　字符串的核心指标

字符串的核心指标是头地址,字符串本质是一维数组。上一章说过,决定一个一维数组有两个指标:头地址和长度。这里为什么说核心指标只是头地址,长度为什么不要了? 其原因是C/C++中标准字符串的末尾为 0,只要从头地址出发,向后找到 0,就表示字符串结束,所以既使不需要长度指标,字符串的真实长度也能够确定。

8.1.3　字符串的分类

(1)无名字符串

无名字符串也称"常量字符串",直接使用双引号包裹表达,如"china","I love you!"等。程序编译时,根据内存分配机制在常量区自动地划拨一段空间来保存。因无名字符串在常量区,所以其中的每个字符都不能改变(请参考 4.9 数据的内存分布)。下面的代码可以查看无名字符串的地址:

```c
# include <stdio.h>            //C语言库,用于 printf
# include <iostream.h>         //C++库,用于 cout
int main()
{                              //也可省去 & 运算符,因为无名字符串本质是常量地址
    printf("字符串 china 的地址 % p\n", & ("china"));
    cout<<"字符串 china 地址"<<(int *)(& ("china"))<<endl;
    printf("字符串 I love you! 的地址 % p\n", & ("I love you!"));
    return 0;
}
```

运行结果:

```
字符串china的地址00428064
字符串china的地址0x00428064
字符串I love you!的地址0042801C
```

上述以两种方式(C/C++)查看无名字符串的地址,运行结果表明:同一个无名字符串,不管使用多少次,都会占用同一个空间地址。例如,上述代码中"china"两次使用,地址都是 00428064。

(2)有名字符串

既然字符串的本质是字符数组,就可定义一个字符数组来表示字符串,数组名可理解为字符串名,称为"有名字符串"。详细内容描述见 8.2 节"字符串的数组表示方法"。

另外,由于字符串的核心指标是头地址,所以可用指针变量来保存这个头地址。这样,指针变量名指代字符串。详细内容描述见 8.3 节"字符串的指针表示方法"。

8.2　字符串的数组表示方法

(1)定义格式

格式：char 数组名[长度]；

示例：char name[6]；

数组名可看作字符串名，上例中 name 就可看作字符串名。这里可能有疑问：这是字符串吗？这不就是定义了一个一维字符型数组吗？末尾的 0 没有体现出来啊？实际上，字符数组是存放字符串的容器，末尾的 0 可通过初始化方式或定点赋值的方式来设置。

(2)初始化

字符串的初始化有以下两种等价表示形式：

char name[6]={′c′,′h′,′i′,′n′,′a′,0};	char name[6]=″china″;
char words[]={′I′,′ ′,′l′,′o′,′v′,′e′,′ ′,′y′,′o′,′u′,′!′,0};	char words[]=″I love you!″//可不指定长度
char a[2]={′a′,0};	char a[2]=″a″;
char b[20]={0};//空串	char b[20]=″″;//空串

上述表达中，右列是简便写法，没有显式地书写 0，但这种写法会自动加上 0。如：″china″是 5 个字符，但由于字符串的末尾需要一个 0 标记结束，所以数组在定义时长度至少为 6。

其实，"char name[6]={′c′,′h′,′i′,′n′,′a′};"与"char name[6]={′c′,′h′,′i′,′n′,′a′,0};"也是等价的，因为初始化时，确定字符之外的位置上默认都是 0。

字符串 char name[6]=″china″在系统编译时，在栈区留下 6 个字符空间，而″china″是一个无名字符串，系统会在常量区留 6 个字符空间并依次摆放好′c′、′h′、′i′、′n′、′a′、0 这 6 个字符，接下来就会将这 6 个字符拷贝到栈区的预留位置上。这相当于将常量区的字符串拷贝到以 name 为开始地址的栈区。

(3)数组名是常量地址

此性质前一章就已经阐述，上述 name 是静态定义的数组名，也是字符串名，其本质是一个固定不变的头地址，也即常量地址，常量地址不能被修改。请看如下代码：

```
int main()
{
    char name[20];
    name=″zhangsan″;
    return 0;
}
```

编译出错：error C2106：′=′：left operand must be l-value。

为何出错？因为数组名 name 本身是一个常量地址，是不能改变的，而 name=″zhangsan″的含义是将常量字符串″zhangsan″的头地址赋值给 name，name 不能接受。

(4)静态数组表示字符串,数组空间在编译时分配

前一章也讨论过静态数组这个特点,静态方式定义字符数组表示字符串时,系统会分配好具体的空间,例如,"char a[20];"相当于分配了 20 个字节空间,而 a 是这段空间的头地址。

(5)数组长度与字符串长度

数组长度和字符串长度含义不同:数组长度指分配的空间大小,而字符串长度是有效字符的长度。有效字符即 0 之前的字符。上述数组中数组长度和字符串长度分别是:

name 数组的长度是 6   name 字符串的长度是 5

words 数组的长度是 12   words 字符串的长度是 11

a 数组的长度是 2   a 字符串的长度是 1

请大家不要产生误解,认为数组长度就应比字符串长度多 1,上面的两个长度差距 1 是在数组表示字符串且放满的情况下。如果没有放满,例如,"char name[10]="china";",其内存分配情况是:

name →	'C'	'h'	'i'	'n'	'a'	0	0	0	0	0

没有被初始化的位置全部自动填 0,name 数组长度是 10,而 name 字符串长度还是 5。用 sizeof 可得到数组的真实长度,用标准函数库(Stdio. h)中 strlen 函数来测出字符串的长度,代码如下:

```
char name[10]="china";
cout<<"数组的长度:"<<sizeof(name);        //结果是 10
cout<<"字符串的长度:"<<strlen(name);       //结果是 5
```

8.3　字符串的指针表示方法

(1)定义格式

格式:char * 指针变量名;

示例:char *p;

字符型指针变量名可指代字符串名,如 p 就可指代一个字符串,当然在使用时,p 还需要初始化或在执行代码中赋值才可具体指代。

(2)初始化

    char *p="American";

    char name[10]="England", * q=name;

上述初始化,p 指向常量区的字符串"American",而 q 指向栈区的字符串"England"。

字符串 char *p="American"在进行系统编译时,在栈区留下 1 个地址空间准备存放地址,而"American"是一个无名字符串,系统会在常量区留 9 个字符空间并依次摆放好'A'、'm'、'e'、'r'、'i'、'c'、'a'、'n'、0 这 9 个字符,然后将此空间首字符的位置拷贝到栈区准备存放地址的地方,即 p 中。这里并没有发生拷贝字符的动作,而是将指针变量指向了常量区的字符。

(3)指针变量是变量

定义一个字符指针变量后,可在不同时刻指向任意一个字符串,代码如下:

```
char name[6]="china";char words[]="I love you!";
char *p;                    //p指向未知
p=name;                     //p指向 name
p=words;                    //p指向 words
p="hefei!";                 //p指向无名常量字符串"hefei!"
```

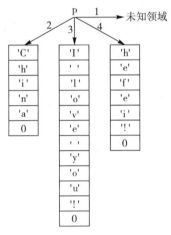

(4)指针变量指代字符串,数组空间必须借用或动态生成

```
char a[10];
char *p; p=a;               //借用 a 数组空间
char * q;  q=new char[10];  //动态生成空间
```

- -

思考练习:上述代码可向 q 指向的空间最多输入多少有效字符?

- -

(5)指针变量长度与字符串长度

指针变量指向一个字符串后,运算符 sizeof(指针变量)只能得到指针变量本身所占空间大小,长度固定 4 个字节。而标准库中,strlen 函数可以测出字符串的长度,例如:

```
char name[10]="china";char *p;
p=name;
cout<<"原静态定义的数组的长度:"<<sizeof(name);     //结果是 10
cout<<"指针变量所占字节的长度:"<<sizeof(p);        //结果是 4
cout<<"字符串的长度:"<<strlen(p);                 //结果是 5
```

8.4 字符串的输入、输出

字符串的输入、输出,首先必须保证承载字符串的数组空间(编译器分配或主动申请)真实有效,其次确定数组空间中的输入、输出关键点位置。例如,寄存的数组长度是 n,则元素序号范围是 $0 \sim n-1$,那么输入、输出关键点位置只能在 $0 \sim n-1$ 范围内确定。

8.4.1 字符串的交互方式输入、输出

通过键盘交互式输入,可使用 cin 对象(C++方式)或者 scanf 函数(C/C++方式);通过显示器的交互式输出,可使用 cout 对象(C++方式)或者 printf 函数(C/C++方式)。

(1)整体输入、输出

整体输入、输出指自关键点开始的连续字符输入、输出,但输入时不应超过容器容量。

输入:找到关键点地址,如果关键点是 0 位,表示自 0 位输入字符串;如果关键点是 1 位,表示自 1 位输入字符串,依次类推。如定义数组"char a[10];"可从 a[0]/a[1]等处连续输入。

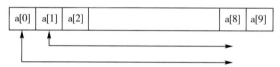

找到 a[0]所在地址(a 或 a[0]),可以从此 0 序号位开始输入,最多到序号位 8(序号 9 位应放 0 表示结束);找到 a[1]所在地址(a+1 或 &a[1]),可以从此 1 序号位开始输入,最多也是到序号位 8 位。

注意:输入字符串过长,超过可容范围,依次进入的字符会破坏数组后面数据。

输出:也是先找到关键点地址,自此开始输出各字符直到遇 0 结束。

下表从不同位置,对数组名方式表示的字符串进行交互输入和输出:

输入位置	交互整体输入输出(C++方式)	交互整体输入输出(C 方式)

0 位开始	char a[10]={′x′,′y′,′z′};
	cin>>a;//自 0 位输入 12345
	cout<<a;//自 0 位输出 12345
		char a[10]={′x′,′y′,′z′};
		scanf(″%s″,a);//自 0 位输入 12345
		printf(″%s″,a);//自 0 位输出 12345

1 位开始	char a[10]={′x′,′y′,′z′};
	cin>> &a[1];//自 1 位输入 12345
	cout<<a;//自 0 位输出 x12345
		char a[10]={′x′,′y′,′z′};
		scanf(″%s″,a+1);//自 1 位输入 12345
		printf(″%s″,a);//自 0 位输出 x12345

2 位开始	char a[10]={′x′,′y′,′z′};
	cin>> &a[2];//自 2 位输入 12345
	cout<<a;//自 0 位输出 xy12345
		char a[10]={′x′,′y′,′z′};
		scanf(″%s″,a+2);//自 2 位输入 12345
		printf(″%s″,a);//自 0 位输出 xy12345

指针变量表达字符串的输入输出,与数组名方式表示的字符串操作完全相同,如:

```
char a[10]={'x','y','z'}; char *p=a;        //p指向a数组空间
cin>>p;                       //等价于 scanf("%s",p);若输入 12345
cout<<p;                      //等价于 printf("%s",a);输出为 12345
cout<<p+1;                    //等价于 printf("%s",a+1);输出为 2345
```

思考练习:

①"char a[10]={'x','y','z'}; char *p=a;",要求从序号 1 位输出如何写代码?结果是什么?

②"char name[10]={'c','h','i','n','a'};cout<<a;",结果是什么?

③"char name[5]={'c','h','i','n','a'};cout<<a;",结果是什么?

④定义字符数组长度为 10,但交互输入时输入 20 个字符,那么输出结果是什么?

⑤数组 a(字串 a)的内存表现如下,则"cout<<a;cout<<a+1;cout<<a+8;"结果分别是什么?

'x'	'y'	0	0	0	0	0	0	'z'	0

注意:

①针对字符串的整体输入,还可使用标准函数 gets/fgets,它较 scanf/fscanf 的优势在于:第一,可方便输入带空格字符串;第二,一次输入后,忽略缓冲区里其他字符(包括回车换行符),从而保证下次输入的干净状态。如用 gets 对数组 buf 的输入代码:char buf[5];gets(buf);但 gets 输入字符数没做限制,反而不够安全,建议用 gets_s 代替,如代码:gets_s(buf,5)。

②针对字符串的整体输出,还可使用标准函数 puts/fputs。输出字符串后,自动添加一个回车符,即能够自动清除输出缓冲区并且立即显示。如代码:puts("Hello,World!");

(2)单独元素标准交互输入、输出

确定关键点位置后,一维数组中元素可通过"[]"或"*"两种方式定位输入输出。

```
char a[10]={0};        //定义了一个空串,里面全是 0
cin>>a[0];             //等价于 cin>>*a;在 0 位输入一个字符,如'x'
cin>>a[1];             //等价于 cin>>*(a+1);在 1 位输入一个字符,如'y'
cin>>a[8];             //等价于 cin>>*(a+8);在 8 位输入一个字符,如'z'
cout<<a[0];            //等价于 cout<<*a;输出 0 位一个字符,结果是'x'
cout<<a[1];            //等价于 cout<<*(a+1);输出 1 位一个字符,结果是'y'
cout<<a[8];            //等价于 cout<<*(a+8);输出 8 位一个字符,结果是'z'
```

8.4.2　字符串的赋值方式输入、输出

(1)整体赋值

静态数组表达字符串不能直接赋值;指针变量表达字符串可赋值,其含义是指针拨动。

```
char name[20];name="lisi";        //错误,由于 name 是常量地址
char *pNname;pName="lisi";        //正确,由于 pName 是变量地址
```

(2)单独元素赋值

确定字符相应的位置后,可单独赋值。例如,定义一个字符型数组并初始化:"char name[20]="wangwu";",要求将 name 下标 1 的个字符′a′改为字符′h′,代码如下:

数组方式操作	指针变量方式操作
char name[20]="wangwu" name[1]=′h′;或者 *(name+1)=′h′;	char name[20]="wangwu" char *pName=name; pName[1]=′h′;或者 *(pName+1)=′h′;

8.4.3 指向常量字符串的指针变量不能输入

(1)指针变量指向常量区字符串,则内容不能够被修改(无论是整体还是单个),如:

```
char *Name="lisi";          //pName 指向常量区
cin>>pName;                 //错误
*(pName+2)=′y′;             //错误
```

(2)指针变量指向非常量区字符串,则内容可以被修改(无论是整体还是单个),如:

```
charname[]="lisi",*Name=name;   //pName 指向的 name 在栈区
cin>>pName;                      //正确
*(pName+2)=′y′;                  //正确
```

8.4.4 字符串非标准方式输入、输出

通常情况下,通过标准设备(指键盘和显示器)可完成字符串的输入、输出,通过非标准设备(如磁盘文件)也可完成字符串的输入、输出(详见第 10 章)。

另外,字符串本身也可视为非标准输入输出设备,通过相关函数(如 sscanf/ sprintf)或类(istrstream/ostrstream)的方法(如>>/<<)完成其他数据类型与字符串之间的输入、输出,即完成从"字符串设备"中输入,或完成向"字符串设备"输出,此方式称为"字符串的非标准输入、输出"。此做法相当于字符串与其他数据类型的相互转化。

(1)使用到的库函数或类对象

从C/C++角度,使用库函数如下,声明文件为 stdio.h。

从字符串输入:int sscanf(const char * buffer, const char *format [, argument]…);

向字符串输出:int sprintf(char * buffer, const char *format [, argument]…);

从C++角度,使用 istrstream 类和 ostrstream 类对象的相应方法来完成转化过程(类和对象的使用参见教材第 11 章相关内容)。

（2）从字符串输入（字符串转成其他数据类型）

输入方式	库函数方式	流对象方式

代码	```#include <stdio.h>```
	
	```int main()```
	```{```
	    ```char a[10]="123.45";```
	    ```float x;```
	
	    ```sscanf(a,"%f",&x);//关键步```
	    ```printf("1 使用库函数方式从字符串输```
	    ```入,结果是：%6.2f\n",x);```
	    ```return 0;```
	```}```
		```#include <iostream.h>```
		```#include <strstrea.h>```
		```int main()```
		```{```
		    ```char b[10]="123.45";```
		    ```float y;```
		    ```istrstream strcin(b); //产生流对象```
		    ```strcin>>y; //关键步```
		    ```cout<<"2 使用流对象方式向从字符串```
		    ```输入,结果是："<<y<<endl;```
		    ```return 0;```
		```}```

运行结果	1使用库函数方式从字符串输入,结果是:123.45	2使用流对象方式向从字符串输入,结果是:123.45

（3）向字符串输出（其他类型的数据转成字符串）

输出方式	库函数方式	流对象方式

代码	```#include <stdio.h>```
	
	```int main()```
	```{```
	    ```int x=4;```
	    ```char a[10];```
	    ```sprintf(a,"%d",x); //关键步```
	    ```printf("1 使用库函数方式向字符串输```
	    ```出,结果是：%s\n",a);```
	    ```return 0;```
	```}```
		```#include <iostream.h>```
		```#include <string.h>```
		```#include <strstrea.h>```
		```int main()```
		```{```
		    ```int y=123;char a[20];```
		    ```ostrstream strcout;```
		    ```strcout<<y<<ends; //关键步```
		    ```strcpy(a,strcout.str());```
		    ```cout<<"2 使用流对象方式向字符串输```
		    ```出,结果是："<<a<<endl;```
		    ```return 0;```
		```}```

运行结果	1使用库函数方式向字符串输出,结果是:4	2使用流对象方式向字符串输出,结果是:4

8.5　字符串作函数参数

　　字符串作函数参数只需传递字符串的头地址，在自定义模块里用字符指针变量作形参，接到头地址，就可以操作（读取、修改）字符串。

　　接收字符串的函数形参本质上是字符指针变量，但也可以写成数组形式。如下面两个模块的定义：void funXXX(char p[])与 void funXXX(char *p)等价。

　　在自定义模块内部，操作字符串中元素也有两种方式：下标[]方式和指针运算符 * 方式。如上述自定义模块 funXXX,用 p 来得到了字符串的头地址后:p[2]与 * (p+2)等价,都是指字符串的下标序号为 2 的字符。

例 8.1 编写 strCpy 模块将源字符串 src 拷贝到目标字符串 des,并编写主模块测试。

[模块设计]

①模块功能:字符串拷贝。

②输入输出:

形式:void strCpy(char pDes[],char pSrc[])

归属:MyString

③解题思路:如果 pSrc 内容为:"ac···k",如下图所示:

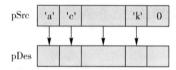

当元素值不等于 0 时,将数组对应元素分别拷贝过来,最后在目标字串末尾添 0 表示结束。

④算法步骤:

```
Pseudocode strCpy(pDes,pSrc):
    set i to 0
    while pSrc[i]<>0
        set pSrc[i] to pDes[i]
        add 1 to i
    set pDes[i] to 0
```

[模块设计]略

⑤程序代码:

主模块所在文件 TestStrCpyMain. cpp 代码:

```cpp
#include <iostream.h>
include "MyString.h"
int main()
{
    char des[20],src[20];
    cin>>src;
    strCpy (des,src);
    cout<<des<<endl;
    return 0;
}
```

拷贝模块所在文件 MyString.cpp 代码：

```
void strCpy (char pDes[], char pSrc[])
{
    int i=0;
    while (pSrc [i]!=0)
    {
        pDes [i]=pSrc [i];
        i++;
    }
    pDes [i]=0;
}
```

MyString. h 文件代码：

```
#ifndef MyString_h
#define MyString_h
void strCpy(char pDes[], char pSrc[]);
#endif
```

运行结果：

```
please input src:china
print des:china
```

程序解释：

• 模块里形参写法还可改为 char *pDes 和 char *pSrc，上述模块的头部按下面的写法是等价的：void strCpy (char *pDes,char *pSrc)。

• 字符串拷贝模块本应该归属至 String，但标准库关于字符串的操作声明有专门的文件 String. h，为不引起冲突，归属于 MyString。

思考回答：

①为何要写 pDes[i]=0?

②将"pDes [i]=0;"写成"pDes [i]='0';"可以吗？为什么？

③将"pDes [i]=0;"写成"pDes [i]='\0';"可以吗？为什么？

④本模块使用 do while 循环，可不加 pDes [i]=0 吗？

8.6　字符串列表作函数参数

一个人的姓名可用一个一维字符数组或者一个字符指针变量来表达。但一个班级有多名学生，例如，有 40 名学生，那么表达他们的姓名难道要定义 40 个一维数组或者 40 个指针变量吗？答案当然是否定的，多个字符串称为"字符串列表"，在C/C++中表达字符串列表有两种方式:二维数组和指针数组。

8.6.1 静态二维数组表示字符串列表

定义二维数组,例如,"char name[40][21];",则第一维长度 40,表示有 40 个学生;第二维长度 21,表示为每个学生最多准备 20(末尾放 0)个字符的空间保存姓名,如图 8-1 所示。

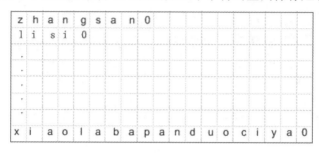

图 8-1   静态二维数组表示字符串列表

用二维数组来表示字符串列表,结构清楚,操作也比较方便。但这种静态定义的二维数组也有缺点:第一,不够灵活,保存的人数在定义数组时就必须固定下来,如上面定义的二维学生数组只能保存 40 个学生姓名,如果再转来一个学生就没有空间存放了;第二,数组的第二维长度,也就是列宽,必须以最长的姓名为标准,因此大多数空间都处于闲置浪费状态。

8.6.2 字符指针数组表示字符串列表

既然用一个指针变量可以指示一个学生的姓名,那么可定义一个长度是 40 的指针数组来保存 40 个指针,这相当于定义了 40 个指针变量,每个指针变量指向一个学生。

> **温馨提示:** 指针数组就是专门放指针的数组,根据存放指针的类型可以分为整数指针数组、字符指针数组等。指针数组实质为二级指针。

(1)字符型指针数组的定义

格式:char * 数组名[长度];

例如,定义"char *p[40];",其中,p 是指针数组名,40 表示长度,可存放 40 个地址,而每个地址都可以代表一段空间(存放姓名字符串)。

注意:p 是一个常量地址,这个地址指向的内容又是地址,p 又称"二级地址"或"二级指针",如图 8-2 所示。

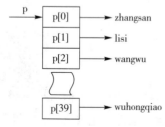

说明:数组 p 里的元素 p[0],p[1],p[2]…p[39],相当于 40 个指针变量,里面存放的都是地址,可以将 40 个学生字符串的头地址分别放入 p[0],p[1],p[2]…p[39]。

图 8-2   指针数组表示字符串列表

（2）字符型指针数组的使用

指针数组定义之初，p[0]，p[1]，p[2]…p[39]中存放随机地址，这个随机指向的地址不能使用，必须为每个元素申请可用空间后才可输入数据。输入40个同学姓名代码如下：

错误使用，p[i]无效	正确使用，p[i]有效

char *p[40];   //定义指针数组存放40人姓名
for (int i=0;i<40;i++)
{
   cin>>p[i];
}
	char *p[40]; //定义指针数组存放40人姓名
	for (int i=0;i<40;i++)
	{
	   p[i]=new char[21]; //为每个人申请空间
	   cin>>p[i];
	}

注意：在堆中为每个人姓名申请的空间，使用完毕后要有相应的回收机制，否则会造成空间的浪费，回收代码"for (int i=0;i<40;i++){delete[]p[i];p[i]=NULL;}"。

另外，因为指针数组是二级指针，所以定义方式也可为"char **p=new int * [40];"。

（3）传递指针数组

由于指针数组是二级指针，所以传递时，形参需定义二级指针变量。例如，定义"char *p[40];"，则传递 p 的模块可定义为"void xxx(char **p,int n)"，而调用代码为"xxx(p,40);"。

例 8.2 主模块中定义长度为40的指针数组，分别编写模块 initPointArray 初始化这个指针数组（为指针数组的每个元素申请空间）；编写模块 inputPointArray 输入40个字串；编写模块 sortPointArray 对40个字串排序（字串的排序是根据各字符的 ASCII 码进行，如字串"aaa"比"aba"小，可有系统函数 strcmp 作比较）；编写模块 displayPointArray 显示40个字串。

［模型设计］

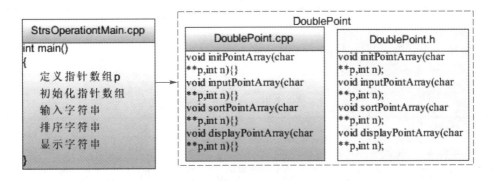

[模块设计] （以输入模块和排序模块为例）

	输入字串模块 inputPointArray	排序字串模块 sortPointArray
模块功能	根据给定的数据结构——指针数组，进行字串的录入	对指针数组里的字串进行排序
输入输出	 参数：指针数组名及长度 返回：无 void inputPointArray(char **p,int n) 归属：DoublePoint	 参数：指针数组名及长度 返回：无 void sortPointArray(char **p,int n) 归属：DoublePoint
解决思路	自定义模块接到指针数组 p 之后，每个姓名字符串的地址分别是 p[0]，p[1]，…，p[n−1]，在[0，n−1]范围内进行循环输入即可	自定义模块接到指针数组 p 之后，根据 p[0]，p[1]…p[n]所指向字符串的大小，调换 p[i]与 p[j]，实际上是将指针数组里指向最小串的地址调在最上面，而指向最大串的地址调在最下面。 从上图可以看出，只要将指针数组里的元素（各串的地址值）进行排序就可以达到字符列表排序的目的。而指针数组里元素的排序其实就是一维数组排序，原理非常简单，用二层循环即可完成
算法步骤	循环从 0 到 n−1 　　输入串给 p[i] 循环结束	循环行 i 从 0 到 n−2 　　循环列 j 从 i+1 到 n−1 　　　　当 p[i]所指串比 p[j]所指串大时，交换 p[i]，p[j] 　　循环列结束 循环行结束

程序代码：

①主模块所在文件 StrsOperationMain. cpp。

```
#include "DoublePoint.h"
#define N 3                        //为试验方便，这里设置数据长度为3
int main()
{
    char *p[N];
    initPointArray(p,N);           //初始化指针数组
    inputPointArray(p,N);          //输入
    sortPointArray(p,N);           //排序
    displayPointArray(p,N);        //显示
    return 0;
}
```

②对指针数组的操作模块所在文件 DoublePoint. cpp。

```cpp
# include <iostream.h>
# include <string.h>                    //下面使用的 strcmp 模块的声明文件
void initPointArray(char **p,int n)
{
    for (int i=0;i<n;i++)
    {
        p[i]=new char[20];
    }
}
void inputPointArray(char **p,int n)
{
    cout<<"请输入字符串,空格间隔或者回车间隔:";
    for (int i=0;i<n;i++)
    {
        cin>>p[i];
    }
}
void sortPointArray(char **p,int n)
{
    for (int i=0;i<=n-2;i++)
    {
        for (int j=i+1;j<=n-1;j++)
        {
            if (strcmp(p[i],p[j])>0)
            {
                char *pTemp;
                pTemp=p[i];p[i]=p[j];p[j]=pTemp;
            }
        }
    }
}
void displayPointArray(char **p,int n)
{
    cout<<"最后的排序的结果是:";
    for (int i=0;i<n;i++)
    {
        cout<<p[i]<<endl;
    }
}
```

③声明文件 DoublePoint. h。

```
#ifndef DoublePoint_h
#define DoublePoint_h
void initPointArray(char **p,int n);
void inputPointArray(char **p,int n);
void sortPointArray(char **p,int n);
void displayPointArray(char **p,int n);
#endif
```

运行结果:

```
请输入字符串,空格间隔:lxy wmp abc
最后的排序的结果是:abc  lxy  wmp
```

程序解释:

- 指针数组是数组的一个分类,故传递数组时要 2 个参数:头地址、长度。
- 指针数组是二级指针,故传递指针数组 p,形参定义成二级指针(char **p)。
- strcmp(p[i],p[j])>0 两个参数 p[i]和 p[j]分别代表要比较两个字符串的头地址。p[i]指向串大,则返回值>0。使用此函数,前加声明语句"#include <string. h>"。
- sortPointArray 模块,交换 p[i]和 p[j],需要定义指针变量 pTemp 作为中间变量交换。

8.6.3　完善成绩管理系统的 ScoreManager 管理器

在成绩管理系统的建设中,通过向功能模块传递分数数组 score 完成分数的操作(第 7 章),本章学习了指针数组表示字符串列表,再传递一个指针数组则可以操作学生的姓名,下表显示上章与本章对学生数据处理模块的区别,其中 name 是姓名指针数组名。

	上一章学生成绩管理系统	本章学生成绩管理系统
系统功能	只能对分数进行处理	能够对分数和姓名进行处理
归属文件	ScoreManager. cpp/ScoreManager. h	ScoreManager. cpp/ScoreManager. h
数据结构	float score[40];	float score[40];char * name[40];
方案一: (全局变量) 模块结构	score n[40] → inputScore	name score n[40] → inputScore
方案二: (局部变量) 模块结构	score n[40] &num → inputScore	name score n[40] &num → inputScore

上表仅就输入学生信息模块 inputScore 进行了比较,其他各模块同理。从中可以看出,要在输入模块 inputScore 里进行分数和姓名的输入,只需要在上一章 inputScore 模块的入口参数上传入指针数组名 name 即可(表中虚线表示传递的是地址)。

下面给出方案二(局部变量方案)inputScore 模块代码,与上章代码不同处**粗体标识**:

```
void inputScore (float pScore[],char **pName,int n,int *pNum)
{
    if (*pNum==n)          //说明当前人数已经满了,n 是数组的长度
    {
        cout<<"对不起,人数已满";
    }
    else
    {
        cout<<"要输入数据吗?(y/n)";
        char choice;
        cin>>choice;
        while (choice=='y')
        {
            cout<<"请输入数据(先姓名,后分数):";
            cin>>pName[*pNum]>>pScore[*pNum];
            *pNum=*pNum+1;
            cout<<"还要输入数据吗(y/n)";
            cin>>choice;
        }
    }
}
```

模块解释:

• 4 个形参变量 pScore、pName、n、pNum 分别用来接收主模块传来的分数数组名(地址)、字符指针数组名(地址)、数组长度、当前学生的真实人数(变量的地址)。

• 由于指针数组名本质是二级指针,所以形参定义时要用二级指针,如形参定义中的: char **pName,相应每个字串的头地址是 pName[0],pName[1]…

8.6.4　英汉简易词典的制作案例

案例要求:制作一个英汉简易词典,可完成中文或英文的输入,查询对应的翻译。

解决思路:用一个指针数组来表示汉字库,用另一个指针数组来表示英文库,通过查询的方式来定位单词解释。

程序代码：

```
# include <iostream.h>
# include <string.h>
int main()
{
    char *ppEWords[3]={"my","you","hello"};
    char *ppCWords[3]={"我的","你","你好"};
    char words[20];
    cout<<"请输入要解释的词:";cin>>words;
    for (int i=0;i<3;i++)
    {
        if (strcmp(words,ppEWords[i])==0)
        {
            cout<<"其意思是:"<<ppCWords[i]<<endl;
            break;
        }
        if (strcmp(words,ppCWords[i])==0)
        {
            cout<<"it's mean:"<<ppEWords[i]<<endl;
        }
    }
    return 0;
}
```

运行结果：

```
请输入要解释的词:my
其意思是:我的
```

思考练习:将上述程序改写成中英文互译的模块。

8.7 返回指针的函数

(1)返回指针的函数概念

模块里通过 retrun 语句来返回的数据,既可以是整数、小数、字符等基本的数据类型,也可以是指针。这样做是为了得到一个有效的可操控地址。

(2)返回指针的函数格式

格式:数据类型 * 模块名(参数 1,参数 2,参数 3…)

例如,int * getAddress(…),函数名是 getAddress,返回值是一个整数型地址。

例 **8.3** 编写一个返回指针的模块 strChr,要求根据给定的字符串中找到首次出现某字符的地址;如果没有找到,返回 NULL 空指针。

①模块功能:返回字符串中指定字符的地址。

②输入输出:

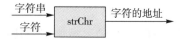

形式:char ∗strChr(char ∗pStr,char c)

归属:MyString

③解决思路:从字符串起始位置向后找,直到字串末尾,找到后返回其地址。

④算法步骤:

循环字符指针直到尾部

如果指针指向内容等于 c,中止

判断指针是否到尾部

是尾部,返回空地址

不是尾部,返回当前指针

⑤模块代码:

strChr 模块	测试主模块 main
| ```c
char *strChr (char *pStr,char c)
{
    while ( *pStr !=0)
    {
        if ( *pStr==c)
        {
            break;
        }
        pStr++;
    }
    if ( *pStr==0)
    {
        return NULL;
    }
    return pStr;
}
``` | ```c
# include "MyString.h"
# include <iostream.h>
int main()
{
    char c, *p, *pStr="how to eat fish?";
    cout<<"请输入要查找地址的字符:";
    cin>>c;
    p=strChr (pStr,c);
    if (p==NULL)
    {
        cout<<"没有找到";
    }
    else
    cout<<"该字符的地址:"<<(int *)p<<endl;
    return 0;
}
``` |

运行结果:

```
请输入要查找地址的字符:a
该字符的地址是:0x0042A060
```

程序解释:

• 主模块语句"cout<<(int ∗)p"显示地址,如果写成"cout<<p"表示整体输出字符串,即从 p 所指向的位置开始向后输出字符直到 0。

• 自定义模块 strChr 可归属于 MyString 中。标准库有一个 strchr 模块(在 string. h 里声明),模块功能与 strChr 一致。

(3)返回错误地址的原因

定义返回地址(指针)的模块需注意,返回的地址必须在调用模块看来是有效地址,这个有效地址通常有2个来源:第一,通常是调用模块自己传过去的地址;第二,被调用模块中动态产生空间的地址,因为动态分配的地址永远有效(除非主动回收空间)。被调用模块内部中局部变量的地址,不应该被返回,因为出了这个模块,为局部变量临时分配的栈地址要回收,而其中的数据会被清除。

(4)返回指针与返回引用的区别*

教材 4.4 节,讨论了指针与引用的区别,指出两者都可作为模块的返回,但引用作返回时,模块可作为左值,指针作返回不能作为左值(左值概念请参考 3.7.3),测试如下:

	返回引用作左值,正确	返回指针作左值,错误
代码	```char & array(char *p,int i)\n{\n assert(i<=strlen(p));\n return p[i];\n}\n\nint main()\n{\n char p[100]="abc";char x='w';\n array(p,2)='x'; //正确,可作左值\n cout<<p; //结果 abx\n}```	```char * array(char *p,int i)\n{\n assert(i<=strlen(p));\n return & p[i];\n}\n\nint main()\n{\n char p[100]="abc";char x='w';\n array(p,2)= & x; //错误,不可作左值\n cout<<p; //结果出错\n}```
解释	模块 array(…)可作为左值被赋值	模块 array(…)不可作为左值被赋值
结论	若返回的是:引用 引用与调用模块中某变量关联起来(也可能是被调用模块中动态产生的变量),并不会产生新的空间,所以函数的返回类型是引用,可作为左值	若返回的是:值(数据值或地址值) 值被传递给调用模块中设计的无名空间里的无名变量,无名空间里的内容是不能改动的,其中的无名变量被认为是常量,所以返回类型是值(数据值或地址值),不能作为左值

引用是C++中定义的数据类型,返回引用可作左值,享受连续运算优势(参见 11.7.3 中"="的重载)。返回的引用来源理论上也有2个:传入的变量或模块内部动态生成的变量。但因动态生成的变量返回后的赋值动作(在调用模块)会导致内存泄露(指针作返回后的赋值,因为掌控了指针而不会导致泄露),所以一般不予使用。测试代码如下:

	返回引用的来源不能动态生成	返回指针的来源可动态生成
| 代码 | ```cpp
int & getR()
{
    int * i=new int;
    * i=3;
    return * i;
}

int main()
{
    int ii;
    ii=getR();
    //返回引用,内容被赋值,getR 模块中 i 的地址未保存,空间丢失
    delete ?  //无法回收 i
}
``` | ```cpp
int * getP()
{
    int * i=new int;
    * i=3;
    return i;
}

int main()
{
    int *pI;
    pI=getP();
    //返回地址,getR 模块中 i 的地址被赋值保存,空间未丢失
    delete pI; //回收 i
}
``` |
| 解释 | 调用模块 getR,其内部 i 的地址没有传回,故无法回收。 | 调用模块 getP,其内部 i 的地址被传回,故可以回收。 |

8.8 契约编程 *

(1)契约编程(Contract Programming)含义

结构化编程主旨就是编写模块。较大的系统肯定包含很多的模块,这些模块的设计可能是由多个人合作完成的,即便每个模块设计合理、编译正确,看起来没有问题,但当模块之间发生联系时,难免会出现这样或那样的问题。例如,当一个模块调用另一个模块时出错,责任如何界定?

事实上,模块之间会经常出现传入数据不合法导致结果不可靠。对于被调用者来说,只能忐忑地摸着石头过河,为了让自己的代码安全可靠,不得不在代码中做大量的判断和假设,造成代码结构的破坏和执行效率的降低。最后,调用者依旧不能确保自己的调用是正确的。

能不能够在发生错误之前主动地中止错误呢?答案是肯定的。通过契约编程原则,严格规定函数(或类)的行为,在功能提供者和调用者之间明确了相互的权利和义务,避免了上述情况的发生,保证了代码质量和软件质量。

为了避免出现错误而导致被动调试,契约编程担当起主动调试的责任。主动调试指写代码时,通过加入适量的调试代码,在软件错误发生的时候迅速弹出消息框,告知开发人员错误发生地点,并中止程序。这些调试代码只在 Debug 版中有效。当经过充分测试,发布 Release 版程序时,这些调试代码自动失效。

（2）契约编程历史

契约设计（Design by Contract）的思想，C++之父 Bjarne Stroustrup 的《C++程序设计语言》中提过，面向对象领域的大作《面向对象软件构造》更以大篇幅阐释了契约编程。现在越来越多的软件开发人员认识到契约编程的重要性，并逐步在实际工作中采用契约编程。

（3）契约编程函数

在契约编程中，需要对每个函数和类定义契约。就契约函数而言，C/C++提供了需在 assert.h 中声明的 assert 函数（各种语言和开发工具都需要提供符合契约编程的调试语句）。

assert 函数原型：void assert(int expression)；

assert 函数功能：首先计算 expresion 表达式的值，如果结果是假，就弹出一个错误对话框，并且停止执行程序。

assert 函数使用：在一个模块内用 assert 函数检测传入数据是否符合要求，如果不符合要求，就说明调用对方撕毁了约定，那么"我"也没必须再履行"我"的职责了，立即弹出毁约对话框，终止程序运行。

（4）契约编程应用

①检查传入数据。字符串拷贝模块头部格式为：void strCpy (char ∗pDes, char ∗pSrc)。当另一个模块调用 strCpy 时，必须保证 pDes、pSrc 是两个已经分配了空间的头地址，这理应是调用者和被调用者之间签订的一个合约。但如果调用传入的 pDes、pSrc 是两个处于闲置状态（NULL）的指针，就会引起程序的崩溃，解决方法是通过 assert 检查传入参数的合法性，要求 pSrc、pDes 全部是有真实空间的头地址，如果有一个为假，都会停止程序运行。请比较如下代码：

strCpy 原代码	使用了契约的 strCpy 代码
```c\nvoid strCpy (char *pDes,char *pSrc)\n{\n int i=0;\n while (pSrc[i]!=0)\n {\n pDes [i]=pSrc [i];\n i++;\n }\n pDes [i]=0;\n}\n```	```c\nvoid strCopy (char *pDes,char *pSrc)\n{\n assert((pDes !=NULL) && (pSrc !=NULL));\n int i=0;\n while (pSrc [i]!=0)\n {\n pDes [i]=pSrc [i];\n i++;\n }\n pDes [i]=0;\n}\n```

②检查局部变量。开发人员编写代码时，如果能够确信在某一点应该出现某种情况（不出现肯定错误），就可在该处使用 assert，如果没有达到预期目标，程序就会中止报错。

例如，如果程序运行到某行时，某个变量（如整型变量名是 xxx）应该是某一个值（如是 123）的时候，请不要吝啬，立即写上 assert(xxx==123)，这在维护代码的时候会带来巨大的好处。这点可以作为第二章"调试技术"中编程技巧的一个补充。

8.9 标准库里提供的字符串处理函数

8.9.1 标准库中字符串的处理函数

C/C++的标准库里提供了一些非常实用的字符串处理函数,其声明文件在 string.h 中。下面给出这些函数的英文功能说明,具体使用的时候,请查阅 MSDN 相关的帮助。

表 8-1　string.h 中声明的部分字符串处理函数

模块名称	模块功能
memchr	Search buffer for a character
memcmp	Compare two buffers
memcpy	Copy bytes to buffer from buffer
memmove	Copy bytes to buffer from buffer
memset	Fill buffer with specified character
strcat	Append string
strchr	Find character in string
strcmp	Compare two strings
strcoll	Compare two strings using locale settings
strcpy	Copy string
strcspn	Search string for occurrence of charcter set
strerror	Get pointer to error message string
strlen	Return string length
strncat	Append substring to string
strncmp	Compare some characters of two strings
strncpy	Copy characters from one string to another
strpbrk	Scan string for specified characters
strrchr	Find last occurrence of character in string
strspn	Get length of substring composed of given characters
strstr	Find substring
strtok	Sequentially truncate string if delimiter is found
strxfrm	Transform string using locale settings

除此之外,stdlib.h 中也声明了一些有关字符串与数值型数据相互转换的函数(注意,与 8.4.4 声明在 stdio.h 中非标准字符串输入输出函数不同),常用的转换函数如下:

表 8-2　　stdlib. h 中声明的部分字符串处理函数

模块原型	模块功能
double atof(const char *)	将字符串转成小数
int atoi(const char *)	将字符串转成整数
long atol(const char *)	将字符串转成长整数
char * itoa(int, char * , int)	将整数转成字符串
char * ltoa(long, char * , int)	将长整数转成字符串
char * gcvt(double, int, char *)	将小数转成字符串

8.9.2　再论字符串拷贝 *

在标准库中,某些函数的使用存在一定的风险,例如,字符串拷贝 strcpy 函数、字符串附加 strcat 函数等,这些函数使用时不顾目标串的承载长度是否充足,而直接拷贝、附加。下面以字符串拷贝为例来说明这些标准函数的使用和其中的风险。

(1)标准库中的 strcpy 拷贝函数

函数原型:extern char *strcpy(char * dest,char *src);

函数功能:将 src 所指字符串(以 NULL 结尾)复制到 dest 所指数组中,返回 dest 的指针。

说明:src 和 dest 所指内存区域不可以重叠且 dest 必须有足够的空间容纳 src 字符串。

从说明可看到,如果要拷贝的目标字符串的空间小于 src 的空间,这个拷贝不安全(所谓安全是指拷贝的内容落在目标串的承载空间内,而不能超过)。例如:

    char a[]="12345";char b[2];strcpy(b,a);//将 a 拷贝给 b,破坏 b 有效空间后面的空间

既然 strcpy 函数是有风险的,为什么设计者不考虑这点呢? 实质上设计者认为这点小问题应该不是C/C++语言编程者考虑不到的问题。设计者充分相信程序员,但过高估计了普通编程者,给黑客留下了攻击的手段。如当调用 strcpy(),strcat(),gets(),fgets()等函数而传入一段过长字符串时,导致紧跟在目标字符串后面的内存被覆盖,如果该内存记录的是函数的返回地址,那么恶意的地址数据将会填入这段内存;当该函数返回时,程序就会试图跳到恶意地址所指的地方(一段错误的代码)继续执行,造成安全漏洞。

(2)标准库中的 strncpy 拷贝函数是较为安全的解决方案

系统库里除了上面所述的不安全的函数之外,其实还提供了一些安全类型函数。如与 strcpy()相对应的 strncpy(),与 strcat()相对应的 strncat()等。下面,简要地叙述 strncpy 的用法:

函数原型:char *strncpy(char * dest, const char *src,int count);

函数功能:将字符串 src 中的 count(count 必须小于或者等于 dest 承载空间大小)个字符拷贝到字符串 dest 中去。当 count 小于或等于 src 串的大小时,进入目标串 dest 的字符后面不补 0;当 count 大于 src 串的大小时,进入目标串 dest 的字符后面自动补充相应个数的 0。

（3）编写安全字符串拷贝函数

系统提供的字符串拷贝等函数之所以出现问题，主要在于字符串的本身和其承载的容器——数组，并不是一回事情，数组的长度应该大于等于字符串的长度加 1，具体大多少是不确定的。而向模块传递字符串时传递的仅仅是头地址，在模块内部可以得到字符串的长度但得不到承载容器（数组）的长度，只能采用盲目拷贝，即使承载容器容量不够也束手无策。

编写安全字符串拷贝函数的思路：既然在模块内部得不到数组的长度，那就不考虑数组的长度，在模块内根据源串的大小动态生成目标串的空间，最后将新生目标串的地址返回。

自编写安全的 **strCpy** 模块代码	主模块的调用代码

<pre>＃include ＜string. h＞
void strCpy(char **ppDes,char **ppSrc)
{
    char *pDes= *ppDes;
    char *pSrc= *ppSrc;
    if (pDes !=NULL)
    {
        delete []pDes;
    }
    pDes=new char[strlen(pSrc)+1];
    *ppDes=pDes; //将新地址交回
    while(*pDes++= *pSrC++);
}</pre>
	<pre>＃include ＜iostream. h＞
	int main()
	{
	    char a[]="12345";
	    char *pA=a; //用 pA 代表源串
	    char *pB=NULL; //用 pB 代表目标串
	    cout<<"地址:"<<(int *)pB<<"内容:"<<pB<<endl;
	    strCpy(& pB, & pA);
	    cout<<"地址:"<<(int *)pB<<"内容:"<<pB<<endl;
	    return 0;
	}</pre>

	运行结果： 地址:0x0012FF74内容: 地址:0x00382458内容:12345

程序解释：

• 从程序的运行结果看，拷贝成功。而原本指向目标串的 pB 的指向发生了改变，原来pB 指的地址是 0x0012ff74，调用模块之后指向改为 0x00382458。改变指针变量的内容，要传递的必定是二级指针，即 pB 的地址 & pB。

• 对于源串来说，可以不传二级指针，因为不涉及改变源串的首地址，但为了参数的统一，这里也设置成二级指针，即 pA 的地址 & pA。

• 指针变量 pB 是目标字符串地址记录变量，使用前需要设置 NULL（调用模块中不能指向编译器分配的空间，以免在 strCpy 模块中释放空间"delete []pDes;"导致错误）。

• 所有安全模块（如 strCpy），在模块内改变传入的地址，传入的必须是该地址的地址，也即二级地址（二级指针）。

【本章总结】

在C/C++中，标准字符串是以 0 结尾的字符数组，可分为无名字符串和有名字符串。

无名字符串（字符串常量）在内存中存放在专门的"字符串常量存储区"，内容不能改。

有名字符串可用字符数组名或指向某字符数组的指针变量名表达。两种方式区别是：数组名是固定的头地址，指针变量名所指地址可变。

用指针变量来操作字符串要注意空间的有效性，可借用空间或申请空间。

由编译器分配的数组空间在栈区,而动态申请的空间在堆区。

在控制台环境下,使用 cin/cout 或 scanf/printf 进行字符串整体输入输出,要明确起点位置。

字符串作函数参数,只需要传递字符串的头地址,无需传递长度,原因是被调用模块会根据字符串末尾特性计算出来。

字符串列表指多个字符串的组合,可采用二维字符型数组(数组指针)数据结构,或字符型指针数组数据结构。使用指针数组表达,可实现字符串列表传递代码的通用性,形参需统一设置成二级指针变量。

函数返回的地址必须对调用模块来说有效,不能返回被调用模块内局部变量的地址。

❈ 个人心得体会 ❈

结 构 体

【学习目标】

➤ 掌握结构体类型的含义和定义方法。
➤ 掌握结构体变量的定义、输入、输出等方法,及向其他模块传递结构体数据。
➤ 掌握结构体数组的定义、输入、输出等方法,及向其他模块传递结构体数组数据。
➤ 学会以结构体数组作参数构建模块,实现结构体数组的输入、输出、排序、删除等功能。
➤ 初步掌握函数优化的几种手段。

【学习导读】

当表达事物多方面信息时,需要构造一种新的数据类型——结构体类型,而以结构体作为基础单元构造的数组称为"结构体数组"。掌握结构体及结构体数组的概念和产生方法是本章的一个重点;在模块设计中,传递结构体和结构体数组是本章学习的另外一个重点,通过传递,在不同的功能模块中实现对结构体数组数据的插入、删除、排序等。

【课前预习】

节点	基本问题预习要点	标记
9.1	结构体类型出现的原因?	
9.2	结构体类型的定义格式?	
9.3	结构体类型变量中各字段的操作方法?	
9.4	结构体变量作函数参数与结构体指针作函数参数的区别?	
9.5	结构体数组的定义及结构体数组中每个元素中各字段的操作方法?	
9.6	结构体数组作函数参数需要传递的数据有哪些?	
9.7*	结构体变量在赋值与克隆的时候可能出现什么问题?	
9.8*	返回结构体指针需要注意什么?	
9.9*	什么是链表?	
9.10*	函数重载与函数模板有什么不同?	

9.1 结构体类型出现的原因

第3、4章学习的数据类型,只能表达事物某一方面的信息,例如,用 int 类型可定义一个人的年龄,用 int * 类型可定义年龄的地址。但事物往往由多个方面属性综合构成,如针对一名学生,基本信息有学号、姓名、性别、分数等;针对一部手机,基本信息有机型,价格,颜色等。C/C++有没有一种固定的数据类型,将这些综合信息都包括进去呢? 答案是否定的,C/C++没有这样一种适合万事万物的固定数据类型,因为这些类型是变动、不稳定的。但我们可以根据不同事物的特点来创造与之相对应的结构体类型,从而满足需要。

9.2 结构体类型的定义

(1)结构体类型的基本含义

不同属性结合在一起而构造的数据类型称"结构体类型"。构造的结构体类型可作为更复杂结构体类型的组成元素,如发动机结构体由品牌、排量等属性组成,而汽车结构体又包含发动机结构体。

(2)结构体类型定义格式

```
struct 结构体类型名
{
    类型1 字段1(或称成员1);
    类型2 字段2(或称成员2);
    …
};                  //不能丢分号
```

例如,分数信息由学号、姓名、分数组合而成,构造出的分数结构体类型如下:

```
struct Score
{
    int fNo;
    char fName[10];
    float fScore;
};
```

上述定义的一个结构体类型名是 Score(约定首字母大写),包括3个字段(下文中使用的 Score 均采用上述定义方式,特别指出改变的例外),如下图所示:

Score

(3)结构体类型定义位置

结构体类型定义位置不限,在模块内外定义均可,但要保证在结构体变量定义之前。通常,将结构体类型单独定义放在一个头文件里,头文件名根据结构体类型名而定,如 Score 结构体类型定义在 Score.h 文件,在使用 Score 类型定义变量前,加入 #include "Score.h" 即可。

9.3 结构体变量的定义和输入、输出

9.3.1 结构体变量的定义方法

格式:结构体类型名 变量名;

示例:Score s1,s2＝{2,″wym″,90};

定义一个结构体变量,编译器按结构体定义各字段类型并按补齐原则进行各字段内存分配。结构体变量可在定义时初始化,如上述定义 s2 的 3 个字段内容分别是 2、″wym″、90;由于 s1 没有初始化,其相应字段内容随机。

9.3.2 结构体变量字段的标记方法

标记方法:变量名.字段名;

变量名和字段名中间以“.”号隔开,“.”号称“结构体成员运算符”。

例如,“Score s1;”,则 s1.fNo 表示 s1 的学号,s1.fName 表示 s1 的姓名,s1.fScore 表示 s1 的分数。

9.3.3 结构体变量的输入、输出

(1)通过字段进行输入、输出

结构体变量的操作可通过其字段的操作来完成,如输入、输出依赖于各字段成员的输入、输出,可参见前述各章节的输入、输出。值得注意的是,如果字段是指针变量,要确保其指向地址有效,才可输入。下表中使用两种定义“姓名”字段方法,请注意比较。

	“姓名字段”用静态数组	“姓名字段”用指针变量

结构体的定义	struct Score{
	int fNo;
	char fName[10];
	float fScore;
	};
		struct Score{
		int fNo;
		char ∗ fPName;//必须主动申请或借用
		float fScore;
		};

结构体变量定义	Score s1,s2＝{2,″wym″,90};	Score s1,s2＝{2,″wym″,90};

结构体变量中各字段输入、输出	//输入
	s1.fNo＝1;
	cin＞＞s1.fName;
	cin＞＞s1.fScore;
	//输出
	cout＜＜s1.fPName;
	cout＜＜s1.fScore;
		//输出
		s1.fNo＝1;
		fPName＝new char[10];cin＞＞s1.fPName;
		cin＞＞s1.fScore;
		//输出
		cout＜＜s1.fPName;
		cout＜＜s1.fScore;

思考练习	①s1.fName＝″liyi″为什么出错? ②如何将某个字串拷贝给 fName?	①s1.fPName＝″liyi″为什么正确? ②如何将某个字串拷贝给 fPName?

(2)整体输入、输出

结构体变量之间可相互整体赋值,但不能整体交互输入、输出。结构体变量的整体赋值相当于对应字段间分别赋值。

```
Score s1,s2={2,"wym",90};
s1=s2;              //正确,s2对s1进行了整体赋值,s1的三个字段内容也是2,"wym",90。
cout<<s1;           //错误,不能整体交互输入或输出
s2={2,"wym",90};    //错误,除初始化外,不能在语句体中整体赋具体数据
```

注意:在C++中,可通过对运算符的重载,完成整体输入、输出。具体方法可参考9.10.3函数编写优化——运算符重载。

9.3.4 结构体变量的空间大小

通常认为一个结构体变量,其空间大小是各成员大小之和,上述定义的 Score 结构体 3个字段的大小分别是:4B、10B、4B,所以认为根据 Score 定义的 s1 的大小是 18B,这是错误的。用运算符 sizeof 可求出结构体的真实大小,例如,"cout<<sizeof(s1);"结果是 20B。

实际上,编译器按结构体定义各字段类型和补齐原则进行内存的分配。补齐原则指尽量地让存放字段数据的地址有一定的规律,这样可快速访问数据。

9.4 结构体数据作函数参数

在结构化程序设计中,结构体数据当然也可作为模块的一个参数使用。这样做的好处是一次性地传递一个事物的多方面属性数据,传递的信息容量明显比单纯的数据类型要丰富。具体的传递方式分 3 种:直接传结构体变量、传结构体变量的地址和传结构体变量的引用。下面主要讨论前面两种传递方式。

9.4.1 结构体变量传递

若实参是一个结构体变量,则形参也应定义成结构体变量。这样做,实际上是将调用模块里的实参结构体变量内容拷贝(克隆)到被调用模块的形参结构体变量。

例 9.1 分数结构体类型包括学号、姓名、分数 3 个字段,在主模块中据此定义一个分数结构体变量 s,编写模块 displayScore 显示这个变量各字段内容。

[模块设计]

①模块功能:显示一个结构体变量中的各字段内容。

②输入输出:

形式:void displayScore(Score s)

归属:ScoreManager

③解决思路：使用成员运算符对各字段进行输出。

④算法步骤：

Pseudocode displayScore(s)：

print s. fNo；

print s. fName

print s. fScore

⑤程序代码：

DisplayScoreMain. cpp	Score. cpp
| ```
# include "ScoreManager. h"
# include "Score. h"
# include <string. h>
int main()
{
    Score s；
    s. fNo=1；
    strcpy(s. fName,"lizhi")；
    s. fScore=20；
    displayScore (s)；
    return 0；
}
``` | ```
# include " Score. h"
``` |
| | **Score. h** |
| | ```
struct Score
{
    int fNo；
    char fName[10]；
    float fScore；
};
``` |
| | **ScoreManager. cpp** |
| | ```
# include "Score. h"
# include "ScoreManager. h"
# include <iostream. h>
void displayScore (Score s)
{
    cout<<s. fNo<< s. fName<<s. fScore ；
}
``` |
| | **ScoreManager. h** |
| | ```
void displayScore (Score s)；
``` |

9.4.2 结构体变量地址(指针)传递

结构体变量的头地址，可作为函数的实参传进模块，形参定义成相应的结构体指针类型的变量来接纳，这样才算"门当户对"。

例 9.2 分数结构体类型包括学号、姓名、分数 3 个字段，在主模块中定义分数结构体变量 s，编写模块 displayScore 显示这个变量里各字段内容（要求传递结构体变量的地址）。

[模块设计]

①模块功能：显示一个结构体变量中的各字段内容。

②输入输出：

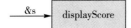
```

形式:void displayScore(Score *pS)

归属:ScoreManager

③解决思路:使用成员运算符对各字段分别输出。

④算法步骤:

```
Pseudocode displayScore(pS):
    print ( *pS).fNo;
    print ( *pS).fName
    print ( *pS).fScore
```

⑤程序代码(Score.cpp 和 Score.h 见上例):

DisplayScoreMain.cpp	ScoreManager.cpp

# include ″Score.h″ 	
# include <string.h> 	
int main()
{
    Score s;
    s.fNo=1;
    strcpy(s.fName,″lizhi″);
    s.fScore=20;
    displayScore (& s);
    return 0;
}
	# include ″Score.h″
	# include ″ScoreManager.h″

	# include <iostream.h>
	void displayScore (Score *pS)
	{
	    cout<<(*pS).fNo<< (*pS).fName<< (*pS).fScore;
	}

	ScoreManager.h
	void displayScore (Score *pS);

以上介绍了两种结构体数据传递方法。事实上,用第二种方案结构体指针来传递,效率更高,因为传递指针,对方只需要定义一个指针变量(一个指针变量占 4 个字节)来接收地址;而如果用第一种方案,会涉及两个结构体变量各字段内容的对拷,效率较低。

注意:结构体变量的引用传递,同样无需传递字段数据,比传递指针更简洁的是,它只是一个名字的绑定。另外,因没有产生新的空间,所以返回引用还可作为左值使用(参见8.7)。

思考练习:改编上述 displayScore 模块,形参设置成引用类型。

9.4.3 指向运算符

在例 9.2 中,指针变量 pS 接到结构体变量 s 的地址后,需用"*"运算符得到原结构体变量本身,再操作其中成员,如(*pS).fName,这种写法不直观。C/C++提供"->"指向运算符,操作结构体各字段更直观。

格式:结构体变量指针->字段名;

示例:pS->fName;

表达结构体某字段有 3 种等价方法:结构体变量.字段名;(*结构体变量指针).字段名;结构体变量指针->字段名。上例中:s.fName <==> (*pS).fName <==> pS->fName。

例 9.3 编写程序完成模拟显示一个不断跳动的数字式时钟。

[模块设计]

主模块 main

①模块功能:完成时间的更新与显示。

②输入输出:int main()

③解决思路:数据时钟由时、分、秒组成,可定义一个 Clock 结构体类型,并根据它定义一个结构体变量 Clock(初始化数据为 0),时间不断地向前走,因此可以设置一个死循环。在这个循环中,要做三件事:第一,时钟变量更新;第二,时钟变量显示;第三,时钟暂停(1秒),可借助于 WINDOWS 平台系统函数 sleep 来完成。

④算法步骤:

```
Pseudocode int main():
    set clock to 0
    while(true)
        updata(& clock)
        display(clock)
        pause 1 second
```

模块 update

①模块功能:更新当前的时钟(时钟结构体变量)的时、分、秒数据。

②输入输出:

形式:void update(Clock *pClock)

归属:Clock

③解决思路:从秒计数,到 60 秒,分钟加 1;分钟累积到 60,小时加 1;小时累积到 24,重新计时。

④算法步骤:

```
Pseudocode update(pClock):
    increment pClock—>second by 1
    if pClock—>second=60 then
        set pClock—>second to 0
        increament pClock—>minute by 1
    if pClock—>minute=60 then
        set pClock—>minute to 0
        increment pClock—>hour by 1
    if pClock—>hour=24 then
        set pClock—>hour to 0
```

模块 display

①模块功能:显示当前的时钟的时、分、秒。

②输入输出:

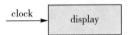

形式:void display(Clock clock)

归属:Clock

③解决思路:使用成员运算符,对结构体变量的每个成员分别输出,使用 printf 格式控制输出,在时分秒之间加上用":"间隔显示的数字,如"3:18:28"。

④算法步骤:

```
Pseudocode display(clock):
    print clock.hour
    print clock.minute
    print clock.second
```

[模型设计]

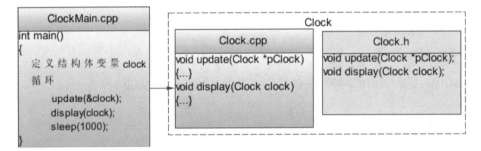

完整程序代码如下:

①主模块所在文件 ClockMain.cpp 文件。

```cpp
#include "Clock.h"
#include <windows.h>              //其中有 sleep 模块的声明

int main()
{
    Clock clock={0,0,0};
    while(true)
    {
        update(& clock);          //时钟更新
        display(clock);           //时间显示
        sleep(1000);              //暂停1秒
    }
    return 0;
}
```

②Clock. cpp 文件代码。

```cpp
# include ˜Clock. h˜
# include <stdio. h>
void update(Clock *pClock)
{
    pClock->second++;                    //或者写成( *pClock). second++;
    if(pClock->second ==60)              //若 second 值为 60,则 minute 值加 1
    {
        pClock->second=0;
        pClock->minute++;
    }
    if(pClock->minute ==60)              //若 minute 值为 60,则 hour 值加 1
    {
        pClock->minute=0;
        pClock->hour++;
    }
    if(pClock->hour==24)                 //若 hour 值为 24,hour 从 0 开始计时
    {
        pClock->hour=0;
    }
}
void display(Clock clock)
{
    printf(˜%2d:%2d:%2d\r˜,clock.hour,clock.minute,clock.second);
}
```

③Clock. h 文件代码。

```cpp
struct Clock
{
    int hour;
    int minute;
    int second;
};
void update(Clock *pClock);
void display(Clockclock);
```

运行结果:

```
0: 0: 8
```

程序说明:函数 sleep(1000),表示停 1 秒,计量单位是毫秒。sleep 函数基于 WINDOWS 平

台,通过 windows.h 声明,如果开发使用环境不是 WINDOWS,这个函数不能使用,同学们也可用标准库里的时间函数来暂停 1 秒钟。

9.5 结构体数组的定义和操作

以结构体数据为基本单元的数组称为"结构体数组"。一个学生的分数信息(学号、姓名、分数)用一个结构体变量来表示,保存一个班 40 名同学的分数信息,最简单的办法是定义一个结构体数组。

9.5.1 结构体数组的定义方法

格式:数据类型名 数组名[长度]

示例:Score scoreAll[40];或 Score scoreAll[40]={{1,"liyi",90},{2,"liming",88},{3,"lizhi",86}};

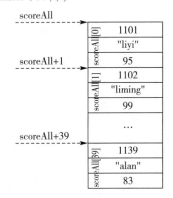

图 9-1 结构体数组各元素内存分布

说明:

上述 scoreAll 数组长度为 40,每个数组元素占 20B(参见 9.3.4),故系统分配 800B 给这个数组。另外,结构体数组初始化,各数组元素用{}包裹,中间用逗号分隔,上述 scoreAll 数组初始化部分(3 个)同学的信息,其余元素全部置 0(无论何种数据类型,均放置 0)。

结构体数组是数组的一种,所以符合数组的特点:数组名是固定常量地址;核心指标是头地址+长度,如图 9-1 所示。

9.5.2 结构体数组元素的标记方法

(1)结构体数组元素标记方法

结构体数组中元素标识有"[]"与"*"两种等价表达方式,如下所示:

下标方式	指针方式
scoreAll[0]表示第 1 个学生的分数信息 scoreAll[1]表示第 2 个学生的分数信息 scoreAll[i]表示第 i+1 个学生的分数信息	*scoreAll 表示第 1 个学生的分数信息 *(scoreAll+1)表示第 2 个学生的分数信息 *(scoreAll+i)表示第 i+1 个学生的分数信息

(2)结构体数组元素中各字段标记方法

根据 9.4.3 表示字段的 3 种方法,访问上述结构体数组 scoreAll 的第 i 个元素的字段也有 3 种等价方法,如:scoreAll[i].fScore 或(*(scoreAll+i)).fScore 或(scoreAll+i)->fScore。

9.5.3　结构体数组元素的数据输入、输出

结构体数组元素的数据输入、输出依赖于数组中单独元素的输入、输出,应逐个元素输入、输出,不能整体输入、输出,借助于循环语句,可提高输入、输出效率。

(1)数组元素的输入

```
#define N 3
Score scoreAll[N];
for(int i=0;i<=N-1;i++)                //循环控制
{
    scoreAll[i].fNo=i+1;               //或(scoreAll+i)->fNo=i+1;
    cin>>scoreAll[i].fName;            //或 cin>>(scoreAll+i)->fName;
    cin>>scoreAll[i].fScore;           //或 cin>>(scoreAll+i)->fScore;
}
```

(2)数组元素的输出

```
#define N 3
Score scoreAll[N]={{1,"xxx",90},{2,"yyy",80},{3,"zzz",70}};
for(int i=0;i<=N-1;i++)
{
    cout<<scoreAll[i].fNo;             //或者 cout<<(scoreAll+i)->fNo;
    cout<<scoreAll[i].fName;           //或者 cout<<(scoreAll+i)->fName;
    cout<<scoreAll[i].fScore;          //或者 cout<<(scoreAll+i)->fScore;
}
```

> **温馨提示**:针对 Score,如果重载">>"和"<<"运算符,上述代码中循环部分中分字段的输入和输出,可简化成"cin>>scoreAl[i];"和"cout<<scoreAll[i];",详见 9.10 函数优化。

9.6　结构体数组作函数参数

9.6.1　传递结构体数组的两个核心指标

结构体数组名(结构体数组头地址)和结构体数组长度是决定结构体数组的两个核心指标,将两个指标作为参数传到另外一个模块,可在另一个模块里操作这个结构体数组。

与接收结构体数组头地址相匹配,自定义模块的形参必须是结构体指针变量。形参书写格式有数组方式和指针方式两种。例如,传递长度为 40 的结构体数组 scoreAll 给 funx 模块:

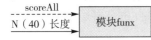

模块形式：void funx(Score *pScoreAll,int n)或 void funx(Score pScoreAll[ ],int n)

注意：结构体数组传递只能是指针方式或引用方式，下面仅介绍传递指针方式。

例9.4 班级40名学生，每个学生的分数信息里包括学号、姓名、成绩3个字段，编写2个模块(函数)分别完成分数信息的输入、显示(分数结构体定义见前 Score)。

	方法一：形参用结构体数组形式	方法二：形参用结构体指针变量形式
主模块	```#include "Score.h"\n#include "ScoreManager.h"\nint main()\n{\n Score scoreAll[40];\n inputScore(scoreAll,40);\n displayScore(scoreAll,40);\n return 0;\n}```	同左
自定义模块	```#include "Score.h"\n#include "ScoreManager.h"\nvoid inputScore(Score pScoreAll[ ],int n)\n{\n for (int i=0;i<=n-1;i++)\n {\n cin>>pScoreAll[i].fNo;\n cin>>pScoreAll[i].fName;\n cin>>pScoreAll[i].fScore;\n }\n}\nvoid displayScore(Score pScoreAll[ ],int n)\n{\n for (int i=0;i<=n-1;i++)\n {\n cout<<pScoreAll[i].fNo;\n cout<<pScoreAll[i].fName;\n cout<<pScoreAll[i].fScore;\n cout<<endl;\n }\n}```	```#include "Score.h"\n#include "ScoreManager.h"\nvoid inputScore(Score *pScoreAll,int n)\n{\n for (int i=0;i<=n-1;i++)\n {\n cin>>(*(pScoreAll+i)).fNo; //与左等价\n cin>>(*(pScoreAll+i)).fName; //与左等价\n cin>>(*(pScoreAll+i)).fScore; //与左等价\n }\n}\nvoid displayScore(Score *pScoreAll,int n)\n{\n for (int i=0;i<=n-1;i++)\n {\n cout<<(*(pScoreAll+i)).fNo; //与左等价\n cout<<(*(pScoreAll+i)).fName; //与左等价\n cout<<(*(pScoreAll+i)).fScore; //与左等价\n cout<<endl;\n }\n}```
声明	```#include "Score.h"\nvoid input(Score pScoreAll[ ],int n);\nvoid displayScore(Score pScoreAll[ ],int n);```	```#include "Score.h"\nvoid input(Score *pScoreAll,int n);\nvoid displayScore(Score *pScoreAll,int n);```

在上述两种方法中，第一种方法模块的形参用的是结构体数组形式，第二种方法模块的形参用的是结构体指针变量形式，两者等价，其本质都是指针变量(可参看第7章数组)。

9.6.2 完善成绩管理系统的 **ScoreManager** 管理器

上述 inputScore 和 displayScore 两个模块完成了数据的简单输入和显示,但同样存在提示信息不完整及不能反映实际人数等问题。为记录真实人数,可通过设置全局变量或局部变量。如采用局部变量方案,inputScore 和 displayScore 模块结构的调整如下:

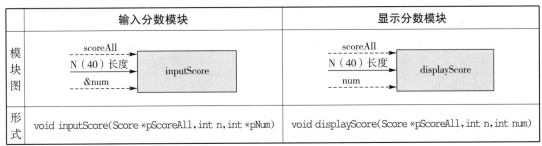

	输入分数模块	显示分数模块
模块图	scoreAll N（40）长度 &num inputScore	scoreAll N（40）长度 num displayScore
形式	void inputScore(Score *pScoreAll, int n, int *pNum)	void displayScore(Score *pScoreAll, int n, int num)

其中,scoreAll 和 N 代表分数结构体数组,num 是主模块定义的记录输入实际人数的局部变量,inputScore 模块改变 num 值,故传 & num,而 displayScore 模块无需改 num,故传 num 值。

成绩管理系统各模块传入的数据,由上节分别传递分数数组和姓名指针数组改变为只要传递一个结构体数组即可,传入参数更加简洁、清晰。下面给出 inputScore 模块代码:

```
void inputScore(Score *pScoreAll, int n, int *pNum)
{
    if (*pNum==n)              //说明当前人数已满,n 是数组的长度
    {
        cout<<"对不起,人数已满";
    }
    else
    {
        char choice;
        while (cout<<"要输入数据吗(y/n)",cin>>choice,choice=='y')
        {
            cout<<"请输入数据(学号/姓名/分数):";
            cin>> pScoreAll [*pNum].fNo>>pScoreAll [*pNum].fName>> pScoreAll
            [*pNum].fScore;
            *pNum= *pNum+1;
        }
    }
}
```

思考练习:根据传入的结构体数组和真实人数,编写 displayScore 模块。

9.7 结构体变量的赋值与拷贝(克隆)思考 *

（1）结构体变量的赋值

结构体变量之间的赋值是其相应字段的赋值，如果某字段定义为指针变量，注意其字段间的赋值只是地址的赋值，而非指向内容的赋值。如下为 Score 的两种定义下的赋值结果。

类型	"姓名"字段是静态数组 形式：char fName[10]；	"姓名"字段是指针变量 形式：char * fName；

程序代码	```cpp
	struct Score
	{
	    int fNo;
	    char fName[10]; //静态数组
	    float fScore;
	};
	#include <iostream. h>
	#include <string. h>
	int main()
	{
	    Score s1,s2;
	    s2. fNo=1;
	    strcpy(s2. fName,"ABC");
	
	    s2. fScore=100;
	    s1=s2; //赋值
	    cout<<"s1:"<<s1. fName<<endl;
	    strcpy(s2. fName,"abc");
	    cout<<"s1:"<<s1. fName<<endl;
	    return 0;
	}
	``
		``cpp
		struct Score
		{
		    int fNo;
		    char * fName; //指针变量
		    float fScore;
		};
		#include <iostream. h>
		#include <string. h>
		int main()
		{
		    Score s1,s2;
		    s2. fNo=1;
		    s2. fName=new char[10];//申请空间
		    strcpy(s2. fName,"ABC");
		    s2. fScore=100;
		    s1=s2; //赋值
		    cout<<"s1:"<<s1. fName<<endl;
		    strcpy(s2. fName,"abc");
		    cout<<"s1:"<<s1. fName<<endl;
		    return 0;
		}
		``

运行结果	s1:ABC s1:ABC	s1:ABC s1:abc
调试过程	0012FF58 01 00 00 00 → 1 0012FF5C 41 42 43 00 → ABC S2 0012FF60 CC CC CC CC 0012FF64 CC CC CC CC 0012FF68 00 00 C8 42 → 100 0012FF6C 01 00 00 00 → 1 0012FF70 41 42 43 00 → ABC S1 0012FF74 CC CC CC CC 0012FF78 CC CC CC CC 0012FF7C 00 00 C8 42 → 100	0012FF68 01 00 00 00 0012FF6C 40 11 38 00 S2 是一个地址而没有放具体的字符 0012FF70 00 00 C8 42 0012FF74 01 00 00 00 0012FF78 40 11 38 00 S1 拷贝的是地址 0012FF7C 00 00 C8 42
总结结论	对于姓名字段（固定数组）来说，拷贝的是字符串的值，改变 s2 的姓名不影响 s1 的姓名，s1 仍然是 ABC	对于姓名字段（指针变量）来说，拷贝的是字符串的地址，改变 s2 的姓名影响 s1 的姓名。s1 结果改变为 abc

结果表明,对于字段是指针类型的结构体变量,赋值运算后两个变量发生关联。两个不同的变量关联度高,并不是好事,避免变量关联可考虑重载赋值运算符,对用指针变量表达的字段重新分配空间。

(2)结构体变量的拷贝(克隆)

拷贝(克隆)是从无到有产生一个新变量,产生新变量过程中拷贝被拷贝(克隆)变量的数据。变量的初始化、参数的传递和返回过程中使用拷贝(克隆)技术。

结构体变量的拷贝(克隆)也存在和赋值同样的情况,如果结构体中某字段是指针类型,拷贝(克隆)出的变量与原变量发生关联,避免变量关联可考虑重载拷贝运算符,对用指针变量表达的字段重新分配空间。

9.8 返回结构体指针

在9.4节中,谈到可以向模块传递一个结构体变量或相应的指针,那么模块能不能返回一个结构体变量或相应的指针呢?答案是肯定的,但返回结构体变量的代价比较高(因为所有字段都要返回),所以通常考虑返回结构体指针。另外,如果要求返回结构体数组,那么就只能返回结构体指针(这里没有考虑返回结构体引用,请参考教材8.7)。

返回结构体指针,需特别注意返回地址的可靠性。下表中例1返回结构体本身,例2、例3体现返回结构体指针,但例2因返回地址不可靠而出错。

表 9-1 克隆返回结构体本身与返回结构体指针对比

	主模块	测试模块	结果与分析

例1 克隆返回结构体变量本身	`int main()`
	`{`
	　　`Score s1;`
	　　`s1=test();`
	　　`cout<<s1.fNo<<endl;`
	　　`cout<<s1.fName<<endl;`
	　　`cout<<s1.fScore<<endl;`
	　　`return 0;`
	`}`
		`Score test()`
		`{`
		　　`Score t1={1,″aaa″,2};`
		　　`return t1;`
		`}`
			
			正确,返回的是数据。t1 在消失之前通过 return 将数据克隆给主模块。
			缺点:克隆结构体占空间占时间

例2 克隆返回结构体变量指针:不能识别	`int main()`
	`{`
	　　`Score *s1;`
	　　`s1=test();`
	　　`cout<<s1->fNo<<endl;`
	　　`cout<<s1->fName<<endl;`
	　　`cout<<s1->fScore<<endl;`
	　　`return 0;`
	`}`
		`Score * test()`
		`{`
		　　`Score t1={1,″aaa″,2};`
		　　`return & t1;`
		`}`
			
			错误,返回的是无效指针。t1 的空间在 test 之后被收回,返回的这个地址无效。
			结论:不能返回主模块认为无用的地址

续表

	主模块	测试模块	结果与分析

例3 克隆返回结构体变量指针：能够识别	int main()
	{
	　　Score *s1;
	　　s1=test();
	　　cout<<s1−>fNo<<endl;
	　　cout<<s1−>fName<<endl;
	　　cout<<s1−>fScore<<endl;
	　　return 0;
	}
		Score * test()
		{
		　　Score *t1=new Score;
		　　t1−>fNo=1;
		　　t1−>fName="aaa";
		　　t1−>fScore=2;
		　　return t1;
		}
			1
			aaa
			2
			
			正确，返回的是有效指针。t1地址主动申请的堆地址，test执行完毕，t1依然有效。结论：堆地址或从主模块传过来的地址有效

上表表明，返回的结构体指针一定是对调用模块可用，这个地址有绝对不能是模块内部局部变量的地址（因为它的空间在模块结束后被回收）。返回地址来源有两个：①可以使用new产生的堆地址（堆地址数据空间不会随着模块结束而被回收）；②利用调用模块传过来的有效地址。总之，站在调用模块立场上，返回地址必须合法可识别。

例9.5 根据9.1中定义的分数结构体Score，编写模块searchScore，根据给定的结构体数组和学号查找学生，返回查到的学生分数结构体数据或空（没有找到）。另编写模块searchGoodScore，根据给定的结构体数组，查找90分（包括90分）以上的所有学生。

［模块设计］

模块 searchScore

①模块功能：根据学号查询学生。

②输入输出：

searchScore模块的参数需要：分数结构体数组头指针、长度、查询号。

形式：Score searchScore(Score *pScoreAll,int n,int no)

归属：ScoreManager

③解决思路：循环遍历数组，找到学号为no的元素后，返回这个结构体即可。

④算法步骤：

```
Pseudocode searchScore(pScoreAll, n,no):
    set findFlag to false
    set i to 0
    while i≤n−1
        if pScoreAll[i].fNo=no then
            findFlag=true;
            break
```

```
        if findFlag==true then
            return pScoreAll[i];
        else
            return NULL;
```

⑤模块代码：

```
Score searchScore(Score *pScoreAll,int n,int no)
{
    int i;
    for(i=0;i<n;i++)
    {
        if(pScoreAll[i].fNo==no)
        {
            break;
        }
    }
    if(i<n)
    {
        return pScoreAll[i];
    }
    else
    {
        Score noScore={0,"noname",0};
        return noScore;
    }
}
```

模块 searchGoodScore

①模块功能：返回优秀学生的结构体数组。

②输入输出：

形式：Score *searchGoodScore(Score *pScoreAll,int n,int *pGoodNum)

归属：ScoreManager

③解决思路：返回优秀学生分数结构体数组，包括头地址和长度两方面。如何返回？return 已经被占用了（返回优秀学生分数结构体数组的头地址），所以只能从参数上做文章。在传入的参数中增加一个输出参数记录优秀学生的人数，即传递 goodNum 的地址（&goodNum）。

首先，遍历找到大于等于 90 的结构体，并依次放入动态生成的优秀数组，间接方式改变 goodNum，返回此优秀结构体数组的头地址。

④算法步骤:

  根据 n 来产生优秀数组,并分配空间;

  设置 goodNum 记录优秀学生人数,初始化为 0;

  循环 n 次;

    找到优秀学生,记录进优秀数组,goodNum 加 1;

  根据 goodNum 改变 *pGoodNum;

  返回优秀学生数组的头指针。

⑤模块代码:

```
Score *searchGoodScore(Score *pScoreAll,int n,int *pGoodNum)
{
    Score * goodScore=new Score[n];
    int goodNum=0;
    for (int i=0;i<n;i++)
    {
        if (pScoreAll[i].fScore>=90)
        {
            goodScore[goodNum++]=pScoreAll[i];
        }
    }
    *pGoodNum=goodNum;
    return goodScore;
}
```

主模块测试代码如下:

```
# include "Score.h"
# include "ScoreManager.h"
int main()
{
    Score scoreAll[3];                      //为试验数据方便,这里长度设置成3
    cout<<"请输入所有数据:"<<endl;
    inputScore(scoreAll,3);                 //inputScore 源代码见 9.6.1

    //1 以下是查找某个人,返回结构体
    int no; cout<<"请输入要查找的学号";cin>>no;
    Score somebody=searchScore(scoreAll,3,no);
    cout<<"查到学生信息:"<<somebody.fName<<somebody.fScore<<endl;

    //2 以下是查找某类人(90 分以上学生),返回数组结构体指针
    int goodNum=0;                          //优秀学生数组的长度
    Score * goodScore=searchGoodScore(scoreAll,3, & goodNum);
    cout<<"输出优秀数据:"<<endl;
    displayScore(goodScore,goodNum); //displayScore 代码见 9.6.1
    return 0;
}
```

运行结果：

```
请输入所有数据：
1101 liyi 90 1102 wym 80 1103 lxr 99
请输入要查找的学号1103
查到学生信息：lxr99
输出优秀数据：
1101liyi90
1103lxr99
```

程序说明：结合 9.6.2 节中模块定义，以上两个模块加入参数 num 后，可并入"成绩管理系统"。另外，searchGoodScore 模块代码不完善，主要是 goodScore 数组的长度不精确，可能产生浪费，请思考如何改进。

9.9 结 构 体 类 型 数 据 作 链 表 基 元 *

（1）为什么会用链表

静态定义的结构体数组，长度固定且数据存储有序、操作简洁方便。但该类型的结构体数组也有一些无法克服的弊端，例如，班级人数 40 人，定义分数结构体数组（长度 40），可后来又转来 5 个同学，原来的结构体数组无法胜任。另外，如果删除第 1 个同学，后面学生都要向前移动一下，效率较低。

链表是数据存储的另一种实现方式，其数据单元不需顺序摆放，在数据单元后加上一个指针将所有的单元连接起来，看起来像一根链条，所以称为"链表"，如图 9-2 所示。

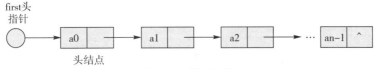

图 9-2 链表结构

从图 9-2 可以看出来，各单元不是连续摆放在一起，先产生头结点（a0＋指针），如果有需要的话，再产生一个结点（a1＋指针），将 a0 后的指针指向 a1，如此反复，动态产生出链表。可见，链表不存在数组空间数据放满的情况。原则上，链表本身可不定义长度，结点的指针域放置 NULL 表示链表结束。

如果要删除某个结点，例如，删除头结点，只要将 first 头指针指向 a1 所在结点，再将头结点空间回收即可，效率比删除数组中某元素要高。

链表有单链表、双链表等多种形式，操作方法各不相同。有关链表的详细内容可参见"数据结构"课程，这里不做深入研究，仅就建立、遍历单链表做初步探讨。

（2）如何定义结点

结点 Node 包括两个部分：结点元素 element、链接至下一结点的指针 link，如下所示：

以结点元素的类型是整型为例，定义结点代码如下：

```
struct Node
{
    int element;
    Node * link;
};
```

（3）如何定义链表

对于链表来说，最重要的是头指针，只要拿到了这个指针，链条一目了然。开始的链表是空链表，并不指向任何实质内容，所以头指针初始化为 NULL。链表的长度虽然可以求出，但方便起见，可以额外设置一个记录结点个数的变量 n。代码如下：

```
Node *first=NULL;          //链表的头
int n=0;                   //真实结点个数
```

（4）针对链表的基本操作

①插入模块。

输入输出：首先，需告之插入目标链表；其次，需告之插入数据结点的位置；再次，需告之插入的数据；最后，需告之结点真实个数，以便于每次插完之后，真实个数变量值加 1。

根据上面的分析，插入模块定义：bool insert(Node **pFirst,int i,int x,int *pN);

pFirst：接收链表头结点的地址，设计成二级指针是因为插入的新结点如果在表头位置，就会更改原链表起始位置。

i：接收插入位置序号，范围 -1、0、$1\cdots n-1$，其中 -1 表示插入到序号 0 之前，0 表示插入到序号 0 结点之后 $\cdots n-1$ 表示插入到序号 $n-1$ 结点之后。

x：接收插入的数据，应根据结点的数据域确定 x 的类型。

pN：接收真实结点数的地址，设计成指针是因为插完新结点后结点数将会增加。

解决思路：

第一种情况：插入在表中。

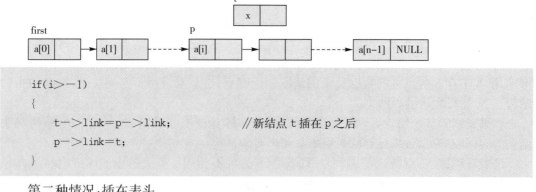

```
if(i>-1)
{
    t->link=p->link;          //新结点 t 插在 p 之后
    p->link=t;
}
```

第二种情况：插在表头。

```
if(i==-1)
{
    t->link=first;            //新结点 t 插在头结点之前，成为新的头结点
    first=t;
}
```

算法步骤:判断插入位置是否合法,i 的范围在 -1 和 $n-1$,超过这个范围无效;找到 i 所代表的结点指针;根据情况(以上分析的两种)插入;记录数增加;插入成功,返回真。

模块代码:

```
bool insert(Node **pFirst,int i,int x,int *pN)
{
    if (i<-1 || i>*pN-1)
    {
        cout<< "Out Of Bounds"; return false;
    }
    Node * t=new Node;t->element=x;        //产生一个新结点 t 用来插入
    Node *p= *pFirst;                      //定位找到第 i 个元素的位置 p
    for (int j=0; j<i; j++) p=p->link;
    if(i>-1)
    {                                      //i>-1 插在表里,i=-1 是插在表头
        t->link=p->link;                   //新结点 t 插在 p 之后
        p->link=t;
    }
    else
    {
        t->link= *pFirst;                  //新结点 t 插在头结点前,成为新头
        *pFirst=t;
    }
    ( *pN)++;
    return true;
}
```

②显示模块。显示模块需要告之链表头指针。模块定义为"void display(Node * first);", 这里为什么不用插入模块的二级指针呢? 因为这个模块的功能只是显示,不需要改变头指针。

设计思路:使用循环,不停地向前面走,直到最后一个结点,最后一个结点的指针区域一定放的是 NULL,所以循环条件是 while(p!=NULL),代码如下:

```
void display(Node * first)
{
    Node *p=first;
    while(p!=NULL)
    {
        cout<<p->element<<" ";
        p=p->link;
    }
}
```

③链表空间的回收。链表中每个结点的空间都是动态申请的,使用完链表后,不要忘记将这些空间回收,以免造成内存泄露。回收时从头指针开始不断向前遍历。代码如下:

```
void clear(Node *first)
{
    Node *p;
    while (first !=NULL)
    {
        p=first->link;          //找下一个结点
        delete first;            //头删除
        first=p;                 //将下一个结点作头
    }
}
```

上述代码,循环结束链表中所有结点空间被回收,first 指向 NULL,链表成为空链表。

(5)链表程序测试

基于以上几个模块(模块归属 SingleList),可以设计建立一个简单的链表,并插入部分数据。代码如下:

```
#include "SingleList.h"
int main()
{
    Node *first=NULL;             //链表的头
    int n=0;                      //真实结点个数
    //要改变 first 的值,就要将其地址传过来
    insert(& first,-1,10,& n);
    insert(& first,0,20,& n);
    insert(& first,1,30,& n);
    display(first);
    clear(first);
}
```

显示结果:10 20 30

数据的组织方式非常重要,一般编写较大的程序,必须首先考虑的就是数据的组织方式,数据组织方式不同,算法和代码也不同。如果数据组织结构好,那代码就美观、高效。链表就是一种很好的非顺序的数据组织方式。限于篇幅,对于单链表的其余模块,如删除、更新等不作阐述,有兴趣的同学可以参考"数据结构"相关教材。

9.10　函数编写优化

C语言环境提供内联函数优化方案,而C++语言环境提供 3 项函数优化方案:函数重

载、函数模板和指定参数默认值。这 4 项方案并不具有面向对象的特征,但却能为模块编写和模块执行效率提升提供便利。

9.10.1　内联函数 *

带参的宏在某种程度上可以替代函数(参见教材 6.9.3),但这是以牺牲函数的参数检查和自动转换等特性为代价的。但若大量而又极简单的代码都被写成函数,则不可避免会影响程序的执行效率(函数调用开销包括返回点,函数的参数以及在内部定义的变量等)。

通过定义内联函数,编译程序将内联函数的函数体在调用处即时展开,可以有效解决上述问题,既获得类似带参宏使用的方便,又提升函数调用的效率。

只要在函数头部加关键字 inline 即可定义内联函数。但必须注意,内联函数定义必须与调用模块在同一个文件(内联函数的作用域限定在一个文件中)。所以内联函数不应写在归属.cpp 文件中,而应写在归属.h 文件中,如下述代码:

TwoMaxMain. cpp	Int. cpp	Int. h

```#include<stdio.h>```
```#include "Int.h"```
```int main()```
```{```
　　```int a,b,max;```
　　```scanf("%d %d",&a,&b);```
　　```max=getMax(a,b);```
　　```printf("max is:%d",max);```
　　```return 0;```
```}```
	```//不写 getMax 代码```	```inline int getMax(int a,int b)```
		```{```
		```if(a>b) return a;```
		```else return b;```
		```}```

初学者可不必纠结内联函数的使用。某些代码少的函数,即使不设置为内联函数,编译器也会自动地将其设置为内联函数。

9.10.2　函数重载

(1)重载的基本含义

在 C 语言环境中,两个模块的名字绝对不能相同。但是C++语言环境,在同一作用域下,即使两个(或多个)模块的名字相同,但参数的类型不同、个数不同、顺序不同均可视为合法函数,C++编译器会根据参数类型、个数、顺序自动地选择相应的函数,而不会出现错乱。这种同名的函数称"重载函数"。实际上,前面的教学内容已多次出现重载函数。

例如,求 2 个数的最大数模块和求 3 个数的最大数模块,如果没有重载概念,模块名就不能相同。两个模块分别命名为 getTwoMax 和 getThreeMax 两个模块,如下所示:

函数原型	调用方法
```float getTwoMax (float a,float b){…}```	```result=getTwoMax (3,4)```
```float getThreeMax (float a,float b,float c){…}```	```result=getThreeMax (3,4,5)```

这样定义函数名不科学,正常思维下,只要求最大数(不论求几个数的最大数),想到的

模块就应该是 getMax。引入重载概念,定义统一的函数 getMax,如下所示:

函数原型	调用方法
float getMax (float a,float b){…} float getMax (float a,float b,float c){…}	result=getMax (3,4); result=getMax (3,4,5);

注意:如果两个函数除返回类型不同外,其余均相同,则不能重载。如下定义不合法:

    int getMax(int a,int b)

    float getMax(int a,int b)

(2)重载函数的绑定*

系统编译时,会根据给定的实参来选择具体调用哪个函数,这种选择又称为"静态绑定"。常发生的情况是:函数重载定义合法,但编译绑定时出现错误,如定义函数一:int getA(int a){return a;},函数二:float getA(float a){return a;},当调用语句是 getA(3.5)时,编译出错。出错原因在于函数绑定选择时有一定的规则,按优先级顺序规则如下:

①精确绑定。实参与形参类型完全相同,可以顺利绑定。

函数定义	函数调用	绑定情况
int getA(int a)	getA(3)	3 是整数
double getA(double a)	getA(3.5)	3.5 是 double 小数

②自动绑定。教材 3.5.2 中讨论了不同数据类型之间的自动转换,如实参是 float,则自动转成 double 去绑定形参中的 double,如实参是 char,则自动转成 int 去绑定形参中的 int。

函数定义	函数调用	绑定情况
int getA(int a)	getA('x')	'x'自动转整数
double getA(double a)	getA(3.5f)	绑定原因:3.5f 自动转 double 小数

③模糊绑定。当精确绑定和自动绑定都不能确定函数时,会选择模糊绑定。模糊绑定由以下几个平等原则构成:A. 实参是算术类型或枚举类型,可转成任意算术类型匹配形参;B. 实参是指针类型,可转成 void * 类型匹配形参;C. 实参是 0,可转成任意算术类型或指针类型匹配形参;D. 实参是子类指针,可转成任意父类指针匹配形参(参见教材 11.3.2 的向上转型)。以上四个原则不能产生冲突,也即不能存在同一个实参转换后与多个形参匹配。

函数定义	函数调用	绑定情况
int getA(int a)	getA(3.5)	实际调用 int getA(inta),原因是,实参 3.5 按模糊转换成整数匹配形参 int 类型,匹配 int getA(int a)
int getA(int *pA)		
int getA(int a)	getA(3.5)	无法绑定,原因是,实参 3.5 无法精确绑定和自动绑定,根据 A 原则可同时转成整数和小数,两个重载函数都可用,导致无法定位
float getA(float a)		

④强制绑定。将实参按重载函数定义的形参类型,进行强制转换。

函数定义	函数调用	绑定原因
char getA(char a)	getA((char)97)	97 强转成字符。
float getA(float a)	getA((float)3.5)	3.5 强转成 float 小数。

另外,当函数中有多个参数时,绑定时按精确匹配最多的为准,若最优匹配个数相同,则无法绑定。

函数定义	函数调用	绑定失败
char getAB(char a,char b)	getAB('x',3.5)	各有一个实参是最佳配对,无法选
double getAB(double a, double b)	getAB(3.5,'x')	择匹配函数。

9.10.3 运算符重载*

(1)运算符重载的含义

运算符重载指的是同一个运算符在不同场合表达不同的含义,例如,">>"运算符既可以表示右移,也可以表示流对象的提取(输入)。运算符重载其实是函数重载的一个特例,本质上是函数重载。

运算符的重载本意是将C++丰富的运算符作用于新出现的数据类型:类类型(结构体可看成最简单的类类型),让不同的对象之间使用原来熟悉的符号运算。例如,"+"运算符原来只针对基本数据类型,如3+4,3.5+4.5,如果出现了复数的加法怎么操作呢?思路:先建立一个类(或用简单的结构体)表示复数类型,然后对"+"运算符进行复数环境下的重载,让实部、虚部分别相加并返回新的复数。

(2)运算符重载的格式

格式:函数类型 operator 运算符号(参数表)

解释:operator 运算符号可看作函数名。如下述代码中 operator+等,可看作函数名。

(3)运算符重载的方法

运算符重载,可以一般函数的形式出现,下面以复数结构体为例来说明复数"+","<<"是如何被重载的,代码如下:

主模块 ComplexMain.cpp

```cpp
# include <iostream.h>
# include "Complex.h"


int main()
{
    Complex c1={3,4},c2={5,6},c3,c4;
    //使用重载符号的加法和输出表达如下:
    c3=c1+c2;                    //对+重载,复数可以相加
    cout<<c3;                    //对<<重载,可以输出复数
    //没有用重载符号的加法和输出表达见下:
    c4=operator+(c1,c2);         //operator+是函数名
    operator<<(cout,c4);         //operator <<是函数名
    return 0;

}
```

Complex. h

```
struct Complex
{
    int real;
    int image;
};
Complex operator+(Complex & c1,Complex & c2);
ostream & operator<< (ostream & output,Complex & c);
```

Complex. cpp

```
#include "Complex.h"
Complex operator+(Complex & c1,Complex & c2)
{
    Complex c3;
    c3.real=c1.real+c2.real;
    c3.image=c1.image+c2.image;
    return c3;
}
ostream & operator<< (ostream & output,Complex & c)
{
    output<<c.real<<"+"<<c.image<<"i"<<endl;
    return output;
}
```

运行结果：

```
8+10i
8+10i
```

运算符的重载其实就是写函数,上述 operator+ 和 operator << 两个函数的写法和使用方法与普通函数一致,具体调用时,c1+c2 比 operator+(c1,c2)简洁且符合习惯。

上述代码中,两个重载函数仅以普通函数方式出现,但本质上,运算符重载与类类型密切相关,所以重载运算符函数还可写为类类型的成员函数或者类类型的友元函数(第11章详述成员函数与友元函数,以及运算符的重载)。

9.10.4 函数模板

(1)函数模板的含义

在编写程序的过程中,经常会遇到,除了函数参数的类型不同外,其他一切都相同的函数系列。

例如,求3个数的最大数,这3个数既可以是整数,也可以是单精度小数,还可以是双精度小数。虽然可以利用重载概念,统一定义函数名称为 getMax,尽管其中代码完全一致,但还是要编写3个函数,如下所示：

```
int getMax (int a, int b, int c);              //求 3 个整数的最大值
float getMax (float a, float b, float c);       //求 3 个单精度小数的最大值
double getMax (double a, double b, double c);   //求 3 个双精度小数的最大值
```

例如,一维数组的排序函数 sort,它的元素类型可能是整数,也可能是小数,还可能是字符,虽然 sort 函数里的代码完全一致,但还得写 3 个函数,如下所示:

```
void sort(int *p, int n);      //对一维整型数组的排序
void sort(float *p, int n);    //对一维单精度小数数组的排序
void sort(double *p, int n);   //对一维双精度小数数组的排序
```

这显然造成代码的浪费。像这种除了数据类型之外,其余都完全一致的函数,C++里提供了不考虑数据类型的函数模板处理方法,实际调用函数时,数据类型由实参的类型动态确定,也即函数模板在具体使用时演化出各式各样的具体函数。

(2)函数模板的定义

函数模板的定义,首先要声明抽象数据类型,然后根据抽象数据类型定义函数模板。

①声明类型:template ＜typename T＞

T 代表抽象的数据类型,template、typename 均是关键字。

②定义函数模板:定义方式与普通函数相同,不确定的数据类型用字母(通常写 T)表示。

例如,编写 3 个数最大数的函数模板,方法如下:

```
template ＜typename T＞
T getMax(T a, T b, T c)
{
    if(a＞b && a＞c) return a;
    else if(b＞a && b＞c) return b;
    else return c;
}
```

上述代码,getMax 是函数名,a、b、c 3 个参数的类型是 T,返回值的类型也是 T。

注意:在 VC 编译器中,模板函数的定义和声明必须统一写在一个文件中,不要将声明和实现分别写在 h 文件和 cpp 文件中,否则会出错。约定上述代码写在 IntTemplate. h 中。

(3)函数模板的使用

```
# include ＜iostream. h＞
# include ˝IntTemplate. h˝
int main()
{
    int i1, i2, i3; float f1, f2, f3;
    cout＜＜˝请输入 3 个整数:˝;cin＞＞i1＞＞i2＞＞i3;
    cout＜＜˝3 个整数的最大值是:˝＜＜ getMax (i1, i2, i3)＜＜endl;
    cout＜＜˝请输入 3 个小数:˝;cin＞＞f1＞＞f2＞＞f3;
    cout＜＜˝3 个小数的最大值是:˝＜＜ getMax (f1, f2, f3)＜＜endl;
    return 0;
}
```

运行结果：

请输入 3 个整数：3 4 5

3 个整数的最大值是：5

请输入 3 个小数：3.3 2.4 5.6

3 个小数的最大值是：5.6

程序解释：编译遇到 getMax 时，编译器会根据当前具体的实参类型来取代模板里的 T，第一次输入的是整数，所以 T 的类型是 int，第二次输入的是小数，所以 T 的类型是 float。

9.10.5 函数参数指定默认值 *

(1)函数参数指定默认值的目的

函数的参数可能有多个，例如，int getMax (int a, int b, int c)有 3 个参数，调用这个函数时必须传递 3 个值，如 getMax (3,4,5)。

但 C++里有一种机制：函数声明时，可指定某些参数有默认值，这样调用函数时就可根据需要传递 1 个，或 2 个，或几个值，甚至不传递数据，这使得模块调用更加灵活。

(2)在声明中指定参数默认值的方式

如果一个参数设定了默认值，其右边的所有参数都要有缺省值，即默认值是从右向左连续排列。另外，默认值必须具有全局性(常量、全局变量、带返回值的函数)，绝不可是局部变量。

```
int getMax (int a, int b=2, int c=3);    //正确,按从右到左顺序设定默认值,且2,3均是常数

int getMax (int a=1, int b, int c=3);    //错误,未按照从右到左设定默认值
```

(3)调用带默认值的函数

当调用函数时，要遵循参数调用自左向右的顺序，这与指定参数默认值方向相反，不要混淆。

例如，声明语句"int getMax (int a, int b=2,int c=3);"，其中 b、c 两个有默认值，调用过程如下：

```
getMax (4, 6, 9);      //调用时指定满参数,则不使用默认参数

getMax (4, 6);         //调用时只指定 2 个参数,按从左到右顺序调用,相当于 getMax (4,6,3);

getMax(4);             //调用时只指定 1 个参数,按从左到右顺序调用,相当于 getMax (4,2,3);

getMax ();             //错误,因为 a 没有默认值
```

> **温馨提示：** ①函数重载、模板、默认参数值是 C++的特殊权利。这些函数优化技术，在纯粹的 C 语言里无法享受。
>
> ②本教材的模块定义使用了重载机制，如在纯粹的 C 环境下编译，需将同名模块改名，改动方法参考第 6 章"6.11 多人合作"。

9.10.6　谨慎使用优化*

上面谈到函数模板的好处，现在却说要谨慎对待，是否有些矛盾呢？不矛盾，实际上任何使用都要看具体的环境，在嵌入式开发中，使用函数模板的程序在编译后产生的可执行代码过长，导致性能下降，所以目前此领域的开发，C 语言仍然是第一选择，即使使用了C++语言开发，也是经过了裁减。

9.11　共用体类型

共用体类型也是表达事物多方面属性的构造数据类型，它的定义格式与结构体类型结构非常相似，但其存储结构完全不同。

（1）共用体类型定义

定义形式	示例：定义共用体类型 A
union 共用体类型名 { 　　字段 1； 　　字段 2； 　　… }；	union A { 　　char ch；　　//1 字节 　　int i；　　//4 字节 }；

上述定义的共用体类型 A，包括两个字段，内存容量以最大长度字段为准，也即系统分配 4 个字节，ch 占据其中的首字节。

（2）共用体类型定义变量及赋值、克隆

格式：共用体类型名 变量名；

示例：A a1，a2；

共用体变量的赋值是对其字段的赋值，由于共处一个空间，所以对一个字段的赋值对另一个字段有影响。如"a1.i=97；"，则"cout<<a1.ch；"，结果是'a'字符。

共用体变量可以整体赋值，其含义是整个共用体空间的赋值。

共用体变量可以整体克隆，其含义是整个共用体空间的克隆。

（3）共用体的应用环境

共用体适用于在不同时刻享用不同字段的情况，如为节省空间，可在共用体中定义两种不同类型的数组，由不同角色或在不同时刻分别调用，可有效地节省空间。另外，COM 组件开发中使用 VARIANT 数据类型，其定义时就采用了共用体结构。

教材例4.6中,编写一个模块分解整数得出各字节数据,用共用体解决代码如下:

主模块	separate 模块
```int main()```	```# include ＜iostream.h＞```
```{```	```void seperate(int data)```
``` seperate(123);```	```{```
``` return 0;```	``` union A```
```}```	``` {```
运行结果:	``` char ch[4];```
123 0 0 0	``` int i;```
	``` };```
	``` A a;a.i=data;```
	``` for (int i=0;i＜4;i++)```
	``` {```
	``` cout＜＜(int)a.ch[i]＜＜" ";```
	``` }```
	```}```

9.12 枚 举 类 型

在C++语言中,枚举类型是规定的最简单的一种构造类型,它表达一个事物的有限状态值,例如,一个星期的 7 天、按键的 3 种状态、颜色的 3 种原色等。

(1)枚举类型定义格式

格式:enum 枚举类型名 ｛枚举值,枚举值…｝

其中,枚举类型名和枚举值均为标记符,通常枚举名首字母大写,枚举值全部大写,如：

```
enum Day ｛MON,TUE,WEN,THU,FRI,SAT,SUN｝;
enum Color ｛RED,GREEN,BLUE｝;
enum KeyStates ｛NOMAL,UP,DOWN｝;
```

每一个枚举值都对应一常整数,首枚举值对应 0,依次类推,也可主动设置枚举值所对应的常整数,设置后面的枚举值依次递增。例如,"enum KeyStates ｛NOMAL=10,UP=0,DOWN｝;",枚举值 DOWN 对应 1。

第 3 章的逻辑类型,只有两种状态,也可看成枚举类型,定义如下：

```
enum bool ｛false,true｝;
```

(2)枚举变量定义格式

格式:枚举类型名 变量名;

示例:Day d1,d2,d3; Color c1,c2; KeyStates ks;

(3)运算特征

①赋值运算。枚举变量只能赋值对应的枚举值常量或对应的整数常量,例如,"d1=MON;d2=(Day)3;"。

注意：由于 VC6 对 C/C++标准支持力度不够，将整数赋值给枚举变量时，需强制转换。另外，为避免错误，应当将枚举定义时的常量或常数值赋给枚举变量，而不应是其他数据。

②关系运算。枚举变量可进行比较运算，运算按其所对应的整数进行比较，例如，d1＞d2 为假，其原因是 d1 对应 0，而 d2 对应 3。

③算术运算。枚举变量或常量将自动转化为相对应的整数参与算术运算。示例：

```
cout<<d2+1.3;          //结果 4.3
```

④交互输入输出运算。枚举变量不能直接交互输入，但可直接以对应整数方式交互输出。示例：

```
cin>>d1;               //错误
cout<<d1;              //结果 0
```

（4）应用环境

枚举类型不仅可以定义变量，还可用于函数返回类型或形参定义，可增加程序的可读性，在多分支的选择环境中使用，程序代码更清晰，详见如下代码示例。

```
# include <iostream.h>
int main()
{
    enum Day {MON,TUE,WEN,THU,FRI,SAT,SUN};
    Day day;
    day=getCurrentDay(2008,8,8);          //模块返回 Day 类型数据
    switch(day)
    {
        case MON:cout<<"星期一";break;
        case TUE:cout<<"星期二";break;
        ...
    }
    return 0;
}
```

思考练习：请编写 getCurrentDay 模块，根据给定的年、月、日返回当前星期值。

【本章总结】

结构体类型是将多种属性结合在一起的构造类型。

结构体变量某字段的赋值通常有 3 种方式：点方式、指针方式、指向方式。如定义结构体变量 s 和指向 s 的指针变量 pS，则 s. fScore 与（*pS）. fScore 与 pS－>fScore 三者等价。

结构体变量和结构体指针均可作函数参数和返回值，推荐使用指针方式，这样做不仅可以节省空间和时间，还能减少结构体变量之间可能产生的关联。

结构体数组的本质还是数组，因此传递结构体数组时，需要传递数组名和长度。结构体

数组第 i 个元素的某个字段的操作也有 3 种方式,例如,定义结构体数组 pscoreAll,则 pScoreAll [i]. fScore 与(＊(pScoreAll＋i)). fScore 与(pScoreAll＋i)－＞fScore 三者等价。

对于大量结构体数据的保存,数据结构既可以使用结构体数组,也可以使用链表。使用数组方式定位快速,使用链表方式插入、删除方便。

函数优化体现代码的复用性,C/C++中均可使用内联函数,另外,C++有 3 种方法:函数重载、函数模板、指定函数默认值。

❋ 个人心得体会 ❋

文件操作

第10章
Chapter 10

【学习目标】

➤ 理解文件和流的含义。

➤ 掌握文本文件的读写方式。

➤ 掌握二进制文件的读写方式。

➤ 学会建立基于结构体数组的数据保存模块和数据调入模块。

➤ 理解指针函数,体会指针函数带来的方便。

➤ 了解 WINDOWS 平台下可利用的库资源。

【学习导读】

在第 6 章循环和第 7 章数组中,因大量数据的出现而涉及处理与保存,曾简要描述文本文件的读写步骤。除文本文件外,还有一类文件称"二进制文件",本章将详细研究这两种文件的组成原理、读写方法,并据此建立各自数据保存和数据调入模块。另外,本章将对函数作出总结,指出函数的本质,以及在开发过程中可利用的各种函数资源。

【课前预习】

节点	基本问题预习要点	标记
10.1	什么叫文件? 什么叫流?	
10.2	文件(流)操作的两种方式及每种方式的基本步骤是什么?	
10.3	stdin/stdout 指什么? cin/cout 指什么?	
10.4	如何向一个文本文件读写一个基本类型的数据?	
10.5	如何向一个二进制文件读写一个结构体数据?	
10.6*	如何通过一个函数的地址调用这个函数? 什么是回调设计模式?	
10.7*	静态库与动态库的区别是什么? WINDOWS 下静态库以什么文件呈现?	
10.8*	可以使用的函数资源有哪些?	

10.1 文件与流的基本概念

(1)文件的含义

狭义的文件是指保存在磁介质(如硬盘)中的文档,但从操作系统的角度看,键盘、显示器、磁盘、内存都是文件,其中,键盘和显示器被系统指定为标准输入、输出文件。

上述几类文件,只有键盘和显示器是单向文件,键盘只能输入,显示器只能输出。其余的文件都可双向输入、输出,如磁盘、内存都是既可以输入,也可以输出。

(2)字节序列的含义和种类

第一,字节序列的含义。不同文件之间传输的内容是字节序列。比如说,交互输入可看作字节序列从键盘文件传送到内存文件;交互输出可看作字节序列从内存设备文件传送到显示器文件;将内存中数据保存在磁盘文件可看作字节序列从内存设备文件传到磁盘文件等等。可以看出,字节序列数据的流动都以内存文件作为中转。如下图所示:

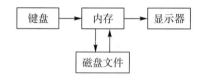

图 10-1   以内存作为中转的字节序列的传递

第二,字节序列的种类。字节序列(字节流)包括文本序列和二进制序列两种。文本序列指数据的每位对应一个 ASCII 码;二进制序列指数据的实际内存表达。

例如,针对数据 123.03,如果以文本序列方式发送,则发送这 6 个字符的 ASCII 码,长度是 6 个字节;如果以二进制方式发送,就要考虑 123.03 是单精度小数,还是双精度小数,单精度发送 4 个字节,而双精度发送 8 个字节。

(3)流的含义和种类

流是对文件进行管理和操作的工具。当为某文件定义一个流时,就可以通过流来对文件进行读写,而读写的方式就是字节序列。流可以分为流指针(文件指针)和流对象两种。

(4)磁盘文件的分类

根据发送和接收的不同字节序列,文件分两种:文本文件、二进制文件。键盘和显示器属于文本文件,只能用于字符的输入和输出;内存属于二进制文件,但内存中的字符串情况特殊,可作为文本文件对待;磁盘文件可根据承载字节序列不同分为磁盘文本文件和磁盘二进制文件。本章主要研究以磁盘为媒介的数据的永久保存和调入,下文中不特别指出,文本文件和二进制文件均指保存磁盘上的两种文件。

①文本文件(无格式文件)。文本文件又称"ASCII 码文件",文件中字符与 ASCII 码一一对应,例如,文件 file1.txt 文件里的内容是 A、B,A、B 的 ASCII 码值是 41、42(十六进制),保存在文件里的数据就是 41、42;再如文件 file2.txt 里的内容是 CHINA1949,实际存储的数据用十六进制表达就是 43、48、49、4E、41、31、39、34、39,其中 43、48、49、4E、41 分别是 5 个英文字母'C'、'H'、'I'、'N'、'A' 的 ASCII 码,31、39、34、39 分别是数字字符'1'、'9'、'4'、'9' 的 ASCII 码。

文本文件是无格式文件,在 WINDOWS 平台下"记事本程序"可以直接打开。

②二进制文件(有格式文件)。二进制文件包含数据类型的格式,是数据内存状态的磁盘表现。例如,字符'1'就会按照字符'1'的 ASCII 码 31 写至文件;整数 1 就会将 4 个字节内容(01 00 00 00)写至文件;而如果是双精度小数 1,那么将会写 8 个字节(00 00 00 00 00 00 F0 3F)至文件。

二进制文件是格式文件,如果事先不知道写出文件时的格式,文件的内容很难准确读入。比如,依次将字符 1、整数 1、双精度小数 1 写出至二进制文件,并将文件交给别人,别人查看给定二进制文件内容共 13 个字节:31 01 00 00 00 00 00 00 00 00 00 00 F0 3F,但没有办法翻译,因为可选项太多了,他可能认为是一个一个字符写出的,也可能是 3 个整数加 1 个字符,也可能是 2 个整数加 5 个字符等。所以对于一个二进制文件,必须是写出数据至文件的人才可以打开(只有他知道写出到文件的方法),这也就是为什么 doc 文件需要 WORD 打开,psd 文件需要 PHOTOSHOP 打开,因为这些文件都是二进制文件。

10.2 文件指针与流对象方案

10.2.1 文件指针方案

(1)文件指针与库函数

C/C++均可通过文件指针(流指针)来操作流。文件指针指向具体"设备文件",借助 C/C++语言标准库中大量操作文件指针的函数(stdio.h 中声明),可方便地将数据从一个文件(设备)导入到另一个文件(设备),文件指针的操作原理如图 10-2 所示。

图 10-2 文件指针的操作原理

(2)文件指针总体使用步骤

①定义文件指针。

格式:FILE * 文件指针;

示例:FILE *p;   //定义了一个文件指针 p

②设置关联。调用函数 fopen 将文件指针与具体文件联系起来(参见教材 10.4 和 10.5)。

③读写数据。C/C++通过以文件指针为参数的函数进行读写(参见教材 10.4 和 10.5),常用函数如表 10-1 所示。

表 10-1　使用文件指针的常用函数

函数	功能	备注
int fgetc(FILE *stream);	从文件里读一个字符数据,返回这个字符的 ASCII 码,返回−1 表示尾部	返回的−1 可用宏 EOF 表示
int fscanf(FILE *stream, const char *format [, argument]…);	从文件里读格式数据,返回值是读格式 format 中说明的字段数	按字符格式输入
int scanf(const char * format [,argument] …);	从键盘读格式数据,返回值是读格式 format 中说明的字段数	fscanf 的简化,无需显示用文件指针
int fread(void * buffer, size_t size, size_t count, FILE *stream);	从文件里读指定长度的数据到指定的空间存放,返回值是实际读的个数	一般用于二进制文件
int fputc(int c, FILE *stream);	向文件写一个字符	
int fprintf(FILE *stream, const char *format [, argument]…);	向文件里写格式数据,返回值是写格式 format 中说明的字段数	转成字符格式输出
int printf(const char * format [,argument] …);	向显示器写格式数据,返回值是写格式 format 中说明的字段数	fprintf 的简化,无需显示用文件指针
int fwrite(const void * buffer, size_t size, size_t count, FILE *stream);	向文件里写指定空间和指定长度的数据,返回值是实际写的个数	一般用于二进制文件

④关闭文件指针。

格式:fclose(文件指针);

示例:fclose(p);

关闭流有两个目的:一是将输入输出缓冲区内容写到存储设备上;二是释放对应的资源和关闭文件指针。如果不关闭会造成两个后果:一是文件的更改没有被记录到磁盘上;二是其他进程(或线程)无法存取该文件。

10.2.2　流对象方案

(1)流对象与相应的方法

C++除可使用以上所述文件指针方案外,还提供了专门用于处理流的类,据此生成与各文件关联的"流对象",通过"流对象"的方法读写数据,流对象操作原理如图 10-3 和图 10-4所示。

图 10-3　流对象的操作原理

图 10-4 中任意一类均可定义"流对象"并操作"流对象"读写,其中 istream/ostream/iostream 为操作流的控制台类,ifstream/ofstream/fstream 为操作流的磁盘文件类,istrsteam/ostrstream 这两个类表达的是:以内存中的字符串作为输入/输出设备,可快速完

成字符串与其他类型之间的转换,详见 8.4.4 节中字符串的非标准输入输出。

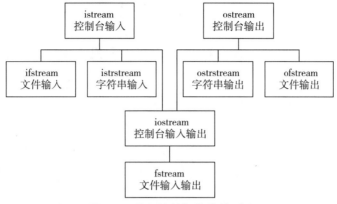

图 10-4 处理流的相关类(部分)

(2)流对象操作的总体步骤

①定义流对象。

格式:数据流类 数据流对象;

示例:ifstream infile;   // 根据 ifstream 定义的流对象 infile

②设置关联。调用流对象的 open 方法,与具体文件联系起来;也可在定义流对象时调用构造方法,将流对象与具体文件联系起来,具体参见 10.4 和 10.5 节。

③读写数据。调用流对象的各种方法读写数据,针对流对象的一些常用的方法如表 10-2 所示。

表 10-2 流对象的常用方法

方法	功能	备注

int get();
istream& get(char& rch);
istream& get(char * pch, int nCount,
char delim = '\n');
	从关联文件里读一个字符数据	此方法经重载可输入多个字符,见例 10.4

istream& getline(char *pch, int nCount, char delim='\n');	从关联文件里读一行数据,指定长度和分隔符	可以读入有空格的字符
>>	从关联文件里读不同格式数据	重载运算符
istream& read(char *pch, int nCount);	从关联文件里读指定长度的字节数据(到指定的空间存放)	一般用于二进制文件
ostream& put(char ch);	向关联文件写一个字符	
<<	向关联文件里写格式数据,返回值是写格式数据的字段数	重载运算符
ostream& write(const char *pch, int nCount);	向关联文件里写指定长度的字节数据(从指定空间开始读取)	一般用于二进制文件

④关闭流对象。

格式:流对象. close();

示例:如 infile. close();   // 关闭流对象的目的同关闭文件指针

10.3　标 准 文 件 的 读 写

标准文件指键盘和显示器。标准文件是文本文件,标准文件的读写指数据(ASCII 码字符)从键盘设备流入到内存,或从内存流出到显示器(ASCII 码字符)。标准文件的读写有两种方案,即文件指针方案和流对象方案。

10.3.1　文件指针方案

(1)标准文件指针

对应两个标准设备(键盘和显示器),C/C++语言提供了两个对应的文件指针,分别是 stdin 和 stdout,这两个指针是系统设定的与键盘和显示器相关联的 FILE 型全局变量,源代码前加 #include<stdio.h>即可直接使用(不需再定义文件指针、关联文件指针、关闭文件指针)。stdin 可从键盘上输入一个数据,stdout 向显示器输出数据。如图 10-5 所示。

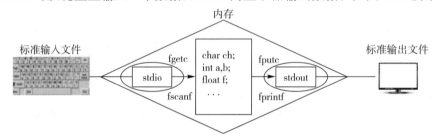

图 10-5　标准文件指针的操作原理

注意:标准文件的输入输出(读和写)通过内存中转,即从键盘读数据进内存变量,显示内存变量数据至显示器。磁盘文件(磁盘文本文件和磁盘二进制文件)读写,同样也是通过内存中转(参见教材 10.4 和 10.5)。

(2)调用读写方法

通常使用针对 stdio 的 fgetc/fscanf 等函数读入数据进内存,使用针对 stdout 的 fputc/fprintf 等函数写内存数据至显示器(参见表 10-1)。教材第 3 章,曾学过的 getchar/scanf,以及 putchar/printf 是省略 stdio/stdout 的读写函数。

例如,"int fgetc(FILE *stream);"表示从文件指针 stream 中得到一个字符,调用此函数,传入 stdin 就意味着从键盘上得到一个字符。"int fputc(int c, FILE *stream);"表示向文件指针 stream 输出一个字符,调用此函数,传入 stdout 就意味着向显示器输出一个字符。

例 10.1　使用标准文件指针从键盘上输入一个字符并显示。

```
#include <stdio.h>
int main()
{
    char ch;
    ch=fgetc(stdin);        //从键盘输入一个字符,等价于 ch=getchar();
    fputc(ch,stdout);       //向显示器输出一个字符, 等价于 putchar(ch);
    return 0;
}
```

例 10.2 输入与输出不同格式的数据。

```
#include <stdio.h>
int main()
{
    int i1; char ch;
    fscanf(stdin," %d,%c",& i1, & ch);   //输入 100,a 等价于 scanf(" %d,%c",& i1, & ch);
    fprintf(stdout," %d,%c", i1, ch);//输出 100,a 等价于 printf(" %d, %d, %c", i1, ch);
    return 0;
}
```

温馨提示：通常,首字母是 f 的读写函数,要主动地书写文件指针,否则,默认调用标准文件指针 stdin、stdout,即键盘和显示器。

(3)调用库函数或自编代码清除缓冲,解决读写失败问题*

使用各读写函数读写失败时,须清除输入/输出缓冲。清除输入缓冲函数为 fflush(stdin)。

10.3.2　流对象方案

(1)标准输入输出流对象(cin/cout)

cin 和 cout 两个流对象,是系统根据 iostream(管理输入输出流的类)定义的全局性对象,使用时加声明文件"#include <iostream. h>"即可。其中,cin 流对象将键盘和内存关联起来,管理键盘和内存之间的流,接受键盘输入的数据到内存。cout 流对象将内存和显示器关联起来,管理内存和显示器之间的流,将内存中的数据输出至显示器。

除 cout 流对象输出外,系统还定义了 cerr 和 clog 两个全局流对象,用于将错误信息输出至显示器,cerr 和 clog 是非缓冲输出,显示速度更快。

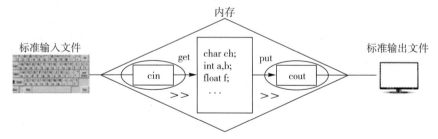

图 10-6　标准流对象的操作原理

(2)调用流对象的各种操作方法进行读写

通常使用针对 cin 流对象的 get/>>等方法读入数据进内存,使用针对 cout 流对象的 put/<<等方法将内存数据输出至显示器(参见表 10-2)。

流对象的方法调用同结构体变量的字段调用,在对象和方法之间加"点运算符"即可。如"char ch; ch=cin. get();",表示通过 cin 流对象从键盘上输入一个字符给 ch;而>>和<<方法则是经过了运算符重载的读写方法(参见 9.10.2)。

例 10.3 输入与输出一个字符。

```
# include <iostream. h>
int main()
{
    char ch;
    ch=cin.get();              //从键盘输入一个字符,等价于 cin>>ch;
    cout.put(ch);              //向显示器输出一个字符,等价于 cout<<ch;
    return 0;
}
```

例 10.4 输入与输出不同格式数据。

```
# include <iostream. h>
int main()
{
    int i1;float i2;char ch;
    cin>>i1>>i2>>ch;          //输入 100   100.001   a
    cout<<i1<<" "<<i2<<" "<<ch;   //输出 100   100.001   a
    return 0;
}
```

注意: cin/cout 对运算符"<<"""<<"进行了重载(见教材 9.10.2 章函数优化及 11.7 对象操作方式优化),可简单方便地输入、输出基本数据类型数据,不需要显示地进行类型格式控制。代码"cin>>ch;"等价于"operator >>(cin,ch);"。

另外,cin 输入有空格字符串,需调用 getline/get 方法,不能直接用"<<"运算符。例如:

```
    char str[20];cin.getline(str,20);    //有效输入 19 个字符,如输入"hi  iyi",不能用 cin>>str;
    charstr[20];cin.get(str,20);         //可任意输入 n 个字符,如输入"hi  liyi",不能用 cin>>str;
```

上述 getline 与 get 方法的区别是:getline 只能接收某个数范围内的字符,如果超出范围,则后续输入语句失败(不执行);而 get 可以接收可变长度的字符。

(3)调用流对象方法清除缓冲,解决读写失败问题

使用 cin/cout 的读写方法读写失败时,须清除输入/输出缓冲。清除输入缓冲方法:加代码"cin. clear();cin. sync();"或"cin. clear();cin. ignore();"。清除输出缓冲方法:加代码"cout. flush();"或"cout<<endl;"或"cout<<flush;"。

10.4 文本文件的读写

磁盘文本文件的读写与标准文件(键盘与显示器)的读写没有本质区别(均为文本文件),只是文件指针不再是系统定义好的 stdio/stdout,流对象不再是系统定义好的 cin/cout,与磁盘文件关联的指针和流对象需要自己定义。

10.4.1 文件指针方案

使用文件指针方式读写磁盘文件,需要增加♯include <stdio. h> ,其中包括文件类型和各种读写函数声明。

(1)读写步骤

①定义文件指针。

格式:FILE ＊ 文件指针;

示例:FILE ＊pFile;　　　　　//定义文件指针 pFile

②关联文件。

格式:文件指针＝fopen(文件名,读写模式)

文本文件的读写模式:r 表示读,w 表示写。

如读磁盘文本文件 file1. txt,代码:FILE ＊pFile1＝fopen("c:\\file1. txt","r");

如写磁盘文本文件 file2. txt,代码:FILE ＊pFile2＝fopen("c:\\file2. txt","w");

除了 r/w 两种模式外,还可以在标记后添"＋"表示即能读也能写,具体描述如下:

"r＋":可读可写,文件一定要事先存在。

"w＋":可读可写,文件不一定要存在,不存在则创建,存在则将文件内容清空。

"a＋":可读可写,增加内容放在文件的末尾。

注意:若 fopen 打开文件失败,返回的文件指针值为 NULL,可增加代码判断文件指针,以决定是否要继续读写下去,具体请参见 6.8.2 中相应代码。

③读写数据。读写磁盘文本文件所使用的函数与读写标准文件一致,通常使用针对文件指针的 fgetc/fscanf 读入字符数据,fputc/fprintf 写出字符数据。下图中定义了与磁盘文件关联的文件指针 pFile1、pFile2。

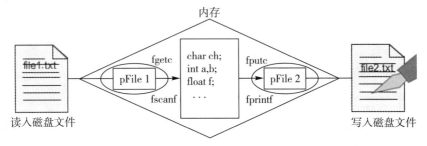

图 10-7　通过文件指针读写文本文件的原理

④关闭文件指针,如使用 fclose(pFile)关闭 pFile 所关联的文件。

(2) fgetc/fputc 函数的使用方法介绍

这两个方法分别从文件指针所关联的文件读入一个字符和写出一个字符。

260

例 10.5 编写程序,从键盘上输入字符'1',并保存在文本文件 file2.txt 中。

```
# include <stdio.h>
int main()
{
    FILE *pFile2;                         //自定义文件指针 pFile2
    pFile2=fopen("file2.txt","w");        //以写方式打开文件,文件不存在时自动建立
    char ch;
    ch=fgetc(stdin)                       //或者 ch=getchar();
    fputc(ch,pFile2);                     //向 pFile 所关联文件写出一个字符
    fclose(pFile2);                       //关闭
}
```

运行结果:在应用程序所在的目录下,生成 file2.txt,记事本程序,打开显示 1。

例 10.6 打开程序所在目录下文本文件 file1.txt(内容:hello,how are you.),读入其中字符,经加密后(加密方法是字符 ASCII 码加 1)保存到另外一个文件 file2.txt。

```
# include <stdio.h>
int main()
{
    FILE *pFile1, *pFile2;
    char ch;
    pFile1=fopen("file1.txt","r");
    pFile2=fopen("file2.txt","w");
    while ((ch=fgetc(pFile1))!=EOF)        //返回值为 EOF 表示文件到了末尾
    {
        fputc(ch+1,pFile2);
    }
    fclose(pFile1);
    fclose(pFile2);
}
```

运行后查看结果,发现在当前目录下生成了 file2.txt,内容为"ifmmp-ipx! bsf! zpv/"。

注意:如何判断读到文本文件的末尾? fgetc 是一个一个字符地读取,其返回值是读取字符的 ASCII 码,读到最后而读不出来字符时(即读到末尾),返回值是—1。所以,可用读字符的返回值是否为—1,判断文件是否读到尾。标准库里用宏 EOF 来代替—1。

提醒,并不是文件的尾部真有一个 ASCII 码值为—1 的字符,而是函数 fgetc 的返回值如果是—1,则表示文件内容已读完(可用 ultraEdit 软件来查看文件 file2.txt 的内容验证)。

思考练习:将文件加密做成模块,格式:bool encrypt(FILE *pF1,FILE *pF2,int n)。

问题:如何将一个整数(如 21)或一个小数(如 21.5)以字符方式写至文本文件?

答案:将整数或小数转成一个个独立的字符或字符数组,然后再使用 fputc 函数写出字符至文本文件。如整数 21 转成′2′、′1′,而 21.5 转成′2′、′1′、′.′、′5′。

困惑:将一个整数或小数转成字符或字符数组比较麻烦,要考虑的情况很多,有没有方法将不同类型的数据直接以字符方式写至文件? 下面研究 fscanf 和 fprintf 函数。

(3)fprintf/fscanf 函数的使用方法介绍

在循环章节中,初步认识了 fscanf 和 fprintf,通过这两个函数可以完成内存中的整数、小数等类型与文本文件中的字符类型按某种指定格式的转化。

①fprintf 格式输出。

格式:fprintf(文件指针,″格式″,与格式对应的数据)

作用:按指定″格式″将与格式对应的数据按字符方式输出至文件指针关联的文件。

```
fprintf(p,"%c",ch);       //输出一个字符至 p 关联文件
fprintf(p,"%d",i);        //以字符方式输出一个整数至 p 关联文件,有几位写几位字符
fprintf(p,"%5d",i);       //以字符方式输出一个整数至 p 关联文件,共写出 5 位,位数不足前添空格
fprintf(p,"%f",f);        //以字符方式输出一个小数至 p 关联文件,按精度来写,小数点后保留 6 位
fprintf(p,"%6.2f",f);     //以字符方式输出一个小数至 p 关联文件,整数 6 位,小数点后保留 2 位,
                            位数不足前添空格
fprintf(p,"%s",s);        //以字符方式输出一个字符串至 p 关联文件
```

例 10.7　将整数 1 以字符方式写出至文本文件 a. txt。

```
# include <stdio.h>
int main()
{
    FILE *p; int i=1;
    p=fopen("a.txt","w");
    fprintf(p,"%d",i);          //写出语句
    fclose(p);
}
```

查看 a. txt 内容如下:

```
         0 1 2 3 4 5 6 7 8 9 a b c d e f
00000000h: 31                              ; 1
```

31(十六进制)是字符′1′的 ASCII 码,这说明 fprintf 确实起到了格式转化的作用。

如果程序代码中写出语句改为"fprintf(p,"%5d",i);",文件 a. txt 内容为:

```
         0 1 2 3 4 5 6 7 8 9 a b c d e f
00000000h: 20 20 20 20 31                  ;    1
```

20(十六进制)是"空格"字符的 ASCII 码,格式控制输出起作用。格式长度大则在前面加空格,如果格式长度小,则忽略不计,以实际变量长度显示。

例 10.8 将一个小数 21.5 写出至文本文件中。

```
#include <stdio.h>
int main()
{
    FILE *p;
    float f=21.5;
    p=fopen("a.txt","w");
    fprintf(p,"%f",f);              //写出语句
    fclose(p);
}
```

查看 a.txt 文件内容如下：

```
        0 1 2 3 4 5 6 7 8 9 a b c d e f
00000000h: 32 31 2E 35 30 30 30 30 30 30          ; 21.500000
```

结果表明：小数已经转成一个一个的字符了，小数点后显示 6 位，这说明 fprintf 有转化小数为字符的功能。

如果将写出语句改为"fprintf(p,"%6.2f",f);"，查看文件内容为：

```
        0 1 2 3 4 5 6 7 8 9 a b c d e f
00000000h: 20 32 31 2E 35 30                       ;  21.50
```

结果表明：指定长度 6 位，小数点后 2 位，应输出 21.50，但 21.50 只占了 5 位，所以前面添加一个"空格"字符，20(十六进制)即为空格。

另外，在转化小数的格式控制中，如果格式指定的总长度小于真实数的位数，此数的整数部分显示完整，小数位按指点格式显示，如"f=21111.5；fprintf(p,"%3.2f",f);"，显示的结果是：21111.50；如果格式指定的小数点后长度较小，要按四舍五入的方式输出，如"f=21.58；fprintf(p,"%5.1f",f);"，显示的结果应该是：□21.6。

例 10.9 将内存中字符串"abc def"写出至文本文件 a.txt。

```
#include <stdio.h>
int main()
{
    FILE *p;char s[20]="abc def";
    p=fopen("a.txt","w");
    fprintf(p,"%s",s);              //写出语句
    fclose(p);
    return 0;
}
```

查看生成文件内容如下：

```
        0 1 2 3 4 5 6 7 8 9 a b c d e f
00000000h: 61 62 63 20 64 65 66                    ; abc def
```

将写出语句"fprintf(p,"%s",s);"改为"fprintf(p,"%10s",s);"查看生成文件内容如下：

```
            0  1  2  3  4  5  6  7  8  9  a  b  c  d  e  f
00000000h: 20 20 20 61 62 63 20 64 65 66                     ;    abc def
```

结果表明：字符串输出时，指定格式中长度大，就在前面加空格；若长度不够，则输出全部字串。这个结果与输出整数、小数的规律相同。

注意：fprintf 同时输出多个类型数据时，中间一般用空格隔开以区别。

例如，"int i=1; float f=21.5;fprintf(p, "%d %f",i,f);",写至文本文件内容为：1 21.500000，假如不写空格，所有数据都挤在一起，很难取出来。

②fscanf 格式输入。

格式：fscanf（文件指针,"格式",与格式对应的变量地址）

作用：按指定"格式"将文件指针关联文件中的字符输入到与格式对应的变量地址处。以文件中的"空格/指定字符/非法字符"作为默认的输入中断标记。

```
fscanf(p,"%c", &ch);        //从 p 中读入一个字符至 ch 处
fscanf(p,"%d", &i);         //从 p 中连续读入字符转成整数，直到遇中断标记
fscanf(p,"%f", &f);         //从 p 中连续读入字符转成小数，直到遇中断标记
fscanf(p,"%s",s);           //从 p 中连续读入字符转成字符串，直到遇中断标记
fscanf(p,"%3d", &i);        //数字格式 3，类型格式 d，从 p 中连续读入 3 字符转成整数
fscanf(p,"%6f", &f);        //数字格式 3，类型格式 f，从 p 中连续读入 6 字符转成小数
```

注意：读入字符序列至内存中，小数会根据精度自动调整，如文件中的字符序列是 21.5，读入内存之后可能就是 21.499999，欲显示 21.5 必须再次通过输出格式进行调整，如 printf("%.2f",f)显示 21.5。通常，读入（fscanf/scanf）时不考虑数字格式（只考虑类型格式），而只有输出（fprintf/printf）时才会根据需要设置数字格式。

例 10.10 将文本文件里的数据（只有一个字符 1）读入至内存的整数变量和小数变量。

```c
#include <stdio.h>
int main()
{
    FILE *p; int i; float f;
    p=fopen("a.txt","r");
    fscanf(p,"%d", &i);        //读入至整数变量，通常不设置数字格式
    printf("%d\n",i);          //输出结果是：1
    fclose(p);
    p=fopen("a.txt","r");
    fscanf(p,"%f", &f);        //读入至小数变量，通常不设置数字格式
    printf("%f",f);            //输出结果是：1.000000
    fclose(p);
    return 0;
}
```

例 10.11 将文本文件里的数据(只有 4 个字符 21.5)读入至内存的小数型变量并显示。

```c
#include <stdio.h>
int main()
{
    FILE *p;float f;
    p=fopen("a.txt","r");
    fscanf(p,"%f",&f);          //读入至小数变量,通常不设置数字格式
    printf("%.2f",f);           //写出数据时可设置数字格式,输出结果是:21.50
    fclose(p);
    return 0;
}
```

例 10.12 将文本文件里的数据(只有 3 个字符 abc)读入至内存字符串中并显示。

```c
#include <stdio.h>
int main()
{
    FILE *p;char s[10];
    p=fopen("a.txt","r");
    fscanf(p,"%s",s);           //读入至字符数组,通常不设置数字格式
    printf("%s",s);             //输出结果是:abc
    printf("%2s",s);            //写出数据时可设置数字格式,输出结果是:ab
    fclose(p);
    return 0;
}
```

(4)fprintf/fscanf 使用注意事项

①使用 fscanf 从文件里读字段数据时,要明确读取各字段的位置。在默认情况下,各字段的分隔符是空格,从文本文件里读完一个字段,会停留在这个字段的下一字符位,通常就是空格分隔符;继续读下一个数据有两种情况:如果格式控制是%c,那么就会直接读入这个空格分隔符;如果是其他格式控制符(如%d、%f 等),则从分隔符开始,向后找到有效字符后再读取,一直到再次遇到空格分隔符或其他中断标记。

②fprintf 与 fscanf 分隔符的设置一般相同,假如 fprintf 在写数据时用空格分开各字段,那使用 fscanf 从文件里读数据时,各控制符之间也用"空格"分开,形式如下:

```
fprintf(pFile,"%d␣%s␣%f",…);      //写出数据
fscanf(pFile,"%d␣%s␣%f",…);       //读入数据
```

③fscanf 中使用%c 格式符要特别注意。例如,文件内容是:a␣b␣c,3 个字符以空格分开,若读取的格式为:fscanf(pFile,"%c%c%c"…),那读入的 3 个字符分别是 a␣b;若读取的格式为:fscanf(pFile,"%c␣%c␣%c"…),明确指定空格作为分隔符,读入 3 个字符是 abc。

④使用 fscanf 设置数字修饰符,表示读入固定长度的字符,如 fscanf(pFile,"%3d␣%

4s␣%6f″…),表示读入 3 个字符转成整数,4 个字符转成字符串,6 个字符转成小数。注意,读小数时,数据修饰符不能指定小数位数,如 fscanf(pFile,"%d␣%s␣%.2f″…)错误。

⑤如果文本文件中某个字段是"带空格字串",如下所示:

学号　　　　　姓名　　　　　分数
1101　　　　　li␣yi　　　　90

姓名字段内容是 li␣yi,要一次性地读入就成问题,因为默认情况下,空格是分隔符,遇到了空格就表示结束了。空格作为分隔符的作用在这里反而成为障碍。

解决思路有两个:一是使用新的分隔符分隔字段(如用/);二是使用固定长度来规范姓名字段的长度,读取的时候按固定长度读取。不管是哪种方式,都要求读写的格式保持一致。

(5)文本文件读到结束问题的再思考

①任意读函数与 feof 联用,判断读到文件结束。

A. 通过无返回成功读取个数的读函数与 feof 联用,判断文件结束。

例如,使用读函数 fgetc,其返回值是读取到的字符,并非成功读取个数。

在例 10.6 中,给出判断文本文件读到末尾,可使用 fgetc 是否返回 EOF(FF 或-1)作为判断依据。正常情况,文本文件中不会出现 ASCII 码是 EOF(即 FF 或-1)的字符,但特殊情况下呢? 例如,给定文本文件内容:`1101ÿ  111 1 19`。

其编码为:`31 31 30 31 FF 20 31 31 31 20 31 20 31 39`

读入核心代码:while ((ch=fgetc(pF))!=EOF) {printf("%c",ch);}

运行结果:1101

可见,程序读到 FF 就会结束,并没有真正读到文件末尾(末尾 39 是字符'9'的 ASCII 码),为解决这个问题,C/C++提供了宏函数 feof(文件指针)。

宏函数 feof 是一个判断函数,配合读函数(如 fgetc)使用,先读再判断。当读函数读到最后数据(读到最后一真实字符),feof 返回假;读函数继续读(实际是读无可读),feof 返回真,据此表达文件真正结束。虽读函数读无可读,但事实上多读了一次,最后一次读入数据(其实无真实数据),返回的是无用的-1,应该弃用,通常循环中读数据应该放在循环后部,而有效部分放在前端。

读入核心代码:

```
ch=fgetc(pF);                  //读第一个字符
int i=0;
while(! feof(pF))
{                              //pF 为读入流指针
    printf("%c",ch);
    i++;
    ch=fgetc(pF);              //读下一个字符,说明行见下
}                              //循环结束,i 标记记录真实字符个数
```

运行结果：<mark>11010 111 1 19</mark>

说明行：此句最后一次读入是不成功的，返回−1，但不会打印−1，因为循环结束。

B. 通过有返回成功读取个数的读函数与 feof 联用，判断文件结束。

这里所说的读函数虽然可以返回读出数据的个数，但在这里并不使用，而是借用 feof 来进行判断。如，使用读函数 fscanf，其返回值是成功读取个数。

如果文本文件给定的内容为：

| 1101 | liyi | 90 |
| 1102 | wym | 80 |

读入核心代码（假定至少有一条记录）：

```
int i=0;
fscanf(pF,"%d %s %f",&scoreAll[i].fNo,scoreAll[i].fName,&scoreAll[i].fScore);   //首次读
while (!feof(pF))
{
    printf("%d %s %f\n",scoreAll[i].fNo,scoreAll[i].fName,scoreAll[i].fScore);
    i++;
    fscanf(pF,"%d %s %f",&scoreAll[i].fNo,scoreAll[i].fName,&scoreAll[i].fScore);//读下行
}       //循环结束,i标记记录真实记录数
```

运行结果：显示文本文件中所有记录

说明：①最后一次读入语句（标记为读下行的语句）成功后，退出，此时 i 表示真实记录数，有效数组中数据范围[0,i−1]。②注意：上面给定的数据文件，如果是在记事本中手写的，要在最后加一个换行标记（如果此文件是程序生成的，程序控制输出每行记录，肯定每行后面有换行标记）；否则，读入最后一行，即读入 1102 wym 80 的时候，已经表示读无可读了。此时 feof(pF)为真，不会再进入循环空读一次，这与上面的读单独字符不同。通过 UltraEdit 软件查看上述给定文本文件可以发现，两行后面都有 OD OA，如果后面不主动打一个换行，则第 2 行数据后面没有 OD OA。总而言之，按规定的方式读到文件结束，feof(pF)才为真。

C. feof 使用再次提醒。

feof 判断函数是配合读函数来使用的。一般要先使用读函数，再循环判断，这种方式下读入的记录个数是准确的；如果开始就直接判断（并在循环中记录个数），则记录的个数会多1，退出循环后应该减 1，见下面代码。但是，不管是哪种方式，都会空读一次。

```
int i=0;
while (! feof(pF))
{
    i++;
    fscanf(pF,"%d %s %f",&scoreAll[i].fNo,scoreAll[i].fName,&scoreAll[i].fScore);   //读下次
}
int num=i−1                    //循环结束,i−1标记记录真实记录数
```

②返回成功读取个数的读函数可不依赖 feof,判断读到文件结束。例如,使用读函数 fscanf,其返回值是成功读取个数。针对上述文本文件内容,可通过 fscanf 每次试图读 3 个字段数据,针对其返回值是否为 3 来判断文件是否结束。

读入核心代码:

```
int i=0;
while(true)
{
    if(fscanf(pF,"%d %s %f",& scoreAll[i].fNo,scoreAll[i].fName,& scoreAll[i].fScore)==
    3){…;i++;}
    else break;
}
```

或:

```
int i=0;
while(fscanf(pF,"%d %s %f",& scoreAll[i].fNo,scoreAll[i].fName,& scoreAll[i].fScore)==
3)
{…;i++;}
```

温馨提示: fscanf 和后面的 fread 都可以返回读入数据的个数,故可不用 feof 判断。

(6)文件内容的精确定位

①位置指针。刚打开一个文件时,位置指针指向文件里的第一个字节(位置标记为 0),读写动作发生在文件指针位置处(0 处),待读写完这个字节后,文件指针指向下一个字节(位置标记为 1),读写动作发生在文件指针位置处(1 处)。

注意: 位置指针所指是尚未被读写,即等待读写处。函数 ftell 可以得到文件指针的位置。此函数的格式为:long ftell(FILE *stream)。

②随机输入输出。通常情况下,读写文件都是按顺序一个字符接着一个字符读写。例如,读第 n 个字符,就必须先读入前面 $n-1$ 个字符,这种读法效率是低下的。提高效率的思路是:改变文件位置指针,直接从定位点读写数据。标准库函数 fseek 可满足此要求,fseek 的格式如下:

int fseek(文件名,偏移量,起点位置)

偏移量:正表示后移,负表示前移。

起点位置:SEEK_CUR 表示当前位置;SEEK_SET 表示头部位置;SEEK_END 表示尾部位置。

fseek 函数的返回值为 0 表示移动成功,否则移动失败。

例如,fseek(p,20,SEEK_CUR),表示将定位点从当前位置向后移动 20 个字符。

对以字段分隔的文本文件,要快速定位于某一条记录的前提是:每条记录的长度相同。

例 10.13 文本文件 Score. txt 内容如下,请编写模块,根据输入的序号修改学生的姓名,例如,输入序号为 1 则修改第 1 条记录的姓名 liyi。

说明: Score. txt 文件按%4d、%10s、%6.2f 写入数据。

| 字符内容 | ```
1101      liyi 90.00
1102       lxr 98.00
1103  wangyimin 96.00
``` |
|---|---|
| 编码内容 | ```
31 31 30 31 20 20 20 20 20 20 20 6C 69 79 69 20 ; 1101      liyi
20 39 30 2E 30 30 0D 0A 31 31 30 32 20 20 20 20 ; 90.00..1102
20 20 20 6C 78 72 20 20 39 38 2E 30 30 0D 0A ;   lxr  98.00..
31 31 30 33 20 77 61 6E 67 79 69 6D 69 6E 20 ; 1103  wangyimin
20 39 36 2E 30 30 0D 0A           ; 96.00.
``` |

解决思路: 从文件"编码内容"看,每条记录包括 22 个有效字符(包括空格)和 2 个控制字符(回车 OD、换行 OA),总长度是 24。24 * (序号-1)就是修改记录的头部定位点。

从定位点开始,将定位记录的学号、姓名和分数分别按 4 位整数、10 位字符串、6 位小数读入(此时文件位置在本记录末尾的 OD 处),输入新姓名,组合成新数据记录后再次整体写出(写出位置需要从当前 OD 处回撤 22 回到本记录的开头)。

模块代码:

```cpp
void modiScoreTXT()
{                                    //归属 ScoreManager
    int i=0,no;
    Score s;                         //Score 定义见教材 9.2
    char nextFlag='y',adjustFlag='y';
    FILE *pFile=fopen("Score.txt","r+");
    while (nextFlag=='y')
    {
        printf("请输入要调整姓名的学生序号(1,2,3):"); scanf("%d", & no);
        fseek(pFile,(no-1)*24,SEEK_SET);  //每条记录的长度 24(包括 OD、OA)
        if (fscanf(pFile,"%d %s %f", & s.fNo,s.fName, & s.fScore)==3)
        {                            //下面 3 行注释代码,用于测试文件指针停留位置
            printf("now position%d:",ftell(pFile));  //测试位置,22,指向 OD
            printf("ch%c:",fgetc(pFile));  //读入的 OD、OA 视为一个字符,结果为 OA,与写相反
            printf("now position%d:",ftell(pFile));  //测试位置,24,指向下一记录头
            printf("要修改的记录内容如下:\n");
            printf("%d %s %f\n",s.fNo,s.fName,s.fScore);
            printf("需要调整吗(y/n)?");
            fflush(stdin);           //清除 scanf("%d",&no);输入 no 后的 OD、OA
            if((adjustFlag=getchar())=='y')
            {
                printf("请输入新姓名:"); scanf("%s",s.fName);
```

```
                fseek(pFile,-(24-2),SEEK_CUR);      //回到本记录起点
                fprintf(pFile,"%4d %10s %6.2f\n",s.fNo,s.fName,s.fScore);
            }
        }
        printf("还需要修改其他人姓名吗(y/n)?");
        fflush(stdin);                    //清除 scanf("%s",s.fName);输入 s.fName 后的 OD、OA
        nextFlag=getchar();
    }
    fclose(pFile);
}
```

运行结果：

```
请输入要调整姓名的学生序号(1,2,3):1
要修改的记录内容如下：
1101 liyi 90.000000
需要调整吗(y/n)?y
请输入新姓名:liyi2
```

修改姓名后得到的文本文件内容如下：

```
1101    liyi2   90.00
1102    lxr     98.00
1103    wangyimin 96.00
```

程序解释：

• 读一条记录遇到 OD、OA 结束，文件位置定位在 OD 上，前面有 22 个当前记录字节，所以改变姓名之后，重新写记录时将当前位置回拨 22 个字节再写至文档。

• 输入一个字符来判断"需要调整吗？"和"还需要修改其他人姓名？"时，用到了getchar 函数，此函数会从键盘缓冲区里读取字符。虽然前面输入修改序号 no 和输入姓名s.fName 时有回车换行(OD OA)动作，但进入输入缓冲只有 OA 字符，getchar 优先读取OA，让判断是否为'y'语句无法进行下去，所以在判断字符前，使用 fflush(stdio)清除缓冲区。

• OD 是回车，OA 是换行。当调用输出函数向文件中写出时，OA(即转义符\n)转成OD、OA 两个字符；而调用输入函数从文件中读入时，读到 OD、OA 看成一个字符 OA(即转义符\n)。上述代码中注释行就是试验从记录末尾 OD 处读取一个字符，结果证明，OD、OA连读并转成 OA。

• Score.txt 文件可以通过编程生成，方法是先定义结构体数组，并初始化数据，再调用"fprintf(pFile,"%4d %10s %6.2f\n",scoreAll[i].fNo,scoreAll[i].fName,scoreAll[i].fScore);"。

(7)回车换行再思考

上例中，文件 Score.txt 中的每条记录末尾的 OD OA(回车\r　换行\n)进入输入缓冲区时，只有一个字符 OA(换行\n)；而当我们将 OA(换行\n)写至文件时，输出缓冲区进入文

件的内容是 OD OA(回车\r 换行\n)。如下图所示：

为什么会出现这样的结果呢？这要追溯到打字机时代,回车(CR)表示打印针回到行首,换行(LF)指打印针移动到下一行,移动至下行头部打印这个简单行为由 CR、LF 两个动作联合完成。到了计算机时代,人们发现无需使用这两个动作表达上述简单行为,所以 UNIX 和 MAC 平台均只用一个 LF 来表示,而 WINDOWS 平台沿用了打字机的换行方式 CR、LF,用 16 进制来表达就是 OD OA。

因此,在 WINDOWS 平台上,各类文件的换行动作都被以 OD OA 方式记录下来,磁盘文件如此,键盘和显示器也如此。键盘上按回车键实际上输入的是 OD OA,显示器显示换行是输出了 OD OA,但需要特别注意的是,在缓冲区里只有 OA 一个字符。

10.4.2 使用文件指针完善成绩管理系统的 **ScoreManager** 管理器

使用以文件指针为参数的 fscanf/fprintf 函数,可以在实现文本文件方式下,格式化字符的读入和写出,为"成绩管理系统"建立的保存数据模块和调入数据模块如下：

保存数据模块：(实际人数采用局部变量方案)

```
void saveScoreTXT(Score *pScoreAll,int n,int num)
{
    FILE *pFile=fopen("Score.txt","w");
    for (int i=0;i<num;i++)              //num 表示真实的人数
    {
        //请注意写数据的格式控制控制符,另外中间加空格分隔
        fprintf(pFile,"%d %s %f\n",pScoreAll[i].fNo,pScoreAll[i].fName,pScoreAll[i].fScore);
    }
    fclose(pFile);
}
```

调入数据模块：(实际人数采用局部变量方案)

```
void loadScoreTXT(Score *pScoreAll,int n,int *pNum)
{
    int i=0;
    FILE *pFile=fopen("Score.txt","r");
    while(fscanf(pFile,"%d%s%f",& pScoreAll[i].fNo,pScoreAll[i].fName,& pScoreAll[i].
    fScore)==3)
    {
        i++;
    }
    *pNum=i;
    fclose(pFile);
}
```

测试主模块代码：

```
# include "Score.h"
# include "ScoreManager.h"
int main()
{
    Score scoreAll[40];                    //定义结构体数组,容量为 40
    int num=0;
    inputScore(scoreAll,40, & num);        //输入学生分数,代码见 9.6.2
    saveScoreTXT(scoreAll,40,num);         //保存学生分数
    loadScoreTXT(scoreAll,40, & num);      //调入学生分数
    displayScore(scoreAll,40,num);         //显示学生分数,代码见 9.6.2
}
```

运行结果：

①查看当前目录下生成 Score. txt 文件,内容如下：

　　1101 liyi 90.000000

　　1102 wym 80.000000

　　1103 lxr 99.000000

②显示器显示内容如下：

```
1101 liyi 90.000000
1102 wym 80.000000
1102 lxr 99.000000
```

程序解释：

• 在 saveScoreTXT 模块中,使用 fprintf 时为什么在各个控制符之间要加"空格"呢? 如果不加的话,写到文件里的数据是 1101liyi90.000000…这样的数据,是不方便从里面取每个字段的(万一相邻字段都是数值型数据,那就根本无法分开)。另外,在写数据的时候,不同行之间要标记出来,所以后面加上"\n"。

• fprintf 向文件写数据是根据给定的"格式"写 ASCII 字符,如针对小数 88.5,如果给定格式是%f,写到文件里的字符就是 88.500000,如果给定格式为%.2f,那么写到文件的字符就是 88.50,严格按格式要求转化成字符。

• fprintf 函数可在格式前加数字修饰符,如 fprintf(pFile,"%4d␣%10s␣%6.2f\n"…),这样做的好处保证每次写到文件的记录长度都相同,方便今后对记录的随机抽取。上述格式中:%4d 占 4 个字节,%10s 占 10 个字节,%6.2f 占 6 个字节,\n 表示回车加换行占 2 个字节,再加上中间的 2 个空格分隔符,合起来共占了 24 个字节,每条记录在文本文件里占 24 个字节。如果 saveScoreTXT 模块写出代码改为 fprintf(pFile,"%4d␣%10s␣%6.2f\n"…),则文本文件的内容如下：

```
|.....|....10|....|....20|
1101        liyi  90.50
1102         wym  80.00
1103         lxr  99.00
```

• 在 loadScoreTXT 模块中,判断至文件结束,既可通过 fscanf 的返回值是否为 3 决定,也可通过 feof 函数来判断,具体参见 10.4.1 第(5)点。

10.4.3 流对象方案

使用流对象方式读写磁盘文件,需要借助两个类:ifstream 文件输入类,ofstream 文件输出类。使用类需前加♯include <fstream. h>,其中包括了对 ifstream 和 ofstream 的声明。

(1)文件读写的步骤

①定义流对象及与具体文件关联(定义和关联也可分开写)。

```
ifstream in("file1.txt",ios::in);      //等价于 ifstream in;in.open("file1.txt",ios::in);
ofstream out("file2.txt",ios::out);    //等价于 ofstream out;out.open("file2.txt",ios::
                                       out);
```

上述定义 in 为输入流对象,out 为输出流对象。

②通过流对象的各种方法进行读写。通常使用针对输入流对象 in 的 get/<<等方法从磁盘文件 file1. txt 里读取字符数据,使用针对输出流对象 out 的 put/>>等方法将数据以字符方式写到 file2. txt。

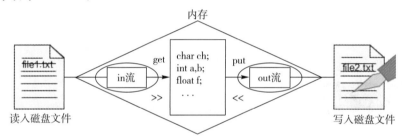

图 10-8　通过流对象读写文本文件的原理

例 10.14　从键盘上输入字符'1',以文本文件 file2. txt 的形式保存下来。

```
#include <iostream.h>
#include <fstream.h>
int main()
{
    ofstream out("file2.txt",ios::out);      //流对象定义为 outfile
    char ch;cin>>ch;
    out<<ch;        //对于纯粹的字符输出,也可使用方法 put,代码 out.put(ch);
    out.close();
    return 0;
}
```

运行结果,如果从键盘上输入字符'1',生成一个 file2. txt,里面内容是 1。

注意:如果上面代码中定义的 ch 是 int 型,其他不变,从键盘上依然输入 1,生成的 file2. txt 里内容依然是 1,这说明"<<"方法输出的是文本流。

③关闭流对象。打开的流对象使用完需关闭,方法为"out. close();"。

（2）如何判断读到文件末尾

①任意读方法与流对象的 eof 方法联用，判断读到文件结束。此方法原理和使用类似于函数 feof，通常也是循环前先读一次，读入核心代码如下：

```
in.get(ch);                    //读第一个字符
while(!in.eof())               //in 为读入流对象
{
    cout<<"—"<<ch<<endl;
    in.get(ch);                //读下一个字符
}
```

②有返回流对象的读方法可不依赖 eof 方法，判断读到文件结束。流对象的读方法返回值绝大部分还是流对象（不管是针对单独字符，还是格式字符），通过判断返回流对象是否为空，可以得知是否读到文件末尾。

读入单独字符代码（文件内容 abcdef…）：

```
char ch;ifstream infile("input.txt",ios::in);
while(true){if(infile.get(ch)) cout<<ch;else break;}//或 while(infile.get(ch)) cout<<ch;
```

读入格式字符代码（文件内容 1101　liyi　90…）：

```
while(infile>>scoreAll[i].fNo>>scoreAll[i].fName>>scoreAll[i].fScore) i++;
```

10.4.4　使用流对象完善成绩管理系统的 **ScoreManager** 管理器

在 10.4.2 中，使用文件指针对分数结构体数组进行保存和调入，本节使用流对象方式重写保存模块和调入模块。

保存模块代码：

```
void saveScoreTXT2(Score *pScoreAll,int n,int num)
{
    ofstream outfile("Score.txt",ios::out);
    for (int i=0;i<num;i++)
    {
        outfile<<pScoreAll[i].fNo<<" "<<pScoreAll[i].fName<<" "<<pScoreAll[i].fScore<<" ";
    }
    outfile.close();            //关闭文件流
}
```

调入模块代码：

```
void loadScoreTXT2(Score *pScoreAll,int n,int *pNum)
{
    int i=0;
    ifstream infile("Score.txt",ios::in);
```

```
    while (true)
    {
        infile>>pScoreAll[i].fNo>>pScoreAll[i].fName>>pScoreAll[i].fScore;
        if (infile.eof())
        {
            break;
        }
        i++;
    }
    *pNum=i;              //记录个数要传回给主模块
    infile.close();       //关闭文件流
}
```

测试主模块代码和运行结果同 10.4.2。

程序解释：

• 调入模块,判断尾部使用读入流的 eof 方法,此方法到尾返回非 0,否则返回 0。等价于 "while (infile>>pScoreAll[i].fNo>>pScoreAll[i].fName>>pScoreAll[i].fScore) i++;"。

• 调入模块的写法,也可以是以下代码。

```
while(! infile.eof())
{
    i++;
    infile>>pScoreAll[i].fNo>>pScoreAll[i].fName>>pScoreAll[i].fScore;
}
*pNum=i-1;              //记录个数要传回给主模块,注意-1
```

• 调入模块,使用>>读入数据,默认以空格作为分隔符。当然,也可在保存模块中指定分隔符写出,然后读入指定格式的字符。

10.5 二进制文件的读写

10.5.1 二进制文件读写的必要性

既然数据用文本文件保存和调入是可行的,那么为什么要使用二进制文件呢？实际上,结构化数据保存在文本文件会给操作带来不便,例如,需要快速读取文本文件中某同学成绩(每个记录包括学号、姓名、分数)就很困难,除非规定好每个记录的长度(确定各字段写出长度),可以用快速定位的方法(参见 10.4.1 第(6)点),但这种方法又不利于数据的保密。

使用内存中结构体数组(如 Score scoreAll[40]),访问第 i 个记录就很方便(scoreAll[i]),其实质就是指针移动到第 i 个记录。二进制文件是内存块的原版拷贝,所以二进制文件与结构体数组使用起来一样方便。

二进制文件的读写,同样有指针方式和流对象两种解决方案。

10.5.2　文件指针方案

使用文件指针方式读写磁盘文件,需要增加♯include ＜stdio. h＞,其中包括文件类型和各种读写函数声明。

(1)文件读写的步骤

①定义指针。

格式:FILE *pFile;

②指针和具体的文件关联。

格式:pFile＝fopen(文件名,读写模式);

读写模式:rb 表示读,wb 表示写,在后加＋号,表示读写均可。

例如,向磁盘二进制文件 file1. dat 读数据,关联语句为:

FILE *pFile1＝fopen("file1. dat","rb");

例如,向磁盘二进制文件 file2. dat 写数据,关联语句为:

FILE *pFile2＝fopen("file2. dat","wb");

③读写文件函数。因为二进制文件的特殊性,通常使用的读写函数是 fwrite 和 fread。

写函数:int fwrite(const void * buffer, size_t size, size_t count, FILE *stream);

作用:从内存某个地方开始,将一块或者多块区域写至文件。

参数:参数 buffer,表示欲写出数据的头地址,这个地址规定是无类型指针,所以对于给定的其他类型地址要经过强制转化;参数 size,表示要写的一块数据大小;参数 count,表示要写多少块;参数 stream,是输出文件指针,表示向哪个文件里写。

返回值:写出的块数,正确写出数据后,应返回 count。

例如,将分数结构体数组 pScoreAll 里 num 位学生写至文件,确定好这 4 个参数分别是:

buffer——(void *)pScoreAll:pScoreAll 是写出数据的头地址;

size——sizeof(Score):一个分数结构体的大小;

cout——num:共 num 个人,要写了 num 块;

stream——pFile:代表关联的文件指针。

保存代码:

```
int n＝fwrite((void * )pScoreAll,sizeof(Score),num,pFile);//写出成功,返回值 n 等于 num
```

读函数:int fread(void * buffer, size_t size, size_t count, FILE *stream);

作用:从文件里读入一定规格和数量的数据置于内存中某个地址。

参数:参数 buffer,表示读进来数据放置的起始地址,这个地址规定是无类型指针,所以对于给定的其他类型地址要经过强制转化;参数 size,表示要读的一块数据的大小;参数 count,表示要读的块数;参数 stream,是输入文件指针,表示从哪个文件读。

返回值:返回值是每次读入的块数。正确读入,则返回值为 count,如果两者不等表示已经读完了,这可以作为读完二进制文件中所有数据的判断条件,例如:

```
while(true){ if (fread((void * ) & pScoreAll[i],sizeof(Score),1,pFile)!=1){break; } i++; }
```

上面代码表示,从 pFile 里读数据,每次读 1 块,每块大小就是 Score 的大小,放置的位置是内存中学生数组的第 i 个位置,正常情况下应该返回 1,如果不为 1,表示读完了。

问题:能不能从二进制文件里(如 Score. dat)里一次性将所有数据块都读入内存呢?

答案:不行,因为不知道 Score. dat 里到底有几条记录,所以第 3 参数 count 无法确定。

④关闭文件。

格式:fclose(pFile);

(2) fwirte/fread 函数的简单使用

例 10.15 从键盘上输入一个整数,并将它保存成二进制文件。

```
# include <stdio. h>
int main()
{
    int i;FILE *pFile2;                      //定义指针变量
    pFile2=fopen("file2.dat","wb");          //以写方式打开文件,文件不存在时自动建立
    scanf("%d", & i);
    fwrite((void * ) & i,sizeof(i),1,pFile2);
    fclose(pFile2);
    return 0;
}
```

程序运行之后,从键盘上输入整数 999,在程序目录下会生成 file2. dat 文件,用记事本打开之后发现是乱码,其原因是保存这个整数在内存中的格式,而不是 999 这 3 个字符。

(3)二进制文件的随机读写

如果二进制文件里保存的是结构化数据,如结构体数组,那么随机读写文件中某记录将非常简单,原理是:结构体数据长度固定,借助函数 fseek 快速定位某条记录关于(fseek 的介绍见 10.4.1 第(6)点)。

例 10.16 编写模块,根据一个给定的记录号,修改二进制文件中某个记录里的数据。

```
void modiScoreBin(int no)
{
    int i=0;
    Score s={1109,"xxxx",90.5};              //用 s 替换 no 号记录
    FILE *pFile=fopen("Score.dat","rb+");    //"rb+"表示二进制文件即可读也可写
    fseek(pFile,(no-1) *sizeof(Score),SEEK_SET);  //定位
    fwrite((void * ) & s,sizeof(Score),1,pFile);  //写出语句,将 s 写至二进制文件
    fclose(pFile);
}
```

（4）如何判断读到文件末尾

既可通过读函数与 feof 函数的联用判断，也可通过带有成功返回读取个数的读函数直接判断，参见 10.4.1 第（5）点。例如，通过 fread 与 feof() 函数联用判断，或将 fread 函数的返回值是否等于其第 3 参数 count 作为判断依据。

10.5.3　使用文件指针完善成绩管理系统的 ScoreManager 管理器

编写模块 saveScoreBIN 和 loadScoreBIN，将结构体数组里的元素保存成二进制文件和从二进制文件里调入数据到内存的数组中。

保存和调入模块代码如下：

```
void saveScoreBIN(Score *pScoreAll,int n,int num)
{
    FILE *pFile=fopen("Score.dat","wb");
    fwrite((void * )pScoreAll,sizeof(Score),num,pFile);          //void * 转型
    fclose(pFile);
}
void loadScoreBIN(Score *pScoreAll,int n,int *pNum)
{
    int i=0;
    pFile=fopen("Score.dat","rb");
    while (true)
    {
        if (fread((void * ) & pScoreAll[i],sizeof(Score),1,pFile)!=1)   //void * 转型
        {
            break;
        }
        i++;
    }
    *pNum=i;
    fclose(pFile);
}
```

测试主模块代码和运行结果同 10.4.2。

程序解释：

• 和前面文本文件保存结构化数据不同，向文件里写数据不需要格式控制。

• loadScoreBIN 中读取记录直到结束代码中的循环部分可以修改为：

　　`while (fread((void * ) & pScoreAll[i],sizeof(Score),1,pFile)==1) {i++;}`

• loadScoreBIN 循环部分还可用 feof 函数判断读到文件末尾，由于 feof 是读到文件末

尾后,才会标记结束,所以对于循环读取,要多读一次(读到文件结束)才能标记结束,因此真实的记录数应该在循环次数的基础上减1,代码如下:

```
while (!feof(pFile)){ fread((void*)(pScoreAll+i),sizeof(Score),1,pFile);i++;}
*pNum=i-1;          //这里一定要减1
```

10.5.4 流对象方案

使用流对象方式读写磁盘文件,需要借助两个类:ifstream 文件输入类和 ofstream 文件输出类。使用类需前加♯include <fstream.h>,其中包括了对 ifstream 和 ofstream 的声明。

(1)操作步骤

①定义流对象及与具体文件关联(定义和关联也可分开写)

```
ifstream infile("file1.dat",ios:in||ios::binary);
                    //等价 ifstream infile; in.open("file1.dat", ios:in||ios::binary);
ofstream outfile("file2.dat",ios:out||ios::binary);
                    //等价 ofstream outfile; out.open("file2.dat", ios:out||ios::binary);
```

上述定义 infile 是读流对象,outfile 是写流对象。

②通过流对象的各种方法进行读写。因为二进制文件的特殊性,通常使用的读写方法是 write 和 read。

写方法:ostream & write(const char *pch, int nCount);

解释:pch 写出数据的起始地址,注意地址类型是 char*,nCount 表示要写的字节数。

读方法:istream & read(char *pch, int nCount);

解释:pch 是读入数据放置的内存地址;nCount 表示要读的字节数。

> **温馨提示**:对二进制文件的操作,以流对象方式进行读写的 read/write 方法的参数有 2 个,而以文件指针进行读写的 fread/fwrite 函数的参数有 4 个。

③流的关闭,如针对上述定义的两个流对象,关闭方法为:

outfile.close();

(2)如何判断读到文件末尾

既可通过读方法与流对象的 eof 方法联用,也可通过读方法的返回流对象作为判断依据,参考 10.4.3 第(2)点。如可通过 read 方法与 eof 方法联用判断或通过 read 方法的返回值是否为空直接判断。

判断读文件末尾小结:通过成功读取个数或是否能读出来这两种方式判断,具体如下:

文件指针方案:①能够成功返回读入数据个数的读函数,直接通过个数判断,如 fscanf,fread 等读函数;②不能返回读入数据个数的读函数,与 feof 函数联用来判断,如 fgetc。

流对象方案:①返回流对象的各种读方法,直接通过是否为空判断,如 read 读方法;②流对象的各种读方法与 eof 方法联用来判断,如 get,>>等读方法。

10.5.5 使用流对象完善成绩管理系统的 **ScoreManager** 管理器

编写模块 saveScoreBIN2 和模块 loadScoreBIN2,模块 saveScoreBIN2 将结构体数组里的元素保存成二进制文件,模块 saveScoreBIN2 的功能是从二进制文件里调入数据到内存的数组中。

保存和调入模块代码如下:

```
void saveScoreBIN2(Score *pScoreAll,int n,int num)
{
    ofstream outfile("Score.dat",ios::out || ios::binary);
    outfile.write((char *)pScoreAll,sizeof(Score) * num);
    outfile.close();
}
void loadScoreBIN2(Score *pScoreAll,int n,int *pNum)
{
    int i=0;
    ifstream infile("Score.dat",ios::in || ios::binary);
    while (infile.read((char *) & pScoreAll[i],sizeof(Score)))
    {
        i++;
    }
    *pNum=i;
    infile.close();
}
```

测试模块代码和运行结果同 10.4.2。

程序解释:

• write 方法向二进制文件里写数据时,需指定头部和长度。所以对于一个确定了长度的数据,可以一次性写到文件中去。但要注意这个长度不是数组的长度,是指数组里所有元素的字节数:数组长度 * 每个记录的大小,如 num *sizeof(Score)。

• read 方法从二进制文件里取数据,由于不知道二进制文件里记录的长度,所以也不可能一次性地读完(除非知道确切的长度),read 方法会返回一个流对象,当这个流对象不为空的时候,说明没有到末尾,所以每次读一条记录,循环读取直到尾部,表达方法为:while (infile.read((char *) & pScoreAll[i],sizeof(Score)))。

• 从二进制文件里读数据时,会将指定长度的数据读到指定的地址区,因此在读文件时必须先确定好接收的地址,且需强制转化成 char * 类型。

小结:文件指针和流对象方案判断文件末尾有两种方法:第一种方法为借助 feof 函数/eof 方法与相应读函数/读方法;第二种方法为借助读函数/读方法的返回值来判断。

10.6　函数的实质——函数指针

10.6.1　函数指针的定义

(1)函数的实质

函数是一组带返回功能的指令集合,调用函数就是将函数生成的目标代码的首地址赋给 CPU 的 PC 寄存器,从这个新地址开始执行指令。

(2)函数指针

在C/C++中,函数名直接对应于函数编译后生成指令代码的地址,函数名就是地址,可定义指向函数的指针变量来保存这种地址。

函数指针格式:数据类型(＊指针变量名)(参数表)

格式中的数据类型和参数表,依据指针变量所指原型函数的数据类型和参数表。

例如,int(＊p)(int a,int b)定义了函数指针 p,表示原型函数有 2 个整型参数,1 个整型返回值的函数,而 p 就是保存这类函数的指针变量。

注意:第一,只要符合参数定义的函数都可以作为原型函数,如 p 既可以指向 int xxx (int a,int b),也可以指向 int yyy(int a,int b);第二,p ++、p――操作对函数指针无意义,因为没有办法确定一个函数的代码到底多长,故无法移动。

(3)如何使用函数指针

函数指针的使用包括三步:首先定义一个指向函数的指针变量;然后将一个实际存在的函数名赋值给它;最后使用指针变量名操作原函数。

例 10.17　通过函数指针分别指向求 2 个整数较大数模块和求 2 个较小数模块,从而间接地调用这两个函数。因为这两个模块有一致的参数和返回值,用同一个函数指针指定即可。

```cpp
# include <iostream.h>
# include <Int.h>                    //Int.h有getMax/getMin 函数的声明,见第1章
int main()
{
    int(*p)(int a,int b);            //定义函数指针变量p,注意将指针用()括起来
    int a,b;                        //定义两个输入值
    cin>>a>>b;
    cout<<"直接调用原函数求最大值:"<<getMax(a,b)<<endl;
    p=getMax;                       //使用函数指针,将函数名直接赋给函数指针变量
    cout<<"使用函数指针求最大值:"<<(*p)(a,b)<<endl;
    cout<<"直接调用原函数求最小值:"<<getMin(a,b)<<endl;
    p=getMin;                       //使用函数指针,将函数名直接赋给函数指针变量
    cout<<"使用函数指针求最小值:"<<(*p)(a,b)<<endl;
    return 0;
}
```

运行结果：

程序解释：

- 使用函数指针，与使用一般指针相同，前加指针运算符 *，即（*p）就是 getMax。
- 使用函数指针，也可以不加指针运算符直接调用函数，即 p(a,b)也是可以的。

10.6.2 函数指针作参数和返回值 *

如果函数指针仅仅是提供操作函数的另一种方法（间接方法），并不能够带来更大的好处（相反，何必要这么麻烦呢？）。事实上，函数指针可作为函数的参数和返回值，既可以向一个函数传递另一个函数，也可以通过函数调用后返回一个函数。

例 10.18 已知根据输入的两个整数和一个符号的 4 个模块 add/minus/multiple/divide，编写模块，使用函数指针调用已知模块。

方法一：函数指针作参数。

总体思路：首先编写 add(加)、minus(减)、multiple(乘)、divide(除)4 个函数，然后编写以上述函数作为参数的函数 process，根据不同的运算符分别调用，如：

```
process(2,3,add)        //add 是函数名，也是地址，也称"函数指针"
process(2,3, minus)     //minus 是函数名，也是地址，也称"函数指针"
process(2,3, multiple)  //multiple 是函数名，也是地址，也称"函数指针"
process(2,3, divide)    //divide 是函数名，也是地址，也称"函数指针"
```

这里的关键问题是编写 process 函数（归属在 Calc），它的参数有 3 个，其中 2 个是要运算的整数，而另外一个要接收处理函数（加、减、乘、除）的地址，应定义成函数指针变量，其形式依据加、减、乘、除 4 个函数（2 形参 1 返回值）。模型结构和具体代码如下：

模型结构：

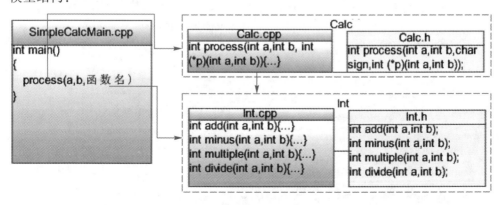

程序代码：

主模块代码，文件名 SimpleCalcMain. cpp	处理模块代码，文件名 Calc. cpp
| ```cpp
# include <iostream.h>
# include "Calc.h"
# include "Int.h"
int main()
{
    int a,b,result;char op;
    cout<<"请输入两个数和一个符号";
    cin>>a>>op>>b;
    if (op=='+')
    {
        result=process(a,b,add);
    }
    else if (op=='-')
    {
        result=process(a,b,minus);
    }
    else if (op=='*')
    {
        result=process(a,b,multiple);
    }
    else if (op=='/')
    {
        result=process(a,b,divide);
    }
    else cout<<"输入符号有误!";
    cout<<a<<op<<b<<"="<<result<<endl;
    return 0;
}
``` | ```cpp
# include "Calc.h"
# include "Int.h"
//模块中函数指针定义应与指向模块对应
int process(int a,int b, int (*p)(int a,int b))
{
    int result;
    result=p(a,b);
    return result;
}
``` |
| | **加,减,乘,除模块代码，文件名 Int. cpp** |
|  | ```cpp
# include"Int.h"
int add(int a,int b)
{
    return a+b;
}
int minus(int a,int b)
{
    return a-b;
}
//乘除函数略
``` |

方法二：函数指针作返回值。

总体思路：首先编写一个根据运算符返回函数指针的函数，例如，p＝getCalc('符号')，这个 p 代表了加、减、乘、除 4 个函数中的某一个，然后通过 p 来得到计算结果。

这里的关键问题是编写 getCalc 函数，入口参数是一个字符，返回值是一个函数指针，可以先用 typedef 进行类型的重新定义，这样写出的函数含义清楚，格式如下：

    typedef int (*pCalcStyle)(int, int);   //定义函数指针类型 pCalcStyle
    pCalcStyle getCalc(char op);   //根据 pCalcStyle 定义函数 getCalc 的返回值类型

模型结构：

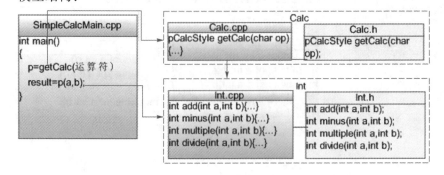
```

程序代码：

主模块代码，文件名 SimpleCalcMain. cpp	处理模块代码，文件名 Calc. cpp

``cpp
# include <iostream. h> 	
# include "Calc. h" 	
# include "Int. h" 	
int main()
{
    int a,b,result;char op;
    cout<<"请输入两个数和一个符号";
    cin>>a>>op>>b;
    pCalcStyle p;
    p=getCalc(op);//返回一个函数
    result=p(a,b);
    cout<<a<<op<<b<<"="<<result<<endl;
    return 0;
}
``
	``cpp
	# include "Calc. h"
	# include "Int. h"
	typedef int (*pCalcStyle)(int, int);
	pCalcStyle getCalc(char op)
	{
	    if (op=='+') return add;
	    else if (op=='-') return minus;
	    else if (op=='*') return multiple;
	    else if (op=='/') return divide;
	    else return NULL;
	}
	``

程序说明：定义 getCalc 函数："typedef int (*pCalcStyle)(int, int); pCalcStyle getCalc (char op);"。若不用 typedef 而直接写出，形式如："int (* getCalc (char op))(int, int);"。此写法形同函数指针的定义方法："int (*p)(int, int);"。可见函数指针与返回函数指针的函数是一回事，都是表达了某个函数的头地址，只不过这里的 p 是指向某特定类型地址，而 getCalc (char op)是返回某特定类型地址。

10.6.3　函数指针的应用价值[*]

（1）应用价值

函数指针的传递和返回带来巨大好处，涉及设计模式。如何弥补面向过程程序设计思路的不足？如何体现面向对象程序设计思路的优势？这些问题都与函数指针的传递有着密切的关系，或者说就是直接使用了函数指针作为函数的参数。

①回调。面向过程程序设计思路，强调"自顶而下、逐步求精、模块设计、结构编程"，简单地说就是规划接口、分层设计。分层设计思路的好处显而易见，每层都只需关心自己的东西，层和层之间的交互仅限于一个很窄的接口（这里的接口指参数和返回值），只要接口不变，某一层的变化不会影响其他层，这有效地隔离每层内部变化。分层设计的一般原则是：上层能够直接调用下层的函数，下层则不能直接调用上层的函数。

但我们发现，现实往往不是那么一回事，下层常常需要反过来调用上层的函数。例如，在拷贝文档时，在界面函数调用一个拷贝文档函数。界面函数是上层，拷贝文档函数是下层，上层调用下层，但是界面层更新进度条就会出现难堪局面：第一，只有拷贝文档函数才知道拷贝的进度，但它在下层，它不应该亲自更新界面的进度条，这不是它的使命（每层每个函数都应该有自己的使命，而不能越俎代庖）；第二，界面层有义务去更新进度条，但它却无法知道拷贝的进度,因拷贝的进度在拷贝函数里。类似这种现象非常普遍,怎么办?

现在面临的问题是:既要遵循分层设计思想,又要能够保证下层主动与上层的沟通。解决办法只有一个:用函数指针,将界面层函数的地址传给拷贝函数,拷贝函数内部在适当位置通过界面函数地址调用界面层函数,被传出的界面层函数反被下层调用,这种上层函数称"回调函数",这里我们只介绍了思路,下一节将会详细地探讨回调函数的建立和调用过程。

②抽象接口。面向对象设计中一个重要的思想就是先抽象(接口),再具体(实现)。例如,"说话"对"人"类来说,可看成一个抽象接口,但具体到"中国人"说话,意思就明确了,这个"说话"指的是说"汉语——我吃过了",具体到"中国上海人"说话,意思就更明确了,这个"说话"指的是说"上海话——阿拉七过完",可以看出来,首先定义一个抽象的接口,然后根据需要即时填写实际内容,这种先抽象再具体做法的目的是隔离变化,把不变的和变化的分开,不变的是"说话",变化的是"说话内容和方式",从而避免牵一发而动全身,付出惨痛的代价。这个抽象接口的实质是什么?就是函数指针(参见教材13.3)。

从设计模式角度看,先定义接口,再用这个接口绑定实际应用函数,从而实现"一种表达,多种含义"的面向对象程序设计思想。注意,此处"接口"与第①点所说的"接口"意义不同。

实际上,当前软件设计都遵循先抽象再实现的思路,例如,设备驱动程序(驱动程序是驱动硬件的程序,如驱动声卡的程序),每种设备都会提供统一的接口,而不同的公司/个人只要遵循相应的接口规范,就可以编写不同的驱动程序。

③降低耦合的情况。面向过程强调函数间的层层控制,教材3.9讨论了面向过程的函数设计中高内聚、低耦合的情况。面向对象更强调对象间分工合作,对象设计(类设计)也需高内聚、低耦合。

现实世界中的对象处于层次关系的较少,处于对等关系的居多(万事万物平等)。也就是说,对象间的交互往往是双向的。双向交流会加强对象间的耦合,耦合本身没有错,实际上耦合是必不可少的,没有耦合就没有协作,如果对象之间无法形成一个整体,就什么事也做不了。关键在于耦合要恰当,在实现预定功能的前提下,耦合要尽可能地降低,这样,系统一部分变化对其他部分的影响会很少。

例如,"班级"和"学生"有非常紧密的联系,但如果将"学生"作为"班级"的一个不可分离的部分,这就是一个紧耦合,这种设计思路不好,显然,删除"班级"就势必将"学生"也删除了,这不合理。"学生"的"生死"不是由班级就能够决定的,应做的仅仅是通知"学生"不要再跟这个班级发生联系,而这种通知如果是"班级"对象直接去调用"学生"对象的函数,虽然完成功能要求,但对象之间的耦合又变紧了。怎样将这种耦合降到最低呢? signal机制提供了很好的思路:让"学生"在"班级"中主动注册一个回调函数,一旦"班级"有变化发生,就调用回调函数通知"学生"或其他对象,实现了功能,同时保证耦合度降低。

(2)回调设计模式建立计算器

为解决上述上下层双向交流,必须设计回调,上层(客户端)调用下层(服务端)某函数时,传递上层特定函数地址(此特定函数称为回调函数),在某函数的执行过程中,可使用上层特定函数。用这种设计模式重新设计例 10.18 的计算器程序,模型结构如下:

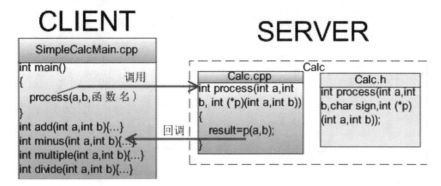

按上述设计模式,看起来代码内容不变,但 add/minus 等函数位置不同,请与例 10.18 图细致比较。

10.7　静态库和动态库函数

10.7.1　库的基本概念与分类

(1)库的概念

本书 5.8 中介绍了如何将自定义模块分门别类的放在归属中,这种放置源代码的归属文件称为源码库。编程中经常需要借用别人写好的函数,这些函数的源代码一般是不公开的(优秀的源代码具有商业价值),所以提供给大家使用的不是这些函数的源代码文件,而是经过编译后包装的二进制文件(WINDOWS 系统中,此类后缀名通常是 lib/dll),这些文件称"库文件"。

(2)库的分类

根据运行机制不同,库可分为静态库和动态库两种。实际上,到目前为止,我们用到的所谓"系统函数",都是归属在静态库或动态库中,称为"标准静态库"或"标准动态库"。

①静态库。举例来说,输出需使用 printf 函数(需要申明 stdio.h),那么 printf 函数的二进制代码在哪里呢? 代码在 LIBC.lib 这个库文件中(不管装哪种编译环境,VC 或者 GCC 等,LIBC.lib 在安装目录下有一个子目录 lib)。LIBC.lib 包含了 printf、scanf 等函数的二进制代码。如果程序中使用了 printf 函数,文件编译、连接的过程中发生了什么呢?

从图 10-9 可看到,没有 #include <stdio.h>不能编译成功,而如果没有 LIBC.lib 这个文件,系统连接时就会出错,连接过程将 LIBC.lib 中 printf 二进制代码拷贝至 Prt.exe。

LIBC.lib 是静态库,所谓"静态"指代码最后的连接阶段要拷贝代码到执行程序中,自编代码与静态库中代码融合为一体。

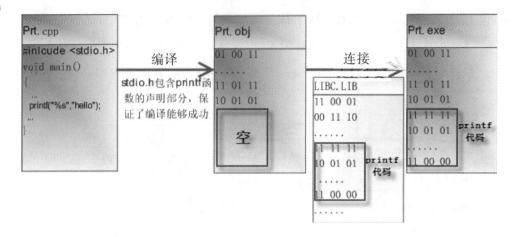

图 10-9   连接阶段静态库代码进入可执行文件

在 VC 开发环境中,静态库 LIBC.lib 是默认设置。为提高效率,也可以更改库,方法是:
菜单项 project→settings→C/C++→code generation→Use run-time library,出现对话框如
图 10-10 所示。

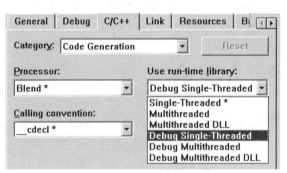

图 10-10   VC 环境中静态库的选择

在图 10-10 中,Use run-time library 可以有多个库可选择,其中 4 个非 DLL 项就是静态
库,DLL 项是动态库,默认的 Debug Single-Threaded 就对应着 LIBC.lib 库。

②动态库*。动态库是独立运行的库,并不依附某用户程序运行,库代码单独在另一个
进程中执行(一个单独的运行程序),这和静态库区别很大。WINDOWS 平台动态库代码保
存在 dll 文件中。

如图 10-10 中选择 Debug Multithreaded DLL,则对应的库名在 WINDOWS 系统中为
MSVCRTD.DLL,上例连接阶段 printf 代码不加入 Prt.exe,而是在 dll 文件中独立运行。

动态库有两种引入方式:动态库静态引入和动态库动态引入。两种引入方式的区别是:
静态引入,调用库的源程序启动,就立即自动地将库代码调入内存;动态引入,程序运行到加
载库代码语句时,才能调用相应的库代码进内存。不管哪种方式引入,都改变不了动态库代
码和用户编写的程序代码在两个不同的地方运行(2 个进程)的本质。

假如相应的动态库不在,两种引入方式中,静态引入肯定会出错(出错信息是无法定

位);而动态引入在执行到调用库的语句时才会出错(虽有好处,但编程较麻烦),否则程序运行正常。动态库丢失是可能发生的,如程序代码拷贝,但忘记拷贝库文件。

> **温馨提示:** ①使用静态库的用户程序,静态库代码加入用户程序,最终是一个可执行程序。
>
> ②使用动态库的用户程序,动态库代码不加入用户程序,最终是两个可执行程序。

10.7.2 自定义静态库的建立与使用方法*

(1)自定义静态库的建立方法

第一步:在 VC 环境中,建立一个空静态库。方法:菜单 File→New→Projects→win32 static library→工程名(库名,如输入 StaticLib,自动生成 StaticLib.lib 库文件)。

第二步:建立 cpp 和 h 文件,并在其中编写将要输出的函数(如输出关于整数操作的函数归属名可设置成 IntS,S 静态之意,目的区分普通函数的归属),具体内容如下:

IntS.cpp	IntS.h

#include ″IntS.h″
int add(int x,int y)
{
    return x * y;
}
	#ifndef IntS_H
	#define IntS_H
	extern ″C″ int add(int x,int y);
	#endif

以上可以看出,编写静态库里的函数与普通函数并没有大的区别,只是在声明的时候,在函数头部加上:extern ″C″,另外要注意 cpp 文件前加 #include ″IntS.h″,如果不加声明,cpp 文件的 add 函数定义中要加上 extern ″C″。

第三步:编译连接,在应用程序目录\debug 目录下,会生成 StaticLib.lib。

(2)自定义静态库中函数的使用

第一步:在 VC 环境中,通过菜单建立一个控制台项目,项目名为 StaticLibTestProj。

第二步:将静态库文件 StaticLib.lib 及 IntS.h 声明文件拷贝到此项目文件夹中。

第三步:建立主程序进行测试,文件名为 StaticLibTestMain.cpp,代码如下:

```c
#include <stdio.h>
#include ″IntS.h″
#pragma comment(lib, ″StaticLib.lib″)          //引入库文件
int main()
{
    printf(″2+3=%d\n″, add(2, 3));
    return 0;
}
```

运行结果：`2 + 3 = 5`

注意：♯pragma comment(lib,"StaticLib. lib")表示引入库文件,如果 StaticLib. lib 在其他目录里,写时要带上路径。另外,如果不写此句,也可以通过环境设置达到相同效果,方法:Project→settings→"Link" →"Object/library module",在其中添加上 StaticLib. lib。

10.7.3 自定义动态库的建立和引入方式 *

(1)自定义动态库的建立方法

第一步:在 VC 环境中,建立一个空动态库,方法:File→New→Project→Win32 Dynamic−Link Library →工程名(即库名,如输入 DynLib)。

第二步:建立 cpp 和 h 文件,并在其中写将要输出的函数(如输出关于整数操作的函数归属名可设置成 IntD,D 动态之意,区分程序普通函数的归属),具体内容如下:

IntD. cpp	IntD. h

♯include " IntD. h"
//修饰符 MYLIBAPI 表明是 dll 输出模块
MYLIBAPI intgetMax (int a,int b)
{
　　if(a>b) return a;
　　else return b;
}
	♯ifndef IntD_H
	♯define IntD_H
	//注意 dllexport 表示输出模块
	♯define MYLIBAPI extern"C" _declspec (dllexport)
	MYLIBAPI int getMax(int a, int b);
	♯endif

说明:

①库里的函数作为输出函数加 extern "C",而作为动态输出,还要加 _declspec(dllexport),由于输出格式字符较长,所以这里作了一个宏定义,用 MYLIBAPI 来表示。

②这里输出的函数 getMax 只能在C/C++环境中被调用,若用其他语言环境(如 delphi 语言)使用函数,需在函数名前加修饰词_stdcall,即"MYLIBAPI int _stdcall getMax (int a, int b);"。

③IntD. cpp 文件包含♯include " IntD. h",对 MYLIBAPI 进行了注解,如果不加,函数就要写成 extern"C"_declspec (dllexport) int getMax (int a,int b)。

第三步:编译连接,在应用程序所在目录的 debug 子目录下,生成 DynLib. lib 和 DynLib. dll 两个文件。

注意:真正的库是 dll 文件,lib 文件是伪库,它记录的只是函数的索引。

(2)静态引入方式

第一步:在 VC 环境中,通过菜单建立一个控制台项目,项目名为 DynLibStaticInputProj。

第二步:将动态库文件 DynLib. lib、DynLib. dll 及 IntD. h 文件拷贝到此项目文件夹。

第三步:建立主程序进行测试,文件名为 DynLibStaticInputMain. cpp,另外,对拷贝进来的 IntD. h 文件内容进行简单的修改,代码如下:

DynLibStaticInputMain. cpp	IntD. h

``
# include＜stdio. h＞ 	
# include ˝IntD. h˝ 	
# pragma comment(lib,˝DynLib.lib˝) 	
int main()
{
    int a;
    a＝getMax(3,4);
    printf(˝%d\n˝,a);   //输出 4
    return 0;
}
``
	``
	# ifndef IntD_H
	# define IntD_H
	//修改 dllexport 为 dllimport 表示输入
	# define MYLIBAPI extern˝C˝_declspec(dllimport)
	MYLIBAPI int getMax(int a,int b);
	# endif
	``

注意：静态引入方式需要.h 文件、.lib 文件、.dll 文件共 3 个文件。库函数的真实代码在 dll 文件，但 lib 这个索引文件不可少，否则编译不能通过。

（3）动态引入方法

第一步：在 VC 环境中，通过菜单建立一个控制台项目，项目名为 DynLibDynInputProj。

第二步：将动态库文件 DynLib.dll 拷贝到此项目文件夹中，而文件 DynLib.lib 及 IntD.h 在动态引入中无用，不需要拷贝。

第三步：建立主程序进行测试，文件名为 DynLibDynInputProjMain.cpp，代码如下：

```
# include ＜stdio. h＞
# include ＜windows. h＞                    //LoadLibrary 等函数的声明文件
typedef int(∗pMax)(int a,int b);
int main()
{
    pMax getMax;                          //getMax 是一个函数指针
    HINSTANCE hDll;                       //声明一个 Dll 实例文件句柄
    hDll＝LoadLibrary(˝DllProj.dll˝);      //导入 DllProj.dll 动态链接库
    getMax＝(pMax)GetProcAddress(hDll,˝getMax˝);  //得到动态库中 getMax 的地址
    int result＝getMax(3,4);
    printf(˝最大数是:%d\n˝,result);        //输出 4
    FreeLibrary(hDll);
    return 0;
}
```

注意：上面代码使用了函数指针，它用来接受动态库里 getMax 模块的地址。动态引入方式可以随时去调用库，也可以随时挂断和库的联系。另外，程序中用到了 3 个函数，它们是 WINDOWS 操作系统的 API，其原型在 windows.h 里声明。除了借助这些函数编写自己的动态库外，还可以借助 MFC（微软提出的编程体系）编写自己的动态库。

(4)动态库不是C/C++专利

几乎各种语言都可以制作动态链接库,这为团队合作编程提供便利,一个开发团队里,可能不同的人对语言的兴趣是有偏好的,有的人喜欢用C,有人喜欢C++,有的人喜欢用JAVA,而有的人喜欢用DELPHI,只要规范了接口之后,每个人都可以用不同的语言去开发动态库,然后相互调用来完成系统设计。

动态库技术是程序设计中经常采用的技术。其目的是减少程序的大小,节省空间,提高效率,具有很高的灵活性。采用动态库技术对于升级软件版本更加容易。与静态库不同,动态库里面的函数不是执行程序本身的一部分,而是根据执行需要按需载入,其执行代码可以同时在多个程序中共享。

(5)WINDOWS系统中动态库来源

WINDOWS系统的windows\system32目录,有kernel32.dll、user32.dll和gdi32.dll 3个动态库文件,WINDOWS的大多数API都包含在这些dll中。kernel32.dll中的函数主要处理内存管理和进程调度,如上例所用LoadLibrary来源于此文件;gdi32.dll中的函数则负责图形方面的操作;user32.dll中的函数主要控制用户界面,如弹出对话框的MessageBox函数,就包含在user32.dll这个动态链接库中。

10.8 函 数 资 源

(1)可利用的函数资源

除了编写自己的库:归属库(源码库)、lib静态库、dll动态库外,使用C/C++语言的开发者还必须清楚有哪些资源库可用,善于调用已经设计好的库,以减轻开发难度。

可利用的库资源通常可分5种:①C/C++基本运行库CRT(C Run-Time Library);②C++STL中定义的标准模板库及其中的大量通用函数模板;③建立在某操作系统上运行的库资源(如在WINDOWS下开发还包括WINDOWS API库);④软件开发公司,为某平台的开发而提供的类库(如微软为WINDOWS开发而提供的MFC类库;再如TrollTech公司主要为unix/linux开发提供的QT库等);⑤其他个人用户或商业公司制作好的库资源。

本书代码中使用的系统函数库大都来源于CRT,但上节10.7.3中调用LoadLibrary等模块来源于WINDOWS API,而教材12.5将对STL作初步探索,给出常用的模板及常用算法,并在其中使用来源于MFC类库的类和函数资源。下面将举例说明如何引入个人用户或商业公司制作好的库资源。

(2)引入并使用静态库

这里给大家介绍他人制作好的绘图库资源,使用其中提供的函数可以很方便地在VC控制台程序中绘制各类复杂图形(C/C++的标准运行库CRT只提供数字、字符、时间等操作函数,并没有提供画图函数,所以在控制台方式下无法绘图)。具体使用步骤如下:

①搜索可在C/C++中使用的函数库资源,找到easyX函数库。

②下载资源后,将其中的h文件拷贝进入VC安装环境的include目录,将lib文件拷贝

进入 VC 安装环境的 lib 目录(此库为静态库)。

③编写控制台程序 TestSinProj,主模块代码如下:

TestSinMain. cpp 代码	程序运行结果

``cpp
#include<graphics.h>   //使用静态库声明文件
#include <conio.h>
#include <math.h>
#define PI 3.14159
int main()
{
    double x,y;
    initgraph(640,480);//打开图形窗口
    for (x=0;x<2*PI;x=x+0.01)
    {
        y=sin(x);
        putpixel(x*50, y*50+100, RED);
    }
    getch();
    return 0;
}
``	

(3)引入并使用动态库

IC 卡又称为"智能卡",具有数据储存功能,用途广泛,例如,小区车辆通行、公交刷卡、图书借阅等。IC 卡信息的读取是通过与计算机(或单片机)连接的读卡器完成,读取后的数据再与后台保存的用户信息比对,可以证实是否为合法用户,决定是否放行或在后台资金账户上扣除费用等。

读卡器的驱动大多情况下,被设计成一个动态库,引用库后可使用其提供的各功能函数,以便于读取卡中数据或检查状态等。这里以深圳明华公司生产的 IC 读卡器为例来说明如何引用和使用动态库(试验案例采用控制台程序,真正实用应开发在窗口程序)。

①编写控制台程序 TestICProj,动态库采用静态引用方式,即将随机附带的动态库文件拷贝进项目所在目录,即拷贝 xxx. dll、xxx. lib、xxx. h 文件,如明华公司提供的 3 个文件是:Mwic_32. dll、Mwic_32. lib、Mwic_32. h。

②根据库中提供的函数资源开启读卡器,向 IC 卡中写入数据。

主模块代码如下:

```cpp
#include <windows.h>          //此程序在 WINDOWS 系统下使用
#include "Mwic_32.h"
#pragma comment (lib,"Mwic_32.lib")
#include <iostream.h>
int main()
```

```
{
    //初始化端口 COM1 9600
    HANDLE icdev;
    icdev=auto_init(0,9600);                                          //位置 1
    if (icdev<0) cout<<"初始化失败,请检查连接是正确";
    //设置使设备密码无效
    setsc_md(icdev,1);                                               //位置 2
    char str[100];cout<<"请输入要写入内容:";cin>>str;
    //33 是写入数据的至卡内地址的偏移量
    short int result=swr_4442(icdev,33,strlen(str),(unsigned char *)str);  //位置 3
    if (result==0)
        cout<<"写进 IC 卡成功,写入数据为:"<<str;
    else
        cout<<"写进 IC 卡不成功";
}
```

运行结果:

请输入要写入内容:liyi
写进IC卡成功,写入数据为:liyi

程序解释:

• 位置 1、2、3 是动态库中函数资源,函数的使用要参考产品说明书。

• 上述给定的动态库针对的是 WINDOWS 系统,函数 auto_init 返回的 WINDOWS 定义的句柄类型在清单文件<windows.h>中声明。

• 动态库的静态引用方式编写代码时,必须包括清单文件和库文件,如:

　#include "Mwic_32.h"

　#pragma comment (lib,"Mwic_32.lib")

10.9　较复杂系统的分析和设计

前面几章,我们构建了一个简单的"分数管理系统",建立的分数管理器 ScoreManager 针对的数据结构分别是小数数组(第 7 章)、小数数组+指针数组(第 8 章)、结构体数组(第 9 章)。但其实,一个完善的分数管理系统是复杂的,涉及教师、学生等各种角色;ScoreManager 并不能解决所有的逻辑;文件的保存也不可能只有一个分数文件。下面来讨论如何设计一个较完善的系统。

构建一个较为完善的系统通常要经过需求分析、系统设计、系统实现、系统测试 4 个步骤。

10.9.1　需求分析

需求分析从"为什么做?"(意义重大,或者有特色,不做不行)和"做什么?"两个角度来分析。具体在"做什么"的时候,要考虑系统环境中的角色以及角色所提出来的要求,也就是说,编程者需要与使用者充分沟通(了解使用者的理念和具体要求是极其重要的,否则程序做完之后发现这不是使用者所需要的)。

虽然此时没有商业软件的委托要求,但这不妨碍大家站在使用者角度,秉承优秀理念(先进性、好用、特色)对模拟完成的任务提出较完善的要求。

比如,对于一个较完善的分数管理系统,可以提出这样的功能要求:

教师:

(1)登录:用用户名和密码登录。

(2)录入学生的成绩:可以分班级录入成绩,也可导入文件中数据。

(3)查询:可以查询自己的课表、班级学生信息,并可以进行特殊查询(通过姓名、学号、分数段查询最高分、最低分、中等成绩等)。

(4)统计分析:可以针对某班学生成绩进行分析,如用平均值、方差等进行统计分析。

(5)修改自身信息:可以对自己的信息,如密码,进行修改。

学生:

(1)登录:用户名和密码登录。

(2)查询:可以查询自己的课表、成绩(按学年、课程、是否达到某条件查)。

(3)修改自身信息:可以对自己的信息,如密码,进行修改。

管理员:

(1)登录:用用户名和密码登录。

(2)管理:录入和管理教师信息、学生信息、课表信息和班级信息。

(3)修改自身信息:可以对自己的信息如密码等进行修改。

根据以上文字描述可以给出一个系统的功能结构图,如 10-11 所示。

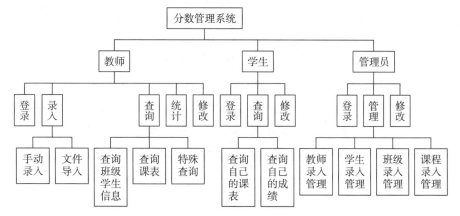

图 10-11 分数管理系统功能结构图

上图中,部分模块还可以细化,如"教师录入管理"模块,又可以分为录入教师模块、管理教师模块,而管理教师模块又可以细化为查询、更新、删除等更小的模块。

需求分析,力图全面详细,即便某些功能最后没有实现也没有关系。绝大多数初学者觉得无法写出较实用的程序,就是需求分析没有做好(模块少或每个模块功能不够完善)。

10.9.2 系统设计

系统设计是编写系统的第 2 个阶段,是系统实现前必须经历的过程。如果没有这个阶段,直接编写代码,基本上是无法达到要求的。系统设计包括:文件设计(数据表设计)、数据结构设计、模型设计、各模块设计、页面布局设计等,下面做细致探讨。

(1)文件结构设计(存储结构设计)

对于文件结构的设计,这里借助实体—联系(Entity-Relation, E-R)分析法(这是永久性数据保存最常用的分析方法,常用于数据库表的构造)。找出整个系统中有哪些实体,并找到其中的关系,可以构建关系型数据保存方案。

实体联系分 3 种情况,具体介绍如下:

①一对一关系:如,学校与校长的关系、班级与班长的关系、夫妻关系等。

图 10-12　一对一实体—联系图

上述 E-R 图,方框表示实体,菱形框表示联系。这种一对一关系,根据 2 个实体建立文件,如建立 School. dat 和 Headmaster. dat 两个文件,但要将一方的关键字放入另一方。School. dat 文件中包含学校编号、学校名称、学校地址、学校人数等信息,Headmaster. dat 中包含校长编号、校长姓名、职称、住址、学校编号等信息。

②一对多关系:如,一个班级有多名学生,一个老板有多名下属,一间教室有多张桌子。

图 10-13　一对多实体—联系图

这种一对多关系,根据 2 个实体建立文件,如建立 Class. dat 和 Student. dat 两个文件,但要将一方的关键字放入多方。Class. dat 文件中包含班级编号、班级名称、班级地址等信息,Student. dat 中包含学生编号、学生姓名、年龄、密码、住址、班级编号等信息。

③多对多的关系:如,教师与学生的关系,一个教师可以教多个学生;而一个学生可以选择多个教师。这种关系就是多对多的关系。

图 10-14　多对多实体—联系图

这种多对多关系,根据 2 个实体和 1 个联系建立 3 个文件,Teacher. dat、Student. dat、Teach. dat,其中 Teach. dat 要将双方的关键字纳入,Teacher. dat 文件中包含教师编号、教师姓名、教师密码、职称等信息,Student. dat 中包含学生编号、学生姓名、年龄、密码、住址、班级编号等信息,Teach. dat 文件中要包含教学地点、教学时间、教师编号、学生编号等信息。

上述需求分析的较完整的 E-R 图如图 10-15 所示。

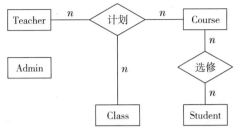

图 10-15　分数管理系统整体 E-R 图

由图 10-15 可知,需要建立 7 个文件,即 5 个实体对应 5 个文件,而计划关系以"课表"文件保存,选修关系则保存学生选择某课程后的考核成绩。具体如下:

Teacher. dat 文件:保存教师编号、教师姓名、教师密码、职称等信息。

Class. dat 文件:保存班级编号、班级名称、班级地址等信息。

Course. dat 文件:保存课程编号、课程名称、学时等信息。

Kcb. dat 文件:保存课程表编号、教师编号、班级编号、课程编号、上课地点、上课时间、学年、学期等信息。

Student. dat 文件:保存学生编号、学生姓名、年龄、密码、住址、班级编号等信息。

Score. dat 文件:分数表编号、学生编号、课程编号、考核分数等信息。

Admin. dat 文件:保存管理员编号、管理员姓名、管理员密码等信息。

(2)数据结构设计

应建立与关系型文件结构相对应的数据结构,以利于数据的保存。建立结构体如下:

```
struct Admin
{
    int fid;
    char fname[20];
    char fpwd[20];

};
struct Teacher
{
    int fteacherid;
    char fname[20];
    char fpwd[20];
    char zc[20];
};
struct Class
{
    int fclassid;
    char fname[20];
    char fclassmate[20];
};
struct Course
{
    int fcourseid;
    char fname[20];
};
```

```
struct Kcb
{
    int fteacherid;
    int fcourseid;
    int fclassid;

    char faddress[20];
    char time[20];
};


struct Student
{
    int fstudentid;
    char fname[20];
    char fpwd[20];
    char fsex;
    int fclassid;
};

struct Score
{
    int fstudentid;
    int fcourseid;
    float fscore;

};
```

根据上述结构体,可定义结构体数组作为程序操作目标,如"Student StudentAll[100];"。

上述设计的结构体结构,有关联关系的结构体通过对方的关键字段相互联系,如 Score 结构体中的 fstudentid 和 fcourseid,分别是 Student 学生(表)和 Course 课程(表)的关键字。再如,通过班级名称可以得到该班所有学生,思路是:从 classAll 中通过给定的班级名称,先找班级编号,再根据班级编号到 studentAll 中找相应的学生。

说明:上述有关联关系结构体的设计,一个结构体中并没有直接包含另外一个结构体的数据,这不利于体现另外一个结构体的主观能动性(尤其在面向对象设计时)。

(3)模型设计

管理员发出的动作归属在 Admin 文件中,教师发出的动作归属在 Teacher 文件中,学生发出的动作归属在 Student 文件中。另外,这 3 个归属对应的清单 h 文件中,还应该包含各自的结构体结构。而 Class.h、Score.h、Course.h、Kcb.h 没有设计动作,将相应的结构写入即可,这几个结构在管理员、教师、学生的动作中被使用。

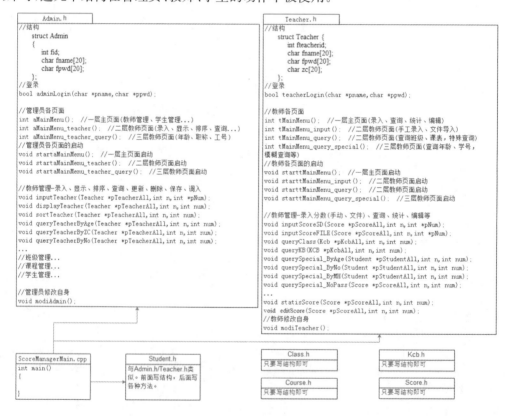

图 10-16　分数管理系统模型设计图

在图 10-16 中,管理员和教师等归属中只给出了部分模块供参考,如管理员的教师管理中的查询模块只设计了 3 种,如下:

void queryTeacherByAge(Teacher ＊pTeacherAll,int n,int num);

void queryTeacherByZC(Teacher ＊pTeacherAll,int n,int num);

void queryTeacherByNo(Teacher ＊pTeacherAll,int n,int num);

各位还可以根据需要增加新的查询方式,如根据姓名进行模糊查询等。

各模块在设计过程中,如果还要细分更小的模块,就要根据动作的所有者再次划分。

按上面设计的模型,管理员、教学、学生 3 种归属,每个归属不少于 20 个模块,按每个模块 30 行代码计算,加上其他结构代码,整个系统应有约 2000 行代码。

(4)模块设计

以教师归属中的模块:void editScore(Score * pScoreAll,int n,int num);为例来说明。这个模块要求基于结构体数组 Score scoreAll[N]的数据结构,在模块内输入一个学生的学号,编辑这个学生的记录(如修改其姓名或分数)。

模块图:

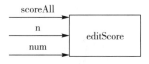

算法步骤(流程图表达):

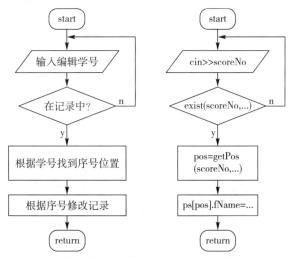

图 10-17 editScore 模块设计流程图

说明:将流程图转成代码时,有向上的箭头表示一定是一个循环,而且向上的箭头到菱形选择框之间都是循环体部分。

相应代码为:

```cpp
bool exist(Score * pScoreAll,int n,int num,int scoreNo){
    int flag=false;
    for(int i=0;i<num;i++)
    {
        if(pScoreAll[i].no==scoreNo)
        {
            flag=true;                break;
        }
```

```
        }
        return flag;
}


int getPosition(Score * pScoreAll, int n, int num, int scoreNo){
        int pos=-1;
        for (int i=0;i<num;i++)
        {
                if (pScoreAll[i].id==scoreNo)
                {
                        pos=i;
                        break;

                }
        }
        return pos;
}


void editScore(Score * pScoreAll, int n, int num) {
        int scoreNo;
        do
        {
                cout<<"请输入需要编辑的学号,输入-1表示退出编辑:";
                cin>>scoreNo; if(scoreNo==-1) break;
        } while (! exist(pScoreAll,n,num,scoreNo));

        int pos=getPosition(pScoreAll,n,num,scoreNo);
        cout<<"\t请输入姓名:";
        cin>>pScoreAll[pos].name;
        cout<<"\t请输入成绩:";
        cin>>pScoreAll[pos].score;
}
```

上面的 editScore 模块,编辑是一次性的。如果需要在此模块中反复提示是否要继续编辑,就应该增加一个循环。流程图改进如下(较上面 editScore 模块,多出的部分用粗体字表达):

改进的流程图	改进流程图对应的代码
| 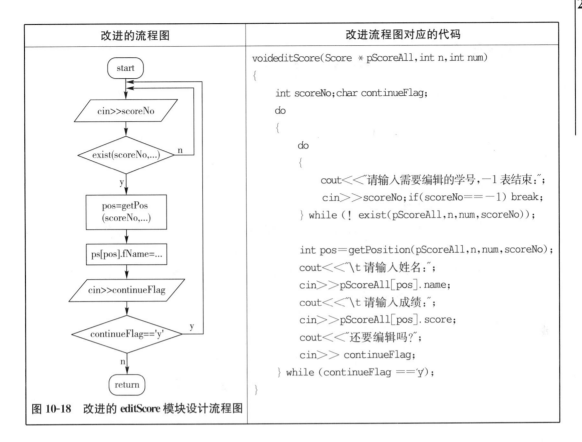 | ```cpp
voideditScore(Score * pScoreAll,int n,int num)
{
    int scoreNo;char continueFlag;
    do
    {
        do
        {
            cout<<"请输入需要编辑的学号,－1 表结束:";
            cin>>scoreNo;if(scoreNo==－1) break;
        } while (! exist(pScoreAll,n,num,scoreNo));

        int pos=getPosition(pScoreAll,n,num,scoreNo);
        cout<<"\t 请输入姓名:";
        cin>>pScoreAll[pos].name;
        cout<<"\t 请输入成绩:";
        cin>>pScoreAll[pos].score;
        cout<<"还要编辑吗?";
        cin>> continueFlag;
    } while (continueFlag =='y');
}
``` |

图 10-18　改进的 editScore 模块设计流程图

【本章总结】

　　从操作系统角度看,键盘、显示器、内存都可以看成文件。这些文件又统分为文本文件和二进制文件,区别是:文本文件是字符的体现,二进制文件是内存的体现。

　　每种文件操作都有两种方式:文件指针方式和流对象方式(流对象方式为C＋＋专用)。

　　文件指针操作步骤:定义指针—关联文件—通过相应的函数完成读写。

　　流方式操作步骤:定义流对象—关联文件—通过相应的方法完成读写。

　　文本文件通常按字符或指定格式的字符读写,二进制文件通常按块来读写。

　　用函数指针可以保存函数的地址,函数指针也可作为函数的参数并发挥重要作用。

　　使用静态库,库函数代码直接嵌入到程序中执行;使用动态库,库函数单独执行。

✖ 个人心得体会 ✖
```

类 和 对 象

【学习目标】

- ➢ 初步掌握面向对象语言的设计思路。
- ➢ 掌握类的结构,学会建立简单的类。
- ➢ 学会建立对象,并初步掌握类的构造函数和初始化表对数据成员初始化。
- ➢ 初步认识类的其他(析构、拷贝、常成员、静态成员等)特殊成员函数。
- ➢ 进一步掌握重载(包括运算符重载)的成员方法和友元方法。
- ➢ 理解对象之间的关系,尝试使用关联构建系统。

【学习导读】

本章从面向过程和面向对象两种思路的区别入手,分析得出C++语言新数据类型:"类",并根据类来定义、使用对象。另外,面向对象程序设计必须考虑对象之间的关系,本章给出了常见的几种关系,并借助其中的关联关系和分层思想设计一个简单管理系统。

【课前预习】

节点	基本问题预习要点	标记
11.1	面向过程与面向对象编程思想上主要有什么不同?	
11.2	对象有哪些特征?	
11.3	类的数据成员和成员方法设置成公用与私有有什么区别?	
11.4	类的正确描述通常需要写在哪两个文件里?	
11.5	对象如何调用其所在类的方法?	
11.6	默认的构造函数与重载的构造函数起什么作用?	
11.7	运算符重载有哪两种方式,必须作为成员函数重载的运算符有哪些?	
11.8	代码中如何体现两个对象的关联关系?	
11.9	系统分析的基本思路是什么?ScoreManager 与 Score 的关系如何?	

11.1 面向过程和面向对象的编程思想

11.1.1 两种编程思想

面向过程编程思想:自顶而下、逐步求精、模块设计、结构编程。简单地说就是将一个大问题分解成一些小模块,逐个实现这些小模块,达到较复杂问题的完美解决。面向过程强调顺序性、步骤化,形象地看就是分步进行处理。

面向对象编程思想:抽象、关联、迭代。简单地说就是从问题事务中抽象分解出各对象并找到对象之间的联系,通过各对象相互作用解决复杂问题,确保系统稳定,抽象和关联过程需反复迭代。建立对象的目的不是为完成一个步骤,而是为描述、表达它在整个问题中的数据变化和行为表现。面向对象强调抽象性、关联化,形象地看就是分"人"进行处理。

例如,编写五子棋程序,面向过程设计思路首先分析问题的步骤:开始游戏→黑子先走→绘制画面→判断输赢→轮到白子→绘制画面→判断输赢→返回至黑子走→输出最后结果。将上面每个步骤分别用不同的函数实现,问题就解决了。而面向对象设计思路是建立 3 个对象:一是黑白双方对象(玩家对象),负责接收输入和告之;二是棋盘系统对象,负责绘制画面;三是规则系统对象,负责判定诸如犯规、输赢等。玩家对象接受输入,并告知棋盘对象棋子布局的变化,棋盘对象接收到棋子的变化后负责在屏幕上显示出这种变化,同时利用第三类对象(规则系统)来对棋局进行判定。

五子棋问题,并非要说明哪种编程思想更好,只是要表达出解决一个问题确实可以用不同的解决思路。从上面的问题解决方案中,可以发现面向过程和面向对象的一些差别:面向过程的编程者像是一个辛苦的高手(高手不犯错),对所有问题看得清清楚楚,所有的步骤想得透透彻彻,所有的事情都是自己在做,一旦做起来就雷厉风行,高效快捷。而面向对象编程者像一个优秀的管理者,他负责培养问题环境中各个对象,并让它们自行处理问题。

11.1.2　两种编程思想所依赖的世界观

程序世界的世界观包括:过程观和对象观。不论是过程观还是对象观,都承认一点,那就是程序世界本质上只有两种东西——数据和逻辑(方法)。数据天性喜静,构成了程序世界的本体和状态;逻辑(方法)天性喜动,作用于数据,推动程序世界的演进和发展。尽管上述观点是统一的,但是在数据和逻辑(方法)的存在形式和演进形式上,过程论和对象论的观点截然不同。

(1)过程观:数据与方法的分离

例如,"学生成绩管理系统"包括输入功能、查询功能、删除功能、排序功能。面向过程的编程思路是:定义一个学生分数结构体数组,再定义 4 个函数来操作这个数组,如图 11-1 所示。

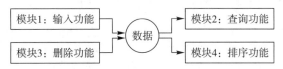

图 11-1　过程观看待操作数据

从图 11-1 可以看出,过程观中数据和方法分离。这种分离导致了各自为政,导致了数据的共享式(数据内容谁都可以访问)和模块的全局性(谁都可以随意写模块去操作数据),共享式和全局性对初级编程者来说存在安全隐患。

(2)对象观:数据与方法的融合

用面向对象的思路考虑"成绩管理系统",可以建立一个将数据和操作合二为一的对象(称为"分数管理器"),数据和针对数据的操作(方法)是这个对象不可分割的两个部分,这样,数据是操作的目标,而操作是固定数据改变的途径。如图11-2所示。

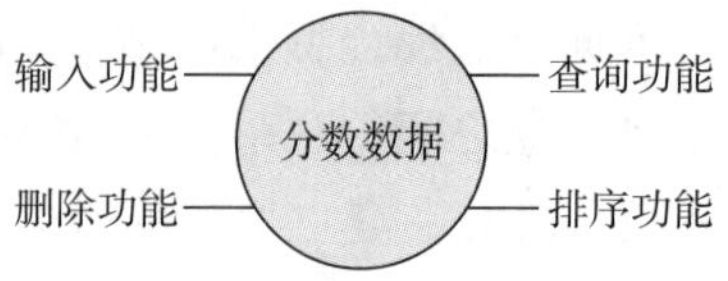

从图11-2可以看出,对象观中数据和方法相互融合。用面向对象思路考虑问题,不仅解决了数据安全性

图11-2　对象观看待操作数据

和行为有效性问题,还使我们考虑问题更丰富、更细致、更人性、更符合规律。

当然,面向对象的思路绝不仅仅是数据和方法融合这么简单,一系列优秀的面向对象的技术(如继承、多态、转型等)都是建立在这种融合基础之上的。

(3)面向过程的共享式数据和全局性模块存在的隐患*

①共享式数据导致数据的脆弱。例如,对于"成绩管理系统",学生分数的数据出问题,到底是哪一个环节出了问题?查错的过程非常艰难,因为编程者都以为自己做得正确,所以很难查出"自以为是"的错误。

按最初的愿望,在输入模块里输入数据,输入模块里可修改数据,在显示模块里显示数据,显示模块里是不会改动数据,但如果编程者真的在显示模块里无意改动数据,编译器无法阻拦。在显示模块形参前面加一个const,就不能再修改数据(见7.6数组名作函数参数的危险),但还有一个更大的原则性问题。

②全局性的模块彻底推翻了编程者保护脆弱数据的良好意愿。在面向过程中,所有模块都具有全局性操作的特点,既然模块是全局性的,那么想一想,有名分的(打着"我是操作学生成绩数组的专业模块"名分,如输入、输出、查询、排序都是知道了数组的地址之后合理合法地使用学生成绩数据)和没名分的(随意写一个模块,例如叫"查询菜谱"模块,也可以通过分数数组的地址非法使用学生成绩数据)是不是都可以去访问甚至修改学生分数数据?有什么办法能够保证大家不写那个恶意(也许是善意)的全局性的"查询菜谱"模块吗?恐怕还没有。

(4)程序世界观的原动力*

或许过程观中并没有隐患,因为推动过程观的原动力是上帝,上帝无所不能,但又异常辛苦,所有规则和步骤均需亲自策划和直接监控,故而程序世界是有序稳定的。而你如Ritchie一般,在过程观中扮演辛苦上帝的角色。

对象观的原动力是上帝创造的各种对象,对象相互作用影响而构成世界,故而世界是偶然随机的。上帝按某种规则创造了有欲望、并自我进步的对象之后,世界的演变将无需过问而悄然进行。事实上,想要完美体现对象观的计算机语言目前并不完美(原因是:认知结构未统一模型,第五代计算机语言还在研究中),所以编程者还要扮演协调上帝的角色。

11.1.3　两种编程思想相互融合

这两种思想都正确,也都是我们需要的,不同的场合可以使用不同的思想方式(如嵌入式设计面向过程目前最有效),甚至在解决问题时它们还可交错,如考虑较复杂问题可从面向对象出发,这样更容易认清对象,理清关系,而一旦建立了对象后,对象的各种操作方法就可以用面向过程的思想来解决,分层设计、明确步骤,这样做事情更直接、快捷。

11.2　面向对象程序设计中三种重要角色

(1)对象

对象是客观存在的事物,对象有两个特征:属性和方法。属性是数据,方法是函数,如对于一辆车对象来说,车型、颜色、尺寸等是属性数据;车子的加速、停止等是方法函数。面向对象的设计中对象有自主性。举例来说,一辆汽车,通常认为它可以启动、加速、停止,但这些动作都是外力使之,结果就是:启动汽车、加速汽车等,可以看到动作在对象前面。但在面向对象的设计思想中,要改变上面的思维,要树立这些对象都有主动性的思想,它们都是一个个主体,结果就是:汽车启动、汽车加速等。

(2)类

类是生成对象的模板(模具),如制造汽车对象必须有汽车模具。

(3)编程者

编程者是推动对象世界稳定运行的原动力,通过建立模具、生成对象,并按某种既定规则要求推动对象之间发生联系,编程者扮演着创造者和协调者的角色。

面向对象的编程实际上就是:编写类;根据类,定义对象;完成对象之间的通信,简单地理解通信就是让对象去做某件事情。

11.3　类的三大特征

(1)封装

①封装的含义。数据和方法的统一称为"封装"。

②封装的表达。类的结构可以形象地用鸡蛋表达,鸡蛋由蛋黄(内部)、蛋清(中部)、蛋壳(外部)三部分组成。原则上数据和方法可以置于这三个部分的任意一块,通常,个性化数据和方法置于内部,种族数据和方法置于中间,外显的数据和方法置于外部。下面,以"人类"来说明数据和方法的存放位置,及其相应的作用。

分层摆放数据和方法,可有效地保护数据和规约行为。说明,图 11-3 中粗黑体表示数据,下划线表示方法,其中:

内部数据和方法包括:姓名(name)、年龄(age)、配偶(mate)、身高(height)、体重(weight)、肌肉(muscle)、神经(nervus)、目标锁定机制(targetLocked)、身体协调能力(bodyAssort)、冲突检测机制(collideCheck)、心理调节能力(mentalityAdjust)等。

保护数据和方法包括:基因(gene)、基因进化(geneEvolve)等。

外部数据和方法包括：能<u>直立</u>(stand)行走(go)、能说(say)会跳(dance)、能吃(eat)会想(think)、谈恋爱(love)失败会生气(angry)等(上图没提供外部数据)。

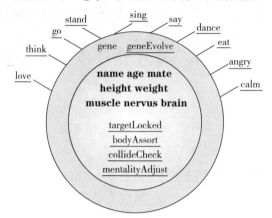

图 11-3　类的蛋形结构

③类中访问控制。就类本身而言，数据和方法透明(所有方法都可以轻易访问数据)。对数据的访问有直接修改和中介修改两个途径。如<u>eat</u> 方法直接改变 weight 数据；<u>run</u> 方法调用<u>bodyAssort</u> 方法改变 muscle 数据状态，让 muscle 处于一个良好的状态来完成"某人对象"行走动作。

④类外访问控制。类外访问指的是类外对象访问。在面向对象编程中，大多使用的是据类而生成的对象，就类外对象而言，只能访问外部数据和方法。

(2)继承

①继承的含义。一个新类从已有的类里得到数据和方法，这种行为称为"继承"。传承者称"父类"或"基类"，继承者称"子类"或"派生类"。继承最大限度地使用已有资源。子类除了继承基类(父类)所有资源外，一般都会扩展一些新的数据和方法，这些扩展使子类内涵更加丰富。

②继承的规划。继承的规划包括种族突破和种族分类。

种族突破指增加新的数据和方法后对种族发生跃变，生成新种族。如点类到圆类，是在点类基础上加半径特征数据，相应方法多了求圆面积；圆类到圆柱类，是在圆类基础上加高度特征数据，相应的方法多了求圆柱体积。如下所示：

点类 ←半径── 圆类 ←高度── 圆柱体类

种族分类指增加新的数据和方法后对种族进行分类，规划体现了子类和基类间的种属关系，是"is kind of"关系。种族分类按特征划分，可细分为按特征词和特征值两种。

按特征词分类：如马增加特征词"性别"生成"性别马类"，"性别马类"增加特征词生成"性别颜色马类"。按特征值分类：如马增加特征值"公/母"、生成"公马类/母马类"，在"公马类"基础上再增加特征值"红色/黑色"生成"红色公马类/黑色公马类"等。

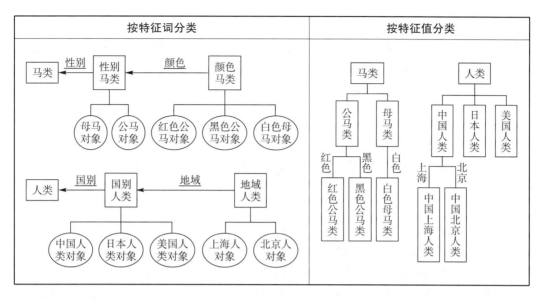

③继承的种类和方式。C++有单继承和多继承两种继承。单继承指子类的父类只有一个，多继承指子类的父类有多个。例如，中国人继承于人类是单继承，机器人继承于人和机器就是多继承。多继承不作为本教材学习内容，很多重要的语言(如 JAVA、DELPHI)没有多继承。C++有 3 种继承方式：公用继承、私有继承和保护继承。本教材只讨论"公用继承"。

④子类的表达。通过"中国人类"说明公用继承数据和方法变化规律。在"人类"中添加特征值"胡子"(beard)和相应方法"刮胡子"(shaveBeard)产生"男人类"，结构如图 11-4 所示。

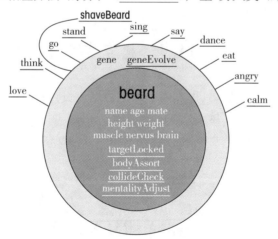

图 11-4　子类结构包括新的成员并隐藏父类私有成员

子类新增数据和方法：新增内部数据 bread，新增操作 bread 的外部方法shaveBeard。

子类得到继承的数据和方法：父类的数据和方法，在子类中自动继承下来，但要注意访问控制特性的变化。在公用继承下：所有父类外部数据和方法在子类里依然为外部数据和方法(public)，所有父类保护型数据和方法依然是保护型数据和方法(protected)，所有父类的内部数据和方法在子类里变为"不可见"(白色字符表示)。"不可见"的含义是指这些数据和方法虽存在,但不在子类作用域内(在父类的作用域内),子类里新定义的方法不能操作它们,只有通过继承下来的父类方法间接操作它们。可以记住一个简单结论:对于内部数据的操作,老数据用老方法,新数据用新方法。

关于保护数据 gene 和保护方法 geneEvolve 的设置的原因是父类的数据和方法放在内部,子类不可见故无法直接访问,而放在外部失去了保护性,保护型数据和方法可在子类里直接访问,同时不直接面对类外对象,完全是为了种族遗传而在类中使用。

小结:

①子类一般都会增加新的数据和方法。

②子类不能直接使用父类私有的数据和方法,但可以通过从父类里传递下来的外部、保护方法间接访问父类私有数据和方法。

③上面两点都是从类的角度来考虑,从对象的角度来考虑,只能使用外部数据和方法。

(3)多态

简单地说,一种表达、多种含义就是多态。从遗传的角度来看,可以理解为变异。教材第 13 章将详细解释多态的原理和使用。

例如,"中国人类"有 say 方法,其子类"中国上海人类""中国北京人类""中国安徽人类"都有 say 方法,但说法不一样。上海人 say 的是:阿拉吃过玩;北京人 say 的是京味:您吃了啊;安徽人 say 的是:你个七饭勒。

11.4　建立类

下面建立"人类",简单起见,只提供两个内部数据成员:身份号、姓名;提供 3 个外部成员方法:设置身份号、设置姓名、显示信息。类图如下所示:

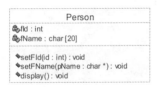

上图中:上锁的是私有类型 private,不上锁的是外部类型 public,为了突出数据成员的含义,在命名身份号和姓名时加前缀字符 f,所以两个数据成员被命名为:fId、fName。

Unified Modeling Language(UML)称"统一建模语言",它是一种面向对象程序分析和设计图形化语言,如同建造大厦需要大量平面图、立体图、效果图一样,UML 也提供了大量可视化图形,如图类、用例图等,使用这些图形直观形象,并有利于沟通。在 UML 中类图有三部分组成:最上部是类名,中间是成员变量,最下面是成员函数(成员方法),常用建模工具见《思维训练、上机实验指导(第 2 版)》。

（1）类的结构

Person. h 内容如下：

```
#ifndef Person _h
#define Person _h
class Person
{
private:
    int fId;
    char fName[20];
protected:
public:
    void setFId(int id);
    void setFName(char *pName);
    void display();
};
#endif
```

从上可以看出，类的方法实质是"面向过程"中的模块，不过这些模块现成为类的专属模块。

（2）类的实现

Person. cpp 内容如下：

```
#include "Person. h"
#include <string. h>
#include <iostream. h>
void Person::setFId(int id)
{
    fId=id;
}
void Person::setFName(char *pName)
{
    strcpy(fName,pName);
}
void Person::display()
{
    cout<<fId<<fName;
}
```

实际上，类的实现代码也可写在结构声明中，如 Person. h 文件中 setFId 代码：

```
public:
void setFId(int id){ fId=id;}
```

这种写法虽可行，但不推荐，请大家思考原因。

注意:第9章结构体,其数据成员没有写可见性控制,实际访问控制属性是共用。如Score结构体,用类来表达,等价写法为"class Score{public:int fNo; char fName[10];float fScore; };",请同学们仿照Person类的实现代码给Score类提供操作数据的外部方法。

11.5 建立对象与内存表达

(1)建立简单对象

根据上面定义的Person类,建立主程序PersonMain.cpp,并对此类进行测试,代码如下:

```
# include "Person. h"
int main()
{
    Person p1;
    p1.setFId(2);
    p1.setFName("郭靖");
    p1.display();          //显示结果:2 郭靖
    p1.fId=3;              //出错,对象只能使用外部数据或方法
    Person p2;
    p2.display();          //这句话执行后显示的数据为什么是乱码
}
```

思考练习:

①代码"p1.fName="黄蓉";"正确吗?

②刚建立一个"人"对象就立即调用display方法,为何显示数据是乱码?

(2)对象内存

对象大小是其组成数据成员大小之和,并按补齐原则进行内存的分配(见9.3.5)。类中定义的方法并不在对象空间内。上述Person数据成员:"int fId;"、"char fName[20];",按分配原则其长度是24。验证代码是"cout<<"Person类的对象p1内存空间是:"<<sizeof(p1);",结果是24Byte。

11.6 对象的初始化和撤销

对象必须经过初始化后才可放心使用,初始化主要负责对类中的数据成员指定初始值及一些准备工作(如为特定数据成员申请空间)。初始化工作由构造函数完成,构造函数是类的特殊成员方法,又称"构造器"。一个对象使用完后退出内存,要做一些清理工作(如收回申请空间),这个工作由析构函数完成,又称"析构器"。

构造器有默认的构造函数、重载的构造函数、拷贝构造函数、转换构造函数几种类型,而析构器只有一种。

11.6.1 默认的构造函数和重写默认的构造函数

(1)默认的构造函数

实际上,每个类提供一个默认的构造函数,从系统的角度来看,它默默完成编译器需要的一些工作,比如说初始化基类、对象数据成员类、虚指针等,但从用户的角度来看本类对象,它似乎并没有做具体的工作,本类对象的数据成员值都是随机值,因此,上面的例子中新产生对象 p2,调用其方法为"p2.display();",显示成员数据是杂乱无章的。

(2)重写默认的构造函数

通过重写默认的构造函数,可以完成数据成员的初始化(如赋新值、给指针变量申请空间等)。下面,重写 Person 类的默认构造函数,设置数据成员"身份号"为 0,"姓名"为"无名氏",这样建立一个"人"对象时,数据成员就有了新的默认值。

①默认构造函数重新定义"public:Person();"。重写的构造函数置于 public,函数名同类名,不带参数(或所有参数有默认值),没有返回类型。另外,一旦重写了构造函数(不管重写的是本小节的无参构造函数,或是后续的带参重载构造函数),系统默认构造函数消失。重新调整的 Person 类如下所示:

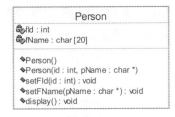

②构造函数的实现。

```
Person:: Person ()
{
    fId=0;
    strcpy(fName,"无名氏");
}
```

③在主程序中创建一个学生对象。

```
Person p2,p3;
p2.display();        //显示结果:0 无名氏
p3.display();        //显示结果:0 无名氏
```

11.6.2 重载的带参构造函数及默认值设置

(1)重载的带参构造函数

重写默认的构造函数后,创建的人对象"千人一面",可通过重载带参构造函数改变这种状况。

①带参构造函数的定义:

public:Person(int id,char *pName);

因为内部数据成员有 2 个,所以传 2 个参数进来。

重写了默认的构造函数(不带参)和重载的构造函数(带参)之后,类图结构如下:

```
┌─────────────────────────────────┐
│            Person               │
├─────────────────────────────────┤
│ 🔒 fId : int                     │
│ 🔒 fName : char [20]             │
│                                  │
├─────────────────────────────────┤
│ ◆ Person()                       │
│ ◆ Person(id : int, pName : char *) │
│ ◆ setFId(id : int) : void        │
│ ◆ setFName(pName : char *) : void │
│ ◆ display() : void               │
└─────────────────────────────────┘
```

②带参构造函数的实现:

```
Person:: Person (int id,char *pName)
{
    fId= id;
    strcpy(fName,pName);
}
```

③在主程序中创建 3 个"人"对象:

Person p1,p2(2, ˝洪七公˝), p3(3, ˝欧阳风˝);

根据 Person 类,创建了 3 个对象 p1、p2、p3,其中 p1 后面没有参数,自动调用不带参的默认构造函数,其内部数据是 0 和无名氏;p2、p3 后面有参数,会自动调用重载的构造函数来产生对象,其内部数据分别是 2 和洪七公,以及 3 和欧阳风。

> **温馨提示:** 重载,简单地说就是函数名相同,但参数类型或参数个数不同,重载的好处在于同一个名字有不同的含义,系统会根据传入参数自动调用不同的函数。

所有的对象在产生时必调用合适的构造函数,如果找不到,则产生对象失败。如 Person 的构造函数,只写了带参的构造函数而不写默认的构造函数,那么上面的定义中,p2、p3 合法,但 p1 不合法,原因是只写了带参的构造函数,原来的默认构造函数遭到破坏而不存在,p1 找不到可使用的构造函数,所以无法产生 p1 对象。

(2)重载带参构造函数,参数可设置默认值

教材 9.10.4 中讨论了函数的参数可以设置默认值,为使用函数带来方便。带参的构造函数,其参数也可设置默认值,此时,一个构造函数可起到多个构造函数的作用,产生对象时,根据传入的参数来确定数据。

例如,在 Person. h 中定义 Person 的构造函数为"Person(int id=0,char *pName=″无名氏″);",这样就不需要写无参的构造函数 Person()了,少写一个,但功能并没有减少,且更灵活。

```
int main()
{
    Person p1,p2(2),p3(3,˝欧阳风˝);
    p1.display();//显示 0 无名氏
    p2.display();//显示 2 无名氏
    p3.display();//显示 3 欧阳风
}
```

11.6.3 特殊数据成员的初始化问题及初始化参数表

(1)数据成员是指针变量,构造函数如何初始化

如果一个类的数据成员是指针变量,通常情况下要在构造函数里进行动态内存分配(或指定有效地址),如 Person 类的姓名字段定义成指针变量,则相应的构造函数代码如下:

Person 类(其"姓名"数据成员是指针)	相应的构造函数(动态内存分配)

<pre>class Person
{
public:
    Person ()
    Person (int id,char *pName)
    void setFId(int id);
    void setFPName(char *pName);
    void display();
private:
    int fId;
    char *fPName; //指针变量
};</pre>
	<pre>Person:: Person ()
	{
	    fId=0;
	    fPName=new char[20]; //动态分配
	    strcpy(fPName,"无名氏");
	}
	Person:: Person (int id,char *pName)
	{
	    fId=0;
	    fPName=new char[20]; //动态分配
	    strcpy(fPName, pName);
	}</pre>

(2)数据成员是另外一个类的对象(或其他特殊数据),构造函数如何初始化*

一个类的数据成员既可是"普通数据",也可是"对象数据"。如果是"对象数据",那么在进入本类的构造函数时,首先自动调用数据成员所属类的构造函数初始化,然后再进入本类的构造函数,函数体对剩余数据成员初始化。析构则正好相反,先进入本类析构函数体内运行完毕后,再按相反顺序依次调用成员对象所属类的析构函数。

在默认情况下,"对象"数据成员的初始化只是隐式地调用了所属类默认的构造函数,若要使用该所属类重载的有参构造函数或其他构造函数,就必须在本类的构造函数中使用"参数初始化表"显示说明"对象"数据成员归属类的构造函数,此外,别无他法(详见下(3))。

需要说明:与对象数据成员相同,若数据成员是对象引用、const 修饰量,显示地初始化都必须通过"参数初始化表"指明构造函数。

(3)构造函数使用"参数初始化表"对数据成员初始化

构造函数的函数体内通过赋值语句不能解决特殊数据成员初始化的特殊要求,但通过"参数初始化表"对数据成员进行初始化,既可满足普通数据成员初始化,也可满足特殊数据成员初始化的特殊要求(通过调用不同构造函数对自身初始化)。

使用"参数初始化表"对普通数据成员初始化,改造 Person 的构造函数初始化代码(Person. cpp),形式如下:

```
Person:: Person():fId(0)
{
    strcpy(fName,"无名氏");
}
Person:: Person (int id,char *pName): fId(id)
```

```
    {
        strcpy(fName,pName);
    }
```

（4）构造函数使用"参数初始化表"注意事项*

①参数初始化表的目标针对数据成员初始化。初始化时需指定构造函数的类型：拷贝构造函数或普通的构造函数。

使用拷贝构造函数：拷贝构造函数用同种数据初始化目标。针对普通数据成员，如整型数据成员 fId，可直接写 fId(id)；针对数据成员是另一个类的对象，如 Car 有 Motor 类数据成员 motor 和 Wheel 类数据成员 wheel，Car 构造函数可写成：Car::Car(Motor m,Wheel w)：motor(m),wheel(w){…}。

注意：默认的拷贝构造函数(每种类型都有一个默认的拷贝构造函数)如不能满足要求，必须重写拷贝构造函数。

使用普通构造函数：普通的构造函数用属性数据初始化目标。如下代码，对 Car 的 wheel 数据成员初始化，wheel()是指定父类的构造函数 Wheel()，而 wheel(10,500.5)是指定了父类的重载构造函数 Wheel(int r,float w)。若不指定，使用默认构造函数(或无参构造函数)。

数据成员初始化指定重载的构造函数	数据成员初始化指定默认的构造函数

<pre>#include <iostream.h>
class Wheel
{
public:
    int fr;   //轮子半径
    float fw;   //轮子重量
    Wheel():fr(0),fw(0){}
    Wheel(int r,float w):fr(r),fw(w){}
};
class Car
{
public:
    Wheel wheel;
    Car():wheel(10,500.5){}
};
int main()
{
    Car car;
    cout<<"半径"<<car.wheel.fr<<endl;
    cout<<"重量"<<car.wheel.fw<<endl;
    return 0;
}</pre>
	<pre>#include <iostream.h>
	class Wheel
	{
	public:
	    int fr; //轮子半径
	    float fw; //轮子重量
	    Wheel():fr(0),fw(0){}
	    Wheel(int r,float w):fr(r),fw(w){}
	};
	class Car
	{
	public:
	    Wheel wheel;
	    Car():wheel(){} //wheel()也可不写
	};
	int main()
	{
	    Car car;
	    cout<<"半径"<<car.wheel.fr<<endl;
	    cout<<"重量"<<car.wheel.fw<<endl;
	    return 0;
	}</pre>

运行结果： 半径10 重量500.5	运行结果： 半径0 重量0

②构造函数既有参数初始化表，又有内部的赋值语句，执行的顺序是先进行参数初始化表的初始化，再转入函数体内部执行其他语句，如：

```
Person:: Person();fId(0)              //先执行是 fId(0)
{
    strcpy(fName,"无名氏");           //再执行 strcpy(fName,"无名氏");
}
```

③常量数据不能初始化，下面初始化代码错误，原因是 fName 是常量。

```
Person:: Person();fId(0), fName("无名氏")
{
}
```

11.6.4 简单类的建立与使用案例

(1)教师信息类的建立与使用

例 11.1 建立一个教师信息类 TeacherInfo，数据成员：工号、姓名、密码、家庭住址；提供 set 和 get 方法对各数据成员读写，提供 display 方法显示信息。

类图结构如下：

```
┌─────────────────────────────────────┐
│            TeacherInfo               │
├─────────────────────────────────────┤
│ ✐fWorkNo : int                       │
│ ✐fName : char [20]                   │
│ ✐fPwd : char [20]                    │
│ ✐fAddress : char [40]                │
├─────────────────────────────────────┤
│ ✦setFWorkNo(workNo : int) : void     │
│ ✦getFWorkNo() : int                  │
│ ✦setFName(pName : char *) : void     │
│ ✦getFName() : char *                 │
│ ✦setFPwd(pPwd : char *) : void       │
│ ✦getFPwd() : char *                  │
│ ✦setFAddress(pAddress : char *) : void │
│ ✦getFAddress() : char *              │
│ ✦display() : void                    │
└─────────────────────────────────────┘
```

程序代码如下：

①TeacherInfo 的结构，文件 TeacherInfo.h。

```
# ifndef TeacherInfo_h
# define TeacherInfo_h
class TeacherInfo
{
public:
    int fWorkNo;
    char fName[20];
    char fPwd[20];
    char fAddress[40];
```

```
public:
    void setFWorkNo(int workNo);
    int getFWorkNo();
    void setFName(char *pName);
    char * getFName();
    void setFPwd(char *pPwd);
    char * getFPwd();
    void setFAddress(char *pAddress);
    char * getFAddress();

    void display();
};
#endif
```

②TeacherInfo 的实现,文件 TeacherInfo.cpp。

```
#include "TeacherInfo.h"
#include <iostream.h>
#include <string.h>
void TeacherInfo::setFWorkNo(int workNo)
{
    fWorkNo=workNo;
}
int TeacherInfo::getFWorkNo()
{
    return fWorkNo;
}
void TeacherInfo::setFName(char *pName)
{
    strcpy(fName,pName);
}
char * TeacherInfo::getFName()
{
    return fName;
}
void TeacherInfo::setFPwd(char *pPwd)
{
    strcpy(fPwd,pPwd);
}
char * TeacherInfo::getFPwd()
{
    return fPwd;
}
```

```
void TeacherInfo::setFAddress(char *pAddress)
{
    strcpy(fAddress,pAddress);
}
char * TeacherInfo::getFAddress()
{
    return fAddress;
}
void TeacherInfo::display()
{
    cout<<"工号是:"<<fWorkNo<<endl;
    cout<<"姓名是:"<<fName<<endl;
    cout<<"密码是:"<<fPwd<<endl;
    cout<<"家庭住址是:"<<fAddress<<endl;
}
```

测试主模块与运行结果如下：

主模块代码,文件 TestTeacherInfoMain. cpp	运行结果

`# include "TeacherInfo. h"`
`int main()`
`{`
`    TeacherInfo t1;`
`    t1.setFWorkNo(1);`
`    t1.setFName("李祎");`
`    t1.setFPwd("123");`
`    t1.display();`
`}`
	学号是:1
	姓名是:李祎
	密码是:123
	家庭住地是:烫烫烫烫烫烫烫烫

程序解释：

• 由于 TeacherInfo 类没有显示写出构造函数,系统会自动生成默认的构造函数。

• "TeacherInfo t1;"使用了默认的构造函数对数据初始化(实际什么都没做),其后分别使用外部方法 setFWorkNo、setFName、setFPwd 对工号、姓名、密码进行了设置,但由于没有调用 setFAddress,所以显示出来家庭住址是乱码。

思考练习：

①请增加成员方法:设置教师地址;修改 display 显示教师的信息。

②请为 TeacherInfo 类增加构造函数(带参与不带参两种)。

---

(2)三角形类的建立与使用

例 11.2 建立三角形类 Triangle:数据成员包括三边长;成员方法包括 getArea 求面积, setSideLength 设置三边长;重写默认的构造函数设置三边长是 0。测试主函数定义三角形对象,并调用它的方法,求三角形面积。

类图结构如下：

①类的结构，文件 Triangle.h。

```cpp
#ifndef Triangle_h
#define Triangle _h
class Triangle
{
  private:
    float fA;
    float fB;
    float fC;
  public:
    Triangle();
    bool setSideLength(float a,float b,float c);
    float getArea();
};
#endif
```

②类的实现，文件 Triangle.cpp。

```cpp
#include "Triangle.h"
#include <iostream.h>
#include <math.h>
Triangle::Triangle()
{
    fA=0;fB=0;fC=0;
}
bool Triangle::setSideLength(float a,float b,float c)
{
    if(a+b>c && b+c>a && a+c>b)
    {
        fA=a;fB=b;fC=c;
        return true;
    }
    else
```

```
        {
            cout<<″Wrong″;
            return false;
        }
    }


float Triangle::getArea()
{
    float fT=fA+fB+fC;
    return sqrt(fT*(fT-fA)*(fT-fB)*(fT-fC));
}
```

③主模块测试代码。

```
#include ″Triangle.h″
int main()
{
    Triangle triangle;
    if(triangle.setSideLength(3,4,5))
    {
        cout<<″面积:″<<triangle.getArea();
    }
}
```

运行结果：

面积:77.7689。

思考练习:请为此类增加带参(参数是三边)的构造函数。

11.6.5 析构函数

(1)含义

析构函数是一种特殊的成员函数,当对象生存期结束时,它的空间要被收回,在收回空间之前,析构函数会被自动调用做清理工作(如收回为指针数据成员申请的空间)。析构函数与构造函数的作用正好相反。

(2)默认的析构函数及重写析构函数

系统会为每个类提供一个默认的析构函数。有两种情况需要重写析构函数:第一,当类的某个数据成员是指针,在构造函数(当然也可在其他成员方法)中为指针主动申请一段空间时,就必须重写析构函数,以便在析构函数里将这个申请的空间收回,否则回收的只是一个地址,实际上,注销为本类数据成员动态申请的空间是重写析构函数的重要目的;第二,回收对象前做一些其他的处理工作。

需要注意的是,析构函数只能写一次,不允许重载(与构造函数可重载不同)。

(3)析构函数书写

格式:~类名()

析构函数没有参数,也没有返回类型,如教师信息类的析构形式:

~TeacherInfo()

(4)析构函数的执行顺序*

析构函数的执行顺序依次是:本类析构函数体执行完毕;自动调用对象数据成员所属类的析构函数;最后,本类对象空间收回。这是一个递归的过程。

(5)析构函数调用时机*

析构函数通常不主动显示调用,当一个对象的生存期结束时,析构函数被自动调用。

例 11.3　如果 Person 类的数据成员"姓名"设置成指针类型,在构造函数里动态申请空间,编写析构函数在撤销对象时清理收回空间。

主模块测试程序,文件 TestPersonMain. cpp	Person 类结构,文件 Person. h

``#include "Person.h"
int main()
{
    Person p1(1,"liyi");
    return 0;
}```
	``classPerson
	{
	public:
	    int fId;
	    char *fPName; //设置为指针类型
	public:
	    Person();
	    Person(int id,char *pName);
	    ~Person();
	};```

程序运行结果	**Person 类实现,文件 Person. cpp**

haveParam constructor called
destructor called
	``#include "Person.h"
	#include <iostream.h>
	#include <string.h>
	Person::Person()
	{
	    cout<<"haveParam constructor called"<<endl;
	    fId=0;
	    fPName=new char[20]; //分配空间
	}
	Person::Person(int id,char *pName)
	{
	    cout<<"haveParam constructor called"<<endl;
	    fId=id;
	    fPName=new char[20]; //分配空间
	    strcpy(fPName,pName);
	}
	Person::~Person()
	{
	    delete []fPName; //回收
	    cout<<"destructor called"<<endl;
	}```

程序解释:从运行结果来看,建立一个对象时要访问构造函数,而对象生存期结束(主模块运行结束,p1 生存期结束),会自动调用析构函数,在析构函数里对动态分配的数据空间回收。构造函数中空间申请(new)和析构函数中空间回收(delete)——对应。

11.6.6 拷贝构造函数 *

(1)含义

拷贝构造函数是一种特殊的构造函数,其作用是根据一个已有对象来创建并初始化一个新对象。拷贝构造函数不仅可用于对象定义,而且频繁用于模块形参:"对象参数"的构建。

(2)默认的拷贝构造函数

每定义一个类,都有一个默认的拷贝构造函数,它负责简单的值拷贝(浅拷贝)。如:

```
Person p1,p2;          //使用了默认的构造函数
Person p3(p1),p4=p2;   //使用了默认的拷贝构造函数,p3,p4 的数据成员完全等同于 p1,p2
```

调用函数 fun1(Person p),传入 p1,即"fun(p1);",相当于使用了拷贝构造函数构建 p。

(3)为什么要重写拷贝构造函数

如果类的数据成员有指针类型,使用默认的拷贝构造函数不一定达到效果,9.7 节结构体的拷贝(克隆)中讨论过此话题,下面从类的角度再次讨论重写拷贝构造函数的必要性。

主模块测试程序	Person 类结构,文件 Person. cpp

`# include "Person. h"`
`int main()`
`{`
　　`Person p1(1,"liyi");//构造函数`
　　`Person p2(p1);//拷贝构造函数`
　　`p2. setFPName("liming");//改 p2 内容`
　　`p1. display();//p1 内容被迫修改`
　　`return 0;`
`}`
	`class Person`
	`{`
	`public:`
	　　`int fId;`
	　　`char *fPName;`
	`public:`
	　　`Person();`
	　　`Person(int id,char *pName);`
	　　`void setFPName(char *pName);`
	　　`void display();`
	　　`~Person();`
	`};`

程序运行结果	Person 类实现,文件 Person. cpp

程序出错,出现在屏上的内容:
 	
`haveParam contructor called`
`1  liming`
`destructor called`
`destructor called`
 	
❌ `Debug Assertion Failed!`
`Program: D:\temp\ddel\Debug\ddel.exe`
`File: dbgdel.cpp`
`Line: 47`
	`# include "Person. h"`
	`# include <iostream. h>`
	`# include <string. h>`
	`Person::Person(){…//见上例}`
	`Person::Person(int id,char *pName){… //见上例}`
	`Person::~Person(){…//见上例}`
	`void Person::setFPName(char *pName)`
	`{`
	　　`strcpy(fPName,pName);`
	`}`
	`void Person::display()`
	`{`
	　　`cout<<fId<<" "<<fPName<<endl;`
	`}`

程序解释:

• 建立两个对象 p1 和 p2。p1 使用构造函数,所以显示"haveParam constructor called";而语句"Person p2(p1);"中,p2 使用默认拷贝构造函数,故无输出提示信息。

• 两个对象在程序结束时都调用析构函数,所以出现两次提示:"destructor called"。

• 主模块中改的是 p2 的姓名,但结果显示 p1 的姓名也被改变了,为什么会这样呢? 因为 p1 构建 p2 时,使用的默认拷贝构造函数只是简单的值拷贝,它会将 p1 的姓名地址拷贝给 p2 的姓名,这样 p1 和 p2 的姓名都指向同一位置。经这样的拷贝,p2 被析构后,这段姓名空间被回收,再次进行 p1 的析构,再次回收空间的目标无法完成,导致出错。

(4)重写拷贝构造函数

格式:类名(const 类名 & 对象)

示例:Person(const Person & p)　　　　//构造函数的参数必须用引用

针对上述 Person 类重写拷贝构造函数,为新对象申请新的不同空间,增加代码如下:

Person. cpp	Person. h

Person::Person(const Person & p)
{
　　fId＝p.fId;
　　fPName＝new char[20];
　　strcpy(fPName,s.fPName);
}
	Person(const Person & p);

	运行结果: haveParam contructor called 1 liyi destructor called destructor called

重写了拷贝构造函数后,重新运行上面的测试程序发现,改 p2 的姓名,并不影响 p1。

11.6.7　常数据成员、常成员函数、常对象*

在 3.3.3 节,初次认识 const 表示一个常量,7.5.2 节再次学习了用 const 标记指向常变量的指针变量的好处。在类的设计中,const 可以表达常数据成员、常成员函数、常对象。下面,对 const 的使用作全面总结。

(1)常变量与指向常变量的指针变量

①常变量。

含义:常变量是定义了类型的常量。

格式:一般变量定义前加 const。

用法:const int a＝3; const char b[]＝"boy";　　　//a,b 都是不能改变的量

②指向常变量的指针变量。

含义:保存常变量地址的指针变量,但经由此指针变量无法改变指向内容的值。

格式:const char *p;

用法:

```
int main()
{
    char b[]="boy"; const char *p;
```

```
        p=b; *p='k'; //不合法
        return 0;
    }
```

使用注意:

- 常变量只能用常变量指针变量来指向。
- 常变量指针变量还可指向非 const 变量。
- 常变量指针变量本身可以变,也就是可指向不同的变量,但经由其所指的改变不能成功。

(2)常数据成员和常成员函数

①常数据成员。

含义:不能被改变值的数据成员。

格式:const 置于数据成员之前,如"const int x;"。

用法:类中所有成员函数均可使用(读)常数据成员,但不能改变它的值(写)。另外,常数据成员的初始化只能用"参数初始化表",如类 A,数据成员"const int fX;",初始化 fX 方法通过构造函数的"参数初始化表",形式为"A::A (int x):fX(x){…}"。

②常成员函数。

含义:不能改变数据成员的成员函数,也称为"查询成员函数"。

格式:const 置于成员函数之后,如"void getFX () const;"。

用法:可访问任意一个数据成员,但不能改变任意一个数据成员的值。

例如,对于一个列表框组件类 CListBox(CListBox 是微软 MFC 中定义的类),其数据成员是列表框内容,要得到列表框里当前显示内容,可定义一个常成员函数,其结构是:

```
        int CListBox::GetText(int nIndex, char * lpszBuffer) const;
```

末尾的 const,表明这个成员函数不会改变列表框内容,符合本成员函数只是读取内容的要求,常成员函数的具体使用请见下节 Rect 类的定义。

(3)常对象和指向常对象的指针

①常对象。

定义:所有数据成员都不能被改变的对象,可定义为常对象。

格式:const 类名 对象;或类名 const 对象;

示例:"const A a1;"或"A const a1;"均可定义常对象 a1。

用法:常对象可访问 public 中的 const 成员函数,而不能访问非 const 类型的成员函数(构造函数和析构函数例外),因为设计常对象的目的肯定是对象不允许改变,而非 const 的成员函数存在着修改数据成员的危险,所以不能调用。另外,常对象可访问(可读)public 数据成员。

注意: 常对象的数据成员的初始化,通过构造函数(在函数体内或在初始化表里写都可以)来完成,以后不能改变。

②指向常对象的指针。

含义:常对象的指针指向某对象,经其所指的操作,对象的数据成员不能被修改,这样能够起保护作用。

格式:const 类名 * 指针变量;

示例:"const A *p;"定义指向常对象的指针变量 p(请注意与下常指针格式区别)。

用法:传递对象的地址至某个函数,若希望在函数中此对象不被修改,可将形参设置成指向常对象的指针变量。常对象指针和普通对象指针作形参区别如下:

形参	实参	特点
常对象指针	任意地址(普通对象或常对象地址)	对象不改变
普通对象指针	普通地址(普通对象地址)	对象可改变

使用注意:

- 常对象只能用指向常对象指针来指向。
- 常对象指针可以指向任意,const 或非 const 对象均可。
- 常对象指针本身指针变量的值可改变(指向不同的对象),但指向的内容不能变。

(4)对象的常引用

含义:类似于指向常对象的指针,被引用的对象类型不限,但其数据成员不能改变。

格式:const 类名 & 引用名;

示例:"const A & a",定义了指向常对象的引用变量 a。

用法:常引用作参数的形参,使用规则同指向常对象的指针变量,不能改变原对象。

(5)常指针

含义:常指针是最呆板的指针,常指针落脚点在指针的不变上,也就是这个指针变量始终指向一个地方,但这个地方的内容是可以改变的。这个概念与指向常变量或常对象的指针含义不同,指向常变量或常对象的指针,是保证变量或对象本身不变。

格式:类名 *const 指针变量=某变量名或某对象名;

示例:A *const pA= & a;   //注意,const 与指针变量名 pA 需写在一起

用法:将一个指针固定与某变量或对象相联系,可设置常指针指定,如:

```
int i=3,j=4;
int *const pI= & i;        //定义常指针的时候必须初始化指向某一处
pI= & j;                   //错误,不能再指向其他地方
*pI=33;                    //正确,可以改变所指处的值
```

11.6.8 静态数据成员与静态成员函数 *

(1)静态数据成员

①静态数据成员存在的目的。全局变量前加 static,限制变量作用域于某文件,使变量成为某文件的"御用"变量。在有效保护变量、增加安全性的同时,本文件的多个模块间可以共享和交流变量。

在类的数据成员变量(对象)前加 static,作用相同,可起到限制变量(对象)作用域于某类,使该数据成员成为某类的"御用"变量(对象)。在有效保护、增加安全性的同时,本类的多个对象间可以共享和交流变量(对象)。也就是说静态数据成员,被类的所有对象共享,而非专属于某个对象。

如定义一个矩形类,根据矩形类产生的各矩形对象,各对象都要了解对象集合的矩形总个数和已有矩形对象总面积信息,这两个指标应该成为各对象的共享数据,不能专属于某个对象,此时应将它们定义为矩形类的静态数据成员。

②静态数据成员定义、初始化及内存表达。

矩形类 Rect 定义:Rect. h	矩形类 Rect 实现:Rect. cpp

``cpp
class Rect
{
public:
    Rect();
    Rect(int length,int width);
    int getArea();
    void display() const;//定义常成员函数
    void displayShared();
public:
//特设共享信息访问控制为公用
    static int nums;
    static int areas;
private:
    int length;
    int width;
};
``
	``cpp
	int Rect::nums=0;//初始化静态数据
	int Rect::areas=0;//初始化静态数据
	
	Rect::Rect()
	{
	    length=width=0;
	    nums ++;//个数增加
	}
	Rect::Rect(int length,int width)
	{
	    this->length=length;//this 含义见下节
	    this->width=width;
	    nums ++;//个数增加
	    areas=areas+getArea();//面积增加
	}
	int Rect::getArea()
	{
	    return length * width;
	}
	void Rect::display() const
	{
	    cout<<"length:"<<length;
	    cout<<"width:"<<width;
	    cout<<endl;
	}
	void Rect::displayShared()
	{
	    cout<<"total nums:"<<nums;
	    cout<<"total areas:"<<areas;
	    cout<<endl;
	}
	``

上述定义了两个静态数据成员:nums 和 areas,并进行了初始化,主模块测试代码如下:

```cpp
int main()
{
    Rect r1(3,4);
    r1.display();
    r1.displayShared();//调用成员函数显示共享,结果:total nums:1total areas:12
    cout<<r1.nums<<" "<<r1.areas<<endl;//通过任意对象均可访问,结果:1 12
```

```
        cout<<Rect::nums<<" "<<Rect::areas<<endl; //通过类访问,结果:1 12
        Rect r2(4,5);
        r2.display();
        r2.displayShared(); //调用成员函数显示共享,结果:total nums:2total areas:32
        cout<<r1.nums<<" "<<r2.areas<<endl; //通过任意对象均可访问,结果:2 32
        cout<<Rect::nums<<" "<<Rect::areas<<endl; //通过类访问,结果:2 32
    }
```

注意:上述粗体字代码中,前半部分用 r1 得到共享矩形个数,后半部分用 r2 得到共享矩形面积,这说明共享数据确实不依赖于某个对象。

另外,静态数据成员并非存储在对象区域,所有对象只有一份拷贝,如下所示:

		对象r1		对象r2	
对象数据:	r1.length	3	r2.length	4	
	r1.width	4	r2.width	5	
类共享数据:	nums	2	area	32	

③静态数据成员使用注意事项。

• 静态数据成员常用作类的常量,使用前必须单独初始化。

• 任意成员函数都可以读写静态数据成员。

• 如果静态数据成员的访问控制为 public,则无论是对象还是类均可直接访问,格式如:类名∷静态数据成员或者对象.静态数据成员。

(2)静态成员函数

静态成员函数是专门为访问静态数据成员而设置,它只能访问静态成员(包括静态数据成员和静态成员函数),而不能访问非静态成员。但反过来,非静态成员函数可以访问静态成员(包括数据成员和函数成员方法)。

在访问控制许可情况下(设置 public),使用类名∷静态成员函数或者对象.静态成员函数,均可访问。如上述 Rect 代码中将 displayShared 前加 static 改为静态,则访问方法有:

```
    r1.displayShared();      //通过对象访问
    Rect::displayShared();   //通过类名访问
```

11.6.9 **this** 指针与普通成员函数、常成员函数、静态成员函数的关系 *

成员函数在内存中只有一份,并不属于某个对象(对象中只保存数据),但调用同一份普通成员函数(不包括静态成员函数),为什么会显示不同结果呢? 原因是普通成员函数(不包括静态成员函数)内部隐藏了 this 指针。

(1)this 指针与普通成员函数

根据前述 Person 类建立两个对象,并测试使用 display 方法,代码如下:

```
int main()
{
    Person p1(1,"liyi"),p2(2,"liming");
    p1.display();              //显示 1 liyi,其等价于 display(& p1)
    p2.display();              //显示 2 liming,其等价于 display(& p2)
    return 0;
}
```

而 Person 的成员函数 display 的定义:void Person::display(){cout<<fId<<fName;},实际等价于 void display(Person * this){cout<<this->fId<<this->fName;}。

在上述代码中,可以看出对象调用普通成员函数时,传递了对象本身地址,普通成员函数中定义形参 this 来接地址,之后即可操作本对象的数据。

通常情况下,在成员函数中不需要显示地写出 this,但如果在成员函数中,有变量名与数据成员名相同,识别数据成员时,要加上 this 指针,如 11.6.8 中矩阵类 Rect 的构造函数中,由于数据成员名与形参名相同,所以用 this->length 来标记其数据成员。

(2)this 指针与常成员函数

常成员函数指不能修改数据成员的函数,如 11.6.8 中 Rect 的 display 常成员函数,此函数不修改其数据成员。原型为:void Rect::display() const 相当于 display(const Rect * this)。这里 this 指针被定义为常指针,所以经其所指不能修改 length 和 width。

(3)this 指针与静态成员函数

静态成员函数中不存在 this 指针,所以其中不能直接使用数据成员。静态成员函数即使通过对象调用,函数中也不存在 this 指针。

11.6.10 对象作参数和返回对象

成员函数的参数和返回值,经常需要使用对象。使用这样的函数,在调用前后会自动调用拷贝构造函数,从效率上讲,用对象本身作参数和返回值不如用对象指针或对象引用。

(1)使用对象指针

指针作参数和返回值,拷贝函数只是做了地址的拷贝,效率远远高于对象作参数和返回值(返回的是整个对象),推荐使用指针作参数和返回类型。

指针作函数的返回值类型,会在调用空间中产生一个无名地址值。有 3 种对象的地址可作为指针返回:第一,传入的对象地址参数;第二,返回已存在的本身对象地址,如代码"return this;",this 是本身对象指针;第三,动态产生新对象的地址,此地址返回并保存,不会导致内存泄露(见教材 8.7)。特别注意,不能返回局部对象(变量)的地址。

(2)使用对象引用类型

引用作参数和返回值,只是做了名的绑定(本体唯一,没有调用拷贝构造),效率远远高于对象作参数和返回值(返回的是整个对象),同样推荐使用引用类型作参数和返回类型。

引用类型作函数的返回值类型,该函数可作为左值使用(参见教材 8.7 与 11.7.3)。有 3 种对象可作为引用返回:第一,传入的参数,如代码>>及<<重载中的"return in;"、 "return out;",in 和 out 就是传入的参数(见教材 11.7.3);第二,返回业已存在的本身对象,如代码中"return * this;",this 是本身对象指针, * this 就是本身对象;第三,动态产生的新对象,此对象返回并保存,导致内存泄露,一般不宜采用。特别注意,不能返回局部对象(变量)。

(3)使用对象本身

如果不计效率,对象作参数和返回值也是可以的。对象作参数和返回值,是自动调用拷贝函数的过程,在类中存在数据成员是指针的情况下,对象作参数和返回值不得不重写拷贝构造函数,以完成深度拷贝。

具体需注意 2 点:第一,对象类中无指针类型数据成员,返回有效,原因是 return 语句运行时自动调用默认拷贝构造函数,将数据拷贝出去;第二,对象类中有指针类型数据成员,由于 return 使用了默认的"浅拷贝"构造函数,所以返回对象中的指针类型数据成员只是地址的拷贝,而非内容的拷贝,此时应注意地址指向的空间是否被回收,若被回收则返回无效,若没有被回收则返回有效。避免被回收,可重写拷贝构造函数完成深拷贝。

11.7 对象操作方式优化——运算符重载

教材 9.10.2 节,讨论了使用普通函数对运算符重载,在类的基础上,还可使用成员函数、友元函数对运算符进行重载,这样的重载更具专属性。

11.7.1 重载运算符的方式

(1)成员函数重载运算符

含义:运算符重载函数是类的成员函数。

声明:函数类型 operator 运算符名称(形参列表)。

实现:同一般成员函数。

举例,建立一个复数类,用成员函数重载"+"运算符。

①文件 Complex.h。

```
class Complex
{
public:
    Complex();
    Complex(int r, int i);
    Complex operator+(Complex & c2);      //成员运算符重载的声明
    void display();
protected:
private:
    int real;
    int image;
};
```

②文件 Complex. cpp。

```cpp
# include "Complex.h"
# include "iostream.h"
Complex::Complex()
{
    real=0;image=0;
}
Complex::Complex(int r,int i)
{
    real=r;image=i;
}
Complex Complex::operator+(Complex & c2)
{
    return Complex(this->real+c2.real,this->image+c2.image);
}
void Complex::display()
{
    cout<<real <<image<<endl;
}
```

③文件 ComplexMain. cpp：

```cpp
# include "Complex.h"
int main()
{
    Complex c1(3,4),c2(5,6);
    Complex c3;
    c3=c1+c2;        //等价于"c3=c1.add(c2);",但用 c1+c2 表达,使用起来更加符合习惯
    c3.display();
    return 0;
}
```

注意:使用成员函数对二元运算符重载,第一个加数是本对象,所以参数表里只能有一个参数表示另一个加数。另外重载函数通常应该写在 public 中,提供给对象使用。

(2)友元函数重载运算符

含义:友元函数是一种非本类成员函数却能访问本类数据成员的特殊函数(详见教材 11.7.7)。

声明:friend 函数类型 operator 运算符名称(形参列表)。

实现:函数头部不加"类名::"。

举例,建立一个复数类,用友元函数重载"+"运算符。

①文件 Complex. h。

```
class Complex
{
public:
    Complex();
    Complex(int r,int i);
    friend Complex operator+(Complex & c1,Complex & c2);        //友元运算符重载的声明
    void display();
private:
    int real;
    int image;
};
```

②文件 Complex. cpp。

```
# include "Complex. h"
# include "iostream. h"
Complex::Complex()
{
    real=0;image=0;
}
Complex::Complex(int r,int i)
{
    real=r;image=i;
}
void Complex::display()
{
    cout<<real<< image<<endl;
}
Complex operator+(Complex & c1,Complex & c2)        //实现,前面不加 Complex::
{
    return Complex(c1.real+c2.real,c1.image+c2.image);
}
```

③主程序文件同上 ComplexMain. cpp。

注意:友元函数对二元运算符重载,参数需要两个,原因是友元函数不是类的成员函数,没有 this 指向本对象。类内声明引导词是 friend,类外实现时不写 friend。

上述两种重载运算符"＋"方法的 Complex 类图结构如下,请比较:

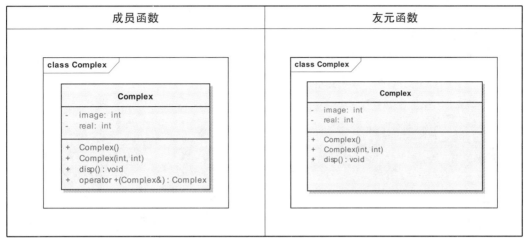

成员函数	友元函数

11.7.2 重载运算符的限制

①C++可重载大多数运算符,少数例外,例如,"．"(成员运算符)、"∷"(域操作符)、"?:"(条件运算符)、"sizeof"(求数据内存大小运算符)、"．＊"(成员指针运算符)等。

②大多数运算符既可用成员函数重载的方式,也可用友元重载的方式,但＝、[]必须用成员函数重载,而<<、>>必须用友元函数重载。

③遵循操作符原有的语法规则,即单目运算符只能重载单目运算,双目运算符只能重载双目运算,且重载后的运算符优先级、顺序性、结合性不变。

前面谈到函数的参数与返回值尽量用指针或引用。这里重载运算符<<、>>、＝、[]的参数和返回值必须用引用,不仅可高效传递数据,同时可确保左值操作(参见教材8.7)。而＋、一、＊、/四则运算符号,重载时不能用返回引用,因为这样做没有意义。例如,定义两个复数 c1、c2 之后,代码"c1＋c2＝…"没有意义,所以必须返回对象。

11.7.3 几种常用运算符的重载*

(1)几种常用运算符的重载与思路

重载"＝":A & A∷operator＝(A & a){…retrun * this;}

重载"[]":B & A∷operator [](int i){…}

重载">>":istream & operator>>(istream & in,A & a){…return in;}//友元重载

重载"<<":ostream & operator<<(ostream & out,A & a){…return out;}//友元重载

重载"＋":A operator＋(A & a1,A & a2){ A a;…;return a;}//友元重载

重载"＋":A A∷operator＋(A & a2){ A a;…;return a;}

重载"＝＝":bool A∷operator＝＝(A & a){…}

重载"＋＋":A A∷operator ＋＋(){ A a;…;return a;}//重载前缀＋＋运算符

重载"＋＋":A A∷operator ＋＋(int){ A a;…;return a;}//重载后缀＋＋运算符

注意:"十"运算符重载时,如果使用友元重载,则需要两个参数,如果使用成员函数重载,则只需要一个参数,另一个参数是对象本身。

(2)字符串类建立

字符型数组表示字符串,不能直接赋值、附加,只能使用 strcpy、strcat 等函数来处理,使用不直观。下面建立字符串类,重载常用运算符:"="" [ ]""<<"">>""==""十"。

①类结构 String. h。

```cpp
# include <fstream. h>
class String
{
public:
    String();                                          //无参构造函数
    String(char *p);                                   //带参构造函数
    String(const String & s);                          //拷贝构造函数
    ~String();                                         //析构函数
    String & operator=(String & s);                    //成员函数重载=
    char & operator[](int i);                          //成员函数重载[]
    friend ostream & operator<<(ostream & out,String & s);  //友元函数重载<<
    friend istream & operator>>(istream & in,String & s);   //友元函数重载>>
    bool operator==(String & s);                       //成员函数重载==
    friend String operator+(String & s1,String & s2);  //友元函数重载+
    int length();
private:
    char *pStr;                                        //指针方式
};
```

②类实现 String. cpp。

```cpp
# include "String. h"
# include <stdio. h>
# include <string. h>
# include <assert. h>
String::String()
{
    pStr=NULL;
}
String::String(char *p)
{
    int n=strlen(p);
    pStr=new char[n+1];
```

```
    strcpy(pStr,p);
}
String::String(const String & s)
{
    int n=strlen(s.pStr);
    pStr=new char[n+1];
    strcpy(pStr,s.pStr);
}
String::~String()
{
    if (pStr !=NULL)
    {
        delete []pStr;
        pStr=NULL;
    }
}
String & String::operator=(String & s)
{
    if (this== & s)
    {
        return * this;
    }
    if (pStr !=NULL)
    {
        delete []pStr;
    }
    int n=strlen(s.pStr);
    pStr=new char[n+1];
    strcpy(pStr,s.pStr);
    return * this;
}
char & String::operator [](int i)
{
    assert(i>=0 && i<strlen(pStr));
    return pStr[i];
}
ostream & operator<<(ostream & out,String & s)
{
    out<<s.pStr<<endl;
```

```
        return out;
}
istream & operator>>(istream & in,String & s)
{
        in>>s.pStr;
        return in;
}
bool String::operator==(String & s)
{
        return strcmp(pStr,s.pStr)==0;
}
String operator+(String & s1,String & s2)              //友元函数
{
        String s;
        s.pStr=new char[s1.length()+s2.length()+1];
        strcpy(s.pStr,s1.pStr);
        strcat(s.pStr,s2.pStr);
        return s;//此处调用了重写的拷贝函数
}
int String::length()
{
        return strlen(pStr);
}
```

③主模块测试 StringTestMain.cpp。

```
#include "String.h"
int main()
{
    //s1 有参构造,s2 拷贝构造,s3,s4,s5 无参构造
    String s1("liyi"),s2(s1),s3,s4,s5;
    //使用赋值重载的=
    s5=s3=s1;
    //使用输出重载的<<
    cout<<"s2:"<<s2;
    cout<<"s3:"<<s3;
    //取其中某个字符,使用重载的[]
    for (int i=0;i<s1.length();i++)
    {
        s1[i]=s1[i]-32;//小写转大写
    }
```

```
            cout<<"s1 转大写:"<<s1;
            //下面的比较使用重载的==
            s1==s2? cout<<"结果相等":cout<<"结果不等";
            //使用重载的+
            s4=s1+s2;
            cout<<endl<<"s4:"<<s4;
            return 0;
        }
```

运行结果:

s2:liyi

s3:liyi

s1 转大写:LIYI

结果:不等

s4:LIYIliyi

程序解释:

- +与==的重载可以任意选择方式,上述程序中+用友元重载,==用成员函数重载。
- 数据成员是字符指针,所以构造函数 String(char *p)和拷贝构造函数 String(String & s)都要先申请内存,再将相应的字符拷贝其中。在析构函数里要释放内存。
- 默认的赋值函数(每个类有一个默认的赋值函数)只能完成"浅"赋值,但实际赋值时,两个字符串空间可能不一样大(甚至目标串空间为 NULL),所以必须对=号进行重载。重载时,首先释放自身空间(delete []pStr),然后根据源串申请空间(int n=strlen(s. pStr);pStr=new char[n+1];),最后拷字符(strcpy(pStr,s. pStr))。
- 定义 s2 语句 s2(s1),自动调用了重写的拷贝构造函数 String::String(String & s)。
- +重载语句最后"return s;",调用了重写的拷贝构造函数完成"深"拷贝,+运算函数结束后,虽然 s 中的指针数据成员 pStr 空间能够收回,但返回的无名对象 pStr 地址和内容均有效。
- +重载时返回值必为对象类型,=、>>及<<重载时返回值必为引用类型。=重载时返回本身,>>及<<重载返回传入的参数 in 和 out(参见教材 11.6.10)。

11.7.4 new 与 delete 运算符的再认识 *

(1)普通数据成员的初始化

new 与 delete 对象时均有两个步骤。new 首先动态申请空间,然后调用构造函数(根据 new 方式选择构造函数)对数据进行初始化;delete 首先回收空间,然后调用析构函数。

无论什么样构造函数,都隐式或显示地利用参数初始化列表,调用父类构造函数对父类数据初始化,以及本类中对象成员归属类构造函数初始化,但唯独没有主动对普通数据成员初始化。当然,如果显示地写出构造函数,可在构造函数体内主动对普通数据成员初始化。

所以,用 new 创建对象时,初始化本类对象的普通数据有两种方法:第一,主动显示写构造函数,并在其中对普通成员数据初始化,而不能使用默认构造函数;第二,重载运算符 new,在申请空间的时间,同步初始化普通数据。

(2)重载 new 与 delete 格式

new 重载格式:void * operator new(size_t size,[参数表]);

用 new 创建对象时,系统首先计算对象的长度并传递给 size,接着根据 size 分配空间后交给指针 p 后返回,最后调用构造函数。上述格式中[参数表]是可选项,当 new 对象需要传入数据时,由参数表定义的形参来接收并使用。

delete 重载格式:void operator delete(void *p, [size_t size]);

p 是一个任意类型的指针,通常通过 new 创建对象时返回,函数体内 free(p)即可。参数 size 默认对象的长度,是可选项,也可不用。

(3)完善 String 类

上节建立的 String 类不够完善,表现在无参构造中没有为指针分配空间,存在隐患,例如:

```
String *pStrl=new String; cout<<pStrl->length();   //结果错,因为数据成员 pStr 为 NULL
```

另外,无法完成对象数组的初始化。下面重载 new,抢在构造函数前对指针数据成员分配空间并初始化,为了区分静态和动态建立对象,特设置数据成员 newFlag 标记 new 动态生成。

①String.h 中增加代码。

```
int newFlag;
void * operator new(size_t size);
void * operator new(size_t size,char *ps);
void * operator new(size_t size,String & s);
void * operator new[](size_t size);              //重载 new[]
void * operator new[](size_t size,char *ps);      //重载 new[]
```

②String.cpp 中增加代码。

```
//将 3 种构造函数的代码调整写在 if 语句中
//简称 cl
String::String()
{
    if (newFlag !=1)
    {
        pStr=NULL;
    }
}
//简称 newl
void * String::operator new(size_t size)
{
    char *p=(char *)malloc(size);
```

```cpp
    ((String * )p)->newFlag=1;                          //设置 new 标记
    ((String * )p)->pStr=(char * )malloc(1);
    * (((String * )p)->pStr)=0;
    cout<<endl<<"--new1 --"<<endl;
    return p;
}
//简称 new2
void * String::operator new(size_t size,char *ps)
{
    char *p=(char * )malloc(size);
    ((String * )p)->newFlag=1;                          //设置 new 标记
    ((String * )p)->pStr=(char * )malloc(strlen(ps)+1);
    strcpy(((String * )p)->pStr,ps);
    cout<<endl<<"--new2 --"<<endl;
    return p;
}
//简称 new3
void * String::operator new(size_t size,String & s)
{
    char *p=(char * )malloc(size);
    ((String * )p)->newFlag=1;                          //设置 new 标记
    ((String * )p)->pStr=(char * )malloc(s.length()+1);
    strcpy(((String * )p)->pStr,s.pStr);
    cout<<endl<<"--new3 --"<<endl;
    return p;
}
//简称 new[]1
void * String::operator new[](size_t size)
{                                                       //重载 new[]
    char *p=(char * )malloc(size);
    char * q=p;
    int n=size/sizeof(String);
    for (int i=0;i<n;i ++)
    {
        ((String * )p)->newFlag=1;                      //设置 new 标记
        ((String * )p)->pStr=(char * )malloc(1);
        * (((String * )p)->pStr)=0;
        p=p+sizeof(String);
    }
```

```
        return q;
    }
    //简称 new[]2
    void * String::operator new[](size_t size,char *ps)
    {                                                           //重载 new[]
        char *p=(char * )malloc(size);
        char * q=p;
        int n=size/sizeof(String);
        for (int i=0;i<n;i++)
        {
            ((String * )p)->newFlag=1;                          //设置 new 标记
            ((String * )p)->pStr=(char * )malloc(strlen(ps)+1);
            strcpy(((String * )p)->pStr,ps);
            p=p+sizeof(String);
        }
        return q;
    }
```

③主模块测试 StringTestMain2. cpp。

```
/ * new 时,String 前参数表示以何种方式调用 new,String 后参数表示以何种方式调用构造函数 * /
int main()
{
    cout<<"测试一,建立无具体值的对象"<<endl;
    //若无重载 new,直接调用 c1,出错
    String *pStr1=new String;
    cout<<pStr1->length();                                  //结果错
    cout<<"con:"<<( *pStr1);                                //结果错
    //若重载 new1,调用 new1,再调用 c1
    cout<<pStr1->length();                                  //结果 0
    cout<<"con:"<<( *pStr1);                                //结果空

    cout<<"测试二,建立有具体值的对象"<<endl;
    //若无重载 new,直接调用 c2
    String *pStr2=new String("liyi");
    cout<<"con:"<<( *pStr2);                                //结果 liyi
    //若重载 new1,调用 new1,再调用 c2
    String *pStr21=new String("liyi");
    cout<<"con:"<<( *pStr21);                               //结果为空
    //若重载 new2,调用 new2,再调用 c1
```

```
String *pStr22=new String("liyi");
cout<<"con:"<<( *pStr22);                              //结果 liyi


cout<<"测试三,建立有具体值的对象"<<endl;
//若无重载 new,直接调用 c3
String s("wym"), *pStr3=new String(s);
cout<<"con:"<<( *pStr3);                               //结果 wym
//若重载 new1,调用 new1,再调用 c3
String s("wym"), *pStr31=new String(s);
cout<<"con:"<<( *pStr31);                              //结果为空
//若重载 new3,调用 new3,再调用 c1
String s("wym"), *pStr32=new (s)String;
cout<<"con:"<<( *pStr32);                              //结果 wym


cout<<"测试四,建立无、有具体值对象数组"<<endl;
//无重载 new[]时,只调用 c1
String *pStr1A=new String[10];
//重载 new[]1,调用 new[]1,再调用 c1
String *pStr11A=new String[10];
for (int i=0;i<10;i ++)
{
    cout<<"len:"<<( *pStr11A).length();                //均为 0
    cout<<"con:"<<pStr11A[i];                          //均为空
}
//重载 new[]2,调用 new[]2,再调用 c1
String *pStr12A=new ("abc")String[10];
for (int i=0;i<10;i ++)
{
    cout<<"len:"<<( *pStr12A).length();                //均为 3
    cout<<"con:"<<pStr12A[i];                          //均为 abc
}
}
```

11.7.5 类型的强制转换*

相同类型的数据间运算,可使用运算符重载方法,使运算形式更加简洁。不同类型的数据间运算,需要将类型转成同一种类型后才能运算。教材 3.5.2 曾接触过类型的转化,如"3+4.5",3 自动隐式转成小数后与 4.5 相加;再如 float(3)+4.5,这是用强制运算符将 3 转成小数后与 4.5 相加。实际上,任意类型都可以强转成另外一种类型,但对于自定义类型(结构体

338

类型或类类型)的强转要通过一定的技术手段去实现。

(1)使用转换构造函数强制转化

①在建立对象时,自动调用转换构造函数,将其参数类型对象转成本类型对象(动作由内向外),转换后可使用本类定义的运算符运算。转换构造函数也是一种构造函数。

②定义格式:类(待转类对象)。转换构造函数的参数只有一个,其类型是待转类型,函数没有返回值。另外,转换构造函数可以重载,可以将多个类型转成本类型。

③定义转换构造函数,可实现复数与整数的加法。代码如下:

```cpp
#include <iostream.h>
class Complex
{
public:
    Complex(){real=image=0;}                    //无参构造函数
    Complex(int r,int i):real(r),image(i){}     //重载有参构造函数
    Complex(int r){real=r;image=0;}             //转换构造函数,将 int 转成 Complex
    Complex operator+(Complex c)
    {
        Complex cc;
        cc.real=this->real+c.real;
        cc.image=this->image+c.image;
        return cc;
    }
    friend ostream & operator<<(ostream & out,Complex & c);
private:
    int real;
    int image;
};                                              //Complex 类结构定义结束
ostream & operator<<(ostream & out,Complex & c)
{                                               //在 Complex 类外,对<<的重载
    out<<"实部:"<<c.real<<"虚部"<<c.image;
    return out;
}
int main()
{
    Complex c1(3,4),c2(5),c3;      //c2 是使用了转换构造函数建立的有名复数对象
    c3=c1+ c2;                     //直接写 c3=c1+5 参见程序解释
    c3=c1+ Complex(5);             //Complex (5)是使用了转换构造函数建立的无名复数对象
    cout<<c3;                      //运行结果,实部 8,虚部 4
    return 0;
}
```

程序解释：

• 代码 c3＝c1＋5，也会得到正确结果。其原因是＋运算符重载（Complex operator＋(Complex c)）时，传递整型实参 5 会自动调用转换构造函数创建复数形参 c 对象。若重载定义为 Complex operator＋(Complex ＆c) 就不能传 5 了，因为引用类型必须接变量，可设 c2＝5，然后 c3＝c1＋c2。

• 成员函数的代码在类内和类外完成均可，上述代码对＋的重载代码在类内完成，而对 ＜＜ 的重载代码在类外完成。在类内写的代码为内联（参见 10.9.1）。

（2）重载类型符强制转化

①重载类型符强制转化指将已存在对象的类型临时转成另外一种类型而参与运算（动作由外向内）。

②定义格式：operator T(){实现转换的语句}

说明：T 是将转的类型，函数没有返回值和参数。

③重载类型符强制转化，可实现复数与整数的加法。代码如下所示：

如将复数类转成 int 类型，定义如下（只提供强制转化，其余代码见上）：

```
class Complex
{
    public：
    operator int (){return real}        //重载类型符，将 Complex 转成 int
};
int main()
{
    Complex c1(3,4);int i＝5;
    c1＋i;          //结果 8,隐式调用重载类型符，将 c1 转整数，相当于 int(c1)＋i,两整数加法
    int(c1)＋i;                  //结果 8,显示调用了重载类型符
}
```

④强制转化注意事项。重载类型符通常在相近的类型间转化。另外，可将一个自定义类型转成常见的基本数据类型，比如，两个人 p1、p2（Person 对象），重载“＞”运算符后，可进行如 if(p1＞p2)这样的判断，但如果不重载“＞”运算符，最好的办法就是将 Person 重载类型，强转成整数后再进行比较，在重载类型符函数中，返回人的整型身份号作为大小比较的依据。

（3）同时重载转换构造函数和重载类型符，需要显式使用其中之一

某个类，如果既设置了转换构造函数，又设置了转换类型函数，参与某种运算（如＋），可能产生歧义。如复数 Complex 类，定义复数 c1 及整数 i，表达“c1＋i;”如何计算？用转换构造函数将 i 转成复数相加？还是用转换类型函数将 c1 转成整数再加呢？为避免产生二义性，要显示写出转换规则，例如，写 int(c1)＋i 表示整数相加，或写 c1＋Complex(i)表示复数相加。

11.7.6 智能指针*

(1)概念

智能指针是一对象,对象的用法形式是:对象.方法。但智能指针的用法形式还可以是:智能指针对象—>方法,其原因是智能指针(对象)所属类对"—>"进行了重载,返回了另一个聚合类对象的指针,智能指针(对象)—>方法中的方法实质是另外一个聚合类的方法。

(2)用途

智能指针用处很大,如在组件开发中,需及时了解一个接口(相当于抽象类)所指向动态产生的实例(真实对象)被使用的次数,以决定何时自动将实例资源收回。但C/C++中没有垃圾回收机制,也就是说 new 与 delete 必须由程序员自己去一一对应起来。能不能让后台自动管理 new 出对象的释放呢?

设计思路:让一个栈对象包含一个堆对象的使用计数,当栈对象被后台自动释放时,会调用栈对象的析构函数,在栈对象的析构函数里写下 delete 堆对象指针的语句,从而完成后台间接管理堆对象,这个栈对象就是智能指针,测试代码见下:

①调用类(称为"被聚合类"或"资源类")。

```
class Recordset
{
public:
    void xxx(){;}
};


//主程序测试
include <iostream.h>
int main()
{
    Recordset *pRs=new Recordset;                //动态资源
    _RecordsetPtr smartPtr(pRs);                 //定义智能指针,引用资源记数 1 次
    smartPtr._xxx();                             //调用智能类自身方法
    smartPtr—>xxx();                             //调用引用资源类方法
    {
        //引用资源再记数 1 次
        _RecordsetPtr smartPtr2(smartPtr);
        smartPtr2._xxx();                        //调智能类方法
        smartPtr2—>xxx();                        //调资源类方法
    }
    return 0;
}
```

运行结果：

当前指针使用结束,资源被引用还剩:1 次

当前指针使用结束,资源被引用还剩:0 次

使用资源结束,清除资源

程序说明:动态资源申请后,没有使用 delete 删除,而使用智能指针,可安全释放内存。

②智能指针类。

```
class _RecordsetPtr
{
private:
    Recordset *pRecordset;
    int *counts;
public:
    _RecordsetPtr(Recordset *pRecordset)
    {   //构造函数
        this->pRecordset=pRecordset;
        counts=new int; *counts=1;
    }
    _RecordsetPtr(const _RecordsetPtr & _r)
    {   //拷贝构造函数
        counts= _r.counts;
        ( *counts)++;
    }
    Recordset * operator->(){return pRecordset;}            //重载->

    void _xxx(){;}

    ~_RecordsetPtr()
    {   //析构函数
        ( *counts)--;
        cout<<"当前智能指针使用结束,资源被引用还剩:"<< *counts<<"次"<<endl;
        if ( *counts==0)
        {
            cout<<"使用资源结束,清除资源"<<endl;
            delete pRecordset;
        }
    }
};
```

11.7.7 友元*

(1)含义

不是一个类的成员函数,却可以访问这个类的私有数据成员,这种存在称"友元"。

(2)种类

①将普通的函数声明为友元函数。比如说,有一个类 Date,可以设计一个独立的友元函数 display(Date & d),从而访问 Date 对象 d 的内部数据。

类结构 Date.h	类测试 DateMain.cpp

＃ifndef Date_h
＃define Date_h
class Date
{
public:
　　Date();
　　friend void display(Date & d);//友元函数
private:
　　int year;
　　int month;
　　int day;
};
＃endif
	＃include "Date.h"
	int main()
	{
	　　Date d1;
	　　//直接调用 display 函数
	　　display(d1);
	　　return 0;
	}

类实现 Date.cpp	**运行结果**

＃include "Date.h"
＃include ＜iostream.h＞
Date::Date()
{
　　year=2000;
　　month=8;
　　day=18;
}
void display(Date & d)　　//友元函数是普通函数
{
　　cout<<"友元函数访问私有数据(年):"<<d.year<<endl;
　　cout<<"友元函数访问私有数据(月):"<<d.month<<endl;
　　cout<<"友元函数访问私有数据(日):"<<d.day<<endl;
}
	友元函数访问私有数据(年):2000
	友元函数访问私有数据(月):8
	友元函数访问私有数据(日)18

教材 11.7.1 节第(2)点中提到的友元重载,指的就是这种外部友元函数重载,此处不再赘述。值得注意的是,友元函数的参数通常是被访问类所定义的对象,如:void display(Date& d)

②友元成员函数。如果一个类的成员函数要访问另一个类的私有数据成员,就可以在另

一个类的结构中声明这个函数。规则就是:想访问哪个类的数据就在哪里加友元 friend 声明。

下图显示 Time 类的 display 成员函数成为 Data 类的友元。

Time的成员函数: void display (Date &date)

↓

Date的友元函数: friend void Time::display(Date &date)

注意:在友元成员函数所在类前,需添加被访问类声明。例如,Time 类的 display 成员函数想访问 Date 类的数据,就需在 Time 类前声明"class Date;",代码如下:

类结构 Time. h	类测试 TimeMain. cpp

`class Date;`//需提前申明不能丢,下面用到
`class Time`
`{`
`public:`
`    Time();`
`    void display(Date & date);`
`protected:`
`private:`
`    int hour;`
`    int minute;`
`    int second;`
`};`
	`#include "Date.h"`
	`int main()`
	`{`
	`    Date d;`
	`    Time t;`
	`    t.display(d);`
	`    return 0;`
	`}`

类实现 Time. cpp	**运行结果**

`#include "Date.h"`
`#include <iostream.h>`
`Time::Time()`
`{`
`    hour=8;`
`    minute=13;`
`    second=59;`
`}`
`void Time::display(Date & date)`
`{`
`    cout<<date.year<<endl;`
`    cout<<date.month<<endl;`
`    cout<<date.day<<endl;`
`    cout<<"时分秒:"<<hour<<minute<<second;`
`}`
	`2000`
	`8`
	`18`
	时分秒:81359

说明:Date 代码参见上节,将 friend void display(…)改为 friend void Time::display(…)。另外,友元成员函数的参数通常是被访问类所定义的对象,如 void Time::display (Date & date)。

③友元类。将一个类声明为另一个类的友元。比如,将 A 声明为 B 的友元类,格式为 friend A。那 A 的所有成员函数就可以访问 B 的私有数据成员,这里不再举例。

11.8　对象之间的关系

研究对象之间的关系是深入理解面向对象编程的基础。即使不从事计算机行业,不做编程,掌握对象之间的关系对工作生活的认识都有帮助。

11.8.1　关系的种类

万事万物皆有关系,这些关系主要可以分以下几种:

(1)泛化

泛化是指父子之间的关系,也称"继承关系"(详见教材第12章),如下图所示(空心箭头指向父类):

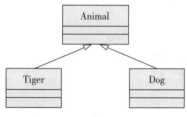

(2)关联

简单地说,两个相对独立的对象之间发生的联系就是关联。关联是最普遍的关系,如夫妻、公司与职员、同学之间、课程与专业等之间关系,双方都是独立的,但又存在着联系,关联双方可以借助另外一方完成某种动作。如下图所示(数字标记一对多关系):

(3)聚合

聚合是较强烈的关联关系,是关联的特殊情况,是部分与整体间关系。比如,主人手腕上的一块表与主人的关系,肯定不是泛化(父子)关系,但可以肯定的是二者有关联关系,如果更仔细地考查,手表是主人整体形象的一个重要组成部分,而手表同时也是独立存在的一个对象,这种关系,称为"聚合"。如下图所示(聚合表达为整体方空心菱形,并箭头指向聚合类,标记文字反映被聚合类在整体类中的成员表达):

部分对象与整体对象是相互独立存在的。比如,主人和手表之间,手表不是与主人一起来到这个世界。主人没戴手表时,手表已经存在,主人不在了,它还存在,这反映了聚合关系中整体与部分生命期的各不相干。

(4)组合

组合是更强烈的关联关系,同样也是部分与整体间关系,但跟聚合在语义上有区别,组合关系更加紧密。在组合关系中,整体对象会制约它的组成对象的生命周期。部分不能单独存在,它的生命周期依赖于整体对象的生命周期,当整体消失,部分也就随之消失。比如,汽车和发动机是组合关系,如果汽车被销毁了,那发动机也跟着销毁了。如下图所示(组合表达为整体方实心菱形,并箭头指向组合类,标记文字反映被组合类在整体类中的成员表达):

(5)依赖、合作关系

依赖、合作是两种关系,它们也是关联关系,不过是一种偶然的弱关联。一个对象用到另一个对象,但是和它的关系不能维系长久且稳定,就可以将这种关系看成依赖、合作关系。例如,我和锤子本来是没关系的,但凭借一次要钉钉子(我要盖房)的契机形成依赖合作关系。依赖与合作的区别是被使用的对象的生命期不同,依赖对象的生命期较短,而合作对象的生命期与被合作的对象生命期相同,但在使用语法上是一致的,都是作为方法的参数而存在,如下图所示(用带箭头的虚线指向依赖或合作的类):

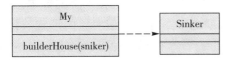

11.8.2 关系的改变和表达

实际上,两个对象关系并非一成不变,关键看重点在哪里? 比如,你与锤子,你强调的是临时借用,那就是依赖或合作的关系,而如果你要强调那就是我的锤子,那是你生命中不可缺少的组成部分,那就可看成聚合或组合的关系。

再如,夫妻本是普通关联关系。但根据语境的不同,还可看成其他关系。如果丈夫强调妻子是自己不可缺少的一部分,那就可看成强关联的聚合或组合(看成私有财富,则组合关系;看成对等,双方各自独立,各为自己的生命期负责,则聚合关系);如果强调的是对方只是临时的借用,达到目的的一种途径,这种关系是弱关联的依合。

夫妻例子中,如果是一般关联或强关联,在类的结构上,妻子表现为丈夫的数据成员;如果是弱关联,则在类的结构上,妻子并非是丈夫的数据成员,只能是丈夫某个方法的参数或局部变量。下面看强关联和弱关联两种情况下,丈夫要吃红烧肉的方法。

①强关联——聚合组合。

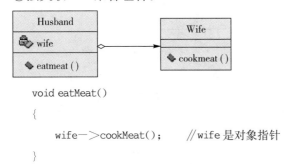

```
void eatMeat()
{
    wife->cookMeat();    //wife 是对象指针
}
```

丈夫要吃红烧肉,那么立即会有美味呈现上来,因为妻子是其组成部分。

②弱关联——依赖合作。

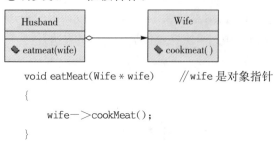

```
    void eatMeat(Wife * wife)      //wife 是对象指针
    {
        wife->cookMeat();
    }
```

丈夫要吃红烧肉,就必须说清楚:"请妻子给我做份红烧肉"。

> **温馨提示**:关联、聚合、组合在代码上都是将被使用方写成使用方的数据成员。

在C++语言中,关联和聚合的数据成员一般都写成指针方式,不过,这个指针由已经存在的对象传递过来,整体方不对这些数据成员的生命期进行管理;而组合的数据成员一般写成对象的形式,它的产生是在整体类的构造函数(构造器)里产生,并且在本类的析构器或其他方法里释放对象空间。当然,这里要指出,组合元素也不一定要写成对象的形式,写成指针也可,但必须由整体方来产生这个"组合元素指针"所指示对象的空间,并且也要由整体方类释放组合元素指针所指向的空间。

依赖与合作关系在代码上体现在将被依赖合作的对象写在本类的成员函数的参数表里,并非写在数据成员里。

11.9　面向对象分析设计中的关联

11.9.1　关联完善登录系统*

(1)描述整个系统的运作过程

清楚了解整个系统的运作过程非常重要。比如,全面考虑学生成绩管理系统,使用这个系统至少有两种用户角色:学生和教师,每种用户进入时都要登录,进入后可查询分数,而教师用户还可输入分数、打印分数等。系统用例如图 11-5 所示。

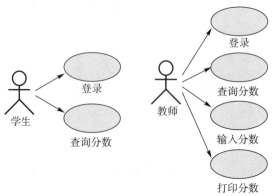

图 11-5　"成绩管理系统"用例图

说明:用例图是由参与者(Actor)、用例(Use Case)以及它们之间的关系构成的用于描述系统功能的静态视图。Actor 是指系统外使用系统或与系统交互中的角色,常用小人来表达,Use Case 指一组动作序列的描述(一个功能集),常用椭圆描述。

(2)"学生登录"用例

完整功能的"学生成绩管理系统"设计较复杂,下面仅讨论其中"学生登录"用例。

①步骤(事件流)。步骤也称为"事件流","学生登录"事件流:提供输入界面、输入登录信息、登录、显示成功或者失败界面。其中登录看起来简单但实际复杂,涉及处理登录及数据验证等。确定事件流采用的是面向过程的程序设计思路(请注意,至此还没有涉及面向对象)。

②管理器。为事件流分门别类找管理器。制定管理器的原则是根据功能相似和分层思想,通常情况下,任何一个向后台文件请求数据的过程都分成界面、业务处理、数据 3 个部分。这样做的目的不仅可以使结构清楚,而且还有利于今后对每部分单独部署,如可以将界面放在一台机器,将业务放在一台机器,将数据端放在另外一台机器。

管理器	管理的事件流	管理器类图结构
学生登录界面管理者	提供输入界面、输入登录信息、登录(只涉及登录界面,不涉及如何登录、验证数据)、反馈界面(显示成功或者失败界面)	**学生登录界面管理器** 姓名 密码 类型 成功标记 构造器( ) 登录初始化界面( ) 输入登录信息( ) 登录( ) 反馈界面( )
学生业务管理者	**登录**(登录验证,并向后台数据发出请求)	**学生业务管理器** 构造器( ) 登录( )
学生数据管理者	**设置连接** **关闭连接**	**学生数据管理器** 数据集对象 连接字符串 构造器( ) 设置连接( ) 关闭连接( )

分门别类地为事件流(粗体字)找到管理者,然后再考虑这些管理者之间的关系,这就是面向对象的程序设计思路,这才是真正地开始了面向对象的程序设计。

通过明确事件流和制定管理器,可解决"学生登录"用例,其他用例解决思路类似。

（3）确定关联

根据以上 3 个管理器类图，建立下面的关联：

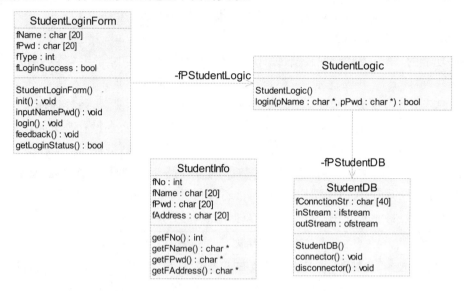

图 11-6 "学生登录"用例涉及类图及关系

三者间关联用带方向的箭头表示，StudentLoginForm 需使用业务逻辑去实现登录，所以要关联到 StudentLogic，而 StudentLogic 需后台的数据，所以关联到 StudentDB。关联在代码里表现为类的数据成员，如在 StudentLoginForm 中需设置 StudentLogic 类型的数据成员 fPStudent。

11.9.2 关联完善成绩管理系统

（1）ScoreManager 与 Score 关联

对象间常见的是关联关系。教材第 7～11 章，设计了一个管理针对学生分数操作的归属 ScoreManager，现从对象关系的角度重新规划 ScoreManager，使其成为名副其实的管理者。

我们希望这个 ScoreManager 能够名副其实地担当管理学生分数 Score，因此 ScoreManager 类和 Score 类肯定要发生联系，并且在此基础上添加操作学生分数的方法，如添加、显示、删除等。ScoreManager 类与 Score 类关联关系如下：

表达关联关系，应将 Score 对象作为 ScoreManager 的数据成员，当然，这种管理不只是管理一个学生的分数信息，是管理一批学生分数信息（分数信息数组），相应的代码如下：

```
class ScoreManager
{
public:
    …多种操作学生分数的方法
```

```
    private:
        Score *pS;
        int n;
    };
```

分数对象数组表达：头指针 pS 和长度 n。在 ScoreManager 的无参构造函数里，可对这两个参数进行初始化，包括对 pS 分配对象数组的空间和将一个固定的长度赋给 n。

（2）ScoreManager 与 Score 聚合

准确地说，ScoreManager 与 Score 是聚合关系，Score 对象并非依赖于 ScoreManager 而存活，也即上面第（1）点所述在 ScoreManager 的无参构造函数里去创造学生对象数组有违常理，应设计带参构造函数，根据已经存在的学生对象数组传进来给 pS 和 n。代码如下：

重载带参的构造函数	使用带参构造函数传递一个已经存在的数组

ScoreManager:: ScoreManager (Scores *pS,int n)
{
    this—>pS=pS;
    this—>n=n;
}
	int main()
	{
	    Score s[40]; //先建立一个分数对象数组
	    ScoreManager sm(s,40);
	            //根据已经建立的数组建立管理器对象
	}

（3）ScoreManager 中增加静态数据成员

ScoreManager 类里还应增加 num 数据成员表示真实的学生人数，如下表所示：

ScoreManager 对象各管真实人数，冲突	ScoreManager 对象共享真实人数，不冲突

private:
    Score *pS;
    int n;
    int num;   //表示学生的真实人数
	private:
	    Score *pS;
	    int n;
	public:static int num; //表示学生的真实人数

这里存在一个问题，如果有多个管理员输入分数，势必会造成 num 的混乱，其原因在于 num 服从于一个管理员。

使用静态数据成员可产生共享数据，格式为"static int num;"，静态数据成员不隶属于哪一个对象，而隶属于整个类，因此将 num 设置成静态数据成员，每个管理员在操作这个数据的时候都能保证这个数据是公用、真实的。

在 ScoreManager 的实现代码中，可将 num 初始化为"int ScoreManager::num==0;"。

例如，定义了 num 的访问许可为公用，且定义"ScoreManager sm(s,40);"后，在类外任意地方访问 num，可通过对象访问或类名访问静态数据成员（类内访问直接用 num），代码如下：

```
        sm.num                    //对象方法
        ScoreManager::num         //或使用类名方法
```

(4)建立各成员方法

以上将学生管理器类 ScoreManager 的数据成员建立完毕后,下面讨论建立操作分数的成员方法。谨记现在的数据都在类的内部,所以成员方法不需要有参数(成员方法其实就是专门针对内部数据的操作,如果成员方法必须要有参数,这说明成员方法必须依赖另外的一些变量或者对象,这些数据是来源于外部,而绝对非本类内部)。ScoreManager 类的方法 inputScore 和 saveScore 代码如下(其他成员方法,请参照编写):

```cpp
void ScoreManager:: inputScore()
{
    if (num==n)
    {                               //说明当前人数已满,n是数组的长度
        cout<<"对不起,人数已满";
    }
    else
    {
        cout<<"要输入数据吗? (y/n)";
        char choice;cin>>choice;
        while (choice=='y')
        {
            cout<<"请输入数据(学号/姓名/课程/分数):";
            cin>>pS[num].fNo>>pS[num].fName>> pS[num].fCourse>>pS[num].fScore;
            num=num+1;
            cout<<"还要输入数据吗(y/n)";cin>>choice;
        }
    }
}
void ScoreManager::saveScore()
{
    FILE *pFile=fopen("Score.dat","wb");
    fwrite((void * )pS,sizeof(Score),num,pFile);
    fclose(pFile);
}
```

程序解释:

• 为方便输入数据,Score 的数据成员:学号、姓名、课程、分数均设置成 public,如果设置成 private,要求 Score 提供 getFNo()/getFName()等方法。

• "cin>>pS[num]. fNo>>pS[num]. fName>> pS[num]. fCourse>>pS[num]. fScore;"是输入第 num 个人的学号、姓名等,如果事先对 Score 的">>"进行运算符重载,可以使用"cin>>pS[num]"一次性输入第 num 个人的信息,这样更清楚简洁(请思考如何编写)。

（5）ScoreManager 与 Score 的完整类图结构

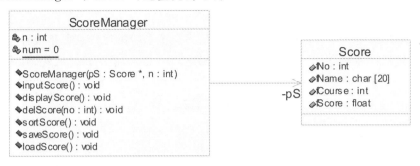

图 11-7　"成绩管理系统"中管理器与分数对象之间的关系

注：上图 ScoreManger 依赖于 Score，实际实现时，pS 是的 ScoreMange 的数据成员。

（6）主模块的测试代码

```
# include "Score.h"
# include "ScoreManager.h"
int main()
{
    Score s[40];
    ScoreManager sm(s,40);
    sm. inputScore();
    sm. saveScore();
    return 0;
}
```

思考练习：完善 ScoreManager 类的其他成员方法，并改写学生成绩管理系统。

【本章总结】

过程观认为数据和函数是公用且分离的，对象观认为数据和操作是紧密结合在一起的。

类的三大特征：封装、继承和多态。

类的数据成员和成员方法的访问控制符有 public、protected、private 三种。类外对象只能访问 public 成员；类中各成员透明，可随意访问。

构造函数承担对数据成员的初始化，构造函数包括普通的无参构造函数、重载的构造函数、拷贝构造函数和转化构造函数。

每个类都有一个默认的构造函数，一个默认的拷贝构造函数。当它们不能满足要求时，可重写、重载构造函数和重写拷贝构造函数。

常数据成员不能被改变，常成员方法不能改变数据成员。常对象指针或常对象引用能够保证所指对象不会被改变。

对象之间关系有泛化、关联、聚合、组合等,关联关系使用最频繁,体现在代码上是指一个类的对象是另一个类对象数据成员。

面向对象思路解决较复杂问题的思路:分析出整个系统的运作得到事件流程,将事件流分门别类并找到管理器(类),分析各管理器(类)之间的关系,最后转化成代码。

❋ 个人心得体会 ❋

第12章 Chapter 12　继　承

【学习目标】

➤ 学会动态建立对象。
➤ 学会通过公用继承产生子类并掌握子类成员的访问特征。
➤ 掌握继承设计原则。
➤ 初步掌握类模板建立方法,认识C++中标准类模板。
➤ 理解迭代思想,尝试使用迭代完善系统。

【学习导读】

本章主要介绍派生类(子类)产生和使用方法,公用继承下子类成员的作用域限制。从具体解决问题角度看,对各具体子类里提取共同因素组成父类(基类)是一个不断迭代、优化的过程,本章基于上一章的关联关系和分层思想,通过迭代完善系统设计。

【课前预习】

节点	基本问题预习要点	标记
12.1	动态生成的对象,用什么运算符操作其数据成员/成员方法?	
12.2	派生类有哪几种?	
12.3	派生类的构造函数如何调用父类的构造函数? 怎么看父子相同方法?	
12.4	如何从两个性质相同的类中抽取相同元素生成父类?	
12.5	为什么会出现类模板?	
12.6*	STL 标准类模板中如何使用 vector 容器?	

12.1　动态生成对象

(1)如何动态生成对象

通过 new 运算符可以动态生成对象,在生成对象的过程中,编译系统自动为数据成员分配空间,并调用构造函数对数据成员赋值。例如,根据 Person 类(教材 11.6.2)动态生成对象。

```
int main()
{
    person p1;                    //静态定义对象
    p1.display();
```

```
        person *p2;                    //动态定义对象指针
        p2=new person;                 //动态生成对象,根据无参构造函数
        p2->display();

        person *p3;                    //动态定义对象指针
        p3=new person(1,"liyi");       //动态生成对象,根据有参构造函数
        p3->display();
        delete p2;
        delete p3;
}
```

(2)为什么要动态生成对象

new 动态生成的对象可通过 delete 回收空间,回收空间时自动调用析构函数,而静态定义的对象,要到程序结束时再释放空间。

(3)对象的内存位置

在C++中,静态定义的对象在内存栈区,动态生成的对象在内存堆区。

12.2 派 生 方 式

子类(派生类)从父类继承有 3 种方式:公用继承、保护继承和私有继承。不同的继承方式,父类成员在子类(派生类)中的访问控制会有变化。常用的继承方式是公用继承和私有继承。两种继承相同点:父类的私有成员,在子类(派生类)不可访问,如表 12-1 所示。

表 12-1   公用继承和私有继承两种方式下成员的访问控制属性

父类中成员	公用继承子类成员的访问属性	私有继承子类成员的访问属性
私有成员	不可访问	不可访问
共用成员	公用	私有
保护成员	保护	私有

本书仅讨论公用继承,第 11 章中讨论的继承,以及以下内容中子类(派生类)的定义和使用均为公用继承。

12.3   派 生 类 定 义 和 实 现

12.3.1   派生类定义和实现

(1)继承的格式

```
    class 子类:public 父类
    {
        新的数据成员
        新的成员方法
    };
```

（2）类图关系

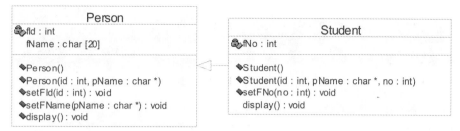

Student 中增加数据成员学号（fNo），增加相应成员方法 setFNo，重写 display 方法。

（3）建立子类结构

Student 子类结构存入 Student.h 文件，代码如下：

```
#ifndef Student_h
#define Student _h
#include "Person.h"          //Person.h 文件内容见教材 11.6.2，不再重复提供
class Student:public Person
{
public:
    Student ();
    Student (int id,char *pName,int no);
    void setFNo(int no);
    void display();
protected:
private:
    int fNo;
};
#endif
```

（4）子类的实现

子类实现代码存入 Student.cpp 文件。

① 构造函数的实现。子类的构造函数依赖父类的构造函数，函数的调用分隐式和显示两种。隐式调用指自动地找到父类相应的构造函数（默认的构造函数或无参的构造函数）。

```
Student::Student()
{
    fNo=0;
}
```

显式调用指主动在初始化表里加入父类的构造函数。

```
Student::Student():Person()
{
    fNo=0;
```

```
}
Student::Student(int id,char *pName,int no):Person(id, pName)
{
    fNo=no;
}
```

问题:如果 Student 构造函数按下面的写法:

```
Student::Student(int id,char *pName,int no):Person()   //也可不写 Person(),隐式调用
{
    fNo=no;
}
```

此后,建立一学生对象,如 Student s(3401,"liyi",2010001),s 学生对象数据应该是什么?

答案:数据是 0 noname 2010001,因为使用父类的构造函数决定了最后的结果,这里使用的父类构造函数是 Person()。

> **温馨提示**:通常子类带参的构造函数从父类带参的构造函数里继承,需显示调用。

②父类、子类都有 display 成员函数,此时子类隐藏父类的 display 成员函数,可通过 Person:: display()来使用父类的 display 成员函数,代码如下:

```
void Student:: display()
{
    Person:: display();
    cout<<"\t"<<fNo;
}
```

③析构函数。由于 Student 的数据成员均为普通类型,故没有重写析构函数,使用了默认的析构函数。如果有指针数据成员且动态申请了空间,需重写析构函数。子类对象析构的顺序是:先执行子类的析构函数,之后再主动依次调用父类的析构函数(与子类对象构造的顺序相反)。

④实现文件的完整代码(Student. cpp 文件)。

```
# include "Student. h"
# include <iostream. h>
Student::Student()
{
    fNo=0;
}
Student::Student(int id,char *pName,int no):Person(id, pName)
{
    fNo=no;
}
```

```
void Student::setFNo(int no)
{
    fNo=no;
}
void Student::display()
{
    Person::display();
    cout<<"\t"<<fNo;
}
```

12.3.2 派生类定义对象与内存表达

(1)建立派生类对象

根据定义 Student 类定义对象并测试其方法,主模块代码(TestInheritMain. cpp 文件)如下:

```
#include "Person. h"
#include "Student. h"
int main()
{
    Person p(1,"xxx");
    p.display();                //显示:1 xxx
    Student s(1,"xxx",2009001);
    s.display();                //显示:1 xxx 2009001

    Person *pp= & p;
    pp-> display ();            //显示:1 xxx
    Student *ps= & s;
    pp-> display();             //显示:1 xxx 2009001
}
```

(2)使用父类指针的困惑

父类指针可指向子类对象,而子类指针不能直接指向父类对象,上面代码后加如下语句:

```
    ps= & p;              //马是白马,错误
    pp= & s;              //白马是马,正确
    pp->display();        //虽指向 s,但调用的是 Person 方法(显示 1 xxx),从定义类型出发调用方法
    pp->setFNo(3);        //错误,setFNo ()不是 Person 方法,因此不能调用
```

既然"pp= & s;"是可行的,表示取出子对象的地址,却不能用它的方法,这样做有何意义?原因在于用父类指针指向具体的子类对象意义重大,详细见第 13 章多态。

（3）子类对象内存表达

子对象大小由父类数据成员与子类数据成员合并计算大小，上述 Person 数据成员"int fId;"、"char fName[20];"，而 Student 新增数据成员"int fNo;"，三者统一按分配原则其长度是 28。验证代码"cout<<"Student 类的对象 s 内存空间是:"<<sizeof(s);"，结果是 28Byte。

如果子类并没有增加新的数据成员，则子类对象空间与父类对象空间一致，代码如下：

父类定义	子类定义

class Base
{
public:
　　void display()
　　{
　　　　cout<<"调用 Base 的 display 方法\n";
　　}
private:
　　int x;
　　int y;
};
	class Child:public Base
	{
	public:
	　　void display()
	　　{
	　　　　cout<<"调用 Child 的 display 方法\n";
	　　}
	private:
	　　　　//这里没有定义新的数据成员
	
	};

测试主模块代码：

```
int main()
{
    Base b, *pB;
    cout<<"父对象 b 的大小为"<<sizeof(b)<<endl;      //由于只有两个整数,结果是 8
    Child c;
    cout<<"子对象 c 的大小为"<<sizeof(c)<<endl;      //由于只有两个整数,结果是 8

    pB= & b;
    pB->display();//调用的是 Base 的 display 方法
    pB= & c;
    pB->display();//调用的还是 Base 的 display 方法
}
```

思考练习：

Student 类下建电子系学生子类 ElecStudent，增加数据成员 fSpeciality(专业)，增加成员方法：构造函数 Elecstudent()，设置专业 void setFSpeciality(char speciality[])，显示 void display()。建立主程序测试 ElecStudent。

12.3.3　子类对象初始化、赋值的再认识 *

（1）子类对象初始化

子类对象初始化包括对父类数据成员和子类数据成员的初始化两个方面，是借助子类构造函数的初始化列表完成的。在列表中,对父类数据的初始化可采用父亲的普通构造函数或拷贝构造函数;若子类数据成员是某类的对象、引用等(参见 11.6.3 中对特殊数据成员的初始化),则对子类数据的初始化采用子类数据成员归属类的普通构造函数或拷贝构造函数。

①子类对象中父类数据的初始化。子类对象中父类数据的初始化总是借助父类初始化函数来完成,父类初始化函数指各种形式的构造函数,如普通构造函数和拷贝构造函数。

除非在子类的构造函数(包括普通构造函数和拷贝构造函数)中显示声明所需要的父类的某个构造函数,否则子类的构造函数自动调用父类无参的构造函数或默认的构造函数。

对于子类的拷贝构造函数而言,如果子类的拷贝构造函数不显示说明调用父类的拷贝构造函数,则自动调用父类的默认无参构造函数(注意,不是调用父类的拷贝构造函数),如果显示说明,则调用父类的拷贝函数,所有说明须在初始化表中完成。

父类 Person 构造函数	子类 Student 构造函数
| ```
//普通构造函数(无参)
Person::Person()
{
    fId=0;
    strcpy(fName,"noname");
}
//普通构造函数(带参)
Person::Person(int id,char *pName)
{
    fId=id;
    strcpy(fName,pName);
}
//拷贝构造函数
Person::Person(const Person & p)
{
    fId=p.fId;
    strcpy(fName,p.fName);
}
``` | ```
Student::Student()
{
    fNo=0;
}
Student::Student(int id,char *pName,int no)
:Person(id,pName)
{
    fNo=no;
}
//拷贝构造只能写一个,以下 3 种方式选择试验
//方式一,调用父类无参构造函数
Student::Student(const Student & s)
{
    fNo=s.fNo;
}
//方式二,调用父类有参构造函数
Student::Student(const Student & s)
:Person(2,"wangyimin")
{
    fNo=s.fNo;
}
//方式三,调用父类拷贝构造函数
Student::Student(const Student & s)
:Person(s)
{
    fNo=s.fNo;
}
``` |

上述子类 Student 定义的 3 种拷贝构造函数,分别采用了不同的父类构造函数对父类数据初始化,显示调用需以类名打头,每种方式语法都正确,选择任意一种测试,代码如下:

方式一:根据父类无参构造函数确定子对象中父类数据。

    Student s1(1,″liyi″,2014001),s2(s1);

    s2.display();//显示结果是″0 noname 2014001″

方式二:根据父类有参构造函数确定子对象中父类数据。

    Student s1(1,″liyi″,2014001),s2(s1);

    s2.display();//显示结果是″2 wangyimin 2014001″

方式三:根据父类拷贝构造函数确定子对象中父类数据。

    Student s1(1,″liyi″,2014001),s2(s1);

    s2.display();//显示结果是″1 liyi 2014001″

②子类对象中本类数据的初始化。如果子类的数据成员是某类对象,其初始化由该归属类构造函数完成,方法是在子类的构造函数中隐式或显示地调用归属类的某构造函数。

如在上述 Student 类中增加数据成员 phone(归属于 Phone 类),形式如"Phone fPhone;",子类对象数据成员 phone 的初始化方法如下(Student 代码与前述不同处用粗体字表示):

子类 Student 的数据 phone 的归属类	子类 Student 构造函数
| ```cpp
class Phone
{
public:
    Phone()
    {
        fPrice=-1;
        strcpy(fBrand,"nobrand");
    }
    Phone(float price,char *pFBrand)
    {
        fPrice=price;
        strcpy(fBrand,pFBrand);
    }
    Phone(const Phone & phone)
    {
        fPrice=phone.fPrice;
        strcpy(fBrand,phone.fBrand);
    }
private:
    float fPrice;
    char fBrand[20];
};
``` | ```cpp
//普通构造函数对 fPhone 数据成员的初始化
//普通方式一,调用 Phone 的无参构造函数
Student::Student()
{
    fNo=0;
}
//普通方式二,调用 Phone 的拷贝构造函数
Student::Student(int id,char *pName,int no,Phone phone)
:Person(id,pName),fPhone(phone)
{
    fNo=no;
}
//拷贝构造函数对 fPhone 数据成员的初始化
//拷贝构造只能写一个,以下 3 种方式选择试验
//拷贝方式一,调用 Phone 的无参构造函数
Student::Student(const Student & s)
{
    fNo=s.fNo;
}
//拷贝方式二,调用 Phone 的有参构造函数
Student::Student(const Student & s)
:Person(2,"wangyimin"),fPhone(2222,"nokia")
{
    fNo=s.fNo;
}
//拷贝方式三,调用 Phone 的拷贝构造函数
//代码 Phone(4444,"apple4s")产生一无名对象
Student::Student(const Student & s)
:Person(s),fPhone(Phone(4444,"apple4s"))
{
    fNo=s.fNo;
}
``` |

上述子类 Student 定义的 2 种普通构造和 3 种拷贝构造,每种构造函数都对 Student 中的对象数据成员 fPhone 进行了初始化,显示调用需以数据成员名打头,测试代码如下:

拷贝方式一:调用 Phone 的无参构造函数确定 fPhone 对象数据成员中数据。

```
Student s1(1,"liyi",2014001,Phone(999,"华为")),s2(s1);
s2.display();//显示结果是"0 noname 2014001—1 nobrand"
```

拷贝方式二:调用 Phone 的有参构造函数确定 fPhone 对象数据成员中数据。

```
Student s1(1,"liyi",2014001,Phone(999,"华为")),s2(s1);
s2.display();//显示结果是"2 wangyimin 2014001 2222 nokia"
```

拷贝方式三:调用 Phone 的拷贝构造函数确定 fPhone 对象数据成员中数据。

```
Student s1(1,"liyi",2014001,Phone(999,"华为")),s2(s1);
s2.display();//显示结果是"1 liyi 2014001 4444 apple4s"
```

普通方式一:调用 Phone 的无参构造函数确定 fPhone 对象数据成员中数据。

```
Student s1;
s1.display();//显示结果是"0 noname 0—1 nobrand"
```

普通方式二:调用 Phone 的有参构造函数确定 fPhone 对象数据成员中数据。

```
Student s1(1,"liyi",2014001,Phone(999,"华为"));
s1.display();//显示结果是"1 liyi 2014001 999 华为"
```

(2)子类对象赋值

对于子类对象来说,有一部分数据在父类中定义,对这部分数据的赋值是调用父类的赋值运算。如果子类没有重载"="运算符,子类可以自动地调用父类的赋值运算,如果子类重载了"="运算符,就必须在子类"="重载代码里主动调用父类"="号重载运算,代码如下所示:

```
class Child:public Parent
{
public:
    Child & operator=(Child & child)
    {
        if (& child==this) return * this;    //对象对自身赋值,直接返回
        *((Parent * )this)=child;            //这里利用了父类 Parent 的"="对父类数据赋值
        ...                                  //对子类数据赋值
        return * this;
    }
}
```

12.3.4 聚合代替泛化(派生) *

在第 11 章中,介绍了对象之间的关系,其中泛化关系指派生继承关系。继承确实可以在很大程度上起到代码复用,但也存在一些弊端。最主要的问题是关联太紧,耦合太密,大多数情况下,子类需要操作父类成员时,必须知道父类细节。

某些情况下,用聚合关系来替代继承,不仅代码可复用,而且更加简洁。替代方法是:将子类对父类的依赖,转成对父类的使用,即在子类中定义一个父类对象,例如:

泛化关系(继承)	聚合关系

class A
{
public:
    void xxx(){…}
    void yyy(){…}
};
 	
class B:public A
{
public:
    void zzz(){…}
};
	class A
	{
	public:
	    void xxx(){…}
	    void yyy(){…}
	};
	
	class B
	{
	public:
	    B(A & a){this->a=a;}
	    void zzz(){…}
	    void xxx(){a.xxx()}
	    void yyy(){a.yyy()}
	private:
	    A a;
	};

上述代码,B通过对象a使用A方法,看起来稍复杂(将A的方法又写一遍,当然也可以有选择取A的方法),但B无需了解A细节。

12.4 类的优化——类模板

(1)类模板的概念

类模板是类的模板,类模板从函数模板(教材9.10.4)里演化而来。例如,定义比较类(可称"比较器"),由于比较数的类型不同而导致比较类需多次定义,此时可定义类模板,如图12-1所示。

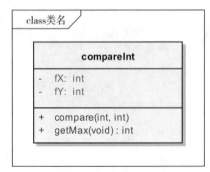
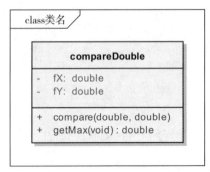

图12-1 针对两种类型数据定义的比较类

（2）类模板撰写与应用的要求规则

①类模板的结构。

第一步：统一设置模板里不确定类型为 T 类型。

```
template <class T>
```

第二步：将参数类型中不确定类型统一设置成 T,将参数类型中使用类名处改为类名<T>,如原来的类名是 Compare,改为 Compare <T>。

②类模板的实现。

第一步：每个成员方法实现前,声明模板的 T 类型。

```
template <class T>
```

第二步：将参数类型中不确定类型统一设置成 T,将参数类型中使用类名处改为类名<T>,如原来的类名是 Compare,改为 Compare <T>。

③类模板的使用。

类模板<真实的数据类型>,粗体字表达真实可用的类名,用此形式定义对象,如：

```
Compare <int> cp(3,7);Compare <float> cp2(3.5,7.6)
```

例 12.1 定义一个模板类 Compare,模板类提供成员方法 getMax 得到最大数。

类图结构：

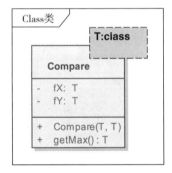

代码如下：

```
//下面是类模板的结构
#ifndef Compare_h
#define Compare _h
//下面是类模板的结构定义
template <class T>                    //结构要求第一点
class Compare
{
public:
    Compare (T x,T y);                //结构要求第二点
    T getMax();
protected:
private:
    T fX;
```

```
    T fY;
};
//下面是类模板的实现定义
template <class T>                          //实现要求第一点
Compare <T>:: Compare (T x,T y)            //Compare <T>反映实现要求第二点
{
    fX=x;fY=y;
}
template <class T>
T Compare <T>::getMax()
{
    if (fX>fY)return fX;
    else return fY;
}
#endif
```

测试主模块 CompareMain. cpp：

```
#include "Compare.h"
#include <iostream.h>
int main()
{
    Compare <int> cp(3,7);
    cout<<cp.getMax();
    Compare <double> cp2(3.6,7.7);
    cout<<cp2.getMax();
}
```

12.5　标准类模板 STL

12.5.1　STL 简介

　　C++的标准模板库(Standard Template Library,简称 STL)包括 3 个部分:容器模板、迭代器模板、算法模板。容器用来存放同一类型的数据,常用容器有 list、vector、deque、set、map 等;迭代器可方便遍历容器中的数据,常用迭代器有随机迭代器(RanIt)、双向迭代器(BidIt)等;算法模板提供了经典算法,常用算法有 sort、find、count 等(提醒:STL 所有模板首字母均小写)。下面对容器、迭代器、算法模板作简要介绍。

12.5.2 容器模板 *

一个人的姓名可用一维数组表示;多人的姓名可用二维数组表示;表示多人多字段数据可采用三维数组,如:

"张三","男","合肥"/"李四","女","北京"/…

代码如下:

```
char people[2][3][20]={{"张三","男","合肥"},{"李四","女","北京"}};

cout<<people[0][2];//显示第 1 个人第 3 个字段内容,即"合肥"
```

上述表达方式,要求各字段的大小一致,如性别字段使用 20 个字符,造成浪费。实际编程中,可使用结构体数组或结构体指针数组保存上述数据,这里不再赘述,下面介绍一种新方案:使用 STL 提供的 vector 类模板。

vector 是一种以可变长度的数组结构为数据成员,数组元素的类型不限,如:

定义方式	含义	内容
std::vector <string> c1;	c1 可表达字符串列表	张三　男　合肥
std::vector <std::vector <string>>c2;	c2 可表达字符串列表的列表	张三　男　合肥 李四　女　北京　博士

例 12.2 使用 vector 保存并提取上述数据。

```cpp
# include <iostream>
# include <vector>
# include <string>
using namespace std;
typedef std::vector<string> CStrs;        //将 string 作为数组元素类型构造 CStrs
typedef std::vector<CStrs> CDStrs;        //将 CStrs 作为数组元素类型构造 CDStrs
int main()
{
    CStrs cstrs1;
    cstrs1.push_back("张三"); cstrs1.push_back("男"); cstrs1.push_back("合肥");
    CStrs cstrs2;
    cstrs2.push_back("李四");cstrs2.push_back("女");cstrs2.push_back("北京");
    cstrs2.push_back("此人是博士");
    CDStrs cdstrs; cdstrs.push_back(cstrs1);cdstrs.push_back(cstrs2);
    for (int i=0;i<cdstrs.size();i++)
    {
        CStrs tempStrs;
        tempStrs=cdstrs[i];
        for (int j=0;j<tempStrs.size();j++)
```

```
            {
                cout<<tempStrs[j]<<'\t';
            }.
            cout<<endl;
        }
}
```

运行结果:

```
张三  男  合肥
李四  女  北京  此人是博士
```

程序解释:

• CStrs 容器里放字符串列表,而 CDStrs 放字符串列表的列表。其中用到了 string 类(使用前 ♯include<string>),此处使用的 string 类,与教材 11.7.3 中定义的 String 类性质相似。另外,微软 MFC 架构定义了 CString 类,也可轻松操作字符串,使用 CString 类必须加 ♯include <afx.h>,并在 VC 中环境设置使用 MFC。

• vector 的成员方法 push_back 将数据压入尾部,[]取出 vector 中数据。

• 使用 vector 表达字串列表的列表,每行的长度可不固定。

12.5.3　迭代器模板*

大多数的容器都有方法得到迭代器(没有迭代器的容器操作数据只能通过容器本身的方法),迭代器实质是智能指针(教材 11.7.6),它聚合了容器,通过它操作容器数据非常方便且能够自动回收空间。

在 C++中,有 5 种类型的迭代器,按级别划分,分别是输出迭代器(只能用于修改其指向容器中元素,代码中用 OutIt 表示)、输入迭代器(只能用于读取其指向容器中元素,代码中用 InIt 表示)、前向迭代器(可修改或读取其指向容器中元素,代码中用 FwdIt 表示)、双向迭代器(可修改或读取其指向容器中元素,代码中用 BidIt 表示)、随机迭代器(可修改或读取其指向容器中元素,代码中用 RanIt 表示)。

不同迭代器功能强弱不同,使用时,高级迭代器可取代低级迭代器。但大多数迭代器都或多或少地重载" * ""++""->""==""!="" —"操作,其中随机迭代器还可以进行"[]""<"">""+"" —"等操作(直观看类似于指针)。

各容器均可通过其特定成员方法(如 begin/end 等方法)得到迭代器,vector、deque 等容器的迭代器是随机迭代器,list、set、map 等容器的迭代器是双向迭代器。

例 12.3　使用 vector 的迭代器遍历数据,并使用通用排序算法对容器中数据排序。

```
♯ include <iostream>
♯ include <vector>
♯ include <algorithm>
using namespace std;
```

```
int main(){
    vector<int> v;int score[5]={78,76,84,93,60};
    for (int i=0;i<5;i++)
    {
        v.push_back(score[i]);
    }
    vector<int>::iterator it1,it2;          //定义两个迭代器
    it1=v.begin();
    it2=v.end();
    sort(it1,it2);                          //通用算法 sort,参数是两个迭代器,表示范围
    while (it1 !=it2)
    {                                       //使用迭代器对容器里元素进行操作
        cout<< * it1<<" ";
        it1 ++;
    }
    cout<<endl;
    return 0;
}
```

运行结果:60 76 78 84 93

程序解释:

• iterator 迭代器依赖具体容器定义,定义具体迭代器对象如"vector<int>::iterator it1;"。

• 通过容器类定义的方法(如 begin/end)得到迭代器,注意 end 方法后得到的迭代器指向最后一个有效数据的下一个。

• 例 12.2 是通过容器本身的方法[]得到相应元素,而本例通过迭代器得到相应元素,迭代器是一个智能指针,*it 代表所指向的数据。

• sort 是众多算法模板中最常用的一个算法模板,算法模板的参数通常是迭代器。

12.5.4　通用算法模板 *

(1)常用算法分类

常用算法有调序算法、编辑算法、查找算法和算术算法等。调序算法用于按某个约束改变容器中元素的顺序;编辑算法用于复制、替换、删除、合并、赋值等;查找算法用于在容器中查找元素,统计元素个数等;算术算法用于容器中元素求和、内积和等。

STL 算法部分主要由头文件<algorithm>、<numeric>、<functional>说明。使用 STL 中的算法首先必须包含头文件<algorithm>;而对于其中的算术算法则须包含<numeric>;<functional>中则定义了一些模板类,用来声明函数对象(见 12.5.5)。

例 12.3 中使用的 sort 算法属于调序算法,下面介绍查找算法中的 find 算法。

(2)find 通用算法定义格式

格式:template<class InIt，class T>

示例:InIt find(InIt first，InIt last，const T & val)；　　　//在 first 和 last 之间查找 val

例 12.4　使用 find 通用算法查找数组中的某数据。

通用算法 find 的参数——使用迭代器	通用算法 find 的参数——使用指针
| ```cpp
# include <iostream>
# include <vector>
# include <algorithm>    //通用函数头文件
using namespace std;
int main()
{
    vector <int> v;
    int score[5]={78,76,84,93,60};
    for (int i=0;i<5;i++)
    {
        v.push_back(score[i]);
    }
    vector<int>::iterator it;
    it=find(v.begin(),v.end(),76);
    if (it!=v.end())
    {
        cout<<"发现"<< * it<<endl;
    }
    else
    {
        cout<<"没有发现"<< * it<<endl;
    }
    return 0;
}
``` | ```cpp
# include <iostream>
# include <vector>
# include <algorithm>    //通用函数头文件
using namespace std;
int main()
{
    vector <int> v;
    int score[5]={78,76,84,93,60};
    for (int i=0;i<5;i++)
    {
        v.push_back(score[i]);
    }
    int *p=NULL;
    p=find(score,score+5,76);
    if (p!=NULL)
    {
        cout<<"发现"<< *p<<endl;
    }
    else
    {
        cout<<"没有发现"<< *p<<endl;
    }
    return 0;
}
``` |

12.5.5　函数对象与通用算法*

教材 10.6 节讨论函数本身作为参数，可提高宿主函数的通用性。除了这种传递函数指针之外，C++中还可以传递"函数对象"。

(1)函数对象概念

将函数名改为类名,并对"()"运算符重载,此类是函数类,此类产生对象称"函数对象"。

函数类、函数、宿主函数	测试调用函数对象

``cpp
class Add
{   //加法函数类
    public: int operator()(int x,int y)
    {
        return x+y;
    }
};
class Minus
{   //减法函数类
    public: int operator()(int x,int y)
    {
        return x-y;
    }
};
 	
int add(int x,int y){return x+y;} //加法函数
int minus(int x,int y){return x-y;} //减法函数
 	
template <class T>   //宿主函数
int process2(int a,int b,T op)
{   //形参设 T 类型
    return op(a,b);
}
``
	``cpp
	# include <iostream>
	using namespace std;
	int main()
	{
	    cout<<process2(1,2,Add()); //函数对象
	    cout<<process2(1,2,Minus()); //函数对象
	    cout<<process2(1,2,add); //函数指针
	    cout<<process2(1,2,minus); //函数指针
	    return 0;
	}
	``

程序解释:

- Add、Minus 两个函数类中分别对"()"运算符进行了重载。

- Add()、Minus()是两个无名函数对象,add、minus 是两个函数的地址。

(2)传递函数对象比传递函数指针有利

函数类中可定义数据成员,这样定义函数对象可附加数据成员(不仅传递了函数地址,还传递了数据),此函数对象在被调用函数中(宿主函数)使用时,可借助数据成员进行条件判断,所以函数对象常作为条件被使用,代码如下:

函数类定义及调用函数	测试调用函数对象

`// 函数类,返回给定数与数据成员的比较结果`
`class Less`
`{         // 判断比指定数 n 小的函数类`
`private: int n;`
`public:`
`    Less(int num);n(num){}`
`    bool operator()(int value)`
`    {         // 定义一元`
`    return value < n;`
`    }`
`};`
`// 调用函数:统计数组中符合条件的元素个数`
`template<class T>`
`int statis(int *pS,int n,T op)`
`{`
`    int cn=0;`
`    for ( int i=0;i<n;i ++)`
`    {`
`        if(op(pS[i])) cn ++;// 使用`
`    }`
`    return cn;`
`}`
	`# include <iostream>`
	`using namespace std;`
	`int main()`
	`{`
	`    int score[5]={88,90,67,96,76};`
	`    cout<< "数组中比 80 小的个数有:";`
	`    // 函数对象 Less(80)作为条件传入`
	`    cout<<statis(score,5,Less(80));`
	`    return 0;`
	`}`
	
	运行结果:数组中比 80 小的个数有:2

(3)STL 通用算法模板中大量使用函数对象

①函数类划分。STL 提供了大量预定义的函数类(实际都是类模板),例如,算术函数类:plus、minus 等;逻辑函数类:less、greate 等。函数类 less 的使用方法如下:

```
# include <algorithm>          // sort 的声明
# include <functional>         // less 的声明
float scoreAll[3]={88.5,90.5,66.5};    // 定义保存 3 个小数的数组
sort(scoreAll, scoreAll+5,less<int>());  // 降序排列,其中 less<int>()是函数对象
```

②函数对象类型。函数类对"()"运算符重载参数可分:无参数、一个参数(一元函数)、两个参数(二元函数)三种。若函数参数返回值是 bool 类型,那么这个函数对象根据参数个数称为"一元谓词"(Predicate)、"二元谓词"(Binary Predicate)。谓词函数在通用算法中使用广泛,上述 3 个小数排序,sort 中的 less 是二元谓词,其实质上是判断 2 个数谁比较"小"的准则,其原型定义如下:

```
template<class T>
struct less : public binary_function<T, T, bool>
{
    bool operator()(const T & x, const T & y) const{return x<y}    // 2 个参数,二元谓词
};
```

③适配器重组函数对象。STL 中提供的函数对象可通过适配器重组方式得到新的函数对象,常用的适配器有 class adaptor、function adaptor、memory function adaptor、ordinary function adaptor、composing function、iterator adaptor、insert adaptor 等。如 function adaptor 中的 bind2nd,用法如下:

```
# include <functional>                              //bind2nd 的声明文件
float scoreAll[3]={88.5,90.5,66.5};
list<Score> s(scoreAll,scoreAll+3);                 //将数组放入 list 容器
list<Score>::iterator is;
is=find_if(s.begin(),s.end(),bind2nd(greater<float>(),90)); //查找大于 90 的第一个元素.
if (is !=s.end()){cout<<"找到了";cout<< * is;}      //结果是 90.5
```

代码说明:

• 通用函数 find_if 的格式定义为:

```
template<class InIt, class Pred>//InIt 是迭代器类型,Pred 是函数类型
InIt find_if(InIt first, InIt last, Pred pr);//pr 要求一元谓词,判断容器某元素是否符合
条件
```

• 适配器 bind2nd 将 greater 二元谓词中的第二个参数设为 90,从而降低成一元谓词函数。

④自编写谓词函数。有时,系统给定的谓词函数不能满足需要,③中提供的是小数数组,迭代器(或指针)所指对象(是数)可以直接比较,greater 谓词函数使用正确。但若源数组是结构体数组,需自编写谓词函数实现同样功能。例如,编写一元谓词找到结构体中数据是否满足条件:

```
# include <iostream>
# include <algorithm>
# include <functional>
# include <list>
using namespace std;
struct Score
{
    int fNo;
    char fName[10];
    float fScore;
};
class find_first_score                //找到第一个大于 val 的分数
{
public:
    float val;
    find_first_score(const float value):val(value){}
    bool operator()(const Score & s)const{return s.fScore>val;}
};
int main(){
    Score scoreAll[3]={1101,"liyi",80,1102,"lxr",95,1103,"wym",88};
```

```
list<Score> s(scoreAll,scoreAll+3);
list<Score>::iterator is;
is=find_if(s.begin(),s.end(),find_first_score(90));
if (is !=s.end()){cout<<"找到了";cout<<is->fScore;}    //显示结果:找到了 95
return 0;
}
```

12.5.6　命名空间

(1)命名空间的定义

本书 6.11 中讨论了多人合作编程,给出了避免全局变量名、模块名、文件名重复的一些解决思路,除此之外,C++中还提供了命名空间解决方案,将相同的名字放入不同空间中可防止命名冲突,这就是命名空间。命名空间下的名字类似于不同目录下的文件。

(2)使用自定义命名空间

①定义:namespace 空间名。例如,"namespace ns1"定义了一个空间 ns1。

②使用:空间名::名称。如"ns1::getMax(3,4)"就是调用 ns1 空间里的函数 getMax。

如定义两个空间 ns1 和 ns2(其中定义了相同的类、普通函数、全局变量),可据"空间名::"分别调用,代码如下(ns2 归属 B.h 和 B.cpp,代码同 A.h 和 A.cpp,这里不再提供):

ns1 所在文件 A.h,定义空间里内容	测试文件 TestNamespaceMain.cpp

<pre>namespace ns1
{
    class A
    {   //空间内定义类
    public:
        A(int a,int b);
    private:
        int fA;
        int fB;
    };
    int getMax(int a,int b);//空间内定义函数
    extern int XXX; //空间内定义全局变量
}</pre>
	<pre># include "A.h" # include "B.h"
	# include <iostream.h>
	int main()
	{
	    ns1::XXX=100;
	    cout<<ns1::getMax(3,4)<< ns1::XXX;
	    cout<<endl;
	    ns2::XXX=200;
	    cout<<ns2::getMax(5,6)<< ns2::XXX;
	    return 0;
	}</pre>

ns1 所在文件 A.cpp,实现空间里内容	**运行结果**

<pre># include "A.h" 	
ns1::A::A(int a,int b)
{
    fA=a;fB=b;
}
int ns1::getMax(int a,int b)
{
    if (a>b)return a;
    else return b;
}
int ns1::XXX=10;</pre>
	<pre>4100
	6200</pre>

（3）使用标准命名空间

本书 12.5.3 节,在 include ＜vector＞后加"using namespace std;",使用了标准命名空间。实际上,C++里所有的函数/全局变量(如 printf/stdout)、类/全局对象(如 iostream/cout)、模板(如 vector),都定义在标准命名空间 std 里,使用这些名称前加空间名 std(如 std::printf、std::cout 等)。每个名称前都写 std::比较麻烦,所以在前面统一加"using namespace std;",以后使用 cout 就表示 std::cout 等。但需要注意,在此空间下,自定义的标识符名称不要使用 printf、cout 等名称。

另外,C++的头文件的加入有两套方案,一套带后缀 h,另一套不带后缀 h。带后缀是兼容 C 语言的用法,不带后缀是 C++语言规范要求。不带.h 的头文件中声明的标识符名称需要使用标准命名空间 std。请比较下列两种写法,并体会其中格式和含义的差别。

C 语言写法	C++语言写法
＃include ＜math.h＞	＃include＜cmath＞//多了 c 省了.h
＃include ＜vector.h＞//错,没有这个头文件	＃include ＜vector＞//C++中新增加头文件 using namespace std;

12.6　面向对象分析设计中的迭代

12.6.1　不断迭代、不断精化的思想

迭代是一种开发模式,在面向对象的程序设计里尤其得到重视。举例来说,开发一个软件,不应将所有功能写好后提交软件,应该分块逐次开发、提交和评审。

怎么迭代呢? 如需要开发一个类似 WORD 的软件,首先,开发出文件管理(保存、读取文件)、基本编辑功能、打印等常用功能,而其他不太常用的功能可最后开发;其次,要意识到即使已经开发出了文件管理、编辑等功能,这也不是最终的版本,今后还需要不断扩充和完善。

每次迭代都包含了软件生命周期的所有阶段,同时,每次迭代都要增加一些新的功能,解决一些新的问题。软件的开发不是一次性的,而是不断逼近正确的过程,这个过程就是迭代的过程。

12.6.2　界面、业务、数据分层研究

编写较完善系统,通常都需要设计成三层结构,即界面、逻辑、数据。这三层设计好了,可以各自升级,也便于单独部署。

（1）界面层,即窗口

①界面层的数据成员包括界面本身的特征数据(如大小、颜色等),以及从外部获取的数据(可存放于界面中对象)。

②界面层必须关联到业务层:界面端与外界联系,在其数据成员里设置业务层(中间层)必不可少。界面层调用业务中间层对象的方法向数据端请求数据,而返回的数据存放在本

层对象的数据成员或其他聚组对象的数据成员中。

（2）逻辑层，即业务逻辑

①逻辑层也称"中间层"，它专注于提供良好的接口，界面层通过中间层调用接口取到需要的数据。而中间层取到的数据又来源于后台数据，所以中间层与后台数据层关联，必须将数据层对象作为自己的数据成员。

②设计界面端的业务层（伪业务层）。并非所有的业务都要放在真正的中间层，有些逻辑业务，并不涉及后台的数据，只是为了给界面处理提供方便，与界面层关系紧密，这种界面业务层既可以直接写在界面类里作为成员函数，也可以单独写成一个新类与界面层发生关联。当然如果写成一个新类，需要注意与真正中间层关联的时候，需要真正中间层作为其数据成员。

在 WIN32 窗口编程中，开发环境提供了大量的组件（如文本框、组合框等），数据的输入、输出都是通过这些组件来完成的，可将伪业务层代码写在这些控件的消息处理函数中。当然也可写成单独业务类供消息处理函数调用。不管哪种方式，只要涉及真正的中间层，就必须将中间层对象作为其数据成员，从而建立关联。

（3）数据层

①数据层并不是指文件或数据库，而是指能够从文件或者数据库取出数据并能处理的类。

②数据层应设计能够取出和保存数据的数据成员，此数据成员称为"数据集对象"（前提是使用已有或自编写的数据集类），不能保存和取到数据，数据层就没有意义了。

③数据集对象虽然有保存和取数据的功能，但通常情况下，并不是数据层自己主动读取，而是在中间层需要数据时，由中间层来调用数据层数据集对象的读取方法。VC、DELPHI 等语言中有专门封装好的数据集类，据此定义的数据集对象从文件或数据库里取数据。在纯粹的C++里，可借助输入、输出流类来定义数据集对象，也可自行编写数据集类。

12.6.3 迭代完善登录系统*

本书 11.9.1 中，针对"学生登录"，给出了用例图和类图，对登录的处理是基于其中的事件流，从事件流里得到一些管理对象，并分析这些管理对象之间的关系，从而解决简单的"登录"问题。但随着研究的深入，我们发现，操作的人并不只学生这一类人，还应该有更多的人，比如教师。这样，类图结构就应该重新调整，将其他一些与系统相关的角色加进来（或许当这次迭代工作完成之后，又会发现登录中还会有新的问题，比如功能是否还可增加呢？原来系统设计的只是针对单机登录，能不能变为网络登录呢？）。

下面，对"登录"进行调整，加入了教师这个角色，并将教师和学生的一些共同特征提取出来，以达到代码复用之目的。

（1）界面的迭代和精化

程序分为界面、业务、数据 3 个部分，其中窗体关联到业务，业务关联到数据。这是良好编程设计的一个总体思路。

单独就窗体来说，学生窗体包括学生主窗体和学生登录窗体、学生修改密码窗体等；教师窗体包括教师主窗体、教师登录窗体、教师修改密码窗体、教师管理学生分数窗体等。

很多窗体有共性，比如，教师和学生的登录窗体的样式相同，甚至连窗体里摆放的元素都基本相同，而这两种窗体的功能都是登录验证，图 12-2 给出的是教师和学生的登录窗口界面，从图形上可以看出它们的相似性。

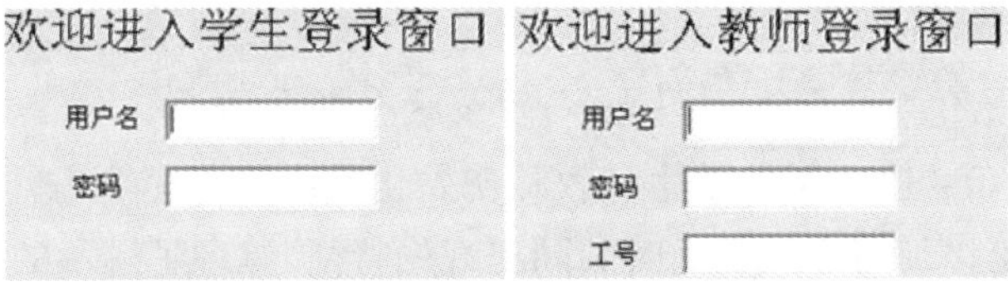

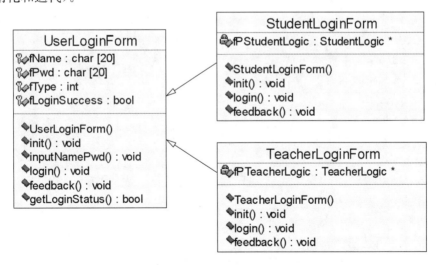

图 12-2　两种类似的图形化登录窗口

上面的两个登录窗体，实际上是两个对象。那么这两个对象是怎么来的？是因为定义了两个登录窗体类：StudentLoginForm 和 TeacherLoginForm，由这两个类来产生这两个对象。

两个类里有共同之处：欢迎词、用户名、密码；也有不同之处：教师的登录窗体中还要输入工号。实际上，即使两个窗体长相完全一致（将教师的工号去除），其成员方法里的处理过程也不尽相同，比如，教师输入密码之后，教师登录类的检测成员函数要检测密码是否为 6位，然后再决定是不是要将输入的数据发出去询问数据库，而学生登录之后，学生登录类的检测成员函数只要检测密码是否为 4 位，如果不是 4 位，就不会向后台数据库提出查询要求。这说明两个登录类，有相同因素，也有不同因素。

单独写两个毫不关联的类 StudentLoginForm 和 TeacherLoginForm 来生成这两个窗体是可以的，但抽取共同元素建立一个父类 UserLoginForm 将更加清楚，并且更能体现代码复用。下面给出相应的类图结构（下面给定的结构也并不一定就是最后的结构，可能还需要进一步精化和迭代）。

图 12-3　学生登录界面及教师登录界面的泛化

图 12-3 所示的类图结构，与教材 11.9.1 节图 11-6 中类图相比，有这样几个变化：

①共性都放在父类 UserLoginForm，共性的数据成员和成员方法如下：

数据成员：包括用户名 fName、密码 fPwd、类型 fType、登录状态 fLoginSuccess 等，这些都是共性特征。上一章学生登录类 StudentLoginForm 的数据成员全部放在 private,现在全部放在 protected,目的是为了种族特征传给子类,也就是说学生登录类和教师登录类的成员方法可以方便地操作这些数据。

成员方法:

构造函数:可初始化用户名和密码为空,登录状态为 false 等。

初始化窗口 init():共性,虽然学生和教师初始化的内容不完全一样,但他们都需要 init 来初始化窗口,init 可以编写进入界面时共同出现的特征,体现了继承的代码复用好处。

登录方法 login():共性,因为不管是学生还是教师,都要进行登录,所以 UserLoginForm 就需要提供这个方法,至于里面写什么? 现在不好确定,因为具体的学生和教师登录过程是不一样的,可先在 login 里简单地返回 true 或 false。似乎这个方法没有什么必要,但学过下一章"多态"之后,将 login 置于共性是非常必要的。

反馈信息 feedback():共性,它的性质同上面,虽然学生和教师的反馈不一样,但既然是共性也写在父类中,里面的代码暂且也不作要求,其必要性在学完"多态"后一目了然。

输入用户名和密码的方法 inputNamePwd():共性,学生和教师都会用到,而且代码完全一致,这体现了写继承的好处(在学生和教师子类里就不用再写)。

登录状态方法 getLoginStatus():共性,学生和教师都会用到,而且代码一致,都是得到 fLoginSuccess 的值,这体现了写继承的最大好处(在学生和教师子类里就不用再写)。

UserLoginForm 的结构如下:

```cpp
class UserLoginForm
{
public:
    UserLoginForm();
    void init();
    void inputNamePwd();
    void login();
    void feedback();
    bool getLoginStatus();
protected:
    char fName[20];
    char fPwd[20];
    int fType;
    bool fLoginSuccess;
};
```

②个性都写在子类 StudentLoginForm 和 TeacherLoginForm 中,如 StudentLoginForm 个性成员如下:

数据成员:StudentLoginForm 类增加一个私有数据 fPStudentLogic 指向学生中间层。

成员方法:StudentLoginForm 类重写个性方法,login()/init()/feedback()。

StudentLoginForm 类的结构如下:

```
class StudentLoginForm:public UserLoginForm
{
public:
    StudentLoginForm();
    void init();
    void login();
    void feedback();
private:
    StudentLogic *fPStudentLogic;
};
```

TeacherLoginForm 与 StudentLoginForm 类似,不再赘述。

(2)逻辑业务的迭代和精化

同样的道理,将学生业务类 StudentLogic 和教师业务类 TeacherLogic 进行归总产生一父类 UserLogic,类图结构见图 12-4。提取两个子类的共性方法 login 进入父类。目前,UserLogic 还较简单,以后还可以不断地扩展其他的共性成员方法。

虽然 UserLogic 的 login 方法并非是真正被使用(从图 12-4 看,真正使用的还是 StudentLogic 和 TeacherLogic 的 login),但这里还是将此共性纳入 UserLogic 的成员方法,其中的原因和上面界面层的抽取共性解释相同(见下一章的多态技术),这里暂且不研究。

(3)对数据端的迭代和精化

将 StudentDB 和 TeacherDB 两个类进行泛化,找到一个共同父类 UserDB,将共同的数据成员(连接串、数据集)以及共同的成员方法(连接和关闭连接)全部放入父类中(见图 12-4)。两个子类仅在构造函数连接具体数据文件。UserDB 和 StudentDB 结构和代码如下:

UserDB. h	UserDB. cpp
```#ifndef UserDB_H #define UserDB_H #include <fstream.h> class UserDB { public: UserDB(); void connector(); void disconnector(); char fConnctionStr[40]; ifstream inStream; ofstream outStream; }; #endif```	```#include "UserDB.h" #include <string.h> UserDB::UserDB() { cout<<"连接到文件…"<<endl; } void UserDB::connector() { inStream.open(fConnctionStr,ios::in ‖ ios::binary); outStream.open(fConnctionStr,ios::out ‖ ios::binary); } void UserDB::disconnector() { inStream.close(); outStream.close(); }```

续表

StudentDB. h	StudentDB. cpp

# ifndef STUDENTDB_H 	
# define STUDENTDB_H 	
# include <fstream. h> 	
# include "UserDB. h" 	
class StudentDB:public UserDB
{
public:
　StudentDB();
};
# endif 	
	# include "StudentDB. h"
	# include <string. h>
	
	StudentDB::StudentDB()
	{
	　cout<<"连接到学生信息文件…"<<endl;
	　strcpy(fConnctionStr, "StudentInfo. dat");
	}

(4)三层迭代与精化的综合

经过整合之后的"学生/教师登录"的类图结构,如图 12-4 所示。

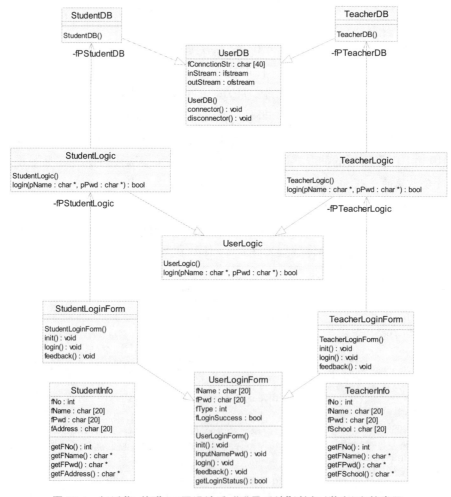

图 12-4　经泛化、关联、三层设计后,"登录系统"(教师/学生)完整类图

从图 12-4 可以看到从窗体到业务,从业务到数据的关联。图 12-4 中共有 11 个类,每个类 2 个文件,共有 22 个文件。限于篇幅,这里不提供代码。

12.6.4 迭代完善成绩管理系统

本书 11.9.2 中，根据 ScoreManager 与 Score 的关联关系，初步完善"学生成绩管理系统"，现在基于分层和迭代思想再次完善系统，分出教师和学生两个角色，教师可执行输入、输出、排序、删除、保存、调入、查询等功能，学生只有查询功能。

（1）界面层设计

界面层设计包括主窗口类 MainForm、教师主窗口类 TeacherMainForm、学生主窗口类 StudentMainForm、教师分数操作窗口类 ScoreOperationForm。其中主窗口与教师/学生主窗口是泛化关系，教师主窗口使用了教师分数操作窗口，它们之间为关联关系。

①TeacherMainForm 类。

设置 run()方法，启动方法。其中调用 ScoreOperationForm 的 run()方法（在其中调用分数管理器 ScoreManager 定义的指针 psm 完成数据的输入、输出、排序等功能）。

设置 init()方法，初始化教师主窗体方法。例如，出现提示文字"登录的是教师主窗体"。

②StudentMainForm 类。

设置 run()方法，启动方法。其中调用业务层 UserLogic 的 Find 方法查找学生分数。

设置 init()方法，初始化学生主窗体方法。例如，出现提示文字"登录的是学生主窗体"。

③MainForm：提取 TeacherMainForm 与 StudentMainForm 的共性组建的父类。

设置共性 run()方法，run()方法执行体语句暂为空，因为真正执行的代码在教师和学生主界面，在这里写的目的是为了下章的抽象多态。

设置共性 init()方法，将教师主窗体和学生主窗体出现的共同提示写在这里，例如，出现提示文字"进入使用成绩管理系统，作者：李祎"等。本类构造函数中调用 init()方法，这样不管是 TeacherMainForm 还是 StudentMainForm 都享受到代码复用好处。

另外，ScoreOperationForm 类是教师处理分数信息的专门窗口，此窗口使用分数管理器 ScoreManager 对分数进行管理，故在此类中设计关联指针 psm 指向 ScoreManager。此类中还提供 menu()功能，提示各功能菜单并返回功能选项值。

各窗口类图结构如图 12-5 所示。

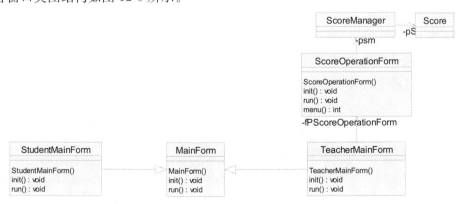

图 12-5 "成绩管理系统"界面层学生/教师主窗体的泛化及教师主窗体与分数操作窗体的关联

(2)业务层设计

①StudentLogic 类。

设置 Find()方法,通过输入的学号查找某人的分数,但返回信息不包括姓名。

②TeacherLogic 类。

设置 Find()方法,通过输入的学号查找某人的分数,但返回信息包括姓名(与上有别)。

设置 saveScore(…)方法,可保存数据至数据层。

设置 loadScore(…)方法,可调入数据层的数据。

③UserLogic:提取 StudentLogic 和 TeacherLogic 的共性组建的父类。

设置共性 Find()方法,Find()方法执行体语句暂为空,因为真正执行的代码在教师和学生逻辑端,这里写的目的是为了下章的抽象多态。

④ScoreManager 类。

分数管理器 ScoreManager 视为业务类,但这个业务类大部分的操作与后台数据没有关系,如输入、显示等操作均可在界面范围内完成,真正关系到后台数据的操作只有保存和调入。准确地说,分数管理器 ScoreManager 可视为界面业务类,在这个类里增加真正中间层 TeacherLogic 作数据成员,以便于保存数据和调入数据时与真正的中间层沟通。

另外,本设计中 StudentMainForm 关联中间层 StudentLogic,通过它来访问数据,而不是使用分数管理器 ScoreManager。

各业务类图结构如图 12-6 所示。

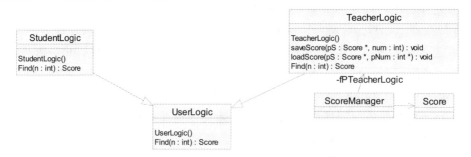

图 12-6 "成绩管理系统"中间层学生/教师逻辑的泛化及分数管理器与教师逻辑的关联

(3)数据层设计

TeacherLogic 访问数据层设计类 TeacherDB, StudentLogic 访问数据层设计类 StudentDB,将这两个类的共性提取出来形成父类 UserDB。

①UserDB:提取 TeacherDB 和 StudentDB 的共性组建的父类,共性数据和方法如下:

共性数据:连接字符串 connectStr;输入数据集 inStream;输出数据集 outStream。

共性方法:连接方法 connector();断开连接方法 disconnector()。

②TeacherDB:除构造函数外,不设计数据和方法,各成员共享至父类 UserDB。

③StudentDB:除构造函数外,不设计数据和方法,各成员共享至父类 UserDB。

上述各类结构和代码见 12.6.3。但因为本例需要连接的是分数文件 score.dat,所以连接字符串要修改调整为"strcpy(fConnctionStr,"score.dat");"。

根据以上分析,给出"学生成绩管理系统"的完整类图,如图 12-7 所示。

图 12-7 经泛化、关联、三层设计后,"成绩管理系统"完整类图

【本章总结】

继承是为了代码的复用,通过继承,父类的特性(数据和方法)传到子类。通常将共性成员放在父类,而个性成员放在子类。

继承有 3 种方式,通过公用继承的子类能够直接访问父类的公用/保护型成员,父类的私有成员虽然存在,但不能直接访问。而子类对象只能访问外部方法(自定或继承下来)。

子类的构造函数必须调用父类的构造函数,可通过初始化表显示调用。父子成员方法同名,子类调用父类的同名方法,需加类名后调用。

类有共同数据和行为,但类型不同的类可统一定义类模板。C++中提供标准类模板。

❈ 个人心得体会 ❈

多 态 转 型

【学习目标】

1. 理解向上转型、向下转型、多态的概念。
2. 掌握多态的建立和使用方法。
3. 理解面向对象分析设计中的抽象思路,继续使用迭代完善系统。

【学习导读】

多态技术是面向对象程序设计中最有特色的技术。通过本章的学习,需要掌握多态产生的原因及多态使用的常规步骤。另外,多态与类型转换相关,相近血缘关系类型之间的转型有向上转型和向下转型两种,需要掌握上转和下转的环境和目的。本章还将对"登录系统"和"成绩管理系统"进行"多态"层面的迭代与精化(抽象),在同一层次的不同类共同因素提取组成父类的基础上,对父类里共同因素进行化虚,统一用父类指针指向各实际对象并调用子类里的方法,条理更加清晰,代码更加简洁,充分体现面向对象编程思想。

【课前预习】

节点	基本问题预习要点	标记
13.1	如何判断程序中实际产生的是哪类人?	
13.2	为什么要向上转型,如何向上转型?	
13.3	C++中多态技术一般使用步骤是什么?	
13.4	为什么要向下转型? 如何向下转型?	
13.5*	"登录系统"如何对界面、业务、数据端进行抽象? 抽象后如何使用?	

13.1 父类指针指向子类对象的尴尬

编写程序,根据给定的 3 种人:中国人、美国人、日本人,动态选择产生一个人时,他可用本国语言说话。

分析:建立 Person 类,ChinaPerson 类,AmericanPerson 类,JapanesePerson 类。如下所示:

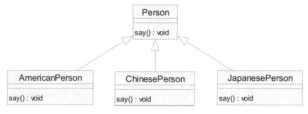

各类代码如下（AmericanPerson /JapanesePerson 代码类似 ChinesePerson）：

Person. h 文件代码	Person. cpp 文件代码

class Person
{
    public：void say()；
}；
	void Person::say()
	{ //可以不写代码
	}

ChinesePerson. h 文件代码	ChinesePerson. cpp 文件代码

＃include "Person. h"
class ChinesePerson：public Person
{
public：
    void say()；
}；
	＃include "ChinesePerson. h"
	＃include ＜iostream. h＞
	void ChinesePerson::say()
	{
	    cout＜＜"我是中国人"＜＜endl；
	}

主模块测试文件 TestSayMain 代码：

```
＃include "ChinesePerson. h"
＃include "AmericanPerson. h"
＃include "JapanesePerson. h"
＃include ＜iostream. h＞
int main()
{
    ChinesePerson *cbody＝NULL；
    AmericanPerson *abody＝NULL；
    JapanesePerson *jbody＝NULL；
    cout＜＜"1 中国人 2 美国人 3 日本人,请选择产生哪种人"；
    int choice；cin＞＞choice；
    switch(choice)
    {
        case 1：cbody＝new ChinesePerson；break；
        case 2：abody＝new AmericanPerson；break；
        case 3：jbody＝new JapanesePerson；break；
    }
//选择 cbody,abody,jbody 中哪一个说话
//无法确定,是因为事前并不知道到底生成了哪个对象
}
```

困惑之处：为什么产生一个具体的"人"对象之后,让他说话这么难呢？原因就在于对象是临时生成的,事前没有办法确定是谁。但现实生活中的情况是,随便选择一个人（你不需要看他是哪国人）,他都会用母语说话,这是件非常自然的事。

13.2 向 上 转 型

(1)向上转型的含义

父类指针指向子类对象,称"向上转型"。代码如下:

```
int main()
{
    Person p;p.display();              //Person 类代码见教材 11.4~11.6
    Student s;S1.display();            //Student 类代码见教材 12.3


    Person *pp= & p;pp-> display();    //指针指向同类对象,正确
    Student *ps= & s;ps-> display();   //指针指向同类对象,正确


    ps= & p;                           //错误,马是白马
    pp= & s;                           //正确,白马是马
    return 0;
}
```

上述程序中 pp= & s 说明可用父类指针指向子类对象,这就是向上转型。

(2)向上转型的目的

为何要定义父类指针,再去接子对象呢? 为了更好地适应需要,面向对象的程序设计中向上转型是必须要做的事情。

举例来说:如果要求你去车站接一个人,你接到的既可能是男同志,也可能是女同志,还可能是老人,或是小孩,我们不可能为每种类型的人都编写一个迎接函数,事实上,只需使用向上转型技术,定义一个接"人"的参数就可以完全解决这个问题:pickup(Person *p)。

(3)向上转型后出现的问题

pp= & s; pp-> display();   //正确,使用 Person 的 display 方法,只能显示身份号和姓名

pp->setFNo(3);   //错误,Person 没有 setFNo 方法

结论:从哪里定义,调用就从哪里出发。

困惑:"pp->display();"使用的是 Person 的方法,pp 虽然指向了子对象,但不能用子对象的方法,用的都是自己的方法。既然不能使用子对象的方法,这样的向上转型还有何用?

(4)向上转型中出现问题的解决方案——使用多态技术

在父类 Person 的结构定义文件(Person. h)将 display 方法前加 virtual,此时 display 称为"虚方法",这样再使用代码"pp= & s; pp-> display();",调用的是真实对象 s 的 display 方法,此技术称"多态技术"。

13.3 多态技术

（1）多态的技术要求和原理

多态的技术要求虚函数，普通成员方法前加修饰符 virtual，即变成虚成员方法（又称为"虚函数"）。

多态技术的原理：所有成员函数（包括虚函数）的地址在编译后确定。但具体的调用分两种：普通的成员函数（非虚函数）调用时按编译确定的地址，地址固定（称为静态编译）；而虚函数调用时按运行时产生的真实对象来确定地址（查此真实对象的虚函数表，即真实对象对应类的虚函数表），地址不固定（称为"动态编译"）。

（2）多态的使用步骤

第一步：父类成员函数变虚。

第二步：子类同名成员函数实现。

第三步：父类指针指向子类对象。

（3）多态的应用

针对 13.1 无法说话的解决方案：向上转型，再用多态。具体地说，将 Person 类的方法 say 前加 virtual 后变虚，然后在主模块定义 Person 指针指向各具体人，类图结构如下：

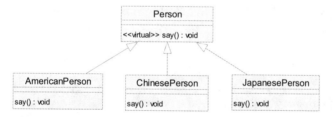

Person 类的虚方法设置仅需要加关键词 virtual：class Person｛public：virtual void say（）；｝。

使用多态的主模块测试文件 TestSayMain 代码：

```
# include "ChinesePerson. h"
# include "AmericanPerson. h"
# include "JapanesePerson. h"
# include "Person. h"
# include "iostream. h"
int main()
{
    Person *p;
    cout<<"1 中国人 2 美国人 3 日本人，请选择产生哪国人";
    int choice;cin>>choice;
    switch(choice){
    case 1:p=new chineseperson;break;
```

```
        case 2:p=new americanperson;break;

        case 3:p=new japanesperson;break;

        }

        p->say(); //畅所欲言

        return 0;

}
```

虚函数"virtual void say();",如改写为"virtual void say()=0;",则称为"纯虚函数"。纯虚函数不需要实现,只意味着父类有这么一个公用的接口。含有纯虚函数的类称"抽象类"。

注意:抽象类不能生成对象,必须在其子类里实现了所有的纯虚方法后才可生成对象。

(4)多态使用注意事项

①抽象的方法要与子类里的同名方法形式完全一致。

②多态从父类出发,通过父类虚拟的公用方法使用子类的同名方法,但不能用子类的个性方法(要使用子类的个性方法,可通过下节的向下转型实现)。

③友元函数不是类的函数,不能作为虚函数;静态成员函数不针对某一对象而属于类,也不能作虚函数;构造函数不能作为虚函数。

④父类某公用方法设虚,子类(及以下)同形式的同名函数全部为虚。

⑤析构函数通常设置成虚函数,一个类的析构设置为虚,则其所有子类的析构名称虽然不同,但同样也是虚函数。父类析构设虚,当用父类指针指向子类对象时,可以使用多态技术去调用真实对象所在子类的析构函数(子类的析构函数调用完后,会逐层依次调用父类的析构函数)。

(5)多态使用案例

将 Person 类的 display()设虚,Person 与 Student 的类图如下:

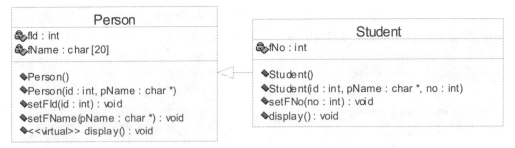

改变之后,13.2 中 pp->display()使用 Student 的 display 方法,测试代码如下:

```
# include "Person.h"

# include "Student.h"

# include <iostream.h>

int main()

{

    Person p(1,"liyi");
```

```
Student s(2,"wym",1102);
Person *pp;
pp= & p;
pp—> display();          //运行结果显示:1,"liyi"
pp= & s;
pp—> display ();         //运行结果显示:2,"wym",1102
return 0;
}
```

(6)多态技术的实现原理深入研究——虚参数表*

为方便讨论,只研究单继承的公用继承情况。

①不带虚函数的类产生对象的物理存储。

对象里只保存数据,所有的成员函数全在外部存储,并不纳入对象的数据结构。

以 Person、Student 类为例来说明(其中 Person 的 disp 方法不虚),如"Person p;Student s;",则其内存表示为:

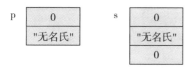

指针与指针不一样(指针有类型),以下是指向同一个对象的两种不同指针。

```
Student s;
Person *pp;Student *ps;
pp= & s;ps= & s;
```

图中,pp 和 ps 都指向同一个对象,地址值相同,区别在哪? 区别在指针类型不一样(可通过 sizeof(pp) 与 sizof(ps) 结果不同验证),这导致二者管辖范围不一样。pp 只能使用 Person 的数据内容,ps 能使用更多的数据内容,如管理"学号"字段。

数据类型决定了出发点,所以:

pp—>display();//结果是 0 无名氏

ps—>display();//结果是 0 无名氏 0

②带虚函数的类产生对象的物理存储。

A. 父类有虚函数。

带有虚函数的类在产生对象时,对象内存空间开头部分增加了一个指针区域,该指针指向一个链表,链表中保存各虚函数的地址。各对象的虚链表来源于虚类的唯一虚链表。

```
class Parent
{
public:
    int iparent;
    Parent ():iparent (10) {}
    virtual void f() { cout << "Parent::f()" << endl; }
    virtual void g() { cout << "Parent::g()" << endl; }
    virtual void h() { cout << "Parent::h()" << endl; }
};
```

类的虚函数链表结构如下：

Parent类的虚表结构

Parent::f( )	Parent::g( )	Parent::h( )

对象的结构：每生成一个具体对象，具体对象的存储空间里的第一个位置指针指向这张表。可见对象空间由指针域与数据成员共同组成，两个对象的内存表达如下：

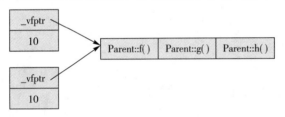

注意：所有对象的内存的第一个字段都指向这张地址表，其实质是指针数组。验证虚参数表唯一性的方法：定义两个对象，检测其中_vfptr所指向的内容是否相同，代码如下：

代码	结果：相同
Parent p1;cout<<(int *) * (int *)(& p1)<<endl; Parent p2;cout<<(int *) * (int *)(& p2)<<endl;	0x00428100 0x00428100

B. 子类重写父类的虚函数。

```
class Child : public Parent
{
public:
    int ichild;
    Child():ichild(100) {}
    virtual void f() { cout << "Child::f()" << endl; }              //只重写了虚函数 f
    virtual void g_child() { cout << "Child::g_child()" << endl; }
    virtual void h_child() { cout << "Child::h_child()" << endl; }
};
```

子类虚表结构是父类虚函数与自身虚函数的综合,子类虚函数的链表结构如下:

Child类的虚表结构

Child::f( )	Parent::g( )	Parent::h( )	Child::g( )_Child( )	Child::h( )_Child( )

子类对象结构:可见子对象空间由指针域与父数据成员与子数据成员共同组成,而指针域指向的是子类虚函数的链表,两个对象的内存表达如下:

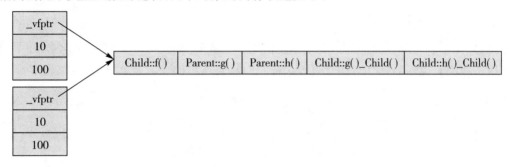

从上图可以看出,虚函数在子类里重写后,虚函数表里保存这个函数的地址被更新。

C.父指针指向子对象的调用。

```
Child c; Parent *parent;
parent= & c;          //父类指针指向子类对象
p—>f();               //从p出发,只能使用 f() /g()/ h(),其中 f()是 Child 的方法
p—>g_child();         //从p出发,不能使用 g_child(),因为其不是 Parent 的方法
```

13.4 向下转型

(1)向下转型的目的

向下转型是为了稳态,为了还原对象本来的状态。从技术上看,向下转型就是将父类对象地址赋值给子类指针变量,不过不能直接赋值,必须要强制向下转型后再赋值。例如,上节人说话案例,如果实际产生的是美国人,除了说话之外,还要个性化的拥抱动作,则需要将p强制转成美国人。下面给出相应的类图结构:

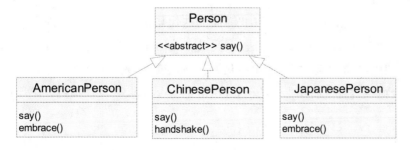

注意:上图给出三种人表达友好的行为,中国人为握手 handshake( ),美国人和日本人为拥抱 embrace( ),但拥抱的具体方式和内容不相同。

程序代码修改如下:

```
p—>say();                          //向上转型后的多态使用共性
((AmericanPerson * )p)—> embrace ();   //向下强转使用个性
```

(2)强制向下转型的风险

假如,真实产生的是日本人,上述强转使用美国式的 embrace( ),可能带来不适甚至崩溃(请思考原因)。故强转之前,通常需确定运行时指针所指的真实对象类型,代码如下:

```
if (typeid( *p)==typeid(AmericanPerson))
{

    ((AmericanPerson * )p)—> embrace ();               //向下强转使用个性

}
```

注意:VC 编辑环境中,要将 RTTI 打开,程序才能运行成功。具体的方式是:在 VC 中选择:Project Settings/C++/C++ Language,勾选"Enable—RunTime Type Information"。

(3)向下转型的新方式*

上面已经提供了一种安全向下转型方案,C++里还提供了其他几种转型方式,如 dynamic_cast 方式、static_cast 方式等。

13.5 面向对象分析设计中的抽象

多态与转型是面向对象的一个核心。多态的实质是:不管一个父类的下面有几个子类,都可以从父类出发,定义统一的父类指针,用这个统一的指针指向实际环境中动态产生某一个子类对象,这样做的好处是可以动态地调用子类的方法。

13.5.1 抽象完善登录系统*

(1)界面的抽象

本书 12.6.3"迭代完善登录系统"中"界面的迭代与精化"中,用户界面类 UserLoginForm 中提取共性 login 方法和 feedback 方法,里面没有写任何代码,事实上上章代码也执行不到这两个方法。但学习了多态之后,如果将这两个方法变虚,则可以直接使用 UserLoginForm 的 login 来进行登录,直接使用 UserLoginForm 的 feedback 来反馈信息。下面详述步骤:

①UserLoginForm. h 中相应方法变虚。

原来代码(对比部分见粗体)	多态后代码(对比部分见粗体)

#ifndef UserLoginForm_h
#define UserLoginForm_h
class UserLoginForm
{
public:
    UserLoginForm();
    void init();
    void inputNamePwd();
    bool getLoginStatus();
    void login();
    void feedback();
protected:
    char fName[20];
    char fPwd[20];
    int fType;
    bool fLoginSuccess;
};
#endif
	#ifndef UserLoginForm_h
	#define UserLoginForm_h
	#include "UserLogic. h"
	class UserLoginForm
	{
	public:
	    UserLoginForm();
	    void init();
	    void inputNamePwd();
	    bool getLoginStatus();
	    virtual void login();
	    virtual void feedback();
	protected:
	    char fName[20];
	    char fPwd[20];
	    int fType;
	    bool fLoginSuccess;
	    UserLogic * fPUserLogic;
	};
	#endif

说明:因为学生业务层和教师业务层经过泛化得到共同父类 UserLogic,所以上述增加了业务层的指针 fPUserLogic 统一标记业务层,原 StudentForm. h 及 TeacherForm. h 中定义的指向业务层的数据成员 fPStudentLogic 及 fPTeacherLogic 去除。

②UserLoginForm. cpp 中仅在构造函数对 fPUserLogic 进行了初始化,其他代码不变。

构造函数:

```
UserLoginForm::UserLoginForm()
{
    fLoginSuccess=false;
    fPUserLogic=NULL;
    init();
}
```

③主程序调用界面代码。

原来代码(对比部分见粗体)	多态后代码(对比部分见粗体)
```#include "StudentLoginForm.h"``` `#include "TeacherLoginForm.h"` `int main()` `{` `    cout<<"请输入用户类型(0 学生 1 教师)";` `    int type;` `    cin>>type;` `    if (type==0)` `    {` `        StudentLoginForm studentLoginForm;` `        studentLoginForm.login();` `        studentLoginForm.feedback();` `    }` `    else` `    {` `        TeacherLoginForm teacherLoginForm;` `        teacherLoginForm.login();` `        teacherLoginForm.feedback();` `    }` `    return 0;` `}`	`#include "UserLoginForm.h"` `#include "StudentLoginForm.h"` `#include "TeacherLoginForm.h"` `int main()` `{` `    cout<<"请输入用户类型(0 学生 1 教师)";` `    int type;` `    cin>>type;` `    `**`UserLoginForm *pUserLoginForm;`** `    if (type==0)` `    {` `        pUserLoginForm=new StudentLoginForm;` `    }` `    else` `    {` `        pUserLoginForm=new TeacherLoginForm;` `    }` `    pUserLoginForm->login();` `    pUserLoginForm->feedback();` `    return 0;` `}`

显然,现在代码更简洁,更清楚,定义了父类指针 pUserLoginForm 之后,统一用父类的方法进行操作,实际上还是调用创建的"真实对象"的 login()/feedback()方法。

(2)业务的抽象

同理,将 UserLogic 里的 login 方法变虚,可以通过 UserLogic 类型的对象指针统一对 StudentLogic 对象或 TeacherLogic 对象进行操作,使用的也是多态技术。下面详述步骤:

①UserLogic.h 中相应方法变虚。

原来代码(对比部分见粗体)	多态后代码(对比部分见粗体)
`#ifndef USERLOGIC_H` `#define USERLOGIC_H` `class UserLogic` `{` `public:` `    UserLogic();` `    `**`bool login(char *pName, char *pPwd);`** `};` `#endif`	`#ifndef USERLOGIC_H` `#define USERLOGIC_H` **`#include "UserDB.h"`** `class UserLogic` `{` `public:` `    UserLogic();` `    `**`virtual bool login(char *pName, char *pPwd);`** **`protected:`** **`    UserDB *fPUserDB;`** `};` `#endif`

说明:因为学生数据层和教师数据层经过泛化得到共同父类 UserDB,所以这里增加了数据层的指针 fPUserDB 统一标记数据层(这里设置保护型是为了传承),原 StudentLogic.h 及 TeacherLogic.h 中定义的指向数据层的数据成员 fPStudentDB 或 fPTeacherDB 去除。

②UserLogic.cpp/StudentLogic.cpp/TeacherLogic.cpp 中相应代码的改变。

UserLogic.cpp 中的构造函数调用与界面层的构造函数类似,只需要在构造函数里增加"fPUserDB=NULL;"即可。另外,因为统一用父类指针 fPUserDB 来操作,所以中间层子类 StudentLogic 和 TeacherLogic 的 login 代码需要改变,改变内容如下:

```
bool StudentLogic::login(char *pName, char *pPwd)
{
    if (fPUserDB==NULL)
    {
        fPUserDB=new StudentDB;
    }
    fPUserDB->connector();
    StudentInfo studentInfo;
    bool flag=false;
    while (fPUserDB->inStream.read((char *) & studentInfo,sizeof(StudentInfo)))
    {
        if (strcmp(studentInfo.getFName(),pName)==0 && strcmp(studentInfo.getFPwd(),pPwd)==0)
        {
            flag=true;
            break;
        }
    }
    fPUserDB->disconnector();
    return flag;
}
```

从上面可以看出,其实只要将上一章中的 StudentLogic::login(char *pName, char *pPwd)中的指针由 fPStudentDB 改为 fPUserDB 即可,对于 TeacherLogic::login(char *pName, char *pPwd)中改动是一样的。

(3)数据层的抽象

同理,将 UserDB 里 connector()和 disconnector()这两个方法变虚,但实际上编写其子类的时候并没有对这两个方法进行重写,所以这里也可不设虚,代码与上一章相同。

(4)"登录系统"总体类图结构

最后,给出经过再次迭代和抽象的登录部分完整类图结构:

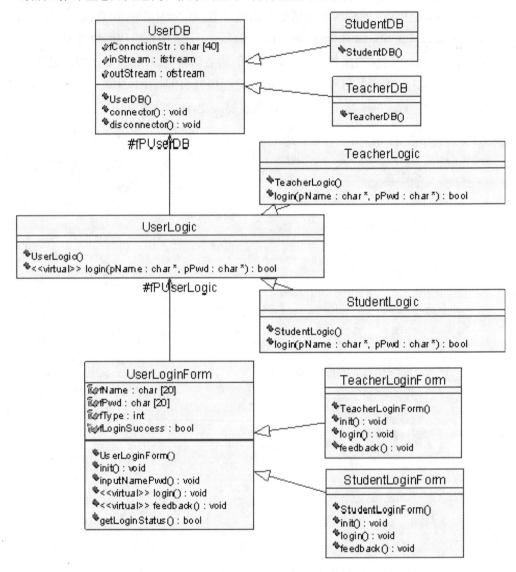

图 13-1　经泛化、关联、抽象、三层设计后,"登录系统"(教师/学生)完整类图

(5)"登录系统"小结与注意

①小结。我们用了 3 章的篇幅分析了面向对象的技术和思想如何应用在"登录系统"中,"登录系统"的讲述分成 3 个阶段:第 11 章,只涉及学生,给出了模型框架,指出从界面到业务到数据三层设计的简单思路;第 12 章涉及学生和教师,将学生和教师的共同部分抽取出来写成父类,而自己留下特色的东西,使用了继承技术;第 13 章,使用了多态,定义统一的父类指针,指向实际的对象,动态调用实际对象的相应方法。

②注意事项。前面,给定类的成员函数之间(虚函数之间及虚函数与普通成员函数之

间)没有发生相互调用,如 UserLoginForm 中 login()、feedback()等之间并没有发生联系,主模块调用时使用了"pUserLoginForm->login();pUserLoginForm->feedback();"。

实际编程极有可能同一个类的函数之间相互调用,要清楚相互调用过程中究竟是哪一个级别的函数被调用,判断的依据是:类外调用虚函数是动态编译,使用真实对象所对应虚函数,类内调用函数(不管是否虚)是静态编译,使用本类或者继承下来的函数。

举例来说:以下的两个登录类,其中设置了各成员函数之间发生了相互调用,其中 login 是虚函数,其余都是非虚函数。

UserLoginForm 类	StudentLoginForm 类

class UserLoginForm
{
public:
   UserLoginForm(){init();}
   void init(){cout<<" User:init";}
   virtual void login(){feedback();}
   void feedback(){cout<<" User:feedback";}
};
	class StudentLoginForm:public UserLoginForm
	{
	public:
	   StudentLoginForm(){init();}
	   void init(){cout<<"Stud:init";}
	   virtual void login(){feedback();}
	   void feedback(){cout<<" Stud:feedback";}
	};

主测试程序:

```
int main()
{
    UserLoginForm *pUserLoginForm;
    pUserLoginForm=new StudentLoginForm;
    pUserLoginForm->login();
    return 0;
}
```

运行结果:User:init Stud:init Stud:feedback

程序解释:

• 主程序 new StudentLoginForm 会自动调用 StudentLoginForm 的构造函数,但之前首先继承调用父类的构造函数,所以先出现 User:init,再出现 Stud:init。

• 其次以父类指针方式调用虚函数 login,当然是使用真实对象的 login 方法,即执行的是 StudentLoginForm 端的 login,在这个 login 里调用的 feedback 到底是谁的? 是父端的还是子端的? 这里肯定是子端的,因为这是类中访问。

13.5.2 抽象完善成绩管理系统

教材 12.6.4 按三层结构迭代设计了成绩管理系统。本章在多态技术下,调整类结构和代码思路如下:

(1)虚方法的设置

将教师和学生主窗体的父类 MainForm 中共性方法 run()设虚,这样定义同一个父类指针指向教师或学生主窗体时,可以使用子类里定义的 run()方法进行多态应用。

将教师和学生逻辑层的父类 UserLogic 中共性方法 Find()设虚,这样定义同一个父类指针指向教师或学生逻辑层时,可以使用子类里定义的 Find()方法进行多态应用。

将教师和学生数据层的父类 UserDB 中共性方法 connect()/disconnector()设虚,这样定义同一个父类指针指向教师或学生数据层时,可以使用子类里定义的 connect()/disconnector()方法等进行多态应用。

(2)关联和位置调整

①逻辑层的关联和位置调整。原 StudentMainForm 与 ScoreManager 分别同中间层 StudentLogic 与 TeacherLogic 关联,现统一使用 UserLogic,故将 StudentMainForm 与 ScoreManager 中定义的"∗fPStudentLogic;"与"∗fPTeacherLogic;"去除,统一换成 ∗fPUserLogic,StudentMainForm.cpp 与 ScoreManager.cpp 文件连接逻辑端代码,并作出相应改变。如 StudentMainForm.cpp 中 run 模块代码改变如下:

原 StudentMainForm.cpp 中 run 模块	现 StudentMainForm.cpp 中 run 模块

``
void StudentMainForm::run()
{
    if(!fPStudentLogic)
    {
        fPStudentLogic=new StudentLogic;
    }
    cout<<"请输入您的学号:";
    int n;cin>>n;
    Score temp=fPStudentLogic->Find(n);
    cout<<"学号 姓名 课程 分数"<<endl;
    cout<<temp.fNo<<temp.fName;
    cout<<temp.fCourse<<temp.fScore<<endl;
}
``
	``
	void StudentMainForm::run()
	{
	    if(!fPUserLogic)
	    {
	        fPUserLogic=new StudentLogic;
	    }
	    cout<<"请输入您的学号:";
	    int n;cin>>n;
	    Score temp=fPUserLogic->Find(n);
	    cout<<"学号 姓名 课程 分数"<<endl;
	    cout<<temp.fNo<<temp.fName;
	    cout<<temp.fCourse<<temp.fScore<<endl;
	}
	``

为了使结构更清晰,StudentMainForm 的私有数据成员 ∗fPUserLogic 对象指针移到父类 MainForm 作保护数据成员,TeacherMainForm 的私有数据成员 ScoreOperationForm 对象指针移到父类 MainForm 作保护数据成员(以备今后 StudentMainForm 使用)。

②数据层的关联和位置调整。原 StudentLogic 与 TeacherLogic 分别与 StudentDB 与 TeacherDB 关联,现改为 UserLogic 直接与 UserDB 关联。故去除 fPStudentLogic 与 fPTeacherLogic 中设置的 ∗fPStudentLogic 与 ∗fPTeacherLogic,在 UserLogic 中增加保护型数据成员 ∗fPUserDB,并相应地调整 StudentLogic 与 TeacherLogic 中与数据层有关系的代码,如 StudentLogic 中 login()模块调整如下:

原 StudentLogic. cpp 中 login 模块	现 StudentLogic. cpp 中 login 模块

Score StudentLogic::Find(int n)　//共性
{
　　//返回记录中姓名统一设置成无名氏
　　if (fPStudentDB==NULL)
　　{
　　　　fPStudentDB=new StudentDB;
　　}
　　fPStudentDB—>connector();
　　Score temp;
　　strcpy(temp. fName,"无名氏");
　　temp. fNo=0;temp. fCourse=0;temp. fScore=0;
　　while (fPStudentDB—>inStream. read(
　　(char *) & temp,sizeof(Score)))
　　　　if (temp. fNo==n)
　　　　{
　　　　　　strcpy(temp. fName,"无名氏");
　　　　　　break;
　　　　}
　　}
　　fPStudentDB—>disconnector();
　　return temp;
}
	Score StudentLogic::Find(int n)　//共性
	{
	　　//返回记录中姓名统一设置成无名氏
	　　if (fPUserDB ==NULL)
	　　{
	　　　　fPUserDB=new StudentDB;
	　　}
	　　fPUserDB—>connector();
	　　Score temp;
	　　strcpy(temp. fName,"无名氏");
	　　temp. fNo=0;temp. fCourse=0;temp. fScore=0;
	　　while (fPUserDB—>inStream. read(
	　　(char *) & temp,sizeof(Score)))
	　　{
	　　　　if (temp. fNo==n)
	　　　　{
	　　　　　　strcpy(temp. fName,"无名氏");
	　　　　　　break;
	　　　　}
	　　}
	　　fPUserDB—>disconnector();
	　　return temp;
	}

(3)经过抽象(使用虚函数)后的成绩管理系统类图

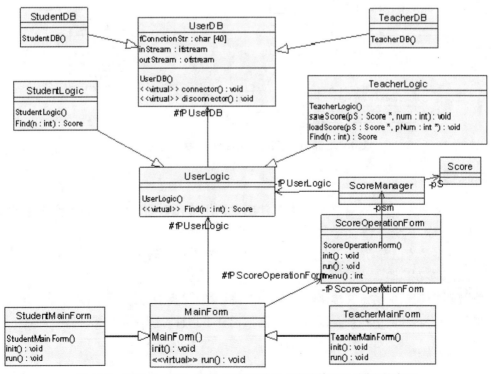

图 13-2　经泛化、关联、抽象、三层设计后,"成绩管理系统"完整类图

13.5.3 学生管理系统(登录和分数管理的融合)*

将13.5.1和13.5.2结合起来,综合类图13-1和图13-2,可做出功能较丰富的"学生管理系统",当然系统要商用还有许多问题需要解决,限于篇幅,不再继续研究下去,下面给出本书所讨论的"学生管理系统"的登录部分和分数处理部分的较完整类图结构,仅供参考。

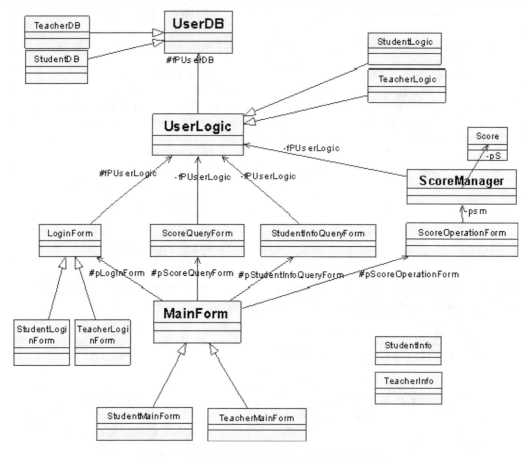

图 13-3 带有"登录"的"成绩管理系统"完整类图

【本章总结】

向上转型是为了多态,这样从父类指针出发调用虚函数时,使用的是真实对象的虚函数,在技术上称为"晚绑定"。

向下转型是为稳态,是为了使用子类的个性化方法,向下转型应该首先确定真实类型后再转,否则会存在风险。

使用多态步骤:父类定义虚函数;子类重写虚函数;父类指针指向子类对象。

多态、向上转和向下转都是以指针为基础,离开了指针,这些技术无法实现。

✿ 个人心得体会 ✿

✿ 课程总结 ✿

I 字符与 ASCII 码对照表

ASCII 码	表达字符	ASCII 码	表达字符	ASCII 码	表达字符	ASCII 码	表达字符
0	NUT	32	（space）	64	@	96	、
1	SOH	33	！	65	A	97	a
2	STX	34	”	66	B	98	b
3	ETX	35	＃	67	C	99	c
4	EOT	36	＄	68	D	100	d
5	ENQ	37	％	69	E	101	e
6	ACK	38	＆	70	F	102	f
7	BEL	39	，	71	G	103	g
8	BS	40	（	72	H	104	h
9	HT	41	）	73	I	105	i
10	LF	42	＊	74	J	106	j
11	VT	43	＋	75	K	107	k
12	FF	44	，	76	L	108	l
13	CR	45	—	77	M	109	m
14	SO	46	．	78	N	110	n
15	SI	47	／	79	O	111	o
16	DLE	48	0	80	P	112	p
17	DCI	49	1	81	Q	113	q
18	DC2	50	2	82	R	114	r
19	DC3	51	3	83	X	115	s
20	DC4	52	4	84	T	116	t
21	NAK	53	5	85	U	117	u
22	SYN	54	6	86	V	118	v
23	TB	55	7	87	W	119	w

续表

ASCII 码	表达字符	ASCII 码	表达字符	ASCII 码	表达字符	ASCII 码	表达字符
24	CAN	56	8	88	X	120	x
25	EM	57	9	89	Y	121	y
26	SUB	58	:	90	Z	122	z
27	ESC	59	;	91	[	123	{
28	FS	60	<	92	/	124	|
29	GS	61	=	93	]	125	}
30	RS	62	>	94	ˆ	126	~
31	US	63	?	95	—	127	DEL

目前计算机中用得最广泛的字符集及其编码,是由美国国家标准局(ANSI)制定的 ASCII 码(American Standard Code for Information Interchange,美国标准信息交换码),它已被国际标准化组织(ISO)定为国际标准,称为 ISO 646 标准。适用于所有拉丁文字字母,ASCII 码有 7 位码和 8 位码两种形式。

因为 1 位二进制数可以表示 2 种状态:0、1;而 2 位二进制数可以表示 4 种状态:00、01、10、11;依次类推,7 位二进制数可以表示 128 种状态,每种状态都唯一地编为一个 7 位的二进制码,对应一个字符(或控制码),这些码可以排列成一个十进制序号 0~127。所以,7 位 ASCII 码是用七位二进制数进行编码的,可以表示 128 个字符。

第 0~32 号及第 127 号(共 34 个)是控制字符或通讯专用字符,如 LF(换行)、CR(回车)、FF(换页)、DEL(删除)、BEL(振铃)等控制符,以及 SOH(文头)、ACK(确认)等通讯专用字符;第 33~126 号(共 94 个)是字符,其中第 48~57 号为 0~9 十个阿拉伯数字,65~90 号为 26 个大写英文字母,97~122 号为 26 个小写英文字母,其余为一些标点符号、运算符号等。

注意:在计算机的存储单元中,一个 ASCII 码值占一个字节(8 个二进制位),其最高位(b7)用作奇偶校验位。所谓奇偶校验,是指在代码传送过程中用来检验是否出现错误的一种方法,一般分奇校验和偶校验两种。奇校验规定:正确的代码一个字节中 1 的个数必须是奇数,若非奇数,则在最高位 b7 添 1。偶校验规定:正确的代码一个字节中 1 的个数必须是偶数,若非偶数,则在最高位 b7 添 1。

Ⅱ　C/C++中的关键字

一、关键字的含义

关键字是由 C 和 C++语言规定的具有特定意义的字符串,通常也称保留字。用户定义的标识符不应与关键字相同。

二、关键字分类

1. 类型说明符

类型说明符用于定义、说明变量、函数或其他数据结构的类型,如 int,double 等。

2.语句定义符

语句定义符用于表示一个语句的功能,如条件语句的语句定义符 if else。

3.预处理命令字

预处理命令字用于表示一个预处理命令,如最常用到的 include。

三、具体关键字介绍

C 语言(下面以 C99 标准为依据描述)关键字共 37 个,C++中又扩充了十多个。

1.数据类型关键字(15 个)

(1)char:声明字符型变量或函数

(2)double:声明双精度变量或函数

(3)enum:声明枚举类型

(4)float:声明浮点型变量或函数

(5)int:声明整型变量或函数

(6)long:声明长整型变量或函数

(7)short:声明短整型变量或函数

(8)signed:声明有符号类型变量或函数

(9)struct:声明结构体变量或函数

(10)union:声明联合数据类型

(11)unsigned:声明无符号类型变量或函数

(12)void:声明函数无返回值、无参数、声明无类型指针

(13)_Bool:声明逻辑变量或函数

(14)_Complex:声明复数类型

(15)_Imaginary:声明虚数类型

2.控制语句关键字(12 个)

A. 循环语句

(1)for:一种循环语句(可意会不可言传)

(2)do:循环语句的循环体

(3)while:循环语句的循环条件

(4)break:跳出当前循环

(5)continue:结束当前循环,开始下一轮循环

B. 条件语句

(1)if:条件语句

(2)else:条件语句否定分支(与 if 连用)

(3)goto:无条件跳转语句

C. 开关语句

(1)switch:用于开关语句

(2)case:开关语句分支

(3)default:开关语句中的"其他"分支

D. 返回语句

return：子函数返回语句(可以带参数，也看不带参数)

3. 存储类型关键字(4 个)

(1)auto：声明自动变量一般不使用

(2)extern：声明变量是在其他文件正声明

(3)register：声明寄存器变量

(4)static：声明静态变量

4. 其他关键字(5 个)

(1)const：声明只读变量

(2)sizeof：计算数据类型长度

(3)typedef：用以给数据类型取别名(当然还有其他作用)

(4)volatile：说明变量在程序执行中可被隐含地改变

(5)restrict：用于指针，表明指针是访问某数据唯一的方式

5. 函数说明关键字(1 个)

inline：内联函数声明，简化改变函数的调用机制，将函数设置为内联函数能够提示编译器尽可能快速地调用该函数。

6. C++中新增加关键字

(1)class：类提示符

(2)template：模板提示符

(3)public：外部接口

(4)protected：保护接数据成员或者成员方法

(5)private：私有数据成员或者成员方法

(6)virtual：虚函数

(7)friend：友员

(8)operator：重载运算符函数

(9)throw：抛出异常

(10)asm：汇编接口关键字

(11)new：动态生成对象或者空间

(12)delete：动态销毁对象或者空间

Ⅲ　优先级和结合性

优先级排列表

优先级	运算符	名称		运算对象个数	结合性
1	( )	圆括号	元运算符		左
	[ ]	下标运算符			
	—>	指向成员运算符			
	.	结构体成员运算符			

优先级	运算符	名称		运算对象个数	结合性
2	！	逻辑非(逻辑运算符)	单运算符	单目运算符	右
	～	按位取反(位运算符)			
	++	自增1			
	——	自减1			
	—	负号	单运算符		
	类型	强制类型转换			
	*	指针运算符			
	&	取地址运算符			
	sizeof	求存储长度运算符			
3	*	乘运算符	算术运算符	双目运算符	左
	/	除运算符			
	%	余运算符			
4	+	加运算符	算术运算符	双目运算符	左
	—	减运算符			
5	<<	左移运算符	位运算符	双目运算符	左
	>>	右移运算符			
6	>	大于运算符	关系运算符	双目运算符	左
	<	小于运算符			
	>=	大于等于运算符			
	<=	小于等于运算符			
7	==	等于运算符		双目运算符	左
	!=	不等于运算符			
8	&	按位与运算符	位运算符	双目运算符	左
9	^	按位异或运算符			
10	|	按位或运算符			
11	&&	与运算符	逻辑运算符		
12	||	或运算符			
13	? :	条件运算符		三目运算符	右
14	=	赋值运算符		双目运算符	右
	+=				
	—+				
	*=				
	/=				
	%=				
	>>=				
	<<=				
	&=				
	^=				
	|=				
15	,	逗号运算符			左

Ⅳ　自定模块索引

Array

模块名	作用	章节
void sort(float pArray [ ],int n);	一维数组数据排序	见 7.4.2
float getMax(float *pArray,int n);	求一维数组的最大值	见 7.6.1
float getMin(float *pArray,int n);	求一维数组的最小值	见 7.6.1
float getMean(float *pArray,int n);	求一维数组的平均值	见 7.6.1
float getVariance(float *pArray,int n);	求一维数组的方差	见 7.6.2
void upsideDown (FILE *pSrc,FILE *pDes);	读文件数据进一维数组颠倒后再写到另一文件	见 7.7.1
void readFromFile(FILE *pFile,float *pArray,int n);	从文件里读数据进一维数组	见 7.7.2
void writeToFile(FILE *pFile,float *pArray,int n);	将一维数组写入文件	见 7.7.2

Array2

模块名	作用	章节
void readFromFile (float pArray2[ ][7],int rows,int cols, FILE *pFile);	从简单数据文件中读数据进二维数组(方法不通用)	见 7.8.3
float getMax(float pArray2[ ][7],int rows,int cols);	求二维数组的最大值(方法不通用)	见 7.8.3
float getMean(float pArray2[ ][7],int rows,int cols);	求二维数组的平均值(方法不通用)	见 7.8.3
void setInnerProduct(float pOneArray2[ ][5], float pTwoArray2[ ][5],float pInnerProductArray2[ ][5], int row,int cols);	求两个二维数组的内积(方法不通用)	见 7.9.2
float getMean(float pArray2[ ][5],int rows,int cols);	求二维数组的平均值(方法不通用)	见 7.9.2
float getMean(float *pArray2,int rows,int cols);	求二维数组的平均值	见 7.10
void readFromFile(float *pArray2,int rows,int cols,FILE *pFile);	从数据文件中读数据进二维数组	见 7.12.2

Array3

模块名	作用	章节
void addPage(float *pArray3,int rows,int cols,int pages, int choicePage,float *pArray2);	向三维数组添加一个二维数组(页)	见 7.12.2
void display(float *pArray3,int rows,int cols,int pages);	按页显示三维数组里所有数据	见 7.12.2
void ConvertWhite2Black(int *pArray3,int rows,int cols, int pages);	三维数组里三页(特定 3 页)相同位置为 255 转成 0	见 7.12.3

Analyze

模块名	作用	章节
void analyzeInt(int num);	对一个整数进行分析	见 6.11

Calc

模块名	作用	章节
int process(int a,int b, int (*p)(int a,int b));	处理两个整数的相关运算	见 10.6.2
typedef int (*pCalcStyle)(int, int); pCalcStyle getCalc(char op)	处理两个整数的相关运算	见 10.6.2

Char

模块名	作用	章节
void upper2Lower(char c1,char c2,char c3,char c4,char c5);	将大写字母转成小写	见 3.8

Clock

模块名	作用	章节
void update(Clock *pClock);	更新时钟	见 9.4
void display(Clock clock);	显示时钟	见 9.4

Complex

模块名	作用	章节
Complex operator+(Complex &c1,Complex &c2);	两个复数相加	见 9.10.3
ostream & operator<< (ostream &output,Complex &c);	复数的输出	见 9.10.3

Cost

模块名	作用	章节
void prtCost(float weight);	根据重量计算费用	见 5.5

C51

模块名	作用	章节
void init()	中断服务程序初始化各标记值	见 3.9
void timer0() interrupt 1 using 0	中断服务程序停 1 秒后改变标记值	见 3.9

DoublePoint

模块名	作用	章节
void init (int **p,int rows,int cols);	动态产生二维整型数组	见 7.8.2
void initPointArray(char **p,int n);	初始化字符型指针数组	见 8.6.2
void inputPointArray(char **p,int n);	输入字符串进指针数组相应单元	见 8.6.2
void sortPointArray(char **p,int n);	按字符串大小对字符型指针数组里内容排序	见 8.6.2
void displayPointArray(char **p,int n);	输出显示字符型指针数组里内容	见 8.6.2

Elephant

模块名	作用	章节
void openTheDoor（）；	打开冰箱门	见 1.7
void input（）；	把大象放进去	见 1.7
void closeTheDoor（）；	把冰箱门关上	见 1.7

Int

模块名	作用	章节
int getMax(int a,int b)；	求两个整数的最大数	见 1.7
int getSquare(int max)；	求一个整数的平方	见 1.7
int getSquareSum (int d1,int d2,int d3)；	求三个整数的平方和	见 2.1
void sort（）；	在模块内部排序三个整数	见 3.8
void swap(int *pA,int *pB)；	通过指针交换两个整数	见 4.2.2
void setMaxMin(int a,int b,int *pMax,int *pMin)；	求出两个整数的最大数和最小数	见 4.2.5
void swap(int & rA,int & rB)；	通过引用交换两个整数	见 4.3
void separate(int data)	将一个整数按字节顺序分离	见 4.7
int add(int a,int b)；	两个整数相加	见 10.6
int minus(int a,int b)；	两个整数相减	见 10.6
int multiple(int a,int b)；	两个整数相乘	见 10.6
int divide(int a,int b)；	两个整数相除	见 10.6

Instrument

模块名	作用	章节
double getReliability（double r1,double r2,double r3, double r4,double r5,double r6,int num）；	判断仪器可靠性	见 6.10

Menu

模块名	作用	章节
int createTestMenu(void)；	产生简易的测试菜单,并返回选择号	见 5.4
int createTest2Menu()；	产生简易的测试菜单,返回选择号	见 6.11

MyString

模块名	作用	章节
void strCopy（char des[],char src[]）；	将一个字符串拷贝到另一个字符串中	见 8.7
void strCpy(char **ppDes,char **ppSrc)；	安全字符串拷贝	见 8.9

Prime

模块名	作用	章节
bool isPrime(int data);	判断一个整数是否是素数	见 6.6
void displayPrimeNum(int a,int b);	显示范围[a,b]之间的所有素数	见 6.6

Polynominal

模块名	作用	章节
float getPolyValue(float x);	求一个特定的二次多项式的值	见 1.9
float getRoot1(int a,int b,int c);	得到二次多项式求出一根	见 5.2
void setRoot (int a,int b,int c,float *pRoot1, float *pRoot2);	设置二次多项式的两个根	见 5.2

Progression

模块名	作用	章节
long int getFibNDiscursion(int n);	递推求斐波那契数列的第 n 项的值	见 6.7
long int getFibNRecursion(int n);	递归求斐波那契数列的第 n 项的值	见 6.7

SingleList

模块名	作用	章节
bool insert(Node **pFirst,int i,int x,int *pN);	插入链表	见 9.9
void display(Node * first);	显示链表	见 9.9
void clear(Node * first);	清除链表	见 9.9

Score

模块名	作用	章节
void prtByGrade(char grade);	根据给定的等级打印分数范围	见 5.5
char getGrade(float score)	根据给定分数返回等级字符	见 5.5

ScoreManager

模块名	作用	章节
void inputScore (float pScore[],int n);	学生分数一维数组数据输入（全局变量方案）	见 7.4
void displayScore(float pScore[],int n);	学生分数一维数组数据显示（全局变量方案）	见 7.4
void sortScore(float pScore[],int n);	学生分数一维数组数据排序（全局变量方案）	见 7.4
void inputScore(float pScore[],int n,int *pNum);	学生分数一维数组数据输入（局部变量方案）	见 7.4
void displayScore(float pScore[],int n,int num);	学生分数一维数组数据显示（局部变量方案）	见 7.4

续表

模块名	作用	章节
void sortScore(float pScore[],int n,int num);	学生分数一维数组数据排序（局部变量方案）	见 7.4
void inputScore（float pScore[],char **pName,int n）;	学生分数一维数组数据及姓名指针数组输入（全局变量方案）	见 8.6.3
void inputScore（float pScore[],char **pName,int n,int *pNum）;	学生分数一维数组数据及姓名指针数组输入（局部变量方案）	见 8.6.3
void displayScore(Score s);	显示一个分数结构体数据	见 9.4.1
void displayScore(Score *pS);	显示一个分数结构体指针指向数据	见 9.4.2
void inputScore(Score *pScoreAll,int n);	输入分数结构体数组	见 9.6.1
displayScore(Score *pScoreAll,int n);	显示分数结构体数组	见 9.6.1
void inputScore(Score *pScoreAll,int n,int *pNum);	输入分数结构体数组（局部变量方案）	见 9.6.2
void displayScore(Score *pScoreAll,int n,int num);	显示分数结构体数组（局部变量方案）	见 9.6.2
Score searchScore(Score *pScoreAll,int n,int no);	根据号码找学生	见 9.8
Score * searchGoodScore（Score *pScoreAll,int n,int *pGoodNum）;	找优秀学生	见 9.8
void modiScoreTXT();	快速查找更改姓名模块	见 10.4.1
void saveScoreTXT(Score *pScoreAll,int n,int num);	保存分数结构体数组模块（局部变量方案＋文本文件的文件指针方案）	见 10.4.2
void loadScoreTXT(Score *pScoreAll,int n,int *pNum);	调入分数结构体数组模块（局部变量方案＋文本文件的文件指针方案）	见 10.4.2
void saveScoreTXT2(Score *pScoreAll,int n,int num);	保存分数结构体数组模块（局部变量方案＋文本文件的流对象方案）	见 10.4.4
void loadScoreTXT2（Score * pScoreAll,int n,int *pNum）;	调入分数结构体数组模块（局部变量方案＋文本文件的流对象方案）	见 10.4.4
void modiScoreBin(int no);	修改二进制文件中某记录	见 10.5.2
void saveScoreBIN(Score *pScoreAll,int n,int num);	保存分数结构体数组模块（局部变量方案＋二进制文件的文件指针方案）	见 10.5.3
void loadScoreBIN(Score *pScoreAll,int n,int *pNum);	调入分数结构体数组模块（局部变量方案＋二进制文件的文件指针方案）	见 10.5.3
void saveScoreBIN2(Score *pScoreAll,int n,int num);	保存分数结构体数组模块（局部变量方案＋二进制文件的流对象方案）	见 10.5.5
void loadScoreBIN2(Score *pScoreAll,int n,int *pNum)	调入分数结构体数组模块（局部变量方案＋二进制文件的流对象方案）	见 10.5.5

Triangle

模块名	作用	章节
float getTriArea(float a,float b,float c);	根据三边求三角形的面积	见 5.5
bool isTri(float a,float b,float c);	根据三边判断是否构成三角形	见 5.5

常见的宏

模块名	作用	章节
#define FAH_CEL(x) (((x)−32) * 5.0/9.0)	华氏转摄氏	见 6.9
#define PI 3.14159	圆周率	见 6.9
#define GLO_VOL(x)(4/3 *pI * (x) * (x) * (x))	球的体积	见 6.9
#define P(a,b,c) (a+b+c)/2 #define TRI_AREA(a,b,c) sqrt(P(a,b,c) * (P(a,b,c)−a) * (P(a,b,c)−b) * (P(a,b,c)−c))	根据三角形三边求面积	见 6.9

Ⅴ 系 统 模 块 索 引

C/C++系统全部模块的归属及帮助请参考相关网页(http:// www. cplusplus. com/ reference)或 msdn 的 Visual C++−>C/C++ Language and C++ Library−>Standard C++ Library Reference。

下面列出归属名、归属作用以及部分归属在教材中使用章节。

1. C/C++系统模块归属

(1)C Library

归属名	简要描述	教材出现
<cassert> (assert. h)	C Diagnostics Library	见 8.8
<cctype> (ctype. h)	Character handling functions	见 3.10
<cerrno> (errno. h)	C Errors	
<cfenv> (fenv. h)	Floating-point environment	
<cfloat> (float. h)	Characteristics of floating-point types	
<cinttypes> (inttypes. h)	C integer types	
<ciso646> (iso646. h)	ISO 646 Alternative operator spellings	
<climits> (limits. h)	Sizes of integral types	
<clocale> (locale. h)	C localization library	
<cmath> (math. h)	C numerics library	见 2.6
<csetjmp> (setjmp. h)	Non local jumps	
<csignal> (signal. h)	C library to handle signals	
<cstdarg> (stdarg. h)	Variable arguments handling	
<cstdbool> (stdbool. h)	Boolean type	

续表

归属名	简要描述	教材出现
<cstddef>（stddef. h）	C Standard definitions	
<cstdint>（stdint. h）	Integer types	
<cstdio>（stdio. h）	C library to perform Input/Output operations	见 5. 3/5. 4/6. 8/8. 4. 4/10. 2. 1
<cstdlib>（stdlib. h）	C Standard General Utilities Library	见 4. 6. 1/6. 10. 1/8. 9. 1
<cstring>（string. h）	C Strings	见 8. 9. 1
<ctgmath>（tgmath. h）	Type-generic math	
<ctime>（time. h）	C Time Library	见 6. 10. 1
<cuchar>（uchar. h）	Unicode characters	
<cwchar>（wchar. h）	Wide characters	
<cwctype>（wctype. h）	Wide character type	

（2）Containers

容器归属名	简要描述
<array>	固定长度的静态数组结构,可快速定位
<vector>	不固定长度的动态数组结构,可快速定位,在任意位置插入删除
<deque>	两端数组空间结构,可快速定位,在任意位置插入删除
<stack>	数组空间结构(先入后出,借助 deque),栈顶插入删除
<queue>	数组空间结构(先入先出,借助 deque),尾插入、头删除
<priority queue>	数组空间结构(数据从尾入后跃至相应位置,数据从头部出,因其级别最高。借助堆思想实现),尾插入、头删除
<list>	双向链表结构,在任意位置插入删除
<forward_list>	单向链表结构,在任意位置插入删除
<map>	红黑二叉树结构(元素由键值对组成,并根据关键字排序),在任意位置插入删除
<unordered_map>	红黑二叉树结构(元素由键值对组成,不根据关键字排序),在任意位置插入删除
<set>	红黑二叉树结构(是 map 的特例,键值融为一体),在任意位置插入删除
<unordered_set>	红黑二叉树结构(是 undorder_map 的特例,键值融为一体),在任意位置插入删除
<bitset>	位集合的数据结构,操作方法同数组

（3）Input/Output Stream Library

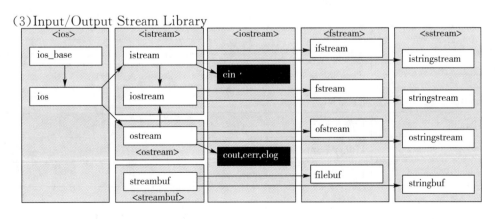

(4) Atomics and threading library

归属名	简要描述
<atomic>	Atomic
<condition_variable>	Condition variable
<future>	Future
<mutex>	Mutex
<thread>	Thread Miscellaneous headers
<algorithm>	Standard Template Library：Algorithms（library）
<chrono>	Time library
<codecvt>	Unicode conversion facets
<complex>	Complex numbers library
<exception>	Standard exceptions
<functional>	Function objects
<initializer_list>	Initializer list
<iterator>	Iterator definitions
<limits>	Numeric limits
<locale>	Localization library
<memory>	Memory elements
<new>	Dynamic memory
<numeric>	Generalized numeric operations
<random>	Random
<ratio>	Ratio header
<regex>	Regular Expressions
<stdexcept>	Exception classes
<string>	Strings
<system_error>	System errors
<tuple>	Tuple library
<typeindex>	Type index
<typeinfo>	Type information
<type_traits>	type_traits
<utility>	Utility components
<valarray>	Library for arrays of numeric values

2. 容器 container 及算法中的常用模块

(1)容器中的常用模块

功能	原型	含义	vector	list	deque	queue	stack	pq	map	set
查询	T& front();	得到头部	√	√	√	√				
	T& back();	得到尾部	√	√	√	√				
	T& operator[](size_type pos);	返回某位置值	√		√					
	T& top();	得到尾或头部					√	√		
	T& at(size_type pos);	得到某位置值	√		√					
	iterator insert(iterator it, const T& x=T());	通过迭代器插入	√	√	√					
	void insert(iterator it, const_iterator first, const_iterator last);	通过迭代器插多数据	√	√	√					
	iterator insert(iterator it, const value_type& x);	通过迭代器插入							√	√
	void insert(const value_type * first, const value_type * last); // 或 void insert(InIt first, InIt last);	通过迭代器插多数据							√	√
	TypeValue& operator[](const Key& key);	得到键对应值							√	
插入	void push_back(const T& x);	插入尾部	√	√	√					
	void push_front(const T& x);	插入头部		√	√					
	void push(const T& x);	插入尾部				√	√	√		
删除	void pop_back();	尾部删除	√	√	√					
	void pop_front();	头部删除		√	√					
	void pop();	删除尾或头部				√	√	√		
	iterator erase(iterator it);	通过迭代器删除	√	√	√				√	√
	iterator erase(iterator first, iterator last);	通过迭代器范围删除	√	√	√				√	√
其他	size_type size() const;	得到容器中数据个数	√	√	√	√			√	√
	bool empty() const;	判断容器是否为空	√	√	√	√	√	√	√	√
	iterator begin();	得第一元素的迭代器	√	√	√			√	√	√
	iterator end();	得最后迭代器下一个	√	√	√			√	√	√
	iterator find(const Key& key);	通过键得到迭代器							√	√

(2)算法中的常用模块

STL 算法的清单文件＜algorithm＞,＜numeric＞,＜functional＞,主要包括:查找算法(13 个)、堆算法(4 个)、关系算法(8 个)、集合算法(4 个)、排列算法(2 个)、排序算法(14

414

个)、删除和替换算法(15 个)、生成和异变算法(6 个)、算术算法(4 个)。注意：部分编译器没有完全采用C++标准定义的算法。

下面给出常用的模块说明，其中 Pred 是一元谓词，含义是容器中元素是否满足某条件；BinPred 是二元谓词，其含义是容器中两个元素是否满足某条件。

名称	常用模块	简要描述
查找算法	size_t count(InIt first, InIt last, const T& val);	统计某范围内与 val 相同元素个数
	size_t count_if(InIt first, InIt last, Pred pr);	统计某范围内满足 pr 条件元素个数
	InIt find(InIt first, InIt last, const T& val);	找到某范围内与 val 相同元素
	InIt find_if(InIt first, InIt last, Pred pr);	找到某范围内满足 pr 条件元素
	FwdIt1 search (FwdIt1 first1, FwdIt1 last1, FwdIt2 first2, FwdIt2 last2);	查 2 范围在 1 范围中首次出现的位置
	FwdIt1 search (FwdIt1 first1, FwdIt1 last1, FwdIt2 first2, FwdIt2 last2, Pred pr);	查 2 范围在 1 范围中按条件 pr 首次出现的位置
堆算法	void make_heap(RanIt first, RanIt last);	将某范围生成堆
	void make_heap(RanIt first, RanIt last, Pred pr);	将某范围按某条件 pr 生成堆
	void pop_heap(RanIt first, RanIt last);	在某范围内弹出首元素
	void pop_heap(RanIt first, RanIt last, Pred pr);	在某范围内按某件 pr 弹出首元素
	void sort_heap(RanIt first, RanIt last);	在某范围内排序
	void sort_heap(RanIt first, RanIt last, Pred pr);	在某范围内按某件 pr 排序
关系算法	bool equal(InIt1 first, InIt1 last, InIt2 x);	判断两个范围元素是否对应相等
	bool equal(InIt1 first, InIt1 last, InIt2 x, Pred pr);	判断两个范围元素按某条件 pr 是否对应相等
	const T& max(const T& x, const T& y);	返回最大值
	const T& max(const T& x, const T& y, Pred pr);	按某条件 pr 返回最大值
	FwdIt min_element(FwdIt first, FwdIt last);	指出某范围内最小值
	FwdIt min_element(FwdIt first, FwdIt last, Pred pr);	指出某范围内按某件 pr 的最小值
集合算法	OutIt set_union(InIt1 first1, InIt1 last1, InIt2 first2, InIt2 last2, OutIt x);	两个范围并集至 x 位置
	OutIt set_union(InIt1 first1, InIt1 last1, InIt2 first2, InIt2 last2, OutIt x, BinPred pr);	两个范围并集至 x 位置，pr 为指定不等谓词
	OutIt set_intersection(InIt1 first1, InIt1 last1, InIt2 first2, InIt2 last2, OutIt x);	两个范围交集至 x 位置
	OutIt set_intersection(InIt1 first1, InIt1 last1, InIt2 first2, InIt2 last2, OutIt x, BinPred pr);	两个范围交集至 x 位置，pr 为指定不等谓词
排列算法	bool next_permutation(BidIt first, BidIt last);	将某范围内元素排列
	bool next_permutation(BidIt first, BidIt last, BinPred pr);	将某范围内元素按某条件 pr 排列

名称	常用模块	简要描述
排序算法	void sort(RanIt first, RanIt last);	某范围排序
	void sort(RanIt first, RanIt last, BinPred pr);	某范围排序,pr 为重新解释
	BidIt partition(BidIt first, BidIt last, Pred pr);	按指定条件 pr,将某范围元素排成两部分
	void reverse(BidIt first, BidIt last);	某范围内反序
删替算法	OutIt copy(InIt first, InIt last, OutIt x);	某范围拷贝至 x
	BidIt2 copy_backward(BidIt1 first, BidIt1 last, BidIt2 x);	某范围相反顺序拷贝至 x
	FwdIt remove(FwdIt first, FwdIt last, const T& val);	某范围内移除 val
	FwdIt remove_if(FwdIt first, FwdIt last, Pred pr);	某范围内移除符合条件 pr 的元素
	void replace (FwdIt first, FwdIt last, const T& vold, const T& vnew);	某范围将老值换成新值
	OutIt replace_copy_if(InIt first, InIt last, OutIt x, Pred pr, const T& val);	某范围将老值按条件 pr 换成新值
生异算法	Fun for_each(InIt first, InIt last, op f);	按某条件访问某范围内所有元素
	void fill(FwdIt first, FwdIt last, const T& x);	某范围填充 x
算术算法	OutIt partial_sum(InIt first, InIt last, OutIt result);	计算某范围内和至 result
	OutIt partial_sum (InIt first, InIt last, OutIt result, BinOp op);	计算某范围内和至 result,op 对＋重新解释
	T product(InIt1 first1, InIt1 last1,Init2 first2, T val);	计算内积和
	T product (InIt1 first1, InIt1 last1,Init2 first2, T val, BinOp op, BinOp op2);	计算内积和,op 对＋解释,op2 对内积解释

Ⅵ　算法的多种表达方式

算法就是针对数据的一种处理过程,其表达的方式有:自然语言表示法、传统流程图表示法、NS 流程图表示法、伪代码表示法和 PAD 图(不作介绍)。

1. 自然语言表示法

自然语言就是人们日常使用的语言,可以是汉语、英语或其他语言。用自然语言表示通俗易懂,但文字冗长,容易出现"歧义性"。比如说:"张三请李四将他书拿来",究竟指的是谁的书,这里就有了歧义性。自然语言表示的含义往往不太严格,要根据上下文才能判断其正确含义。此外,用自然语言描述包含分支结构和循环结构的算法不太方便。

2. 流程图表示法

流程图(flow chart),也称为程序框图,它是算法的图形化表示方法之一。流程图是一些图框的组合。用图形表示算法,直观形象,易于理解。美国国家标准化协会(ANSI)规定了一些常用的流程图符号(见下图)。

起止框　　输入输出框　　判断框　　处理框　　流程线　　连接点　　注释框

在学习用流程图描述算法之前,先看一下算法的三种基本结构。这三种基本结构是:顺序结构、选择结构(又称分支结构)和循环结构。

(1)顺序结构

顺序结构是指程序从上往下执行,因此我们在写程序时将先执行的语句写在上面,后执行的语句写在下面,就像我们平时读书看报从上往下阅读的道理是一样的。如下图执行完 A 框所指定的操作后,必然接着执行 B 框所指定的操作。顺序结构是最简单的一种基本结构。

(2)选择结构(又称分支结构)

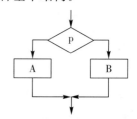

选择结构是指从两个或多个情况里选择一个,就像走路走到叉路口时,下面选哪一条路,那要根据条件来确定,条件成立时怎么做,条件不成立时又该怎么做。如根据给定的条件 p 是否成立而选择执行 A 框或 B 框。条件成立执行 A,不成立执行 B。

无论 p 条件是否成立,只能执行 A 框或 B 框之一,不可能既执行 A 框又执行 B 框。无论走哪一条路径,在执行完 A 或 B 之后,然后脱离本选择结构。A/B框可有一缺失。

(3)循环结构(又称重复结构)

循环结构是指反复执行某一部分的操作。

循环通常有两种方式:当型循环和直到型循环。其结构如下图:

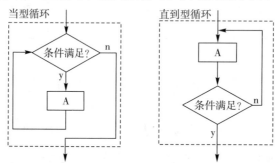

当型循环结构:判断给定的条件是否成立,如果条件成立,则执行 A 框操作,执行完 A 后,再返回查看条件是否成立,如果仍然成立,继续执行 A 框,如此反复下去,当条件不成立时,不执行 A 框,脱离循环结构。

直到型循环结构:先执行 A 框,然后判断给定的条件是否成立,如果条件不成立,则执行 A,再返回查看条件是否成立,如果仍然不成立,继续执行 A 框,如此反复下去,当条件成立时,不执行 A 框,脱离循环结构。

从上述描述中可知,当型是条件满足时循环,而直到型是条件满足是退循环,为了执行 A 框代码,当型与直到型条件正好相反。

C/C++语言只设计了当循环,都是条件为真循环,如下所示:

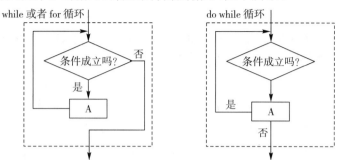

从上图中看出,条件为真循环,均为当型循环。其中,do while 语句是先执行循环体再判断条件,与直到型结构相似,但判断条件与当型一致。所以当我们用直到型框图来表达流程后,转成相应C/C++语句的 do while 语句代码时,判断条件应与直到型判断语句相反。

3. N-S 流程图表示法

N-S 结构化流程图是 1973 年美国学者 I. Nassi 和 B. Shneiderman 提出的一种新的流程图形式,也叫盒式图。在这种流程图中完全去掉了流程线,全部算法写在一个矩形框内,在框内还可以包含有其他的框。

N-S 图也有三种基本结构表示方案:

(1)顺序结构

(2)选择结构

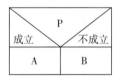

(3)循环结构

如求两个整数 m 和 n 的最大公约数,两种表达方式的 N-S 图如下:

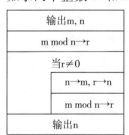

用当型循环

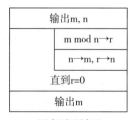

用直到型循环

注意：在C/C++中用 do 语句表达直到型循环时，循环条件与 N-S 图中条件相反。

4. 伪代码表示法

用流程图和 N-S 图表示算法，直观易懂，但画起来比较费事，在设计一个算法时，可能要反复修改，而修改流程图是比较麻烦的。

为了设计算法时方便，常用伪代码（Pseudocode）描述。伪代码是用介于自然语言和计算机语言之间的文字和符号来描述算法。它如同一篇文章，自上而下地写出来。每一行（或几行）表示一个基本操作。

伪代码的一些约定：

• 一般不用中文，全部用英文，比如说读数据可用 read，设置数据可用 set，显示数据可用 print 等。

• 一般不写数据类型。

• 遇到数学运算公式可以原样写出来，而不用考虑是某种计算机语言的书写格式。

• 使用缩进，显示出层次。

• 伪代码的书写内容可长可短，一般较大程序的伪代码可以只写核心内容。

如求 $1+2+\cdots+100$，伪代码如下：

```
Pseudocode main():
    set s to 0
    set i to 1
    while i≤100
        add i to s
        add 1 to i
    print s
```

参考文献

[1] 刘艺. DELPHI 面向对象编程思想[M]. 北京:机械工业出版社,2004.

[2] 李维. DELPHI5 分布式多层应用系统篇[M]. 北京:机械工业出版社,2005.

[3] Delores M. Etter. 工程问题 C 语言求解(第 3 版)[M]. 北京:清华大学出版社,2005.

[4] David M. Smith. MATLAB 工程计算[M]. 北京:清华大学出版社,2008.

[5] 谭浩强. C 程序设计(第 2 版)[M]. 北京:清华大学出版社,1999.

[6] 谭浩强. C++程序设计 [M]. 北京:清华大学出版社,2009.

[7] 周启涛,高英. Visual C++数据库开发基础与应用[M]. 北京:清华大学出版社,2005.

[8] 陈慧南. 数据结构——使用C++语言描述(第 2 版)[M]. 北京:人民邮电出版社,2008.

[9] Grady Booch,James Rumbaugh,Ivar Jacobson. UML 用户指南(第 2 版)[M]. 北京:人民邮电出版社,2006.